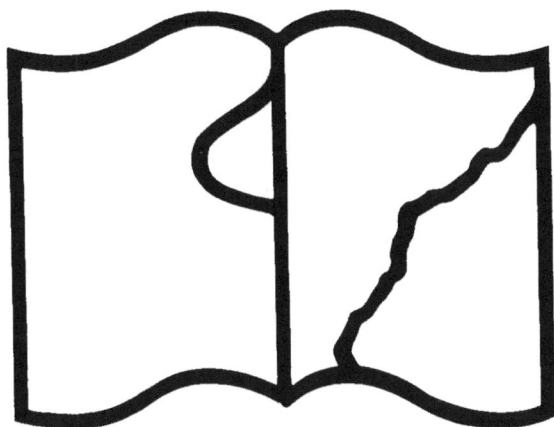

Texte détérioré — reliure défectueuse

NF Z 43-120-11

CATALOGUE

ILLUSTRÉ ET DESCRIPTIF

DES

VIGNES AMÉRICAINES

Par MM. BUSH et Fils et MEISSNER

DEUXIÈME ÉDITION FRANÇAISE

Avec 149 Figures dans le texte, et 3 Planches en Chromo-Lithographie.

TRADUITE SUR LA TROISIÈME ÉDITION ANGLAISE

Par Louis BAZILLE

Vice-Président de la Société d'Horticulture et d'Histoire Naturelle de l'Hérault

REVUE ET ANNOTÉE

Par J.-E. PLANCHON

Professeur à la Faculté de Médecine de Montpellier,
Correspondant de l'Institut, Membre de la Société centrale d'Agriculture et de la Société
d'Horticulture et d'Histoire Naturelle de l'Hérault.

MONTPELLIER

CAMILLE COULET, LIBRAIRE-ÉDITEUR

LIBRAIRE DE LA BIBLIOTHÈQUE UNIVERSITAIRE, DE L'ÉCOLE NATIONALE D'AGRICULTURE ET
DE L'ACADÉMIE DES SCIENCES ET LETTRES,
5, GRAND'RUE, 5.

PARIS

ADRIEN DELAHAYE & E. LECROSNIER, LIBRAIRES-ÉDITEURS
Place de l'École-de-Médecine, 23.

1885

CATALOGUE

ILLUSTRÉ ET DESCRIPTIF

DES

VIGNES AMÉRICAINES

MONTPELLIER

TYPOGRAPHIE ET LITHOGRAPHIE BOEHM ET FILS.

CATAWBA GRAPE.

CATALOGUE

ILLUSTRÉ ET DESCRIPTIF

DES

VIGNES AMÉRICAINES

Par MM. BUSH et Fils et MEISSNER

———

DEUXIÈME ÉDITION FRANÇAISE

Avec 149 Figures dans le texte, et 3 Planches en Chromo-Lithographie.

TRADUITE SUR LA TROISIÈME ÉDITION ANGLAISE

Par Louis BAZILLE

Vice-Président de la Société d'Horticulture et d'Histoire Naturelle de l'Hérault

REVUE ET ANNOTÉE

Par J.-E. PLANCHON

Professeur à la Faculté de Médecine de Montpellier,
Correspondant de l'Institut, Membre de la Société centrale d'Agriculture et de la Société
d'Horticulture et d'Histoire Naturelle de l'Hérault.

MONTPELLIER
CAMILLE COULET, LIBRAIRE-ÉDITEUR

LIBRAIRE DE LA BIBLIOTHÈQUE UNIVERSITAIRE, DE L'ÉCOLE NATIONALE D'AGRICULTURE ET
DE L'ACADÉMIE DES SCIENCES ET LETTRES,
5, GRAND'RUE, 5.

PARIS
ADRIEN DELAHAYE & E. LECROSNIER, LIBRAIRES-ÉDITEURS
Place de l'École-de-Médecine, 23.

1885

INTRODUCTION.

La première édition de ce Catalogue est de l'année 1869. Les auteurs n'avaient alors en vue que le public viticole américain ; car le Phylloxera, découvert en Europe en 1868, n'avait pas encore attiré l'attention aux Etats-Unis. La seconde édition, publiée à Saint-Louis, en 1875, renfermait au contraire de remarquables études de notre ami le professeur Charles RILEY sur le Phylloxera et sur la résistance que la plupart des vignes américaines opposent, à des degrés divers, à l'action destructive de cet insecte. L'observation faite dans le même sens par M. LALIMAN, dans son Clos de la Tourrate, à Bordeaux (1869), la confirmation des mêmes faits par mon voyage aux Etats-Unis (1873), tout cet ensemble de vues concordantes aboutissait à sa conclusion logique : l'introduction en Europe des cépages résistants d'Amérique, et dès lors l'étude si consciencieuse de ces cépages, résumée dans le livre de MM. BUSH ET FILS ET MEISSNER, acquérait pour nous un grand intérêt. Ce fut donc un vrai service que M. Louis BAZILLE rendit à la Viticulture française, que de traduire l'œuvre des Ampélographes américains. Publiée en 1876, cette traduction était épuisée peu de temps après et devenue rare dans la librairie d'occasion. Heureusement, dans le même temps, l'édition originale s'épuisait en Amérique, et les auteurs, toujours attentifs à perfectionner leur travail, publiaient, en 1883, la troisième édition de leur Catalogue illustré.

Le caractère saillant de cette édition nouvelle est d'avoir réalisé de la manière la plus heureuse l'espoir que je me permettais d'exprimer dans l'Introduction à l'édition française de 1876, à savoir : «que nous aurions à apprendre aux Américains bien des choses qu'ils s'empresseraient de nous emprunter ». De fait, le livre de MM. BUSH ET MEISSNER est plein des enseignements mutuels que les Etats-Unis et la France se sont donnés sur la culture des vignes résistantes, et cet échange de services n'est heureusement pas près de cesser ; car, si l'adaptation des cépages au sol et au climat est chose essentiellement locale, il se dégage pourtant, de l'ensemble des observations culturales et de l'étude des caractères des vignes, des résultats qui sont les mêmes pour les régions séparées par l'Atlantique.

En tout cas, l'œuvre de nos amis de Saint-Louis, enrichie des savants travaux d'ENGELMANN et de RILEY, gardait pour nous une originalité, une valeur de premier ordre au point de vue ampélographique. C'était bien mériter des Viticulteurs que de leur donner de nouveau la traduction sous cette forme nouvelle et perfectionnée. M. Louis BAZILLE, avec sa générosité naturelle, n'a pas reculé devant la tâche ingrate de traducteur. Je me suis joint volontiers à lui comme annotateur aussi réservé, aussi bref que possible. M. COULET a voulu, cette fois, courir tous les risques de l'entreprise d'éditeur, entreprise que lui a rendue possible la libéralité des auteurs originaux, par le prêt des cuivres des vignettes dont l'ouvrage est illustré [1].

---

[1] Malheureusement un incendie survenu dans les bureaux de MM. Bush et fils et Meissner a compromis la netteté de quelques-unes de ces vignettes, et malgré le soin et les frais consacrés par ces Messieurs à la restauration des clichés, le tirage de notre édition s'en est ressenti,

Pour ceux qui connaissent comme nous les propriétaires du vignoble de Bush-berg, leur qualité de pépiniéristes et négociants en vignes ne diminue en rien leur impartialité comme appréciateurs des cépages qu'ils ont à juger. Ils peu-vent hardiment écrire : « Ceci est une œuvre de bonne foi », et, s'ils se trompent sur tel point de détail, c'est que la meilleure volonté du monde ne peut faire éviter quelques erreurs dans la masse des renseignements souvent contradic-toires ou intéressés que comporte une œuvre aussi complexe. Honneur donc et remerciements aux Ampélographes de Bushberg ! leur travail est la base solide sur laquelle l'expérience de l'Europe, unie à celle de l'Amérique, édifiera peu à peu la connaissance scientifique et pratique des vignes américaines.

J.-E. PLANCHON.

Montpellier, le 3 février 1885.

A NOS CLIENTS

PRÉFACE DE LA TROISIÈME ÉDITION, 1885.

Le *Bushberg-Catalogue* est devenu le *vade mecum* des viticulteurs américains ; il a été aussi traduit en français[1] et en italien[2], hon-neur qui n'a probablement jamais encore été rendu à un Catalogue fruitier de pépiniériste. Sa réimpression avait été demandée depuis longtemps, mais nous ne pouvions consentir à cela avant d'avoir eu le loisir de le revoir complètement. La grande faveur dont il a été l'objet nous fait un devoir de le perfectionner autant que c'est en notre pouvoir. L'expé-rience et les recherches des huit années écou-lées depuis l'apparition de la seconde édition nous permettent de rectifier certaines erreurs, de parler d'une manière plus définitive des mé-rites ou des démérites de beaucoup de variétés alors nouvelles ou dont on n'avait pas fait l'essai, et d'ajouter un grand nombre de nouvelles vignes qui ont été depuis lors ob-tenues ou introduites.

Les vignes américaines sont aussi devenues d'une importance plus grande et plus étendue à cause de leur résistance au Phylloxera, ré-sistance maintenant bien établie ; et quoique cultivées en Europe principalement comme porte-greffe des excellentes espèces de ce con-

tinent, il n'est pas de variété qu'il n'y ait été expérimentée ; quelques-unes, comme le Le-noir (Jacquès), Herbemont, etc., sont plantées en grand nombre pour la production directe, ce qui nous permet de joindre à notre propre opinion celle des meilleurs connaisseurs étran-gers. Nous n'avons pas négligé de consulter les vues d'autres viticulteurs et de profiter des articles sur la vigne écrits par d'éminents horticulteurs et dispersés dans les livres, les journaux et les rapports.

Le Dr George Engelmann, le célèbre bo-taniste, a augmenté la valeur de notre Cata-logue en revisant à notre intention sa classi-fication des véritables vignes des États-Unis. Il l'a en réalité réécrite complètement, et bien des gravures faites spécialement pour cet ou-vrage de valeur ont été ajoutées à notre Ca-talogue. Il nous a aussi favorisés d'un court Traité sur les maladies de la vigne, le Mil-dew et le Rot, qui n'étaient que brièvement et insuffisamment traitées dans la précédente édition, et qui maintenant occupent plusieurs pages entièrement consacrées à ce triste mais important sujet. Nous reconnaissons que ce chapitre est encore très défectueux, et que ce sujet ne sera traité d'une manière satis-faisante que lorsque les recherches et les ex-périences scientifiques auront trouvé un moyen pratique de guérir ou de protéger nos vignobles de ces pestes, non moins destruc-tives pour nos vignobles que le Phylloxera ne l'est pour ceux d'Europe.

On trouvera aussi dans cette édition revi-sée un article sur le greffage bien plus appro

[1] LES VIGNES AMÉRICAINES, Catalogue illustré et descriptif par MM. Bush et fils et Meissner ; ouvrage traduit de l'anglais par *Louis Bazille*. Revu et annoté par *J.-E. Planchon* .Montpellier, 1876, C. Coulet ; Paris, V.-A. Delahaye et Cie.

[2] LE VITI AMERICANE, Catalogo illustrato e descrittivo per Bush & Sohn & Meissner, Opera tradotta dall'inglese da *Farina* e comp., Viticol-tori in Castellanza, 1881.

fondi que dans l'édition précédente, dans laquelle nous promettions de publier les résultats de nos expériences, qui n'étaient alors qu'à leurs débuts. Notre expérience dans cette opération, maintenant si importante, et l'excellent ouvrage d'Aimé Champin sur le même sujet, nous permettent de publier un chapitre qui, pour plusieurs, peut avoir de la valeur et être intéressant à la fois.

Aidés du professeur E.-V. Riley, président de la Commission entomologique des Etats-Unis, nous avons complété le chapitre des Insectes par une courte Notice sur les espèces bienfaisantes, utiles au viticulteur.

A la requête réitérée d'un grand nombre de viticulteurs, nous avons ajouté quelques remarques sur la manière de faire le vin, remarques qui peuvent ne pas être tout à fait inutiles à des commerçants, bien que nous n'ayons pas changé notre opinion (exprimée dans l'édition précédente), sur l'impossibilité de fournir en quelques pages des règles ayant de la valeur et sur la nécessité de la science et de l'expérience pratiques, pour arriver au succès.

La partie descriptive de ce Catalogue a été bien plus augmentée que le Manuel de la Vigne. Beaucoup de variétés nouvelles accompagnées de leurs gravures ont été ajoutées, et, dans la partie descriptive de l'édition précédente, chaque ligne a été soigneusement revisée.

Les opinions favorables et flatteuses qui nous ont été volontairement exprimées par les plus éminents horticulteurs à l'égard de l'édition précédente (1875) nous permettent d'espérer que cette nouvelle édition rencontrera un accueil plus favorable encore.

Qu'elle puisse être utile à nos viticulteurs et augmenter leur amour pour le plus noble des fruits et pour sa culture, est le vœu de

BUSH ET FILS ET MEISSNER.

Bushberg, Missouri, octobre 1883.

PRÉFACE DE LA PREMIÈRE ÉDITION, 1869.

Notre succès dans la culture de la vigne et la propagation des cépages nous a donné de grandes satisfactions; il a, en réalité, dépassé de beaucoup nos espérances. Eu égard à la grande concurrence de pépinières connues au loin et établies depuis longtemps, ce succès est très flatteur. Il nous a encouragés à redoubler d'efforts, de manière à créer pour la saison prochaine un stock important, dont le mérite ne soit dépassé par celui d'aucun autre établissement du pays et qui embrasse presque toutes les variétés recommandables.

Nous ne prétendons pas « fournir des vignes *meilleures* et à *meilleur marché* que les autres établissements ». Nous ne prétendons pas que « le bénéfice pécuniaire soit une chose secondaire pour nous ». Nous laissons ces prétentions à d'autres; tout ce que nous ambitionnons, c'est l'espoir de mériter une part raisonnable dans l'appui du public, la confiance soutenue de nos acheteurs et un bénéfice convenable.

A cette occasion, nous ne pouvons nous empêcher de nous en référer, avec un certain orgueil, aux assurances spontanées de satisfaction que nous avons reçues. Désirant remercier nos acheteurs d'une manière spéciale et palpable, et répondre au désir qui nous a été souvent adressé par nos correspondants, nous avons décidé de leur faire hommage d'un *Catalogue illustré et descriptif*, dans lequel sont clairement exposés les caractères et les mérites relatifs de nos différentes variétés.

Nous laissons à d'autres le soin de juger le mérite de cet opuscule. Nous avons essayé de faire quelque chose de plus qu'une simple liste de prix, quelque chose qui fût intéressant et utile pour les viticulteurs amis du progrès, et nous n'avons épargné ni le temps, ni la peine, ni l'argent, pour la préparation de ce travail.

L'usage s'est établi de faire précéder un Catalogue descriptif de fruits et de fleurs de quelques courtes indications pour leur culture. Nous avons dû en faire autant.

Nous savons toutefois que quelques courtes et très incomplètes instructions, « quelques idées », font plus de mal que de bien. Généralement, elles troublent le novice ou représentent à tort la culture de la vigne comme une affaire très facile, ne demandant pas une plus grande avance de capital, ou pas plus de connaissance, d'habileté ou de travail, que la production d'une récolte de céréales. Nous désirons éviter cet écueil. Mais, d'un autre côté, nous savons assez que les livres de viticulture excellents, mais un peu coûteux, de

Fuller, Husmann, Strong et autres, ne sont pas achetés par tous les viticulteurs, qui sont même souvent un peu effrayés de lire des livres entiers. De plus, la culture de la vigne a fait des progrès considérables depuis que ces livres ont été écrits ; leurs auteurs eux-mêmes, horticulteurs infatigables comme ils le sont, ont, par l'étude et l'expérience, modifié leurs vues sur quelques points, mais n'ont pas eu le temps ou les encouragements nécessaires pour rééditer leurs ouvrages.

Nous sommes arrivés ainsi à la conclusion qu'un court manuel, contenant de simples mais complètes instructions sur ce qui a trait à la plantation, la culture et la conduite de la vigne, vendu moins cher que sa valeur, serait bien accueilli du public.

Nous avons mis à profit les écrits de notre maître et ami, M. Husmann, et les ouvrages de Downing, Fuller et plusieurs autres, aux-quels nous accordons en temps et lieu le crédit qu'ils méritent; et, si nous avons peu de prétention à avoir fait un travail original, nous espérons que ce Catalogue procurera du moins quelque plaisir et quelque avantage à plusieurs de ceux entre les mains desquels il arrivera.

PRÉFACE DE LA DEUXIÈME ÉDITION, 1875

Six années, embrassant les saisons les plus désastreuses et les plus favorables pour la culture de la vigne, se sont écoulées depuis la première édition de ce Catalogue. Notre expérience s'est enrichie des observations faites sur des variétés anciennes et sur des variétés qui n'avaient pas été essayées à cette époque, et quelques *nouvelles* variétés se sont ajoutées depuis lors à notre liste. Mais, par-dessus tout, la découverte du puceron des racines de la vigne, le Phylloxera, a conduit à une étude nouvelle et radicale des vignes américaines.

Nos affaires comme viticulteurs et propagateurs ont pris de tels développements, que nous avons renoncé à la culture et à la propagation des arbres fruitiers, et que nous avons consacré d'une manière spéciale et exclusive tout notre terrain, toutes nos ressources, nos soins et notre attention, à la culture de la vigne, pour laquelle nous avons des facilités exceptionnelles, et un sol et un emplacement très favorables. Cela nous met à même d'entretenir un stock plus considérable, et permet au public et même aux principaux pépiniéristes dans d'autres branches de l'horticulture, de trouver plus d'avantages à traiter avec nous, dont les pépinières de vignes sont reconnues aujourd'hui comme étant le premier et le plus important établissement de ce genre aux Etats-Unis.

Nous devons notre réputation à notre résolution de satisfaire complètement nos acheteurs et de mériter leur entière confiance en ne leur fournissant que des plantes saines, authentiques et de bonne qualité, sans mélange, portant leur vrai nom, emballées de la meilleure façon et à d'aussi bas prix que possible.

Nous n'avons pas de semis obtenus par nous, et nous recommandons avec impartialité seulement les variétés vieilles ou nouvelles qui ont un mérite réel. Si la demande nous oblige à répandre quelques variétés inférieures, l'Hartford prolific par exemple, et des variétés non essayées encore, surfaites peut-être par leurs obtenteurs, notre Catalogue descriptif épargnera au lecteur quelques-uns des amers désappointements dont les viticulteurs ont si souvent fait l'expérience. Pour être complets, et dans l'intérêt de la science, nous avons ajouté, en plus petits caractères, la description de presque toutes les anciennes variétés abandonnées et de plusieurs variétés nouvelles qui n'ont encore été ni éprouvées ni propagées par nous. Nous avons cru ajouter ainsi à la valeur de ce Catalogue, quoique nous ajoutions en même temps à son prix de revient.

Nous nous sommes soigneusement efforcés d'éviter tous les éloges immérités et de mentionner les échecs de nos variétés, même les meilleures. Nous désirons spécialement mettre en garde contre l'erreur qui consiste à considérer une variété quelconque comme propre à une culture universelle. Pour cela, nous recommanderons sérieusement une étude de la classification de nos vignes dans le Manuel. On évitera ainsi bien des insuccès, qui ont fait évanouir les espérances si répandues il y a dix ans, dans tout le pays, à l'endroit de la culture de la vigne; et le succès de cette culture, aidé maintenant par un tarif plus élevé sur l'importation des vins, par la demande des raisins et de leurs produits, par des espérances plus raisonnables, et surtout par une meilleure connaissance du choix à faire des variétés, des emplacements et des modes du culture, sera relativement assuré.

MANUEL DE VITICULTURE

Climat, Sol et Exposition.

Que la vigne soit originaire de l'Asie et que des bords de la mer Caspienne elle ait suivi les pas de l'homme, ou que les centaines de variétés qui existent aujourd'hui dérivent de formes ou d'espèces primordiales différentes, toujours est-il que, bien qu'on la trouve, en Europe, du tropique du Cancer à la mer Baltique,et, en Amérique, du golfe du Mexique aux Lacs, la vigne n'en est pas moins le produit spécial de conditions climatériques définies. Il en est si bien ainsi que, même sous les climats qui lui conviennent le mieux, elle rencontre souvent des saisons qui entraînent sinon un échec momentané, du moins un développement imparfait de son fruit. Après de longues et soigneuses observations sur la température et l'humidité dans les années de réussite et d'insuccès, nous avons fini par arriver à certaines conclusions précises en ce qui concerne les influences météorologiques qui affectent la vigne [1].

En premier lieu, peu importe l'excellence du sol : si pendant les mois de la végétation, c'est-à-dire en avril,mai et juin, on a une température moyenne inférieure à 55 degrés F. (12° 78) et, pendant ceux de la maturation, c'est-à-dire en juillet, août et septembre, une température inférieure à 65 degrés (18°,33),

il n'y a pas d'espoir de réussite. Par contre, là où la température atteint une moyenne de 65 degrés pour les premiers de ces mois et de 75° (23°,89) pour les seconds, toutes les autres conditions égales d'ailleurs, on peut obtenir des fruits d'excellente qualité et des vins de beaucoup de corps et de grand mérite.

En second lieu, quand on a une moyenne de pluie de six pouces (152 millim.) pour les mois d'avril, mai et juin, et de cinq pouces (126 millim.) pour ceux de juillet, août et septembre, les autres conditions restant favorables, on ne peut pas réussir à cultiver la vigne. Quand la moyenne de la pluie pour les premiers de ces mois n'est pas de plus de quatre pouces (101 millim.) et celle des derniers de plus de trois pouces (75 millim.), les autres conditions étant favorables, on peut cultiver avec succès les variétés robustes. Mais là où la moyenne de la pluie est inférieure à cinq pouces (126 millim.) en avril, mai et juin, et à deux pouces (50 millim.) en juillet, août et septembre, toutes les autres conditions favorables d'ailleurs, on peut obtenir des fruits de la meilleure qualité et faire des vins de mérite et de beaucoup de corps. Dans certaines contrées l'humidité, dans d'autres la sécheresse de l'air, peuvent naturellement modifier la proportion de pluie nécessaire ou nuisible à la vigne. Ici, à Saint-Louis (Missouri), un ciel clair et une atmosphère sèche, une température élevée et très peu de pluie dans les trois derniers mois, des changements de température de moins de dix degrés centigrades

[1] James S. Lippincott , Climatology of american grapes. — Id. Geography of plants. — U. S. Agr. Reports, 1862 et 1863. — Dr J. Stayman, The Meteorological Influences affecting the grape.

2

dans les vingt-quatre heures en toute saison, sont les conditions les plus favorables.

Pour ce qui est de l'importance qu'il faut attacher aux avantages des conditions climatériques les plus favorables, voici ce que dit M. William Saunders, l'éminent directeur des jardins d'expérimentation du Département de l'Agriculture des États-Unis : « Il suffit de remarquer que, là où ces conditions sont favorables, de bonnes récoltes sont la règle, même en l'absence d'une culture expérimentée ; mais dans des positions défavorables, l'application des connaissances les plus avancées dans l'art et la science de la viticulture, en ce qui concerne les opérations de la taille ou la culture et l'aménagement du sol, n'assurera pas le succès. La culture de la vigne a atteint un degré de perfection tel qu'il est difficile de lui faire faire le moindre progrès sans une connaissance approfondie des exigences de la plante eu égard aux conditions locales de climat, la plus importante de ces conditions étant l'absence de fortes rosées (absence des maladies cryptogamiques — mildew et rot). La configuration topographique d'une localité est beaucoup plus importante que la position géographique. Là où les conditions atmosphériques sont favorables, on peut obtenir des résultats satisfaisants, même dans des sols pauvres ; mais, sous un climat ingrat, les meilleurs sols ne seront pas une garantie de succès. »

Au surplus, avec les facilités de transport toujours plus grandes que nous avons aujourd'hui, la culture de la vigne sur une large échelle ne peut être rémunératrice que dans les localités bien placées, pouvant produire avec certitude la meilleure qualité presque chaque année. Là où la qualité et la quantité sont médiocres et où la récolte manque souvent entièrement, la culture de la vigne peut être pratiquée sur une petite échelle pour l'usage de la famille et du marché; mais, sur une large échelle, elle ne saurait payer le travail du vigneron et sera finalement abandonnée. Comme en Californie, dans l'Ouest, c'est en Virginie, dans l'Est et dans

certaines parties du Texas et de l'Arkansas au Sud que paraissent se trouver les contrées les plus favorables à la culture de la vigne sur une très grande échelle.

Il y a peu de contrées où la vigne dans les saisons favorables pousse d'une manière parfaite, et il n'y a pas de contrée dans le monde où toutes les espèces de vigne puissent réussir. Des espèces de latitudes méridionales ne fleurissent pas si on les transporte plus au Nord ; celles qui sont originaires de latitudes plus élevées ne supportent pas la chaleur du Midi. Le Scuppernong ne peut mûrir au nord de la Virginie. La *Vitis Labrusca* (Fox grape du Nord) pousse difficilement dans les régions plus méridionales de la Caroline et de la Géorgie. Une vigne produisant d'excellents raisins dans le Missouri peut devenir très médiocre dans les localités les plus favorisées du New-Hampshire.

Ainsi le climat, la moyenne et les extrêmes de la température, la longueur de la saison de la végétation, la quantité relative de pluie, les influences favorables de lacs et de grandes rivières, l'altitude aussi bien que le sol, ont une influence presque incroyable sur les diverses variétés de vignes. Un choix judicieux d'emplacements adaptés à la vigne et de variétés adaptées à notre région, à son climat et à son sol, est par conséquent de la première importance.

« Il n'y a pas de vigne appropriée à toutes les contrées ; il n'y a pas non plus de contrée appropriée à toutes les vignes. » — (*G.-W. Campbell.*)

Bien que l'Europe cultive plus de 1,500 variétés de vignes, le nombre de celles qui sont spécialement adaptées à ces différentes contrées est néanmoins très limité, et l'on trouve rarement plus de trois ou quatre variétés formant le fonds principal des vignobles des différentes régions. Chaque province, chaque contrée, chaque commune même a ses variétés favorites spéciales. Cette question d'*adaptabilité* au sol et au climat local est de la plus grande importance et devrait être étudiée de très près par le viticulteur intelligent qui tient à réussir. Il n'existe pas de variété, l'on n'en créera probablement jamais qui s'adapte à la grande culture ailleurs que sur une surface restreinte de notre vaste pays. Cette limitation n'est pas déterminée par des lignes isothermes. Le succès ou l'échec d'une variété ne dépend pas seulement des degrés de chaleur ou de froid, non plus que de la précocité ou du retard des saisons, quelle que soit d'ailleurs l'importance de ces facteurs. Ce succès ou cet échec dépend de causes nombreuses, que nous ne pouvons jusqu'à présent comprendre ni expliquer d'une manière suffisante. Bornons-nous à dire que les vignes que nous cultivons aux États-Unis dérivent de plusieurs espèces distinctes, ou de croisements de quelques-unes de leurs variétés, et que chacune de ces espèces natives vit à l'état sauvage dans certaines parties limitées de notre pays et pas du tout dans d'autres.

Ainsi, le Labrusca *sauvage* est étranger à la vallée inférieure du Mississipi, ainsi que dans l'Ouest. En observant quelles sont les espèces qui croissent dans une contrée, on peut sûrement préjuger que les variétés cultivées de la même espèce prospéreront mieux dans cette contrée ou son voisinage, les autres conditions qui lui sont propres restant les mêmes.

Là où l'espèce indigène n'existe pas, ces variétés cultivées peuvent pour un temps promettre un excellent succès; mais, dans beaucoup de contrées, ces promesses finiront probablement tôt ou tard par se changer en déceptions. Nous en avons fait la triste expérience, même avec le Concord, qui est généralement considéré comme le plus sûr, le plus sain et le plus robuste des cépages américains[1].

D'un autre côté, cette théorie semble être en contradiction avec ce fait, que les vignes américaines ont été transplantées avec succès,

---

[1] Le lecteur ne doit pas oublier qu'il s'agit ici de la culture de la vigne aux États-Unis, où le Concord est en effet très largement cultivé. Dans le midi de la France, cette même variété ne réussit que dans les sols siliceux et ferrugineux.

J.-E. P.

même en Europe. Mais ce serait une grande erreur de croire qu'elles réussissent sur tous les points de ce continent. Il s'est trouvé, au contraire, que là aussi certaines de nos variétés qui réussissent bien dans une région de la France, ont entièrement échoué dans d'autres. Cela prouve seulement qu'on peut trouver dans des pays lointains des régions qui pour le sol, le climat, etc., correspondent exactement à certaines régions de notre propre pays, et là où c'est le cas, les vignes prospèrent. Mais là où ces conditions sont différentes, les résultats ne sont pas satisfaisants. Nous citerons à l'appui le Rapport de la Commission du Congrès international du Phylloxera, tenu à Bordeaux en octobre 1882, Commission composée des personnes les plus autorisées en France. Après un récit détaillé des observations qu'elle avait faites dans les principaux vignobles de France où l'on avait planté des vignes américaines, la Commission ajoute : « Mais ces vignes (les vignes américaines résistantes) sont loin de réussir également bien partout. Il faut prendre en sérieuse considération la nature du sol et du climat. Mais l'une de nos grandes difficultés avec les vignes françaises n'a-t-elle pas été de savoir quelle variété convenait à tel ou tel sol et à telle ou telle exposition ? Que d'échecs par suite d'une mauvaise sélection ! Il en est naturellement de même des vignes américaines, placées dans leur pays dans des conditions tellement différentes de température d'humidité et d'altitude.

Malheureusement ce point n'a été et n'est même aujourd'hui qu'imparfaitement compris.

Lors de la découverte du Nouveau-Monde, on trouva des espèces indigènes sauvages. La légende nous apprend que quand les Normands découvrirent ce pays pour la première fois « Hleif Erickson » l'appela *Vineland* (le pays de la vigne). Déjà, en 1564, les premiers colons de la Floride faisaient du vin avec des raisins indigènes. Les premiers émigrants (*Pilgrim fathers*) virent des vignes en abondance à Plymouth. « Il y a ici des raisins rouges et blancs, très doux et très gros », écrivait Jos.-Edward Winslow, en 1621. Le R. F. Higginson, écrivant en 1629 de la colonie du Massachussets, dit : « Il y a ici d'excellentes vignes, de tous côtés dans les bois. Notre gouverneur a déjà planté un vignoble avec l'espoir de l'agrandir ». Ainsi, dans les derniers siècles, on a cultivé la vigne et on a fait occasionnellement en Amérique du vin de vignes indigènes (les colons français près de Kaskaskia, Ills., firent en 1760 110 barriques de gros vin de vignes indigènes) — « mais ni la qualité ni le prix obtenu n'offrirent un encouragement suffisant pour persévérer ». — (Buchanan.)

La vigne européenne, Vitis vinifera, fut par suite considérée comme la seule véritable vigne à vin. Une compagnie de Londres envoya, en 1630, des vignerons français en Virginie, pour y planter des vignes importées à cet effet. Les pauvres vignerons furent blâmés de leur échec[1].

En 1633, William Penn essaya vainement d'introduire et de cultiver en Pensylvanie des variétés européennes. En 1690, des colons suisses, vignerons du lac de Genève, essayèrent de cultiver la vigne et de faire du vin dans le comté de Jessamine (Kentucky) ; mais leurs espérances furent bientôt frustrées, leur travail et leur capital—fr.50,000, une grosse somme pour l'époque — furent perdus.

Ce ne fut que lorsqu'ils commencèrent à cultiver une vigne indigène, qu'ils croyaient toutefois être originaire du Cap (voyez plus loin Alexander dans le Catalogue scientifique des variétés), qu'ils eurent un peu de succès.

Les tentatives faites avec des vignes d'Allemagne, de France et d'Espagne, renouvelées à plusieurs reprises, échouèrent toujours. On importa des milliers de vignes européennes des meilleures sortes, mais toutes périrent par les « vicissitudes du climat ». On cite des milliers d'échecs, pas un succès du-

[1] Ceci ne se comprendrait pas si l'on n'ajoutait que ces vignes échouèrent, malgré l'habileté probable des vignerons, parce que le Phylloxera (dont on ignorait naturellement l'existence) rendait impossible la durée de la vigne d'Europe.
　　　　　　　　　　　　　　　J.-E. P.

rable ; et Downing était parfaitement fondé à dire (Horticulturist, janvier 1851) « L'introduction de vignes étrangères dans notre pays pour la culture en grand, est impossible. Des milliers de personnes l'ont essayée ; le résultat a toujours été le même : une saison ou deux de promesses, puis un échec complet. »

Tandis que ce fait ne pouvait être nié, la cause en restait un mystère. Chacun déclarait la vigne européenne « impropre à notre sol et à notre climat ». Chacun attribuait son insuccès à cette cause. Mais nous, et sans doute plusieurs autres avec nous, nous ne pouvions nous empêcher de penser que « le sol et le climat » ne peuvent pas en être les seules causes ; car notre vaste pays possède

[1] Toujours excepté la Californie, qui était alors presque inconnue et qui est maintenant l'État le plus grand producteur de vin. Des comtés qui bordent la baie de San Francisco jusqu'à la rivière du Colorado, on y cultive avec succès plusieurs centaines de variétés des meilleures vignes européennes, et, même depuis l'apparition du Phylloxera évidemment introduit d'Europe par des vignes importées, on n'y demande pas de vignes américaines, si ce n'est pour y greffer des vignes d'Europe. Tout récemment on a introduit en Californie la vigne du Soudan découverte en Afrique, sur les bords du Niger (a) ; il en pousse maintenant quelques pieds venus de graines reçues par M.C.-A. Wetmore. Il est possible qu'ils y réussissent dans les comtés de Las Angeles et de San-Bernardino. Cette vigne particulière est annuelle, mais possède une racine tuberculeuse vivace. Les graines ressemblent beaucoup à celles des autres vignes et les feuilles à celles de certaines Rotundifolia des États méridionaux de l'Atlantique. Toutes nos remarques sur la culture de la vigne se rapportent seulement aux États situés à l'est des Montagnes Rocheuses, à moins que nous n'indiquions expressément le contraire.

(a)Cette vigne ou plutôt ces vignes du Soudan appartiennent à un genre très distinct de vrais Vitis et que j'appelle Ampelocissus. Les espèces de ce genre, disséminées dans les régions tropicales de l'Asie, de l'Afrique de la Nouvelle-Hollande et même du Mexique, donnent des fruits à la rigueur comestibles, mais sans valeur comme producteurs de vin. D'ailleurs leur culture est absolument impossible dans les régions tempérées.
　　　　　　　　　　　　　　　J.-E. P.

un grand nombre de localités où le sol et le climat sont tout à fait semblables à ceux de plusieurs parties de l'Europe où la Vigne prospère. Est-il dès lors raisonnable de supposer qu'aucune des nombreuses variétés cultivées en Europe sous des conditions climatériques si variées, de Mayence à Naples, du Danube au Rhône, ne puisse trouver un point équivalent aux États-Unis, dans un pays qui comprend presque tous les climats de la zone tempérée ? Si le sol et le climat sont si peu appropriés, comment se fait-il que les jeunes et faibles vignes d'Europe poussent si bien et donnent tant d'espérances pendant quelques saisons, quelquefois même, dans les grandes villes, pendant plusieurs années ? Comment expliquer que les meilleures variétés européennes d'autres fruits, la poire par exemple, viennent parfaitement ici, et que, si ce n'était le charançon dit Petit-Turc, la reine-claude et la prune d'Allemagne prospéreraient aussi bien ici qu'en Europe ? De légères différences de sol et de climat pourraient bien déterminer les différences marquées dans la constitution de la vigne, peut-être aussi dans le goût et la qualité des raisins, mais ne pourraient pas rendre suffisamment compte de leur insuccès absolu. Et cependant nos horticulteurs instruits ne voyaient pas d'autre cause ; ils allaient même jusqu'à enseigner « que, si nous voulions réellement acclimater ici la vigne exotique, il fallait avoir recours aux semis et élever deux ou trois nouvelles générations dans le sol et sous le climat d'Amérique ».

Pour obéir à ces indications, on a fait en vain de nombreuses tentatives pour obtenir ici, par semis, des sujets de vigne européenne qui supporteraient notre climat. Comme leurs parents, ces sujets parurent réussir pendant un certain temps [1], pour être bientôt mis de côté et oubliés.

[1] Parmi les vignes exotiques gagnées de semis aux États-Unis, et qui ont eu un nom et de la vogue, citons : *Brinkle* et *Emily*, obtenus par Peter Raabe, de Philadelphie ; *Brandy Wine*, né près de Wilmington, Del.; *Katarka*, *Montgomery* ou *Merril's seedling*, obtenue par le Dr W.-A. Royce,

Mais, en l'absence de toute raison expliquant ces échecs d'une manière satisfaisante, il est tout naturel qu'on n'ait pas cessé et qu'on ne cesse pas de faire des tentatives [1]. Nous-même, au printemps de 1867, nous avons importé d'Autriche environ 300 plants

de Newburg, N.-Y. A ceux-ci se rattachent aussi *Claret* et *Weehawken* (Voir la description). N. Grein, près d'Hermann (Missouri), introduisit, il y a une dizaine d'années, quelques très bonnes vignes nouvelles, qu'il prétendait de bonne foi avoir obtenues de pépins de Riesling d'Europe. Il se trouva qu'elles n'étaient pas du tout des semis de Riesling allemand, mais du Taylor américain. On les connaît aujourd'hui sous le nom de Missouri-Riesling, Dorées ou Golden de Grein, etc. (Voyez ces variétés.) George Haskell, expérimentateur persévérant, dit : « J'ai élevé des centaines de vignes provenant de semis de différentes variétés de vignes étrangères. Je plantai ces semis sous verre et les laissai deux ans dans la serre avant de les mettre en pleine terre. Aucune d'elles ne s'est bien portée... Elles sont toutes mortes au bout de quelques années, quoique bien abritées l'hiver.

[1] Th. Rush, un Allemand, planta en 1860 des variétés de *Vinifera* dans l'île Kelley ; elles parurent remarquablement bien marcher les trois premières années ; elles moururent alors et furent remplacées par des vignobles du Catawba.

Tout récemment, en 1872, M. J. Labiaux, à Ridgeway (Caroline du Nord), entreprit la plantation de 70,000 sarments (principalement Aramons) importés du midi de la France. Dans la même contrée, M. Eug. Morel, élève du Dr Jules Guyot (la meilleure autorité en fait de viticulture française), et d'autres personnes cultivèrent aussi plusieurs milliers de vignes européennes, sans succès.

La seule méthode favorable pour obtenir les belles vignes étrangères dans notre pays est la culture sous verre, au moyen d'une serre à vigne. Mais on ne la pratique que sur une très petite échelle, comme luxe de table, et même alors les racines des vignes qui sont vers le bord extérieur sont exposées à être attaquées par le Phylloxera, de telle sorte qu'on est obligé d'avoir recours à des vignes greffées sur des vignes américaines. Nous renvoyons à l'excellent *Traité d'Horticulture* de Peter Henderson ceux qui voudraient et pourraient se donner le plaisir de cette culture luxueuse.

enracinés (Veltliner, Baden bleu, Riesling,
Tokay, Uva Pana, etc.), non pas dans l'espoir d'un succès, mais en vue de découvrir,
par une observation attentive, la cause réelle
de l'insuccès, et, en la connaissant, d'arriver
peut-être à y obvier. Ces vignes poussèrent
d'une manière splendide ; mais pendant l'été
de 1869, quoique portant quelques beaux
fruits, elles commencèrent à montrer dans
leur feuillage une apparence jaunâtre et maladive. En 1870, plusieurs étaient mourantes,
et nous désespérions presque de découvrir la
cause de cette souffrance, quand le professeur
C.-V. Riley, alors entomologiste de notre
État, nous informa d'une découverte qui
venait justement d'être faite en France par
MM. Planchon et Lichtenstein.

D'après eux, la sérieuse maladie de la vigne
qui avait attaqué leurs beaux vignobles était
causée par un puceron des racines (Phylloxera) ayant une grande ressemblance avec
notre puceron américain des feuilles de vigne,
insecte à galles, depuis longtemps connu ici.
En 1871, et souvent depuis lors, M. le professeur Riley a visité nos vignobles, avec
notre pleine autorisation et notre concours
empressé, pour déterrer à la fois des vignes
saines et des vignes malades, afin d'on examiner les racines et d'étudier la question. Ses
observations et celles du professeur Planchon,
faites par l'un et l'autre aussi bien ici qu'en
France, et vérifiées et confirmées dans la
suite par tous les naturalistes éminents, ont
établi l'identité de l'insecte américain avec
celui qui a été découvert en France, et celle
des deux types, le type gallicole et le type
radicicole. Ainsi a été découverte la cause
principale de l'insuccès absolu des vignes
européennes dans notre pays. Jusqu'à présent
il paraît impossible de détruire cet ennemi ou
de s'en garantir ; tandis que les vigoureuses
racines de nos vignes d'Amérique jouissent
d'une immunité relative, le fléau se développe
sur les racines plus tendres de la vigne d'Europe, qui succombe promptement.

La Commission française, dans son Rapport
au Congrès viticole tenu à Montpellier en
octobre 1874, est arrivée à cette conclusion,
que : « en présence des insuccès où ont abouti
toutes les tentatives faites depuis 1868, en
vue de préserver ou de guérir nos vignes, et
en voyant que, après six ans d'efforts dans ce
sens, on n'a trouvé, sauf la submersion,
aucun procédé efficace[1], beaucoup de gens sont
tout à fait découragés et, à tort ou à raison,
voient dans les vignes américaines la seule
planche de salut ». Depuis lors, partout où les
viticulteurs les plus habiles et les plus pratiques, ainsi que les naturalistes les plus dis-
tingués, se sont rencontrés et ont échangé leurs
vues, aux Congrès internationaux tenus à
Lyon et à Saragosse en 1880 et à Bordeaux
en 1881, on a posé comme principes fonda-
mentaux « que le Phylloxera ne peut plus être
exterminé une fois qu'il a envahi un vignoble,
et que son introduction ne peut être empêchée
par aucune mesure préventive, mais qu'il
existe quelques moyens grâce auxquels, en
dépit de l'insecte, nous pouvons encore sau-
ver nos vignobles de la destruction et jouir de
leurs riches produits, et que le moyen le plus
pratique, le plus simple, le plus économique
et le plus sûr, c'est de planter les vignes américaines ». On cultive déjà des millions de
vignes américaines en France, des centaines
de mille en Espagne, en Italie, en Hongrie, etc.
Dès lors, combien plus devons-nous, nous
autres Américains, regarder pour le succès
de la Viticulture aux espèces qui sont indigènes chez nous et à leurs descendants.

La connaissance des caractères distinctifs
permanents de nos espèces et une bonne classification de nos variétés, qui s'y rapportent,
sont d'une importance beaucoup plus grande
qu'on le suppose généralement[2].

[1] Aujourd'hui, il faut reconnaître que certains
insecticides, mieux appliqués que dans les premiers temps, peuvent, dans des conditions de
terrains favorables, rendre de grands services pour
prolonger la vie des vignes phylloxérées.
                                        J.-E. P.

[2] M. A.-S Fuller lui-même, dans son excellent
Traité de la culture de la vigne, écrit en 1866,
disait : « Pratiquement, il est de peu d'importance
de savoir comment on envisage ces formes inusi-
tées (d'espèces distinctes ou de variétés définies

Il est possible que certains viticulteurs passent les pages suivantes comme inutiles ; nous espérons que d'autres nous sauront gré d'insérer dans ce Catalogue le remarquable travail écrit sur ce sujet par la meilleure autorité vivante— le Dʳ G. Engelmann,— travail que ce savant a bien voulu revoir—bien plus, qu'il rédigé presque entièrement à nouveau pour la présente édition. Il y a vingt-cinq ans, Robert Buchanan écrivait dans son livre sur la culture de la vigne: « Un arrangement parfait et définitif de toutes nos variétés doit rester l'œuvre des travailleurs futurs; mais il faut espérer qu'un but aussi louable ne sera pas perdu de vue ».

Les vraies[1] Vignes des États-Unis

Par le Dʳ G. Engelmann.

Les vignes sont au nombre des plantes qui varient le plus, même dans leur état sauvage, et chez lesquelles le climat, le sol, l'ombre, l'humidité, et peut-être une hybridation naturelle, ont donné naissance à une telle multiplicité et un tel enchevêtrement de formes, qu'il est souvent difficile de reconnaître les

de ces espèces); elles n'ont d'intérêt pour le cultivateur que comme variétés, et il ne lui importe pas d'une manière particulière que nous ayons cent espèces natives ou que nous n'en ayons qu'une seule.» Nous avons la satisfaction de voir qu'il y a attache beaucoup plus d'importance aujourd'hui.

[1] Nous ne nous occupons ici que des vignes *vraies* à grains comestibles. Ce sont celles dont les petits pétales verts ne s'étalent pas, mais adhèrent au sommet, et, se séparant par leurs bases, tombent ensemble comme un petit capuchon à cinq lobes. Les fleurs, et par conséquent le fruit, sont arrangées sous la forme bien connue de grappes (thyrse). C'est par là qu'elles se distinguent des *fausses* vignes (connues en botanique sous le nom d'*Ampelopsis* et de *Cissus*), qui ressemblent souvent aux vignes *vraies*, mais ne portent pas de grains comestibles. Leurs fleurs s'étalent régulièrement, s'ouvrant au sommet, et sont arrangées en grappes larges, aplaties au sommet (*Corymbes*).

types originaux et de rapporter à leurs propres alliances les différentes formes données. Ce n'est que par une étude attentive d'un nombre considérable de formes tirées de toutes les parties du pays, dans leur mode de développement et spécialement leur fructification, ou plutôt leurs graines, qu'on peut arriver à quelque chose qui appproche d'une disposition satisfaisante de ces plantes. (Tableau des Graines, fig. 1-33, pag. 21.)

Avant de passer à la classification de nos vignes, je crois nécessaire de faire quelques remarques préliminaires.

Les vignes cultivées dans la partie des États-Unis située à l'est des Montagnes Rocheuses y sont toutes indigènes ; la plupart d'entre elles ont été ramassées dans les bois, quelques-unes peut-être améliorées par la culture, et un petit nombre sont le produit d'une hybridation naturelle ou artificielle. Dans cette partie des États-Unis, on ne peut cultiver les vignes de l'Ancien-Monde qu'en serre. Mais les Espagnols les ont introduites avec succès au Nouveau-Mexique et en Californie, et dans ce dernier État on cultive sur une large échelle un grand nombre de variétés, et cette culture promet de devenir l'un des grands revenus du pays. Mais, à l'Est et au Nord, elles ont complètement échoué, par suite des effets destructeurs du Phylloxera, l'insecte aujourd'hui si redouté et si bien connu, dont nous parlerons davantage plus loin.

Les véritables vignes portent toutes des fleurs fertiles sur un pied et des fleurs stériles sur un autre pied séparé, et sont, par suite, appelées *polygames* ou, assez improprement, *dioïques*[1]. Les plantes stériles portent des fleurs mâles dont les pistils ont avorté, en sorte que si elles ne produisent jamais de fruits elles-mêmes, elles peuvent servir à féconder les autres. Toutefois les fleurs fertiles sont réellement hermaphrodites, puisqu'elles possèdent les deux organes et qu'elles sont capables de mûrir leur fruit sans le secours des

[1] Plus exactement polygames-dioïques.

J.-E. P.

plantes mâles[1]. On ne paraît avoir jamais observé de véritables fleurs femelles dépourvues d'étamines. Les deux formes, la forme mâle et la forme hermaphrodite, ou, si l'on préfère, celles à fleurs stériles et celles à fleurs complètes, se trouvent mélangées dans les localités natives des plantes sauvages ; mais naturellement on n'a choisi pour la culture que les plantes fertiles, et voilà pourquoi l'agriculture ne connaît qu'elles ; et comme la vigne de l'Ancien-Monde est cultivée depuis des milliers d'années, il en est résulté qu'on a pris à tort ce caractère hermaphrodite des fleurs pour une particularité botanique, par laquelle on croyait qu'il fallait la distinguer, non seulement de nos vignes américaines, mais aussi des vignes sauvages de l'Ancien-Monde [1]. Mais les plantes obtenues des graines de la vigne d'Europe, aussi bien que de toute autre vigne véritable, donnent généralement autant de sujets fertiles que de sujets stériles, tandis que celles qu'on obtient de marcottes ou de boutures ne reproduisent, comme il faut s'y attendre, que le caractère individuel de la plante-mère ou du cep [2].

[1] « Ces pieds fertiles sont néanmoins de deux sortes : les uns, *hermaphrodites parfaits*, ont autour du pistil des étamines longues et droites : les autres ont des étamines plus petites, plus courtes que le pistil, au-dessous duquel elles se réfléchissent de bonne heure en se recourbant : on peut appeler ces pieds-là des *hermaphrodites imparfaits :* s'approchant de la structure des pieds femelles, ils ne semblent pas être aussi fructifères que les hermaphrodites parfaits, à moins qu'ils ne soient fécondés par d'autres fleurs.

Il est bon d'insister ici sur ce fait que la nature n'a pas créé les plantes mâles sans un but déterminé, et ce but, sans aucun doute, est de faire servir les fleurs mâles supplémentaires à la fécondation des fleurs hermaphrodites ; car c'est un fait établi que le croisement entre fleurs diverses de la même espèce donne une fructification plus abondante et mieux réussie que l'auto-fécondation des fleurs soi-disant hermaphrodites. Les cultivateurs de vignes devraient peut-être partir de cette observation pour planter dans leurs vignobles quelques pieds mâles, par exemple 1 sur 40 ou 50, parmi leurs plants hermaphrodites. Ils pourraient attendre de cette pratique des fruits plus sains et résistant mieux au *rot* et aux autres maladies que les fruits venus dans les conditions ordinaires. Ces bons effets pourraient être attendus surtout chez des variétés à étamines courtes, telles que le Taylor. On peut aisément se procurer des pieds mâles, soit dans les bois, soit par les semis. Il va sans dire que ces pieds mâles devraient autant que possible appartenir à la même espèce (ou, mieux encore, à la même variété) que les pieds qui devraient recevoir le bénéfice de leur pollen. Peut-être les cultivateurs de vignes d'Europe pourraient-ils tirer profit de l'application de ce que je présente ici comme une simple conjecture. » Dr ENGELMANN.

Il y aurait beaucoup à dire, sur ce sujet, des fleurs diverses d'une même espèce ou variété de vigne. Normalement, les fleurs des pieds hermaphrodites ont les étamines plus courtes que les fleurs mâles. Par une anomalie assez fréquente chez la vigne d'Europe, il arrive que certains pieds produisent des fleurs à pétales plus ou moins étalés en étoile (au lieu de rester réunis en capuchon), et dans ces fleurs, les étamines, plus courtes que d'ordinaire, sont presque toujours stériles par imperfection de leurs anthères. Voir sur ces fleurs, dites dans le midi de la France « *Avalidouïres* », ce qu'a écrit M. Henri Marès dans le *Livre de la Ferme* de Joigneaux, pag. 350-351, et ce que j'ai écrit moi-même dans les *Ann. des Sciences Naturelles*, 5e série, tom. VI, pag. 228-237, le tout résumé dans une note du journal la *Vigne Américaine*, année 1882, pag. 271.

Une remarque générale à faire, c'est que dans les grappes de fleurs soi-disant hermaphrodites des vignes cultivées, la fleur centrale de chaque petit groupe ou cymule (divisions extrêmes du thyrse) est presque toujours la seule qui amène son fruit à bien : les fleurs latérales avortent le plus souvent de bonne heure, soit par suite d'une constitution imparfaite, soit parce que la fleur centrale, s'ouvrant et se fécondant la première, affame ses acolytes en absorbant pour elle la plus grosse part de la sève nourricière. J.-E. P.

[1] Le botaniste agronome français Bosc, qui avait habité la Caroline, a consigné, dans une Note de l'herbier De Candolle, le fait de la dioïcité des vignes des États-Unis, qui avait jusque-là échappé aux observateurs.

[2] Quelques observations (un peu superficielles, il est vrai) semblent indiquer la possibilité d'un changement des caractères sexuels des vignes sous

La disposition particulière des vrilles fournit une caractéristique importante pour distinguer de toutes les autres l'une de nos espèces les plus communes, le *Vitis Labrusca*, aussi bien les variétés sauvages que les variétés cultivées. Dans cette espèce — et c'est la seule qui soit ainsi — les vrilles ou leur équivalent (une inflorescence) sont opposées à chaque feuille, arrangement que je désigne sous le nom de *vrilles continues*. Toutes les autres espèces que je connais, présentent une alternance régulière de deux feuilles ayant chacune une vrille opposée, avec une troisième feuille sans vrille, arrangement qu'on pourrait nommer *vrilles intermittentes*. Comme tous les caractères tirés de la végétation, celui-ci n'est pas absolu. Pour le bien observer, il faut examiner des sarments bien venus, et non des jets d'une vigueur extraordinaire ou de petites branches d'automne rallongées. Les quelques petites feuilles du bas du sarment n'ont pas de vrilles à elles opposées ; mais, après la seconde ou la troisième feuille, la régularité de l'arrangement des vrilles tel que je viens de le décrire, manque rarement de se présenter. Sur des branches faibles, on trouve quelquefois des vrilles placées irrégulièrement à l'opposé des feuilles, ou quelquefois on n'en trouve pas du tout.

C'est un fait remarquable, lié à cette loi de végétation, que la plupart des vignes portent sur le même sarment seulement deux inflorescences, par conséquent deux grappes de raisins, tandis que, dans les formes se rattachant au Labrusca, il y en a souvent trois et quelquefois sur les pousses vigoureuses quatre ou cinq, ou rarement davantage même, de suite, chacune opposée à une feuille. Toutes les fois que, dans d'autres espèces et dans des cas rares, il se présente une troisième ou

l'influence de certaines circonstances ; et quelque je n'aie pas vu moi-même de fait de ce genre, ni entendu parler d'un cas où des vignes fertiles cultivées auraient commencé à porter des fleurs stériles (mâles), la chose n'est cependant pas absolument impossible, car nous savons que d'autres plantes (les saules par exemple) présentent quelquefois cette disposition.

quatrième inflorescence, on trouve toujours une feuille stérile (sans inflorescence opposée) entre la seconde et la troisième grappe.

Un autre caractère important, découvert par M. le professeur Millardet (de Bordeaux), se trouve dans la structure des branches (sarments comme on les appelle d'ordinaire). Elles renferment une grosse moelle, et cette moelle est divisée transversalement à chaque nœud (point où la feuille se trouve ou a été insérée) par ce qu'on appelle un diaphragme. Ce diaphragme se compose d'une moelle solide, plus dure, ayant l'apparence du bois. On peut l'observer le mieux dans les sarments de six à douze mois, quand la moelle est devenue brune et le diaphragme blanchâtre. Le meilleur moyen de mettre les diaphragmes à nu, c'est de pratiquer une section longitudinale. Dans la plupart des espèces, ils ont un ou deux pouces d'épaisseur ; mais dans le *Vitis riparia* (River banks grape), le diaphragme n'a pas plus de 1/8 à 1/4 de ligne d'épaisseur et dans le *Vitis rupestris* (Sand ou le Rock Grape), il n'est guère plus épais. Pour nous, ici, la détermination de cette espèce n'a pas une grande importance pratique. Mais comme elle est très demandée en Europe, il est bon de la caractériser avec soin. Ce caractère persiste en hiver, quand tous ceux du feuillage et du fruit ont disparu. Il n'y a qu'une seule vigne américaine, forme à d'autres égards aberrante, le *Vitis vulpina* (Southern Muscadine Grape) qui soit entièrement dépourvue de ces diaphragmes.

La gravure représente les diaphragmes des différentes espèces. Fig. 34, *Vitis riparia* avec le diaphragme le plus mince, et fig. 36, *Vitis cordifolia* à diaphragme épais ; le *Vitis æstivalis* est comme la précédente et le *Vitis Labrusca* à peine plus mince ; mais la fig. 35, le *Vitis rupestris*, a un diaphragme qui n'est pas beaucoup plus épais que la première. La fig. 37 montre le *Vitis vulpina* sans séparations.

On sait très bien que certaines espèces de *Vitis* poussent bien de bouture, tandis que d'autres sont difficiles à propager ainsi.

Les *Labrusca, Monticola, Riparia, Rupes-*

tris et *Palmata* sont faciles à propager. Les *Candicans, Æstivalis, Cinerea, Cordifolia,*

Fig. 34.   Fig. 35.   Fig. 36.   Fig 37.

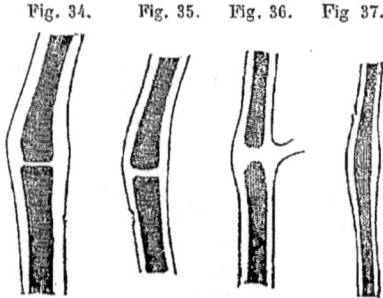

V. riparia.   V. rupestris. V. cordifolia. V. vulpina

Vulpina, et probablement *Californica*, sont d'une propagation presque impossible par bouture. Je ne sais pas ce qu'il en est de l'*Arizonica* et du *Caribæa*. On verra plus loin que les formes méridionales d'*Æstivalis* poussent plus ou moins bien de bouture.

La structure de l'écorce des jeunes sarments présente aussi des différences dans les différentes espèces ; mais comme ces caractères sont jusqu'à un certain point des détails microscopiques, je les passe sous silence ici. L'écorce des jeunes sarments est gris cendré (*V. cordifolia, V. cinerea*), rouge ou brunâtre (*V. æstivalis*). Après la première saison, elle se pèle en larges plaques ou en bandes étroites ; seule, l'écorce gris sombre de la Muscadine ne se pèle pas, au moins pendant un certain nombre d'années.

Les jeunes plants de toutes les vignes sont glabres, ou seulement très légèrement poilus. Le duvet cotonneux ou en forme de toile d'araignée, si caractéristique de quelques espèces, ne fait son apparition que chez les plantes plus avancées. Mais chez quelques-unes de leurs variétés, assez souvent chez les variétés cultivées, on l'observe principalement au moment de la jeune pousse du printemps, et il peut disparaître encore quand la feuille a mûri. Mais, même alors, ces feuilles ne sont jamais luisantes comme elles le sont dans les espèces glabres ; elles ont une surface sombre et non unie, ou même ridée.

La forme des feuilles est extrêmement variable et les descriptions doivent nécessairement rester vagues. Ces feuilles sont généraaigu et lement cordées à la base, soit avec un sinus étroit (*V. cordifolia* et plusieurs autres espèces), soit avec un sinus large et ouvert (*V. riparia* et *V. rupestris*). Les feuilles des jeunes semis sont toutes entières, c'est-à-dire non lobées.

Les jeunes pousses venant de la base de vieux ceps ont en général des feuilles à lobes profonds et variés, même quand la plante adulte ne présente pas cette disposition.

Certaines espèces (*V. riparia*), ou certaines formes d'autres espèces (formes de *V. Labrusca* et de *V. æstivalis*), ont toutes les feuilles plus ou moins lobées, tandis que d'autres présentent sur la plante adulte des feuilles toujours entières, ou, pour mieux dire, non lobées. Les feuilles de *V. rupestris* et du *V. vulpina* n'ont jamais de lobes. Il ne faut considérer comme normales que les feuilles des sarments qui portent des fleurs.

La surface des feuilles est lustrée et luisante et le plus souvent vert brillant, ou dans le *Rupestris* vert pâle ; ou bien elle est mate en dessus et plus ou moins glauque en dessous. Les feuilles lustrées sont parfaitement glabres, ou bien elles ont souvent, spécialement sur les nervures de la partie inférieure, une pubescence de poils courts. Les feuilles mates sont cotonneuses ou aranéeuses sur les deux côtés ou seulement en dessous, et ce duvet s'étend habituellement jusqu'aux jeunes branches et aux pédoncules, mais, comme je l'ai déjà dit, disparaît souvent dans le courant de la saison.

De chaque côté de l'insertion du pétiole ou tige de la feuille sur la petite branche, on trouve sur des rameaux très jeunes, se développant à peine, de petits organes accessoires qui disparaissent bientôt : ce sont les stipules. Dans la plupart des espèces, ils sont minces, membraneux, arrondis au sommet, quelque peu obliques, glabres chez quelques espèces, duveteux ou laineux chez d'autres.

Ils sont surtout visibles et allongés chez le *Vitis riparia*, où je leur trouve 2,72 à 3 lignes de long ; chez le *V. rupestris*, il sont 1 1/2 à 2 1/2 lignes ; chez le *V. candicans* et le *V. Californica*, à peine plus courts, et chez le *V. Labrusca* 1 1/2 à 2 lignes. Chez le *V. æstivalis*, *cordifolia* et plusieurs autres, ils n'ont qu'une ligne ou moins. Sur de jeunes rameaux très vigoureux, ils peuvent être quelquefois plus grands, de même que les feuilles de ces rameaux sont ainsi plus grandes que des feuilles normales.

On ne peut pas tirer un caractère bien distinctif de l'examen des fleurs. J'ai vu cependant que dans certaines formes les étamines ne sont pas plus longues que le pistil et se recourbent de bonne heure sous lui, tandis que dans d'autres formes elles sont beaucoup plus longues que le pistil et restent érigées jusqu'à ce qu'elles tombent. Il est possible que les fleurs à étamines courtes soient plus fertiles que les autres [1].

L'époque de la floraison est tout à fait caractéristique de nos espèces indigènes, et il semble que les variétés cultivées conservent en cela les qualités de leurs ancêtres. Les différentes formes de *Riparia* fleurissent les premières de toutes ; peu après vient le *Rupestris*, puis le *Labrusca* et ses dérivés, plus tard l'*Æstivalis*. Le *Cordifolia* est une des espèces qui fleurissent les dernières et plus tard encore le *Cinerea*. Le *Vinifera* parait fleurir peu de temps après le *Labrusca*, mais on ne la cultive pas ici, pas plus que le *Vulpina*, qui est probablement la plus tardive de toutes. Il est probable que le *V. Candicans* fleurit en même époque que le *Labrusca*.

Le *Riparia* commence à entr'ouvrir ses fleurs, aux environs de Saint-Louis, trois à cinq semaines avant qu'on y voie les premières fleurs d'*Æstivalis*. Dans des expositions favorables et des années précoces, elles font leur apparition dans notre voisinage dès le 25 avril, dans d'autres années quelquefois pas avant le 15 ou même le 20 mai, en moyenne vers le 10 mai, et en général vers le

[1] Comparez la note de la pag. 16.

temps où fleurit le Robinier (Black Locust). Ces deux plantes remplissent l'une et l'autre l'atmosphère des plus doux parfums. Le *Cordifolia*, et après lui le *Cinerea*, fleurissent au contraire depuis les derniers jours de mai jusqu'au milieu de juin (dans les années tardives), quand cette méchante plante, le fétide Ailante, si mal nommé l'Arbre du Ciel, exhale ses odeurs nauséabondes, et dès que le magnifique Catalpa étale ses splendides grappes de fleurs. Le *V. palmata*, dont nous ne connaissons encore que peu de chose, parait être celui qui fleurit le dernier chez nous, même après le *Cinerea*. Ainsi, nous n'avons pas ici de vigne en fleur avant le 25 avril ni après le 20 juin.

Les *graines* fournissent un des caractères botaniques des vignes. Les grappes peuvent être plus grandes ou plus petites, plus lâches ou compactes, branchues (ailées) ou plus simples, conditions qui dépendent, dans une large mesure, du sol et de l'exposition ; les grains peuvent être plus gros ou plus petits, de couleur et de consistance différentes et contenir plus ou moins de graines (jamais plus de quatre) ; mais les graines, quoique dans une certaine mesure variables, surtout quant au nombre [1] et à la pression qu'elles exercent les unes sur les autres, quand il y en a plus d'une, présentent quelques différences certaines. Le gros bout de la graine est convexe ou arrondi ou plus ou moins profondément entaillé. Le petit bout, celui d'en bas (le bec), est court ou abrupt et plus ou moins allongé. Sur le côté interne (ventral), se trouvent deux profondes dépressions longitudinales irrégulières. Entre ces deux dépressions est un bourrelet léger quand il y a une ou deux graines, ou plus prononcé quand il y en a trois ou quatre. Le long de ce bourrelet court le raphé (le funicule adhé-

[1] Une graine isolée est toujours plus épaisse, plus replète, plus arrondie ; deux graines sont aplaties sur le côté interne et arrondies sur le côté externe ; trois ou quatre graines sont plus allongées et angulaires. Ces différentes variations peuvent quelquefois se rencontrer dans les graines d'une même grappe.

rent ou corde), qui part du hile, là où est le bec, passe au sommet de la graine et se termine sur sa partie postérieure en un disque allongé ou circulaire bien marqué, appelé par les botanistes *chalaze*. Ce raphé est représenté sur ce bourrelet par un fil délié qui, en haut de la graine et derrière, est entièrement indistinct ou à peine perceptible, ou qui est plus ou moins proéminent comme un fil ou une corde. Dans nos espèces américaines, ces caractères paraissent être passablement sûrs; mais dans les variétés de l'Ancien-Monde (*Vinifera*) éloignées depuis des milliers d'années de leurs sources natives, la forme de la graine a subi aussi d'importantes modifications et ne peut plus être considérée comme un guide aussi sûr que dans nos espèces.

Mais, quelque différentes que ces graines soient entre elles, elles ont un caractère commun qui les distingue de toutes nos vignes américaines. Leur bec est plus étroit et d'ordinaire plus long, et leur large chalaze, sorte de petit disque dorsal, occupe la moitié supérieure et non le centre de la graine. Dans les espèces américaines, le bec est plus court et plus abrupt; la chalaze, en général plus petite et souvent non circulaire, mais plus étroite, est placée au centre de la partie postérieure de la graine. Si l'on désire s'en convaincre, on n'a qu'à comparer une graine de *Vinifera* à une graine de nos vignes, n'importe laquelle, dans le cas où les gravures suivantes ne seraient pas assez instructives.

La grosseur et le poids des graines varie beaucoup suivant les différentes espèces : ainsi, le *Labrusca* et le *Candicans* ont les plus grosses, le *Cinerea* et le *Riparia* les plus petites ; mais, même à l'état sauvage, nous trouvons des variations, par exemple chez l'*Æstivalis*, et encore plus chez le *Cordifolia*, et surtout le *Riparia*. Dans le *Vinifera*, la vigne d'Europe, les variations sont beaucoup plus grandes, au delà même de ce qu'indiquent nos gravures. Quelques personnes ont attaché de l'importance à la couleur, qui varie du brun au jaunâtre ; mais c'est, me semble-t-il, aller trop loin pour le but que nous nous proposons.

Les fig. des 33 graines de vignes représentées ici montrent les différents caractères que nous venons de mentionner. Les figures sont grossies quatre fois (4 diamètres), accompagnées d'un dessin au trait de grandeur naturelle. Elles représentent toutes la partie érieure de la graine.

Fig. 1 et 2. *Vitis Labrusca* ; graines de plantes sauvages; fig. 1, du district de Colombie, et fig. 2, des Montagnes de l'est de Tennessee. Les graines des variétés cultivées ne diffèrent pas de celles-ci ; elles sont toutes grandes, recourbées au sommet; la chalaze est généralement déprimée, et l'on ne voit pas de raphé dans la rainure qui s'étend de la chalaze à l'entaille.

Les fig. 3 et 5 représentent des graines de formes cultivées, qui portent toutes des traces évidentes d'hybridation et dénotent leur parenté avec le *Labrusca* par la forme et la grosseur de la graine aussi bien que par l'arrangement irrégulier des vrilles. La fig. 3 est la graine d'un Taylor, type voisin du *Riparia*. La fig. 4 est celle du Clinton, qui a peut-être les mêmes parents. La fig. 5 est celle du Delaware, qui est peut-être une hybride de *Labrusca* et de *Vinifera*.

Fig. 6 et 8. *Vitis candicans* ; graine semblable à celles du *Labrusca*, mais plus large, généralement à bec plus court, et moins distinctement entaillé. Fig. 6 et 7, du Texas, la dernière plus large et à bec plus large ; la fig. 8 est du sud de la Floride et est encore plus large et plus courte.

Fig. 9. *Vitis Caribæa* ; semblable à la précédente, mais plus petite ; graines courtes et épaisses, et profondément entaillées.

Fig. 10 et 11. *Vitis Californica* ; graines souvent plus petites, à peine ou pas du tout entaillées ; raphé indistinct ou tout à fait invisible ; chalaze étroite et longue. La fig. 10 représente une graine unique (une seule dans le grain) des environs de San-Francisco ; la fig. 11 représente une graine de 4 au grain, de San-Bernardino, dans le sud de la Californie.

Fig. 12. *Vitis monticola* ; graine ressemblant beaucoup à celles de l'espèce précé-

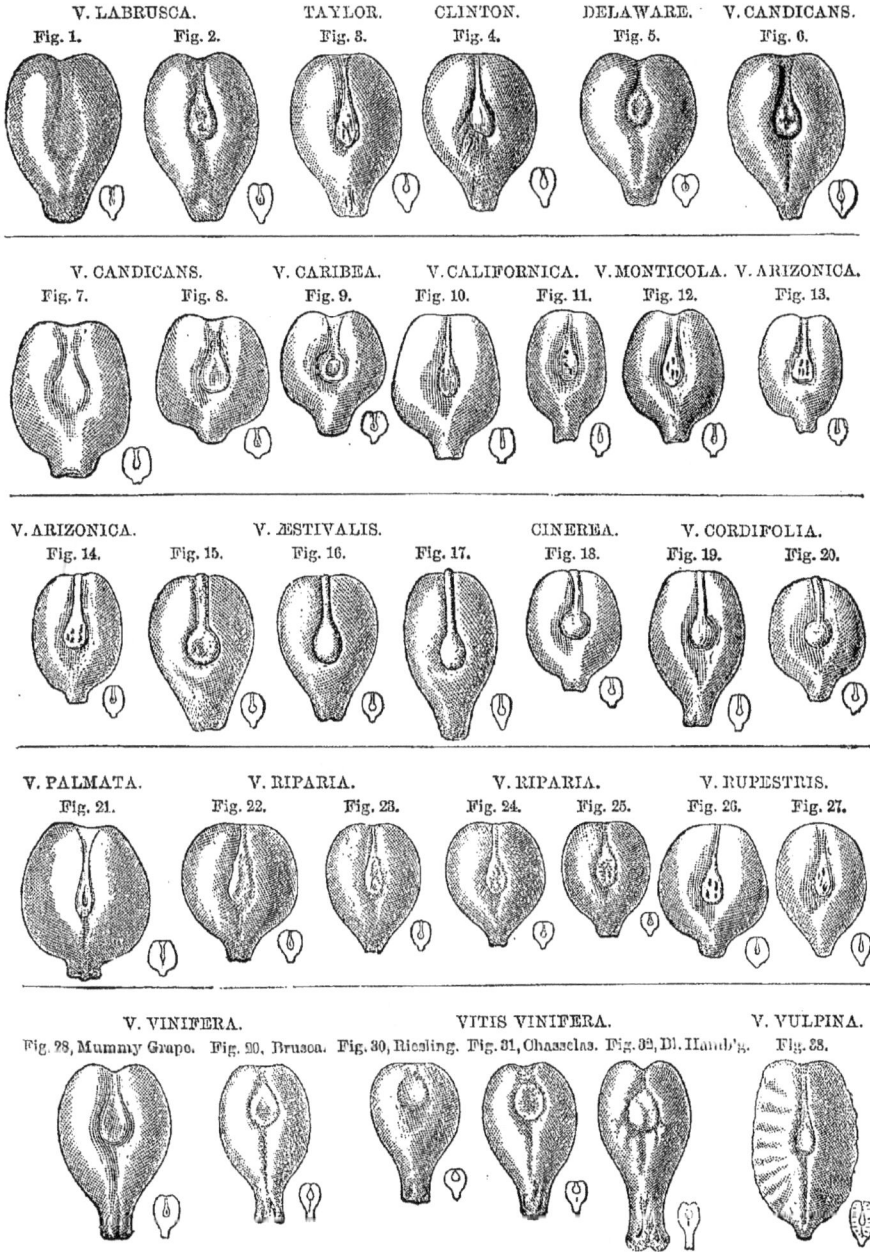

V. LABRUSCA.		TAYLOR.	CLINTON.	DELAWARE.	V. CANDICANS.
Fig. 1.	Fig. 2.	Fig. 3.	Fig. 4.	Fig. 5.	Fig. 6.

V. CANDICANS.		V. CARIBEA.	V. CALIFORNICA.	V. MONTICOLA.	V. ARIZONICA.	
Fig. 7.	Fig. 8.	Fig. 9.	Fig. 10.	Fig. 11.	Fig. 12.	Fig. 13.

V. ARIZONICA.		V. ÆSTIVALIS.		CINEREA.	V. CORDIFOLIA.	
Fig. 14.	Fig. 15.	Fig. 16.	Fig. 17.	Fig. 18.	Fig. 19.	Fig. 20.

V. PALMATA.	V. RIPARIA.		V. RIPARIA.		V. RUPESTRIS.	
Fig. 21.	Fig. 22.	Fig. 23.	Fig. 24.	Fig. 25.	Fig. 26.	Fig. 27.

V. VINIFERA.		VITIS VINIFERA.				V. VULPINA.
Fig. 28, Mummy Grape.	Fig. 29, Brusca.	Fig. 30, Riesling.	Fig. 31, Chasselas.	Fig. 32, Bl. Hamb'g.		Fig. 33.

dente, épaisse, entaillée, sans raphé distinct, et avec une chalaze longue et étroite.

Fig. 13 et 14. *Vitis arizonica*, des Montagnes de Santa-Rita ; graines petites, légèrement entaillées, à raphé plus ou moins distinct, mais aplati.

Fig. 15 et 17. *Vitis æstivalis* ; graines un peu plus grandes ; raphé en forme de corde et chalaze plus ou moins arrondie, fortement développée ; toutes les graines proviennent de vignes sauvages ramassées près de Saint-Louis ; les graines des formes cultivées, celles du Nord et celles du Midi, sont pareilles. Les fig. 15 et 16 appartiennent à des grains n'ayant qu'une ou deux graines ; la fig. 17 est plus étroite, elle représente une graine appartenant à un grain plus gros ayant 4 graines.

Fig. 18. *Vitis cinerea* ; graine semblable à la précédente, avec le même raphé fort, mais de plus petite dimension, et souvent unique.

Fig. 19 et 20. *Vitis cordifolia* ; graines semblables aussi aux deux dernières, mais raphé pas tout à fait aussi proéminent, le plus souvent unique ou à deux, rarement davantage, dans un grain. La fig. 19 est faite d'après un grain plus gros avec plus de graines, trouvé près de Saint-Louis. La fig. 20 est celle d'une graine unique, tirée du district de Colombie.

Fig. 21. *Vitis palmata* ; graine grosse, presque globuleuse, à bec très court ; chalaze étroite, pas de raphé visible, sommet légèrement déprimé.

Fig. 22 à 25. *Vitis riparia* ; graines semblables à la précédente, mais plus petites, quoique de dimension variable. Toutes ces graines proviennent de plantes sauvages : les fig. 22 et 23 de Goat Island, aux chutes de Niagara ; fig. 22, graine large unique ; fig 23, provenant d'un grain à trois graines ; fig. 24, d'un grain à deux graines, des bords du lac Champlain, dans le Vermont ; fig. 25, graine du June Grape (vigne de Juin) des bords du Mississipi, en aval de Saint-Louis. Ces graines sont obtuses ou très légèrement déprimées au sommet ; chalaze un peu aplatie,

allongée et se perdant graduellement dans la cavité qui entoure le raphé, à peine proéminent.

Fig. 26 et 27. *Vitis rupestris* : fig. 26 d'un grain à deux graines du Texas, et fig. 27, d'un grain à quatre graines du Missouri. Le haut de la graine est obtus, non entaillé, creusé, et le raphé est à peine perceptible dans la graine du Texas et invisible dans celle du Missouri.

Fig. 28 à 32. *Vitis vinifera*, de l'Ancien-Monde. J'ai placé ici différentes formes pour permettre de comparer avec les graines des espèces américaines, et pour montrer combien elles diffèrent entre elles-mêmes. La fig. 28 représente une graine provenant d'un lot de raisins trouvés avec une momie égyptienne, et probablement âgée de 3000 ans ou davantage. Les spécimens en sont conservés au Musée égyptien de Berlin. Le grain qui m'a été gracieusement donné était aussi gros que les grains des gros raisins d'Europe cultivés, et renfermait trois graines. On verra que c'est la plus grosse des graines de *Vinifera* figurées ici, ce qui indique peut-être une légère modification de la graine à travers les âges.

Fig. 29. *Brusca*, l'espèce indigène de la Toscane (Italie centrale) ; fig. 30, *Riesling*, cultivé sur les bords du Rhin ; fig. 31, *Gutedel (Chasselas)* de la même région; fig. 32, *Black Hamburg*, d'une serre à vignes près de Londres. Toutes ces graines sont faciles à distinguer de toutes les graines américaines par le bec (ou partie inférieure) plus étroit et généralement plus long, et spécialement par la grande chalaze circulaire, quoique pas très proéminente, qui occupe la partie supérieure et non le milieu de la graine. Ces cinq spécimens représentent les principales formes, mais les graines des autres vignes européennes ne concordent pas toutes avec eux.

Fig. 33. *Vitis vulpina* (ou *rotundifolia*) ; graine de la vigne muscadine de la Caroline du Sud, différente de toutes les autres graines de vigne, tout autant que la plante diffère de toutes les autres vignes ; graine très plate, à bords rugueux, bec très court, ridée ou plutôt plissée des deux côtés, échancrée au sommet ; chalaze très étroite et raphé invisible.

On peut arranger systématiquement les vignes américaines dans l'ordre suivant :

I. Vignes vraies, à écorce lâche, s'enlevant par rubans, grimpant à l'aide de vrilles fourchues, ou quelquefois (dans le n° 12) presque sans vrilles.

A. Vignes à vrilles plus ou moins continues.

1. Vitis Labrusca, *Linné. Fox-grape* du Nord, mère d'un grand nombre de variétés cultivées et d'hybrides.

B. Vignes à vrilles intermittentes.

a. Feuilles pubescentes ou floconneuses, spécialement sur la face inférieure et quand elles sont jeunes, souvent devenant glabres avec l'âge.

* Raphé sur la graine indistinct.

2. Vitis candicans, *Engelmann*, Mustang du Texas.

3. Vitis Caribæa, *De Candolle.* La vigne des Indes-Occidentales ; rare dans la Floride.

4. Vitis Californica, *Bentham.* La vigne de Californie.

5. Vitis monticola, *Buckley.* Le *Mountain grape* du Texas occidental.

6. Vitis arizonica, *Engelmann.* La vigne de l'Arizona.

** Raphé très apparent derrière la graine.

7. Vitis æstivalis, *Michaux. Summer grape* des États du Centre et du Sud, avec plusieurs variétés.

8. Vitis cinerea, *Engelmann. Downy grape* de la vallée du Mississipi.

b. Feuilles glabres, ou quelquefois avec des poils courts, spécialement sur les nervures de dessus, la plupart luisantes.

* Raphé derrière la graine apparent.

9. Vitis cordifolia, *Michaux. Frost grape* des États du Centre et du Sud.

** Raphé indistinct.

10. Vitis palmata, *Vahl. Red grape* (vigne rouge) de la vallée du Mississipi.

11. Vitis riparia, *Michaux. River side grape* des États-Unis et du Canada.

12. Vitis rupestris, *Scheele. Rock ou Sand grape* de la vallée occidentale du Mississipi et du Texas.

Vitis vinifera, *Linné.* La vigne de l'Ancien-Monde et de la Californie ; c'est ici qu'elle trouverait systématiquement sa place.

II. Muscadine grape, à écorce (sur les jeunes branches) fortement adhérente et ne se détachant que sur les ceps plus vieux ; dans les localités humides, racines aériennes partant du tronc ; vrilles intermittentes, simples ; grains très gros (7 à 10 lignes de diamètre), très peu nombreux à la grappe, se détachant facilement à la maturité ; graines à rides transversales ou rainures étroites des deux côtés.

13. Vitis vulpina, *Linné* (Rotundifolia, *Michaux*). *Southern Fox grape* ou muscadine [1].

Rafinesque, Le Comte et d'autres ont dans le temps tâché de distinguer et de caractériser un assez grand nombre d'autres espèces ; tandis que, d'un autre côté, M. Regel, directeur du Jardin botanique de Saint-Pétersbourg, a récemment essayé, plutôt à tort, de les condenser et de les réunir aux espèces de l'Ancien-Monde. Le *Vitis vinifera,* d'après lui, est le résultat de l'hybridation de plusieurs de ces espèces.

Je me propose maintenant de faire un court exposé botanique des treize espèces énumérées plus haut, laissant à l'auteur de ce traité la tâche d'ajouter les importantes remarques pratiques que le sujet comporte.

1. Vitis Labrusca, *Linné.* Ordinairement petite ; grimpant sur les buissons et les petits arbres, accidentellement atteignant la cime

---

[1] Le nom de *vulpina* devrait être rejeté, car Linné et beaucoup d'autres auteurs subséquents l'ont appliqué à des espèces différentes. C'est pour éviter cette confusion que nous adoptons pour notre part le nom de *rotundifolia* Michx. Seulement, par déférence pour le mémoire du Dr Engelmann, nous laissons dans son œuvre *vulpina* comme synonyme de *rotundifolia.* J.-E. P.

des plus grands arbres ; se distinguant de toutes les autres espèces, comme je l'ai déjà établi, par ses vrilles continues et, comme conséquence, par ses grappes continues de fleurs et de fruits ; stipules de moyenne grandeur, environ deux lignes de long au moins ; feuilles grandes (4 à 6 pouces de large), épaisses, d'une texture solide, entières ou dans quelques formes profondément lobées, très légèrement dentées, revêtues, quand elles sont jeunes, d'un épais duvet rouilleux ou quelquefois blanchâtre, qui dans la plante sauvage persiste au-dessous de la feuille, mais qui disparaît presque de la feuille adulte de quelques variétés cultivées ; grains gros formant parfois des grappes de moyenne grandeur, ou, dans plusieurs formes cultivées, des grappes assez grosses, ayant deux ou trois et même quatre graines grosses, échancrées, sans raphé visible. (Voyez la planche des graines, pag. 21, fig. 1 et 2.)

Cette espèce, connue d'habitude sous le nom de *Fox grape*, ou *Fox grape* du Nord, est originaire des Monts Alleghany et de leur revers oriental jusqu'à la côte, depuis la Nouvelle-Angleterre jusqu'à la Caroline du Sud, où elle préfère les fourrés humides ou les sols granitiques[1]. Çà et là elle descend le long des rivières, sur le revers occidental des montagnes, mais est étrangère à la vallée du Mississipi proprement dite.

Le Labrusca poussant généralement dans les sols ou les détritus granitiques qui peuvent favoriser la plante, je suggérerais l'idée de planter des vignobles de Catawba,(qui est un Labrusca), dans les régions granitiques de nos montagnes d'Ozark, et je croirais à de bons résultats.

Le plus grand nombre de variétés de vignes cultivées aujourd'hui dans notre pays est issu de cette espèce; quelques-unes ob-

[1] Ce fait que le *Labrusca* sauvage vient dans les terrains siliceux n'expliquerait-il pas pourquoi les dérivés cultivés de cette espèce n'ont réussi en Europe que dans les terrains siliceux, et sont le plus souvent atteints de jaunisse dans les terrains calcaires? J.-E. P.

tenues par nos pépiniéristes, mais la plupart ramassées dans les bois. On les reconnaît facilement aux caractères que j'ai indiqués, et plus encore à l'arrangement particulier des vrilles que j'ai déjà décrit. Dans l'Ouest et le Sud-Ouest, on prend assez souvent pour des *Labrusca* des variétés d'*Æstivalis* à feuilles grandes et duveteuses ; mais il est toujours possible de distinguer les deux espèces au moyen des caractères indiqués.

C'est aussi l'espèce dont on s'est généralement servi pour en faire l'un des parents (le plus souvent la mère) dans les hybridations artificielles, et comme c'est l'espèce la plus individualisée ou spécialisée de toutes nos vignes (peut-être de toutes les vignes connues), ses caractères prévalent dans les hybrides sans erreur possible, et laissent rarement en doute la question de savoir à qui doit être rapportée la forme à déterminer. Je reviendrai sur ce sujet plus loin à propos des *Hybrides*.

2. VITIS CANDICANS, *Engelmann*. (V. *Mustangensis*, Buckley.) *Mustang grape* du Texas ; vigne grimpante, élancée, à feuilles assez grandes, arrondies, presque non dentées, recouvertes d'un duvet cotonneux blanc en dessous, à grains gros, qui, comme ceux du *Labrusca* sauvage, présentent différentes couleurs, verdâtre, rougeâtre et noir-bleuâtre, et qui, dans leur pays d'origine, servent à faire du vin. Sur les rameaux et les pousses jeunes, les feuilles ont généralement de nombreux lobes profonds et élégants, ce qui, avec le contraste du vert foncé du dessus de la feuille et du blanc pur du dessous, ferait de cette espèce une vigne très décorative pour garnir les arbres, si elle pouvait être protégée contre les fortes gelées. On pourrait peut-être le faire en l'étendant et en la couvrant avec la terre. Au Texas, elle pousse dans la plaine aussi bien que sur les collines calcaires et s'étend même dans la région granitique. On l'a aussi trouvée dans la Floride, où l'on retrouve avec elle beaucoup de plantes du Texas. La forme de la Floride, prise à une certaine époque pour la *Vitis Caribæa*, dont elle est au contraire tout à fait distincte,

a des graines plus courtes et relativement plus épaisses (fig. 8).

3. VITIS CARIBÆA, *De Candolle*. Cette vigne est une espèce des Indes-Occidentales qui a récemment, avec d'autres plantes tropicales, pénétré dans la Floride, où M. Curtiss l'a découverte. La feuille est duveteuse, cordée, non lobée, mais caractérisée par les dents distantes les unes des autres, petites mais aiguës. Ses grains noirs sont petits et ne renferment en général qu'une ou deux graines. Je trouve les graines de la forme de la Floride, que M. A.-H. Curtiss a eu l'obligeance de m'envoyer, plus grosses que celles du type des Indes-Occidentales.

4. VITIS CALIFORNICA, *Bentham*. C'est la seule vigne sauvage de notre côte du Pacifique ; buisson bas, d'un ou deux pieds de haut, venant dans les lits desséchés des rivières du sud de l'Orégon. Elle grimpe très haut dans le sud de Californie, avec une tige de trois pouces et plus de diamètre. Elle se distingue par ses feuilles cordées, arrondies, blanchâtres, duveteuses, et par ses petits grains noirs en grosses grappes, ses graines obtuses, mais à peine entaillées (fig. 10 et 11), sans raphé ou avec une simple trace de cet organe, et avec une longue et étroite chalaze. On n'en fait aucun usage, mais elle a été dernièrement recommandée comme porte-greffe pour les vignes européennes de Californie, attaquées par le Phylloxera. Car cette vigne elle-même, originaire d'une contrée primitivement exempte de cet insecte, en est aussi indemne qu'aucune de nos vignes de la vallée du Mississipi.

5. VITIS MONTICOLA, *Buckley*. D'ordinaire, petite vigne buissonneuse, grimpant rarement sur de grands arbres ; petites branches angulaires ; jeunes tiges, pétioles et feuilles cotonneux, duveteux, le duvet disparaissant graduellement, persistant seulement par-ci par-là en amas floconneux ; stipules très courtes (1/2 ligne de long) ; feuilles profondément cordées, à sinus arrondi, à trois lobes très courts, bordés de dents petites mais larges, un peu ridées à la face supérieure, mais les plus anciennes très lisses et souvent remarquablement luisantes en dessous (spécialement

dans les spécimens desséchés) ; habituellement petites, pas plus de trois pouces de diamètre, 3 ou 4 pouces sur les rameaux vigoureux seulement ; vrilles discontinues, souvent se flétrissant et tombant dans les formes buissonneuses ; grappes compactes, courtes ; grains de 4 et rarement 5 lignes de diamètre ; graines obtuses ou légèrement entaillées ; chalaze assez étroite, remontant jusque dans une large cavité, mais sans raphé visible.

C'est une des plus petites espèces ; elle est particulière à la région crétacée, accidentée, de l'ouest du Texas, ne s'étendant ni dans la partie basse ni dans la région granitique ; commune aux environs de San-Antonio, New-Braunfels, Austin, etc. ; cultivée aussi accidentellement près de San-Antonio, et alors les grappes et les grains deviennent plus gros. Cette plante a donné lieu à beaucoup de considérations et de controverses. Il y a cinquante ans environ, le botaniste suisse Berlandier la trouva dans l'ouest du Texas [1] ; mais il n'y a pas plus de vingt-cinq à trente ans que le professeur Buckley la dénomma et la décrivit. Par malheur, sa description était si insuffisante que pas un botaniste ne put reconnaître la plante ; seuls les habitants de ces régions, qui connaissaient bien « la petite vigne de montagne », comprirent ce qu'il voulait dire. Buckley mentionnait un grain très comestible, vert, de moyenne grosseur. Cette indication fit faire fausse route aux botanistes français, qui cherchèrent cette plante parmi les nombreuses formes de Labrusca, et le professeur Planchon en changea par suite le nom en celui de *Vitis Berlandieri* [2]. Pour justifier

---

[1] J'ai trouvé sur ces échantillons les premières galles de Phylloxera, qui, ainsi conservées accidentellement, prouvent l'existence de l'insecte en Amérique (existence dont personne, il est vrai, ne doute aujourd'hui) longtemps avant qu'il fût connu de la science, ici ou en Europe, et qui prouvent aussi sa présence jusque dans le sud du Texas.

[2] Malgré l'autorité du Dr Engelmann, je persiste à considérer le *Vitis monticola* de Buckley comme une plante douteuse, et à garder le nom de *Vitis Berlandieri* pour la plante découverte par Berlan-

4

la description de Buckley, on dit maintenant qu'il existe une forme de cette espèce spécialement aux environs de Fredericksburg et sur les frontières du Llano-Estacado, à grains verts, un peu plus gros. J'apprends que M. J. Meusebach tâche de la trouver et de l'introduire dans la culture. L'espèce poussera facilement de bouture.

6. VITIS ARIZONICA, *Engelmann*. Se rattache étroitement à la précédente; leurs graines sont semblables. Mais le raphé de celle-ci, plat, quoique rarement proéminent, est large et quelquefois non apparent; petites branches angulaires; feuilles en cœur, à sinus assez ouvert, arrondi et non lobées, ou à deux lobes peu accusés, floccoso-cotonneuses dans leur jeune âge; glabres, épaisses, très rigides (et, surtout, à la face supérieure), rugueuses quand elles sont plus âgées; grains petits ou moyens; on les dit d'un goût douceâtre.

7. VITIS ÆSTIVALIS, *Michaux*. Grimpant sur les buissons et les petits arbres à l'aide de vrilles crochues, discontinues; petites branches arrondies, écorce de celles qui sont mûres le plus souvent rouge et se détachant en larges plaques; feuilles grandes (4 ou 5 et 6 pouces de large), d'un tissu solide, entières ou souvent plus ou moins profondément et obscurément lobées de trois à cinq lobes, à

dier et cultivée aujourd'hui en France sous le nom de *Surett Mountain* (corruption des mots *Sweet Mountain grape*). Buckley attribue en effet à son *Vitis monticola* des fruits à grains blancs de grandeur moyenne et délicieux au goût. Or les fruits du *Vitis Berlandieri* ont les grains petits, noirs et âpres. En présence de telles contradictions, le plus sûr est, je crois, de donner un nom précis à la plante que l'on peut bien définir, et de laisser dans les espèces inconnues celles dont on n'a pu vérifier les caractères.

Pratiquement parlant, le *Vitis Berlandieri* pourra acquérir une importance réelle, le jour où on trouvera le moyen de le multiplier facilement de bouture, car il donne aux greffes qu'on y insère une vigueur et une fertilité remarquables. Notre ami, M. G. Foëx, est en train de chercher dans les semis de la plante des variétés qui puissent prendre de bouture en assez forte proportion.

.J.-E PLANCHON.

sinus arrondi, avec dents courtes et larges; dans leur jeune âge, toujours très laineuses ou cotonneuses, le plus souvent rouge vif ou couleur de rouille; à la fin, unies, mais mates, pâles ou glauques en dessous et jamais luisantes; stipules très courtes et arrondies, le plus souvent avec duvet couleur de rouille; grains moyens, noirs, 5 à 7 lignes de diamètre, même 7 ou 8 lignes dans les formes du Sud-Ouest[1], à surface pruineuse quand ces grappes sont bien développées, en grappes compactes, souvent cylindriques; graines assez grosses, le plus souvent deux ou trois dans le même grain, arrondies au sommet, montrant un raphé très proéminent, cordiformes et plus graduellement atténuées vers le bec qu'il n'est ordinaire dans nos espèces.

C'est la vigne bien connue sous le nom de *Summer grape*, commune dans les États du Centre et du Sud. On la trouve généralement sur les hauteurs et dans les bois ou les fourrés secs et ouverts; ses fruits mûrissent en septembre. C'est une de nos vignes les plus variables, ce qui a entraîné plusieurs botanistes à créer un grand nombre d'espèces à part, tandis que d'autres, et moi-même parmi eux, ont assigné des limites trop étendues à l'espèce et y ont fait entrer des formes qui, maintenant qu'elles sont mieux connues, doivent en rester séparées.

Parmi ces dernières, je mentionnerai le *V. monticola* et *V. cinerea*, dont la description se trouve à la place qui leur convient. Parmi les premières, je dois cependant maintenir avec le *V. æstivalis* la forme que Buckley a distinguée sous le nom de *V. Lincecumii*. Cette dernière, souvent plus buissonneuse que grimpante, a des grains plus gros, des feuilles ayant souvent de 3 à 5 lobes profonds et revêtues d'un duvet ou tomentum épais et rouilleux, qui souvent persiste tout à fait. Certaines formes à feuilles très grandes et laineuses ont plus d'une fois été prises pour

[1] L'auteur fait ici allusion aux soi-disant *Æstivalis* à gros fruits de M. Jaeger; mais je soupçonne fort ces prétendus *Æstivalis* d'être des produits hybrides et non des *Æstivalis* purs.

J.-E. PLANCHON.

des *Labrusca*, et cette espèce, abondante dans les forêts sablonneuses de Post-oak (Quercus stellata) de l'est du Texas, où elle est connue sous le nom de Post-oak ou Sand grape, mais s'étendant aussi jusqu'à l'Arkansas et au Missouri, a été ainsi signalée comme existant dans les États de l'Ouest et du Sud-Ouest, auxquels le vrai *Labrusca* est entièrement étranger.

Le *V. æstivalis* est une des espèces les plus importantes pour nous, et, dans l'Ouest du moins, ses variétés ont déjà pris la place que le Labrusca tenait autrefois dans nos cultures, préférence qui s'explique, non seulement par leur résistance plus grande, voire même absolue, au Phylloxera, mais aussi par leur valeur intrinsèque comme raisin de cuve (et même de table), malgré la grosseur bien plus grande des grains de Labrusca. Malheureusement les formes typiques ne peuvent pas se propager de bouture, et il y a un certain nombre de variétés qui, originaires du Sud, ne sont pas tout à fait rustiques ici ; mais, d'un autre côté, elles ont l'avantage de se propager facilement de bouture dans certaines localités favorables. Leurs feuilles sont plus minces que celles de notre type, et tomenteuses seulement dans leur jeune âge; les grappes sont plus grosses, plus ailées ; les grains, quoique plus petits, sont beaucoup plus doux et plus juteux. Elles comprennent entre autres le *Cunningham*, à feuilles moins divisées, et l'*Herbemont* et le *Lenoir*, à feuilles profondément lobées, les deux premières à grains plus clairs, la seconde à grains noir foncé.

Malheureusement nous ne connaissons encore aucune plante sauvage d'où ces variétés puissent être sorties; il faut chercher pour cela dans les montagnes et sur les collines des Carolines et de la Géorgie, et ce ne sera que quand on les aura trouvées à l'état sauvage que nous pourrons juger avec sûreté de leurs caractères botaniques. Pour ce qui est de leurs exigences culturales, il faut consulter la suite de cet ouvrage. Je veux seulement établir ici qu'il existe quelques légères raisons de soupçonner que ce sont des hybrides de l'*Æstivalis* et de quelque forme de *Vinife-*

ra, quoique les graines soient entièrement celles de l'*Æstivalis*, comme aussi la résistance au Phylloxera. La variété *Lenoir*, souvent appelée *Jacquez*, et au Texas *Black Spanish*, a été introduite par millions dans le midi de la France, où l'on a trouvé que, non seulement elle était un excellent porte-greffe, mais, de plus, qu'elle donnait, par la culture directe, un vin de qualité supérieure et très riche en matière colorante, avantage si apprécié dans ce pays-là.

8. VITIS CINEREA, *Engelmann*. Intimement allié à l'*Æstivalis*, auquel je l'avais rattaché d'abord comme une variété, à peu près de même taille, rarement plus élancée. Il s'en distingue par sa pubescence blanchâtre ou grisâtre, qui persiste même en hiver, surtout sur les petites branches; par les petites branches angulaires, la pubescence étant spécialement développée sur les angles ; par les feuilles cordiformes, souvent entières ou légèrement trilobées, plus ou moins recouvertes d'un duvet gris, ressemblant souvent à une feuille de tilleul, avec un sinus habituellement assez étroit; par l'inflorescence grande, lâche, qui ouvre ses fleurs un peu plus tard qu'aucune autre de nos espèces ; par les grains noirs petits, d'environ quatre lignes de diamètre, sans fleur, d'un goût acide agréable, jusqu'à ce que la gelée les rende doux ; et par la graine petite, épaisse, à bec court.

Cette espèce se trouve dans le riche sol de la vallée du Mississipi, depuis l'Illinois central jusqu'à la Louisiane et au Texas, surtout dans les plaines basses et sur les bords des lacs, dans des stations où l'on rencontre rarement l'*Æstivalis*. Elle est très abondante près de Saint-Louis, dans de pareilles conditions.

9. VITIS CORDIFOLIA, *Michaux*. C'est la plus élancée de nos vignes grimpantes, dans nos fonds boisés, à sol profond; mais souvent aussi elle traîne sur les buissons et les haies. Connue sous le nom de Winter ou Frost grape, fleurissant tard et mûrissant tardivement ses grains d'un noir brillant, fortement parfumés.

La plante est glabre ; les petites branches et la surface inférieure des feuilles sont garnies de quelques poils ; les petites branches obscurément angulaires (sous ce rapport, intermédiaire entre les deux espèces précédentes); diaphragme, aux nœuds des branches, épais, rarement, aux nœuds d'en bas, manquant ; feuilles assez grandes, trois ou quatre pouces de large, ou plus, pas du tout lobées ou légèrement trilobées, cordiformes, à sinus profond étroit, ou plus large, mais toujours pointu, bordées de dents apparentes assez grandes, finissant en pointes aiguës ; stipules courtes; fleurs en grappes grandes, en général lâches, fleurissant assez tard ; grains petits (trois ou quatre lignes de diamètre), noirs et luisants, ayant un bouquet prononcé et particulièrement désagréable ; mangeables seulement après les gelées ; grains à raphé léger ou fort.

Plante commune depuis les États du Centre jusque dans le Texas au Sud ; inconnue, je le crois, dans le nord de l'État de New-York ou de la Nouvelle-Angleterre, mais pas rare en Pensylvanie et dans le New-Jersey, et se trouvant aussi près de la ville de New-York ; très commune dans le sol profond des vallées des rivières de l'Ouest, où elle acquiert son plein développement. Là, le tronc atteint parfois 30 à 38 pouces de circonférence (sud du Missouri, le long du chemin de fer de l'Iron Mountain) ; le tronc trouvé par M. Ravenel à Darien, Géorgie, et mesurant 44 pouces de tour, appartient-il à cette espèce ? C'est ce que je ne puis pas dire; mais sa supposition qu'il s'agissait d'un *Æstivalis* n'est pas du tout probable ; le fait avancé par les journaux à propos d'une vigne du golfe Hammock, en Floride, qui aurait 69 pouces de circonférence, est considéré comme un « attrape-lourdaud » par les botanistes de la Floride.

Le sinus des feuilles aigu, le plus souvent étroit, la petitesse des stipules, la largeur des diaphragmes, le caractère des graines, le fait qu'il ne pousse pas de bouture, et sa floraison tardive, distinguent amplement cette espèce du *Vitis riparia*, avec lequel on l'avait si longtemps et si obstinément confondue.

10. VITIS PALMATA, *Vahl*, est cultivé au Jardin des Plantes de Paris depuis plus de cent ans peut-être, et s'est, de là, répandu dans les autres jardins de l'Europe, sans avoir, semble-t-il, attiré l'attention des botanistes depuis sa première publication en 1794.

La description de Vahl est assez exacte, à l'exception de l'indication de la patrie, qu'il donne comme étant la Virginie, négligence ou ignorance qu'il ne faut pas reprocher trop sévèrement aux botanistes qui vivaient il y a un siècle. La graine en avait été probablement portée, à l'origine, à Paris par des missionnaires français, qui circulaient, comme on sait, il y a cent ou deux cents ans dans la vallée du Mississipi. Peu après la publication de la description de Vahl, Michaux décrivit cette intéressante espèce « croissant abondamment sur les bords des rivières dans l'Illinois », et la nomma *V. rubra*. Il ne paraît pas avoir reconnu la vigne qu'il pouvait avoir eu l'occasion de voir pousser sous ses yeux à Paris, et il annota provisoirement les échantillons de cette vigne dans son herbier sous le nom de *V. riparia* [1].

Au printemps dernier, M. H. Eggert (de Saint-Louis) découvrit de nouveau sur les bords du Mississipi, vis-à-vis Alton, cette plante longtemps négligée, et l'y ramassa de nouveau cet été, quand elle se montra comme étant la plus tardive de toutes nos espèces à fleurir (elle est encore loin d'être en fleur aujourd'hui, 10 juin). Il ne peut pas y avoir de doute sur l'identité de cette plante avec les *V. palmata* de Vahl, et *rubra* de Michaux, pas plus que sur la complète distinction à faire entre elle et le *Riparia*. On la trouve, avec cette dernière, couvrant des fourrés de saules et d'autres buissons dans les bas-fonds, inondés pendant les hautes eaux. Ses branches, rouge vif, dont l'écorce

[1] Dans un article de la *Vigne américaine* trop long pour être transcrit ici, j'ai développé les raisons qui me portent à séparer le *Vitis rubra* Michaux du *Vitis palmata* Vahl (*Vitis virginiensis* Juss., *V. virginiana* Poiret). Le *Vitis rubra* est aujourd'hui cultivé en Europe et pourra bientôt être étudié au point de vue pratique (Voir *Vigne américaine*, tom. VIII, janvier 1884, pag. 15). J.-E. P.

se détache en larges plaques, très visibles à travers le feuillage noirâtre, uni, mais terne (beaucoup plus uni que celui du *Riparia*), montrent de suite combien le nom donné par Michaux était approprié. Les diaphragmes sont épais. Les feuilles ont un sinus large et sont simples ou souvent profondément lobées à trois, rarement cinq lobes, généralement étirés en pointes longues et effilées ; le dessous en est souvent un peu tomenteux le long des nervures ; stipules moyennes, 1 1/2 ou 2 lignes de long ; grappes florales, grandes et lâches sur de longs pédoncules ; grains assez petits (4 ou 5 lignes de diamètre), noirs, sans fleur ; graines, deux ou trois, très grandes et épaisses, arrondies, à bec très court, déprimées au sommet, sans raphé visible.

Notre plante se distingue facilement du *Riparia* par le diaphragme épais, les branches rouges, la floraison tardive et les grains sans fleur, mûrissant tard ; la forme des feuilles et des graines, la facilité à pousser de bouture, la séparent nettement du *Cordifolia*.

11. VITIS RIPARIA, *Michaux*, la vigne des bords de rivières, a pris récemment une grande importance. C'est la vigne sur laquelle la France compte le plus pour la reconstitution de ses vignobles. La vigueur de sa végétation, qui s'adapte à peu près à tous les climats, sa parfaite résistance à l'insecte, sa facilité à reprendre de bouture et à recevoir greffe, semblent la rendre particulièrement propre à cette destination.

Cette espèce grimpe sur les buissons et les petits arbres, ou se traîne sur les rochers des bords de nos rivières. On la trouve aussi dans l'intérieur, toujours près de l'eau, sur de plus grands arbres, où son tronc peut atteindre six pouces d'épaisseur. Les rameaux sont arrondis, non angulaires ; diaphragmes très minces (1/8 à 1/4 de ligne d'épaisseur) ; stipules grandes (2-3 lignes de long) et très minces, et persistant plus longtemps que celles d'aucune autre espèce ; feuilles vert clair, luisantes, glabres, ou souvent tomenteuses en dessous, avec un sinus large, arrondi ou même tronqué ; elles sont plus ou moins trilobées et bordées de grandes dents se terminant en pointes effilées. Les grappes sont le plus souvent petites et compactes ; les grains petits (4 ou rarement 5 lignes de diamètre), noirs, avec fleur, doux et très juteux, à peine pulpeux ; graines (fig. 22 à 25) obtuses ou légèrement déprimées, à chalaze étroite, à raphé indistinct et très mince [1].

C'est celle de nos vignes dont la distribution géographique est la plus étendue ; c'est aussi la plus rustique de toutes. Vers le Nord elle s'étend jusqu'au lac Saint-Jean, à 90 milles au nord de Québec, et jusqu'aux rives du Mississipi supérieur dans Minnesota et aux bords du lac Supérieur ; dans le Sud, elle est commune sur les bords de l'Ohio, et dans le Kentucky, l'Illinois, le Missouri, l'Arkansas [2] et dans le Territoire Indien. Je ne l'ai

[1] Les Français distinguent maintenant plusieurs types de *Riparia*, présentant quelques différences dans leurs caractères secondaires. Voir nos Remarques culturales.

[2] Il faut considérer comme une forme particulière de *Riparia* une plante que j'ai trouvée, il y a quinze ans, au Jardin botanique de Berlin, sous le nom de *Vitis Solonis*, et sur l'histoire de laquelle personne ne paraît avoir rien su. Dernièrement, cette plante a été mise en avant, en France, avec l'ardeur si caractéristique des Français, comme pouvant avoir un intérêt particulier pour les résultats culturaux qu'ils poursuivent. Elle se distingue de la forme ordinaire par les nombreuses dents étroites presque incisées, de feuilles à peine trilobées. Le nom est, à n'en pas douter, une corruption de « Long's », et la plante vient de la vallée supérieure de l'Arkansas, où le major Long rapporte qu'en revenant de son expédition aux montagnes Rocheuses il trouva ces excellentes vignes. On a pu en rapporter des graines, et la plante être cultivée sous le nom de « Long's ». Un manuscrit du viticulteur Bronner, conservé à la bibliothèque de Carlsruhe, parle d'une certaine vigne comme étant le « Long's de l'Arkansas », et l'on dit que le Long's vit encore dans le jardin de feu M. Bronner, à Wisloch, près d'Heidelberg, et qu'il est identique avec le *Solonis*. Comme exemple d'une singulière interprétation préconçue, on peut citer que certains viticulteurs avaient lu *Solonis* pour *Zanis* (une vigne d'Orient) et *Arkansas* pour *Caucase*.

Remarque additionnelle. — L'hypothèse du

pas vue provenant de la Louisiane ni du Texas, mais on en trouve une forme dans les montagnes rocheuses du Colorado et du Nouveau-Mexique, et peut-être dans le sud de l'Utah. C'est l'espèce qui fleurit le plus tôt aux environs de Saint-Louis, suivant la saison, du 25 avril au 15 mai, et elle mûrit plus tôt qu'aucune autre. A Saint-Louis, on apportait habituellement de ses raisins au marché avant qu'on eût des raisins cultivés, quelquefois dès le 1er juillet ; ils venaient des bords rocheux de la rivière, exposés au soleil, au-dessous de la ville, et étaient connus sous le nom de « Raisin de Juin ». A partir de cette époque, on en trouve, suivant les expositions, jusqu'en août et septembre. Il est étonnant que nos viticulteurs, au moins à ma connaissance, n'aient jamais fait de vin avec cette espèce et n'aient jamais essayé, ni de la cultiver ni de l'améliorer. Les grains ont sans doute paru trop petits, et les viticulteurs ont dû attendre de meilleurs résultats des fruits plus gros de l'*Æstivalis* ; mais l'expérience vaudrait la peine d'être tentée, et l'on pourrait rechercher dans nos forêts des variétés à plus gros fruits : on y en rencontre en effet, par exemple le long des Lacs et sur le Niagara, près de Détroit, etc.

Comme je l'ai déjà dit, on a confondu cette

D'Engelmann, pour expliquer l'origine du nom *Solonis*, est assez spécieuse, mais elle me paraît très contestable, à cause des raisons suivantes :

1° On n'a jamais trouvé en Amérique d'échantillon sauvage de cette forme de vigne.

2° La vigne à raisins comestibles que le major Long a observée en 1820 dans l'Arkansas est presque sûrement, comme l'a dit M. Lespiault, le *Vitis rupestris* et non le *Vitis Solonis*.

Voir ce qu'a écrit à cet égard M. Maurice Lespiault (*Les vignes américaines dans le Sud-Ouest*, brochure in-8° ; Nérac, 1881, pag. 13), et ce que j'ai écrit moi-même dans la *Vigne américaine* (ann. 1884, pag. 111-112).

L'existence du *Vitis Solonis* dans les cultures d'Europe est, du reste, assez ancienne, car j'en ai découvert dans l'herbier du jardin botanique de Bruxelles un échantillon recueilli par Lejeune en 1835 dans un jardin, près de Spa, sous le nom évidemment faux d'Isabelle.

espèce et le *Vitis cordifolia*, avec lequel elle a en effet une certaine ressemblance. Mais les caractères que j'ai énumérés, spécialement ceux du diaphragme, les stipules, la forme et la base de leurs feuilles, l'époque de la floraison et par-dessus tout les graines, les différencient aussi bien que peuvent l'être deux espèces quelconques, même en ne tenant pas compte de la difficulté de l'une et de la facilité de l'autre à prendre de bouture.

12. VITIS RUPESTRIS, *Scheele*. Plante le plus souvent basse, buissonneuse, sans vrilles ou à vrilles faibles, caduques, non grimpante; dans des conditions favorables, devenant plus vigoureuse et grimpant assez haut ; rameaux arrondis ; diaphragme plus épais que chez le *Riparia*, mais plus mince que dans d'autres espèces ; feuilles assez petites (environ trois pouces de large), largement cordiformes, rarement très légèrement lobées, le plus souvent plus larges que longues, en général un peu repliées les unes sur les autres, à dents larges, grossières et ordinairement avec une pointe abruptement allongée; glabres, luisantes, d'un vert très pâle; stipules presque aussi grandes que dans l'espèce précédente, 2 lignes ou 2 lignes et demi de long, minces; grains petits ou moyens, doux et en très petites grappes ; graines obtuses, avec un raphé grêle ou presque invisible.

Cette vigne, d'un aspect très particulier, est originaire de la contrée accidentée de l'ouest du Mississipi, des bords du Missouri au Texas ; on la trouve aussi sur la rivière de Cumberland, près de Nashville ; les stations qui lui conviennent sont les bords graveleux des torrents, inondés au printemps, plus rarement (au Texas) les plaines rocailleuses. Dans le Missouri, on l'appelle *Sand grape*; au Texas souvent, à cause de son fruit douceâtre, *Sugar grape* ; chez nous elle fleurit peu après le Riparia et mûrit au mois d'août; elle passe pour faire un bon vin. En France, on s'en sert, comme du Riparia, comme porte-greffe pour les vignes françaises; elle prend facilement de bouture et passe pour donner des plantes vigoureuses, parfaitement résistantes au Phylloxera.

VITIS VINIFERA, *Linné*. Ce serait ici qu'il faudrait placer la vigne de l'Ancien-Monde, car elle est surtout voisine des dernières espèces décrites, spécialement du *Riparia*. Quoique plusieurs de ses variétés cultivées donnent des grains aussi gros ou même plus gros que ceux d'aucune de nos vignes américaines, d'autres formes cultivées, et spécialement les vignes à vin par excellence, celles dont on obtient les meilleurs vins, comme aussi les vignes sauvages ou naturalisées, n'ont pas le fruit plus gros que nos espèces indigènes mentionnées plus haut.

Cette plante, comme le blé, appartient à ces acquisitions les plus reculées de la culture, dont l'histoire remonte au delà des plus anciens témoignages écrits. Non seulement les sépulcres des momies de l'ancienne Égypte nous en ont conservé le fruit (des grains d'une belle dimension) et les graines, mais on en a même découvert des graines dans les habitations lacustres du nord de l'Italie. C'est une question controversée que de savoir où placer le pays d'origine de cette plante, si nous devons ou non à un ou à plusieurs pays les différentes variétés du véritable *V. vinifera*, et si nous les devons ou non à une ou plusieurs espèces sauvages primitives qui, par une culture poursuivie pendant des siècles et par des hybridations accidentelles et répétées, auraient produit les formes sans nombre connues de nos jours. Celles-ci nous rappellent forcément les nombreuses formes de notre Chien, dont nous ne pouvons pas non plus suivre la trace, mais qui difficilement peuvent dériver d'une seule espèce sauvage primitive. M. Regel (de Saint-Pétersbourg) attribue ces différentes formes du *V. vinifera* au croisement d'un petit nombre d'espèces bien connues à l'état sauvage aujourd'hui. Feu le professeur Braun (de Berlin) suppose qu'elles descendent d'espèces distinctes qu'on trouve encore à l'état sauvage dans plusieurs parties du midi de l'Europe et de l'Asie, et qu'il considère par conséquent, non comme issues accidentellement des plantes cultivées, ainsi qu'on le croit généralement, mais comme les parents origi-

naires. Je puis ajouter, d'après mes propres recherches, que la vigne qui habite les forêts primitives des rives basses du Danube, les fonds boisés (*bottom woods*), comme nous les appellerions, depuis Vienne jusqu'en Hongrie, représente bien notre *Vitis cordifolia* avec ses souches (*stems*) de 3, 6 et 9 pouces d'épaisseur, son habitude de grimper sur les arbres les plus élevés, ses feuilles lisses, à peine lobées et ses petits grains noirs.

D'un autre côté, la vigne sauvage des fourrés des contrées accidentées de la Toscane et de Rome, avec sa végétation plus basse, ses feuilles duveteuses et son fruit plus gros et plus agréable, qui, comme un botaniste italien me le disait à moi-même, « ne fait pas un mauvais vin », nous rappelle, malgré la dimension plus petite de ses feuilles, les formes duveteuses du *Riparia* ou peut-être de certains *Æstivalis*. Elle était connue des anciens sous le nom de *Labrusca*, nom improprement appliqué par la science à l'espèce américaine, et elle est appelée encore aujourd'hui *Brusca* par les gens du pays. Les vignes des contrées au sud du Caucase (l'ancienne Colchide, considérée comme la patrie originaire de ces plantes), ressemblent beaucoup à la plante italienne que je viens de décrire.

La vigne d'Europe est caractérisée par des feuilles un peu lisses et, quand elles sont jeunes, luisantes, à cinq ou sept lobes plus ou moins profonds, pointus et finement dentés ; graines le plus souvent entaillées au sommet ; bec allongé, raphé indistinct, chalaze large, placée haut sur la graine. Dans quelques variétés, les feuilles et les petites branches ont des poils et même un duvet quand elles sont jeunes : les graines varient sensiblement en épaisseur et en longueur, moins pour la forme du raphé. On sait bien que cette vigne pousse facilement de bouture et qu'elle succombe aisément et presque invariablement aux attaques du Phylloxera. Cet insecte, accidentellement introduit en France, probablement avec des vignes américaines, a fait de grands ravages dans ce pays et dans le reste de l'Europe, où il se répand de plus en plus. Bien que sa découverte dans cette région ne date que de 1868, il y était déjà en 1863. En Californie, où la vigne a été jusqu'à présent cultivée avec tant de succès, l'insecte commence à faire son apparition dans quelques localités. Qu'il ait été la cause des échecs complets de tous les efforts faits à l'est des montagnes Rocheuses, c'est ce qu'on sait bien aujourd'hui.

13. VITIS VULPINA, *Linné* (connu aussi sous le nom de *V. rotundifolia, Michaux*) le *Fox grape* du Sud, *Bullace* ou *Bullet grape* ou *Muscadine* des États du Sud, vigne entièrement différente de toutes nos autres espèces, et que je mentionne ici pour compléter la liste. Elle est trop délicate pour notre climat et ne fleurit ni ne fructifie ici (à Saint-Louis Missouri). On la trouve dans les fourrés humides ou sur les pentes des montagnes, quelquefois à l'état de buisson bas, et d'autres fois grimpant très haut, avec des vrilles entières, jamais fourchues ; rameaux sans diaphragme (voyez fig. 37, pag. 18) ; feuilles petites (2 ou au plus 3 pouces de large), arrondies, cordiformes, fermes et luisantes, vert foncé, glabres, ou rarement légèrement pubescentes en dessous, avec des dents grossières et grandes ou larges et émoussées ; ses grappes sont très petites, composées d'un petit nombre de très gros grains, qui se détachent solitairement comme des prunes. Sa graine, qui est particulière, a été figurée et décrite plus haut (pag. 21, fig. 33). Dans le Sud, on apprécie beaucoup certaines de ses variétés, en particulier le Scuppernong blanc.

Hybridation.

Des plantes, si intimement rapprochées entre elles, peuvent s'hybrider, et leurs descendants sont en général fertiles, à l'inverse de plusieurs animaux hybrides (le mulet) ou de plantes incapables de se reproduire. Nous avons un grand nombre d'hybrides artificiels parmi les vignes. Leur histoire est bien connue. Ils produisent aussi bien que les espèces vraies et leurs graines sont fertiles. Mais nous trouvons aussi, dans les bois ou dans les vignobles, d'autres vignes dont les caractères nous amènent à conclure qu'elles sont des hybrides spontanés. Il faut naturellement une grande dose d'expérience et de jugement pour décider ce qui peut à juste titre être considéré comme un hybride, ou simplement comme une variété renfermée dans les limites de quelques espèces variables. Les opinions peuvent très bien varier sur ce point. Mais quiconque a étudié la grande variabilité d'un grand nombre de plantes hésitera longtemps avant d'appeler à son aide une hybridité souvent imaginaire pour expliquer les formes douteuses. Là où l'espèce est très accusée, comme par exemple chez le *Labrusca*, il n'est pas difficile de reconnaître certains de ses caractères dans un hybride en provenant, quoique l'aspect général de la plante en question puisse à d'autres égards ne pas correspondre à nos idées du *Labrusca*; mais dans d'autres cas, où les espèces sont déjà voisines l'une de l'autre, la question devient beaucoup plus difficile. Il existe un autre moyen, malheureusement très ennuyeux, de s'aider dans de semblables recherches, c'est de semer les graines des hybrides, d'en d'étudier la descendance ; car c'est un fait que les semis d'hybrides sont aptes à retourner à l'un ou à l'autre de leurs parents, ou tout au moins à s'en rapprocher beaucoup. Un des plus frappants exemples de cette double tendance nous est fourni par le Taylor ou Bullet grape. La croissance vigoureuse de cette forme, ses diaphragmes mêmes, son feuillage uni glabre, ses petites grappes d'assez petits grains entièrement dépourvus de goût foxé, tout semble en faire une variété cultivée du *Riparia*. Mais quand on en vient à examiner les vrilles, on trouve qu'elles sont irrégulières, quelquefois intermittentes, quelquefois plus ou moins continues (j'en ai vu six se succédant, ce qui ne peut se rapporter qu'au *Labrusca*),et justement les graines diffèrent aussi de celles du *Riparia* par leur grande dimension et leur forme (voir pag. 21, fig. 3).

Il en est tellement ainsi que les semis de

Taylor, plantés par millions en Europe pour avoir des porte-greffes résistant au Phylloxera, ne présentent pas, ainsi qu'on en a fait en général l'expérience, deux semis sur cent qui soient pareils et qui ressemblent à la plante originaire ; les uns se rapprochent du type *Riparia*, les autres dénotent distinctement leur parenté avec les *Labrusca*.

Ainsi, pour ne citer qu'un exemple, l'un de ces semis, l'*Elvira*, qui est fréquemment cultivé aujourd'hui, est un semis de Taylor qui se rapproche beaucoup du *Labrusca*.

L'étude de nos vignes ferait de grands progrès si les personnes qui ont du zèle et l'occasion favorable voulaient se livrer à de semblables expériences sur les formes douteuses.

En poursuivant ce sujet plein d'intérêt, je puis ajouter que là où des espèces très voisines les unes des autres croissent ensemble et sont en fleur vers la même époque, elles ont beaucoup plus de chance de s'hybrider que les mêmes espèces séparées par de grands espaces ou des époques de floraison différentes. Avec tout cela, nous ne devons pas oublier que, malgré les innombrables occasions qui se présentent partout pour l'hybridation, nous trouvons dans le monde végétal très peu d'hybrides spontanés. L'hybridation est un procédé anormal, je pourrais dire contre nature, auquel s'opposent des obstacles sans nombre. S'il n'en était pas ainsi, nous trouverions dans nos bois et nos prairies plus d'hybrides que d'espèces originales ; mais combien ils sont rares et quelle trouvaille pour un botaniste que d'en découvrir un ! Et c'est un fait d'autant plus surprenant que les organes reproducteurs de la plante, bien que réunis le plus souvent dans une seule fleur, sont ordinairement organisés de telle façon que la fécondation de la plante par elle-même est rendue difficile ou impossible, et que la fécondation par croisement est la règle. Nous pourrions établir comme une loi que l'honnête nature a horreur de l'hybridation.

Les variétés que nous cultivons dans ce pays, à l'est des montagnes Rocheuses, et que l'on cultive en Europe sous le nom de *Vignes américaines* appartiennent toutes à l'une des cinq espèces suivantes :

(1) VITIS LABRUSCA, (7) V. ÆSTIVALIS.
(11) V. RIPARIA, (12) V. RUPESTRIS and
(13) V. VULPINA ou ROTUNDIFOLIA,

ou sont des HYBRIDES (croisements entre elles ou avec le *Vitis vinifera*).

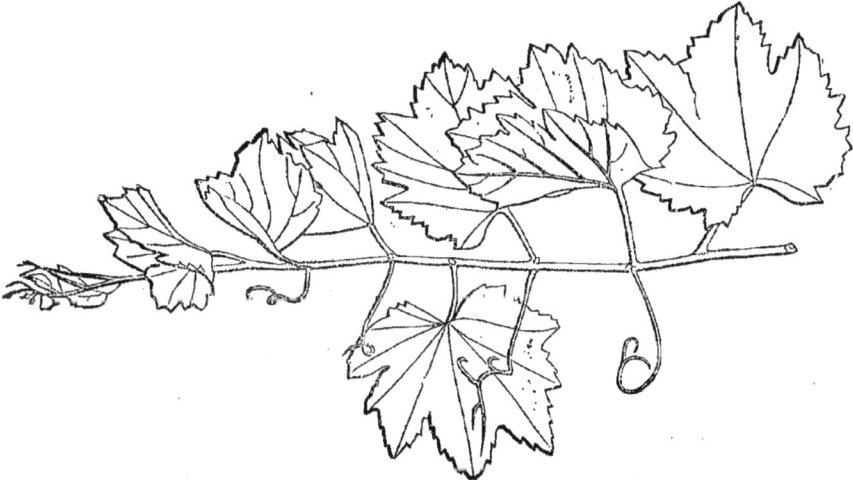

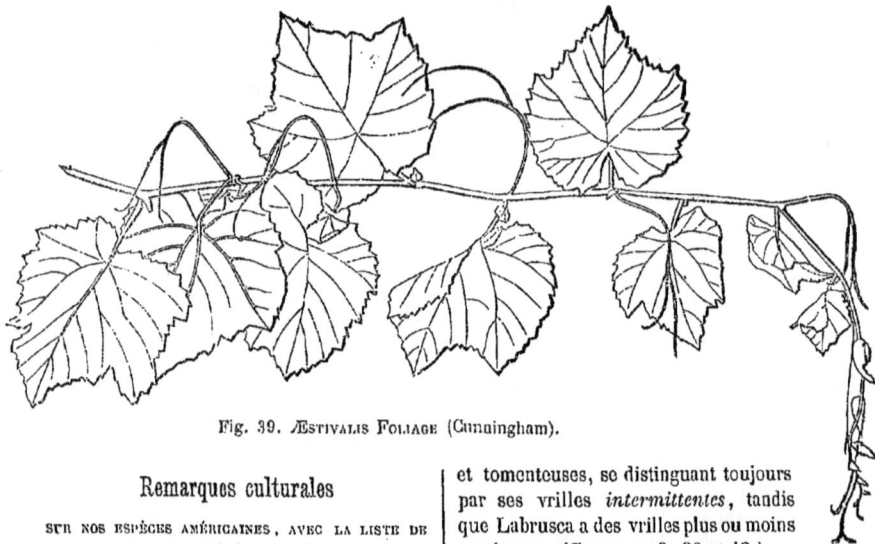

Fig. 39. ÆSTIVALIS FOLIAGE (Cunningham).

Remarques culturales

SUR NOS ESPÈCES AMÉRICAINES, AVEC LA LISTE DE
LEURS VARIÉTÉS CULTIVÉES,

Si l'étude du précédent traité du Dr Engelmann suffit pour mettre tout observateur attentif, et spécialement le botaniste, à même de distinguer les espèces, les « Remarques culturales » qui suivent, avec la liste des variétés pour chaque espèce et des observations dues à des viticulteurs praticiens, pourront aider dans cette étude importante et ne seront peut-être pas dépourvues d'intérêt.

Le *V. Labrusca*, l'espèce d'où sont sorties le plus grand nombre de nos variétés cultivées et celles qui sont le plus répandues dans notre pays, est pourtant l'espèce locale la plus limitée, son habitat étant circonscrit dans la région qui se trouve entre l'océan Atlantique et les monts Alleghany.

Le Dr Engelmann désire que les botanistes locaux l'aident à délimiter plus exactement les limites géographiques de nos espèces de *Vitis* ; mais il n'y a pas de doute que le Labrusca sauvage est inconnu dans la vallée du Mississipi. « Toute vigne appelée de ce nom ici, ou en Louisiane ou au Texas, n'est qu'une forme d'Æstivalis à feuilles grandes et tomenteuses, se distinguant toujours par ses vrilles *intermittentes*, tandis que Labrusca a des vrilles plus ou moins continues.» (Comparez fig 39 et 42.)

« Pour la table, cette espèce, dans ces variétés améliorées, jouera probablement toujours un rôle prépondérant dans une grande partie des États de l'Ouest, et, dans celles d'entre ces régions où le climat ne favorise pas la maturité des meilleures variétés de cette classe, les espèces inférieures les remplaceront. »

« Comme vigne à vin, le *V. Labrusca* a a été surfait. La pulpe coriace, musquée, des meilleures variétés elles-mêmes, exige une longue et favorable saison de végétation pour perdre son acidité jusqu'au centre du grain, de manière à réunir en proportions convenables les éléments nécessaires à une qualité de vin passable. »

Adoptant pleinement ces vues, qui sont celles de William Saunders, directeur du Jardin d'Essais de Washington, nous ne voulons pas néanmoins qu'on suppose que nous conscillons de cesser de planter et d'employer les vignes de Labrusca pour la production du vin. Nous savons parfaitement que le Catawba et le Concord fournissent la masse de nos vins les plus répandus. Mais pour des vins de meilleure qualité, nous recommandons l'Æs-

tivalis, là où ses variétés réussissent, comme bien supérieur au Labrusca. Au surplus, nous reconnaissons dans cette espèce, comme aussi dans le *Riparia* et l'*Æstivalis*, deux formes distinctes, l'une du Nord, l'autre du Sud.

Le Labrusca du *Nord*, plante très vigoureuse, très rustique et très fertile ; racines abondantes, fortes, ramifiées et fibreuses ; moelle épaisse et libre, ferme ; fruit d'une grosseur supérieure, mais en même temps d'un parfum ou d'un bouquet désagréable par sa rudesse et son goût foxé.

Toutefois, dans quelques-unes de ses nouvelles variétés cultivées, ce goût foxé est beaucoup moins prononcé et est loin d'être désagréable.

Le Labrusca du *Sud*, plante beaucoup plus délicate, très sensible aux variations atmosphériques, à racines peu nombreuses et faibles, de texture modérément ferme, mais aussi à fruit plus délicat, d'un agréable bouquet musqué.

Le premier ne réussit pas bien dans le Sud-Ouest, le second est sujet aux cryptogames et à d'autres maladies et ne mûrit pas bien dans le Nord, à moins qu'il ne profite de l'influence des grands lacs, ou qu'il ne se trouve dans certaines localités particulières bien abritées et quand les saisons sont favorables.

Ils sont tous deux sujets au *rot*, et ne continuent pas à prospérer dans les parties du pays où les deux types de Labrusca ne paraissent pas être dans leur région naturelle[1].

Les principales variétés de cette espèce, ainsi classées, sont :

[1] G. Onderdonk nous écrit ; « Après tout, nos vignes, dans le Texas, doivent être prises dans la famille des *Æstivalis*. Aucun *Labrusca* ne nous a donné ici une satisfaction suffisante et durable. » La même opinion gagne du terrain dans l'Arkansas et le sud-ouest du Missouri après de longs essais et une expérience chèrement achetée.

[a] *Groupe Nord.*	[b] *Groupe Sud.*
BLACK HAWK,	ADIRONDAC,
CONCORD,	CASSADY,
COTTAGE,	CATAWBA,
DRACUT AMBER,	DIANA,
EARLY VICTOR (nouv.),	IONA,
HARTFORD PROLIFIC,	ISABELLA,
IVES,	ISRAELLA,
LADY,	LYDIA,
MARTHA,	MAXATAWNY,
MOORE'S EARLY,	MILES,
NORTHERN MUSCADINE,	MOTTLED,
PERKINS,	PRENTISS (nouveau),
RENTZ,	REBECCA,
TELEGRAPH,	TO-KALON,
VENANGO,	UNION-VILLAGE.
VERGENNES (nouveau),	
WORDEN'S.	

Cette subdivision du Labrusca en une forme du Nord et une forme du Sud est une idée nouvelle, à nous, et peut-être une erreur. Elle a été mise en avant pour la première fois dans notre Catalogue, non comme un fait établi, accepté déjà ou adopté par une autorité botanique quelconque, mais comme une hypothèse digne d'attention et de recherches ultérieures. Pour un petit nombre de variétés (Creveling, North Carolina, etc.), nous trouvons jusqu'à présent difficile de leur assigner le groupe dans lequel il faudrait les ranger ; mais cette difficulté existe aussi pour certaines d'entre elles par rapport à l'espèce.

La grosseur du fruit, la vigueur et la fertilité de la plante, et sa facilité à reprendre de bouture, ont fait préférer les variétés de cette espèce aux autres pour les hybridations avec les vignes d'Europe ; et on espérait atténuer par là, si ce n'est faire disparaître, leur goût foxé.

Tandis qu'on améliorait ainsi le parfum des raisins, l'opération a diminué la rusticité des variétés ainsi obtenues et accru leur sensibilité au climat et aux maladies cryptogamiques. On s'est trouvé beaucoup mieux d'élever des semis de variétés de purs Labrusca, en sélectionnant les meilleures : ainsi pour l'Early Victor, le Pocklington, etc., ou des semis provenant de croisements entre les variétés les plus robustes de cette espèce et les plus délicates, comme le Niagara (croisement du Concord et du Cassady), le Jefferson (croisement du Concord et de l'Iona). Du reste, le goût foxé, si décrié, devient beaucoup plus supportable avec l'habitude. Les amateurs de Concord et de Catawba trouvent le Chasselas insipide, et les Européens eux-mêmes peuvent s'habituer à manger avec plaisir le raisin foxé.

Les variétés rustiques et vigoureuses du Labrusca sont aussi d'excellents porte-greffes pour ses propres variétés délicates et pour celles du Vinifera, dans des stations favorables à cette espèce. On en avait importé de grandes quantités en France pour cet objet, mais dans certaines localités elles n'ont pas prospéré. Les conditions de sol et de climat ne leur ont pas convenu et se sont trouvées beaucoup mieux appropriées au *Riparia*.

Certaines personnes en ont conclu, et d'autres ont bientôt répété, viticulteurs aussi bien que botanistes, que le *Labrusca*, quoique doué d'une plus grande force de résistance que le V. Vinifera, souffrait du Phylloxera. C'est cependant une erreur. Les plus délicates variétés de Labrusca dont les racines, affaiblies sous l'influence du mal que fait le Mildew aux parties aériennes, semblent détruites par l'insecte, ces variétés elles-mêmes reprennent dans les saisons favorables et retrouvent leur vigueur et leur fertilité, comme ne le fait jamais une vigne phylloxérée. Nous avons vu en France des Catawba et des Isabelles très beaux et très sains, en plein rapport, dans des localités infestées de phylloxera. Nous pourrions citer des centaines de témoignages à l'appui de ce que nous avançons. Faute de place, nous nous bornerons aux suivants.

Extrait du Rapport officiel de la Commission des Vignes américaines, signé de M. Lespiault, Président; Piola, Vice-Président ; Gachassin-Lafitte, secrétaire, et de membres bien connus dans le monde scientifique, tels que Millardet, Skawinski, Delbrück, etc., au Congrès Phylloxérique international tenu à Bordeaux en octobre 1882 :

« Il est presque inutile d'insister sur la résistance des vignes américaines, elle ne peut pas être contestée plus longtemps ; partout les preuves en sont nombreuses. Tandis que les vignes françaises succombent, les vignes américaines plantées depuis dix à quinze ans présentent une végétation parfaitement saine. Les LABRUSCA eux-mêmes, réputés comme étant les moins résistants, le Concord par exemple, sont encore cultivés sur une grande échelle par certains viticulteurs, tels que MM. Guiraud, Molines, Lugol, la duchesse de Fitz-James, etc., qui en sont très satisfaits. »

VITIS ÆSTIVALIS. — C'est la vigne à vin par excellence des États méridionaux de l'Atlantique, de la vallée inférieure du Mississipi et du Texas. En raison de ce fait qu'aucune de ses variétés ne mûrit au nord du quarantième parallèle, à moins d'une situation particulièrement favorable [1], leur plantation n'a pas reçu un grand développement, et leurs qualités supérieures ne sont que peu connues. Les grains sont dépourvus de pulpe et leur jus contient une plus forte proportion de sucre qu'aucune autre espèce américaine perfectionnée. Le feuillage n'est pas aussi sujet aux maladies que celui du Fox-grape, et la carie noire (*rot*) des grains est aussi moins fréquente ; chez certaines va-

---

[1] Leur vrai climat est au sud de l'isotherme de 70° Fahrenheit (21°,11 centigrades) en juin, juillet, août et septembre. Elles ont besoin de plus de temps pour arriver à maturité. Les variétés plus délicates peuvent être, à vrai dire, placées entre les lignes isothermiques 70° et 75° (21°,11 à 23°,89 centigrades). Les lignes isothermiques indiquent les localités de température moyenne égale. On les a tracées sur les cartes d'après des observations attentives, montrant les diverses oscillations de climat, les limites dans lesquelles certaines plantes importantes prospèrent, système beaucoup plus exact que celui des zones et des degrés géographiques. Ce dernier système a été longtemps en vogue, mais en réalité n'a pas sa place dans la nature.

riétés de cette classe, telles que le Norton's Virginia et le Cynthiana, elle est même relativement inconnue. Quelques-uns de nos meilleurs vins de pays sont le produit de variétés de cette famille. « Ces variétés, ayant besoin de beaucoup de temps et d'un climat spécial pour atteindre leur perfection, ne se sont pas encore répandues autant que celles du *V. Labrusca.* Leur développement n'arrivant pas à son terme sous des latitudes trop septentrionales, la culture en a été limitée, — excepté celle du *Norton's Virginia,* qui est aujourd'hui planté sur des centaines d'acres aux environs de Gordonsville et de Charlotteville (Virginie). — « Je suis convaincu qu'on ne peut décider ni de l'aptitude du pays à produire du vin, ni de l'excellence la plus complète du produit, tant qu'on n'aura pas établi des vignobles de ces variétés dans les meilleures localités des régions qui leur sont favorables. » (W. Saunders.)

« La patrie la plus naturelle de cette espèce est la région des Ozark Hills, le Missouri, le Kansas méridional, l'Arkansas, le Texas et le Territoire Indien — probablement aussi les pentes montueuses de la Virginie, de la Caroline du Nord et du Tennessee. On doit regarder ces contrées comme les grandes régions productrices de ce Continent, à l'est des montagnes Rocheuses, pour une certaine classe de vins fins. Dans l'ouest du Texas, également les variétés de cette classe paraissent « réussir mieux qu'aucune autre », quoique dans notre partie du Texas (le Sud-Ouest) nous n'ayons encore jamais vu un *Æstivalis* (sauvage) certain ou un Labrusca, et que nous n'en ayons pas entendu parler. » — *G. Onderdonk, Victoria, Texas.*

Voici les variétés de cette très estimable espèce qui sont cultivées aujourd'hui (nous omettons les variétés écartées ou les variétés nouvelles qui n'ont pas encore été essayées) :

Groupe Nord.	*Groupe Sud.*
CYNTHIANA,	CUNNINGHAM (Long),
ELSINBURG,	DEVEREUX (Black July),
EUMELAN,	HERBEMONT (Warren),
HERMANN,	LENOIR (Jacquez),
NORTON'S VIRGINIA,	LOUISIANA OU RULANDER(?)

(Plusieurs nouvelles variétés de cette espèce, quelques semis dus au hasard, ramassés dans les forêts de l'Arkansas, d'autres obtenus de variétés cultivées, sont soumis à des essais.)

La qualité de ces variétés est si bonne qu'elle paraît satisfaire le goût français lui-même. Leur dimension seule n'est pas satisfaisante. « Dans ce groupe se trouvent les raisins dont le goût se rapproche le plus des nôtres, et qui donnent des vins colorés, corsés, à bouquet souvent délicat; et, en tout cas, non foxé. » (J.-E. Planchon, *Les vignes américaines.*)

M. Hermann Jæger de Neosho (sud-ouest du Missouri) nous écrit: « Dans le sud-ouest du Missouri, le sud de l'Illinois, l'Arkansas, l'ouest du Texas, de même dans le Tennessee et l'Alabama, les *Labrusca,* ou *Fox grapes,* portent deux récoltes saines de bons raisins, et parmi les variétés les plus vigoureuses, avec une culture convenable et des temps favorables, quelques-unes de plus; puis elles sont atteintes par la carie noire à un tel point qu'elles deviennent entièrement sans valeur. L'*Æstivalis* n'a jamais la carie noire et est, pour ces États, la seule vigne sur laquelle ils puissent vraiment compter. On croyait qu'il n'existait pas d'*Æstivalis* à gros grains ; c'est une erreur : on en trouve dans l'Arkansas à l'état sauvage, qui ont les grains presque aussi gros que le Concord, et je suis persuadé que de leurs graines on pourrait obtenir des vignes supérieures pour raisins de table.

Les grands *Æstivalis* sauvages à gros grains ne sont ni aussi juteux ni aussi parfumés que les petits ; mais, en croisant les uns avec les autres, nous pourrions obtenir de *gros* raisins, pour le Sud-Ouest, aussi juteux que l'Herbemont, aussi vigoureux et aussi productifs que le Norton's Virginia, aussi exempts de la carie noire et du Mildew qu'aucun *Labrusca* puisse jamais l'être chez nous. »

L'immunité à l'égard de la carie noire n'est malheureusement le privilège que des *Æstivalis* de la famille des Norton's; ceux du groupe des *Herbemont* ou *Æstivalis du Sud* en sont souvent atteints, et, à cause de cela, leur culture a été abandonnée dans les États du Sud-Est, la Virginie, la Caroline du Nord, la Géorgie, et même sur certains points de l'Arkansas.

Dans le sud et le centre du Texas, l'Herbemont et son groupe paraissent jusqu'à présent à l'abri du *rot*. M.G. Onderdonk écrit : « Chaque année démontre plus clairement que dans le sud du Texas il nous faut avoir des *Æstivalis* du groupe Sud ou n'en point avoir du tout, excepté des variétés de Vinifera, dans des quartiers où le Phylloxera n'agit pas, comme par exemple les sables de la côte, ou bien en conservant ces variétés par le greffage sur *Rupestris*. »

Un viticulteur intelligent et digne de foi nous écrit du Texas : « J'ai étudié pendant deux ans la question de la vigne dans le Sud et le centre du Texas. Sur le Rio-Grande, les Mexicains cultivent les vignes européennes depuis de longues années, mais toujours là où le sol peut être irrigué ; seulement la surface irrigable est très limitée. Toutes les variétés de *V. Vinifera* et d'autres vignes qui ne mûrissent qu'en septembre risquent d'échouer au Texas à cause des pluies d'été, qui surviennent au mois d'août et exposent les vignes au Mildew et au rot. Mais les variétés d'*Æstivalis* cultivées mûrissent en juillet, et marchent bien quand elles sont dans le sol qui leur convient. J'ai vu des grappes de LENOIR, appelé ici « Black Spanish », sur des vignes cultivées dans les collines sablonneuses du comté de Bastrop, aussi belles que des grappes du *Zinfandel*, auquel elles ressemblent beaucoup par leur longueur, leur compacité et leur abondance. Toutefois personne ne pense qu'il vaille la peine d'en faire un vignoble. L'été dernier, à Austin, on vendait les raisins de 10 à 40 centimes la livre.

» On peut acheter dans le comté de Bastrop du terrain propre à la vigne aboutissant au chemin de fer du Texas central, de 2 fr. 50 à 10 l'acre, avec un marché pour tous les raisins et le vin à quelques heures par chemin de fer. »

Les variétés de ce groupe préfèrent généralement un sol sec, pauvre, mélangé de calcaire et de pierres décomposées, exposé au Sud et au Sud-Est ; elles paraissent supporter les plus fortes sécheresses sans se flétrir. Quoique nous en ayons vu quelques-unes, notamment le Norton's et le Cynthiana, donner d'énormes récoltes dans le loam profond, riche et sablonneux, de notre plaine, leur fruit n'y atteint pas la même perfection que sur les coteaux. Le bois des vrais Æstivalis est très solide, dur, avec peu de moelle et une écorce extérieure fortement adhérente, en sorte qu'il est presque impossible de propager cette espèce de bouture. L'écorce ou le bois d'un an est d'un gris foncé, bleuâtre autour des yeux. Les racines sont dures et tenaces, à liber uni, dur ; elles pénètrent profondément dans le sol et défient parfaitement les attaques du Phylloxera. Leur pouvoir de résistance a été pleinement éprouvé et mis hors de contestation. Comme porte-greffes, elles sont à tous égards supérieures au Clinton ; mais nous les considérons comme trop bonnes et trop précieuses pour servir simplement de porte-greffes.

Il y a une autre forme d'Æstivalis : c'est le VITIS LINCECUMII, ou Post-Oak grape. Il vit dans le Texas, dans la région Post-Oak du tertiaire. Il existe dans les cultures deux ou trois variétés estimées de cette espèce. L'une d'elles, appelée *Mac-Kee's Everbearing grape*, parce qu'elle a, dit-on, des fruits mûrs pendant plusieurs mois d'été, est considérée comme excellente pour la table et bonne pour la cuve. M. S.-B. Buckley, géologue de l'État du Texas, écrit : Chez les Wilkins, dans le nord du comté de Lamar, j'ai vu une vigne de Post-Oak qui donnait, au dire de la famille, l'un des meilleurs raisins, si ce n'est le meilleur, qu'elle eût jamais vus, et ils avaient une grande variété de vignes en culture. Mᵐᵉ Wilkins me donna du Post-Oak qui était excellent, la vigne étant considérée comme la meilleure qu'ils eussent pour faire du vin.

VITIS RIPARIA. Cette espèce, qui s'étend sur de grands espaces et qui est aujourd'hui si importante, n'était qu'imparfaitement connue, même des botanistes, il n'y a encore que quelques années, tellement qu'ils ne pouvaient pas distinguer nettement le *V. riparia*, et, dans les ouvrages de viticulture pratique, ces deux espèces étaient généralement réunies sous la seule désignation de « Cordifolia ». L'étude précédente du Dr Engelmann a démontré maintenant leur différence spécifique absolue ; mais les circonstances dans lesquelles on est arrivé à les connaître sont si intéressantes et si instructives, que nous considérons comme un devoir des les rappeler, nous qui y avons été presque providentiellement conduit.

Dans l'hiver de 1875, nous reçûmes de M. Fabre de Saint-Clément (Hérault, France) un ordre de plusieurs centaines de mille boutures longues, principalement de *Taylor*, variété qu'il avait reconnue être le meilleur porte-greffe parmi toutes celles qu'il avait essayées. En raison de l'impossibilité de fournir plus de 100,000 boutures de Taylor (cette variété, à cause de son infertilité, étant peu cultivée), M. G.-E. Meissner proposa à M. Fabre, ainsi qu'à MM. Blouquier et fils et Leenhardt et à d'autres, de leur envoyer des sarments du *Riparia* ou *Cordifolia sauvage*, qui a la plus grande ressemblance avec le Taylor, l'une de ses variétés cultivées, et qui, nous avions toute raison de le croire, serait aussi satisfaisant, si ce n'est plus, comme porte-greffe résistant au Phylloxera, pour la reconstitution des vignobles dévastés. Fabre y consentit, et le succès dépassa nos espérances les plus hardies. En 1877, Fabre publia pour la première fois le résultat de son essai dans le « Journal d'Agriculture », et depuis lors cette espèce a été de plus en plus reconnue comme le grand remède pour les vignobles détruits par le Phylloxera. On l'appela alors en France *Riparia* Fabre, mais on aurait pu l'appeler justement *Riparia Meissner*.

On nous en demanda alors de très grandes quantités, et nous eûmes à nous occuper d'en trouver auprès et au loin. Ce ne fut pas une petite affaire d'éviter le mélange de *Cordifolia*, *Cinerea*, *Æstivalis* et autres vignes sauvages qui n'auraient pas rempli les conditions voulues.

Les vignerons français, soigneux et observateurs, pour lesquels ces Riparias avaient tant de prix en raison de leur développement vigoureux, rapide dans presque tous les sols, leur grande aptitude à la reprise et au greffage et leur immunité presque complète vis-à-vis du Phylloxera, reconnurent bientôt que les soi-disant « Riparias ou Cordifolias » embrassaient tout un groupe de formes quelque peu variables, à feuillage plus ou moins grand, plus ou moins tomenteux, à bois plus ou moins foncé, à sarments plus ou moins forts, — différences résultant tout naturellement de la diversité des sols et des localités d'origine, comme aussi de leur coexistence prolongée dans une même localité ; — ils trouvèrent aussi certains sarments (Cordifolia) n'émettant pas de racines, bien qu'arrivant et plantés dans les meilleures conditions. Ces observations conduisirent à l'étude des caractères botaniques de ces plantes, caractères si bien établis aujourd'hui, que nous pouvons, à première vue, reconnaître et distinguer le vrai Riparia du Cordifolia, même sur le simple sarment, en hiver aussi bien que dans la jeune plante et la graine [1].

A part ces caractères précieux fournis par le Dr Engelmann, nous avons découvert quelques particularités accessoires qui aideront les personnes qui ne sont pas botanistes à les distinguer. Les toutes petites feuilles terminales des jeunes rameaux de *Cordifolia* s'entr'ouvrent dès qu'elles sont formées (comme chez l'Æstivalis) ; celles du Riparia, au contraire, restent repliées pendant quelques jours après leur formation et grandissent, puis se déroulent, mais graduellement. C'est

[1] C'est à M. le professeur Millardet, de Bordeaux, que revient l'honneur d'avoir le premier établi sur des caractères certains la distinction entre les types *Riparia* et *Cordifolia*, que Michaux avait justement séparés, mais que la plupart des botanistes ultérieurs avaient confondus (Voir. *Vigne américaine*, oct. 1878, pag. 222-227). J.-E. P.

ce que montre notre tableau de feuilles (fig. 40 à 43) ; il ne montre pas cependant la forme plus en cœur, arrondie, de la feuille du *Cordifolia* quand elle a son plein développement, ni la forme de la feuille du *Riparia* pleinement développée, chez laquelle le sinus du pédicelle est plus largement ouvert (tronqué), souvent large. Un autre caractère très distinctif du Riparia se trouve dans la nature de l'écorce, qui est divisée et doublée de filaments ressemblant à de grossiers fils jaunes. On ne trouve un caractère semblable que chez les *Rupestris* ; mais les filaments de ce dernier sont plus fins et moins forts que ceux du Riparia. L'écorce de ces deux espèces se détache en lanières, tandis que celle du Cordifolia et d'autres espèces se détache par plaques.

Nous recevons justement (juillet 1883) le premier numéro de l'*Ampélographie américaine*, album des vignes américaines que publie maintenant en France (prix, fr. 75) M. Em. Isard et qui contiendra de 85 à 90 planches (phototypes) et un texte descriptif par MM. Gustave Foëx et Pierre Viala. Ces auteurs font tous partie de la célèbre École nationale d'Agriculture de Montpellier[1]. L'album en question renfermera les figures et la description minutieuse de trois formes du *Vitis riparia*[2].

[1] L'École nationale d'Agriculture de Montpellier a été appelée, non sans raison, « l'Université du Phylloxera ». Dans son jardin d'expériences, de 50 acres environ, on a planté presque toutes les vignes du monde. C'est probablement la collection la plus complète qui ait jamais existé. Si l'on considère que le sol de l'École est entièrement infesté par le Phylloxera et que les plus éminents observateurs ont par suite l'occasion d'y mettre à l'épreuve et d'y étudier toutes les espèces et leurs variétés au point de vue de leur force de résistance au Phylloxera aussi bien qu'à tous les autres points de vue, on comprendra facilement quel fonds d'informations s'est ajouté pendant les dix dernières années au sujet traité dans ce Catalogue.

[2] Ce bel ouvrage renferme en effet des photographies des *Riparia* Martin des Pallières, Baron Perrier et tomenteux, avec le texte descriptif et explicatif par MM. G. Foëx et P. Viala.

J.-E. P.

Le Dr Despetits, qui a fait du Riparia l'objet d'une étude spéciale, dit qu'il en connaît 380 variétés ou sous-variétés. Les unes sont tomenteuses (feuilles cotonneuses), d'autres glabres (feuilles lisses) ; les unes ont le bois rouge clair, d'autres l'ont foncé, certains même blanc (gris). Mais toutes résistent partout et réussissent généralement ; sur les coteaux calcaires, cependant, elles ne marchent pas aussi bien que le Jacquez (*Æstivalis*).

Quelques viticulteurs feront cette question : De quelle importance pratique est la connaissance des caractères d'une espèce ? La réponse est que cette connaissance nous met à même de déterminer à quelle espèce appartient telle variété cultivée, et de savoir en outre, avec certitude, quelles qualités communes à tous les descendants d'une telle espèce cette variété possédera ; quel sol et quelle exposition lui sont le plus favorables ; si elle prendra facilement de boutures, si elle sera plus ou moins sujette à certaines maladies, plus ou moins rustique, etc.

Le *Vitis Riparia* comprend les cépages les plus sains et les plus robustes des États du Centre-Nord, désignés autrefois comme États du Nord-Ouest, s'étendant jusqu'aux montagnes Rocheuses du Wyoming, du Colorado et du Nouveau-Mexique. Elle est également vigoureuse et plus productive au Sud dans l'Arkansas et le Texas. On peut juger par là, d'après son extension géographique, de sa rare adaptabilité à des climats variés.

Alex. Hunger, amateur intelligent de viticulture, Suisse de naissance, maintenant à Sauk City, Wisconsin, nous écrit : «Les bois et les coteaux de Wisconsin sont remplis de vignes sauvages, et il en pousse aussi le long des rivières et des ruisseaux. Le fruit du Creek-grape (?) mûrit tard, a un goût âpre et acide ; mais le *Sand-grape* (nom sous lequel il entend évidemment le *Riparia*) mûrit chez nous déjà au mois d'août, n'est pas désagréable à manger et fait un vin d'un arome fin. Il pousse souvent dans le sable presque pur et résiste à tous les froids. C'est du Sand-grape que le Nord-Ouest devra tirer ses variétés propres à ses plaines et ses col-

Fig. 40. CORDIFOLIA.   Fig. 41. CORDIFOLIA.

Fig. 42. LABRUSCA.   Fig. 43. RIPARIA.

6

lines sablonneuses. Si je n'étais pas trop âgé, je croiserais le Sand-grape avec ces vignes d'Europe qui croissent dans mon pays natal (canton des Grisons) sur la limite de la culture de la vigne, où « d'une main l'on peut toucher les glaciers et de l'autre cueillir le noble raisin ». Les grappes de *Sand-grape* sont de la dimension de celles du Delaware; son feuillage ressemble à celui du Taylor, vert, plus foncé en dessus, plus clair au-dessous et plus brillant; chaque troisième feuille est sans vrille. Des croisements de cette vigne du Nord (Riparia) seraient désirables pour les États du Nord-Ouest. »

Le *Clinton* est la plus saillante de ses variétés cultivées et l'Aughwick, le Burroughs le Chippewa, le Franklin, l'Huntingdon, le Marion et l'Oporto appartiennent au même groupe ou à la même famille. Le Bacchus est un semis de Clinton, et probablement aussi le Black Pearl de Schraidt, le Peabody de Rickett, etc. On considérait le Taylor comme appartenant à une forme un peu différente du Riparia, trouvée le long de la chaîne de l'Alleghany, depuis le sud de l'État de New-York jusqu'à l'Alabama : il a certainement une ressemblance étroite avec cette forme du Riparia ; mais les botanistes ont récemment découvert et établi que le Taylor est un croisement accidentel avec le Labrusca, ce que confirme le caractère de plusieurs de ses semis. Cette variété, très estimée pour sa croissance vigoureuse, sa bonne santé et sa rusticité, comme aussi pour la qualité supérieure de son vin, a été pourtant généralement improductive à cause de la déformation plus ou moins grande de ses étamines, à filaments courts ou plutôt courbés, défaut qui se rencontre aussi chez un grand nombre de Riparias sauvages qui sont les plus florifères de toutes les espèces de vignes. Fuller, dans son vieux livre sur la culture de la vigne, exprime le premier l'opinion que certaines variétés de ce groupe (Taylor, Othello, etc.) possèdent d'excellentes qualités, qui, une fois convenablement développées (et leurs défauts corrigés), en feront les meilleures vignes du pays.

Conformément à cette idée de Fuller, déjà mentionnée dans les précédentes éditions de ce Catalogue, il a été fait un grand nombre d'essais de semis de Taylor et de Clinton; ces essais sont maintenant couronnés d'un brillant succès, puisqu'ils ont donné quelques-uns des nouveaux cépages à vin les plus méritants et qui promettent le plus, cépages qui rentrent spécialement dans la large série des Riparias. Voyez *Amber, Bacchus, Elvira, Grime's Golden, Missouri Riesling, Montefiore, Noah, Pearl, Transparent, Uhland,* etc.

Le feuillage est rarement attaqué par le Mildew ; mais les feuilles, probablement à cause de leur surface unie, sont quelquefois atteintes par des piqûres d'insectes. Le Phylloxera préfère le feuillage de cette classe de vignes à tout autre, de telle sorte que, dans certaines saisons, la feuille est couverte de galles faites par le redoutable insecte. Le fruit est moins sujet au *rot* et est connu pour se bien conserver après avoir été cueilli. Celui de la forme du Nord est d'une maturité tardive et semble atteindre sa plus grande perfection en restant sur la plante jusqu'à ce que le thermomètre indique à peu près le point de congélation. Alors, même dans des expositions au Nord, il se trouve être un fruit de bonne qualité, soit pour la table, soit pour la cuve. La plus grande objection à lui faire comme raisin pour la cuve, c'est qu'il a trop d'acide. Le défaut de sucre n'est pas aussi grand qu'on le suppose en général ; il y a assez de cet élément important pour faire un bon vin. Il n'a non plus aucun goût foxé ou musqué, n'en déplaise au jugement de nos amis de France qui sont d'un avis contraire. Le parfum particulier de certaines variétés peut leur déplaire : les goûts diffèrent ; nous-mêmes nous n'adorons pas le goût de Clinton, mais il n'a certainement pas de ressemblance avec ce que nous appelons « goût foxé », qui caractérise le Labrusca. Le bouquet du Taylor et de ses semis nous paraît irréprochable. Le *Marion* et d'autres variétés de cette classe peuvent être aussi préférables au Clinton sous ce rapport. L'analyse démontre qu'ils possèdent suffisamment de sucre, et il semble probable que ces vins ne demandent qu'à vieillir pour que leurs qualités se développent.

On sait que les vins de Clinton, conservés dans une bonne cave pendant quatre, cinq ou six ans, acquièrent de la qualité.

Les soins et la culture adoptés ont aussi une influence bien marquée sur le rendement de cette espèce. Les rameaux des jeunes plantes en bon sol poussent avec beaucoup de vigueur au commencement de l'été; ils forment souvent des jets de 14 à 20 pieds de long avant la fin de la saison. Sur ces rameaux, les bourgeons les mieux développés se trouvent à quelque distance de la base, au point de départ sur le cep ; il en résulte que si l'on taille très court en automne ou en hiver, on supprime les meilleurs bourgeons fructifères et l'on obtient une luxuriante végétation en bois avec un minimum de récolte en fruit. Les variétés de ce groupe doivent être plantées dans un sol plutôt pauvre, bien et profondément cultivé, parce qu'elles ont naturellement une végétation rampante et que, dans un sol riche, il est presque impossible de les maîtriser.

Le *Riparia* s'accommode mieux qu'aucune autre espèce des différents sols ; il pousse bien presque partout, excepté dans les sols à forte argile jaune, et sur les coteaux calcaires il ne réussit pas naturellement aussi bien que l'*Æstivalis*. C'est, de nom et de fait, une vigne du bord des rivières.

Le bois des variétés cultivées est mou et contient une moelle épaisse ; aussi prend-il facilement de bouture. Les racines sont dures et coriaces avec un liber mince, dur. Elles poussent rapidement. De là, leur grande puissance de résistance au Phylloxera, insecte que l'on ne trouve ordinairement qu'en petit nombre sur les racines, même quand le feuillage est fortement couvert de galles. Les racines ont tant de vitalité que, des nodosités même, elles émettent de nouvelles radicelles plus vite que le Phylloxera ne peut détruire les anciennes.

V. rupestris. — Cette espèce, dans ces derniers temps, a pris une grande valeur comme porte-greffe. Dans le sud du Texas, on est en train de faire quelques essais de greffage de V. vinifera sur Rupestris, auxquels nous prédisons un succès complet. Partout où le Lenoir (Jacquez ou Black spanish) et l'Herbemont réussissent sans abri l'hiver et sans mildew ni carie noire l'été, nous croyons que les meilleures variétés européennes réussiront aussi, garanties du Phylloxera par le greffage sur Rupestris ou tout autre cépage indigène résistant, s'adaptant le mieux au sol et au climat. En France, également, on emploie maintenant dans une certaine mesure le Rupestris comme porte-greffe à l'abri du Phylloxera, et on le trouve spécialement avantageux dans les sols pauvres, rocailleux et les expositions chaudes et sèches, où d'autres espèces s'adaptent moins bien. On a récemment obtenu en France quelques hybrides intéressants de Rupestris et de Vinifera.

Vitis vulpina, Linné. — Les viticulteurs du Sud désignent en général cette espèce sous le nom de *Vitis rotundifolia* (Michaux).

Ce nom nous paraît plus approprié. Il signifie « feuilles rondes », cette espèce ayant en effet des feuilles presque rondes, qui ne ressemblent à celles d'aucune autre espèce. *V. vulpina* signifie « Fox-grape » (Vigne de Renard); mais cette espèce a moins de ressemblance que toute autre avec le *Labrusca*, qui est généralement connu sous le nom de *Fox-grape* ; et tandis que le nom de « Vulpina », qui est la traduction ou le synonyme de « fox » (renard), a été appliqué quelquefois au *Labrusca* et même à d'autres espèces, aucune autre espèce n'a jamais été désignée sous le nom de *Rotundifolia*. Cette dernière désignation éviterait une confusion dans la nomenclature des vignes et est par conséquent préférable. Plusieurs botanistes, entre autres Bartram, Le Conte, Rafinesque, Ravenel et Buckley, ont suivi Michaux en adoptant le nom de « Rotundifolia », et l'on peut nous excuser de ne pas suivre Linné dans cette circonstance. Nous nous sentons justifiés en désignant ainsi cette espèce du Sud sous le nom que lui donnent les gens du Sud, les viticulteurs et les écrivains du Sud.

Le *Vitis rotundifolia*, Michaux, est strictement confiné aux Etats du Sud, et diffère beaucoup par le feuillage et par le bois de toute autre vigne, soit indigène, soit exotique, se distinguant elle-même par ses feuilles petites, à peu près rondes, luisantes, jamais lobées et vertes des deux côtés ; par son écorce claire, unie, jamais écailleuse ni fendillée ; par son fruit, qui ne forme pas de grappes, mais pousse en graines gros, pulpeux et à peau épaisse, seulement au nombre de 2, 4, 6, sur une rafle ; par ses vrilles, qui ne sont jamais fourchues, comme celles d'autres vignes. On ne peut pas obtenir de bouture des variétés de ce type. La taille ne leur fait pas de bien ; au contraire, il faut les laisser pousser libres, sans les tailler, si ce n'est pour enlever les pousses et les rejetons du sol, jusqu'au support que l'on peut établir pour les soutenir. Sans soins ni travail, sauf une bonne culture du sol, elles produisent chaque année de bonnes et sûres récoltes étant entièrement à l'abri du *rot*, du *mildew* et, semble-t-il aussi, des attaques des insectes. Le *Vitis rotundifolia* jouit jusqu'à présent d'une parfaite immunité contre le Phylloxera (on a bien trouvé quelques galles sur ses feuilles, mais aucune trace de l'insecte sur les racines, qui ont un goût astringent, âcre). Cette immunité en a fait importer en France ; mais leur fruit est si pauvre en sucre (quoiqu'il ait de la douceur au goût, ne contenant presque aucun acide), et il possède un bouquet si richement musqué, qu'il ne peut pas satisfaire le goût raffiné des Français. Comme porte-greffe, la dureté de son bois et la structure différente de son écorce, rendent le *Vitis rotundifolia* impropre à cet usage. P.-J. Berkmans, d'Augusta (Géorgie), qui fait une spécialité de la propagation de cette espèce, en énumère sept variétés : Scuppernong, Flowers, Thomas, Mish, Tender Pulp, Pedee et Richmond (il existe aussi un semis d'Isabelle du nom de Richmond).

Hybrides.

A côté des variétés qui se rapportent à l'une ou à l'autre de ces espèces, nous cultivons aujourd'hui plusieurs vignes qui proviennent de croisements dus, soit à l'intermédiaire du vent ou des insectes, soit aux efforts et à l'habileté de l'homme.

Les premiers, dus à l'hybridation naturelle, sont sans doute très fréquents ; mais comme le fait ne peut pas être bien observé, suivi ou reconnu, et que le caractère des jeunes semis ainsi produits ne peut pas être bien affirmé, ils passent généralement inaperçus dans le vignoble ou bien sont détruits. En nous basant sur la grande tendance à varier qu'ont les semis des variétés cultivées, nous sommes disposés à croire qu'un grand nombre de variétés, appelées généralement des semis *purs* et cependant si dissemblables de leurs parents, sont le produit d'une hybridation naturelle. Mais la question se pose de savoir comment des vignes sont ainsi fécondées par un croisement naturel sans l'aide de l'homme. L'intervention des insectes paraît être une explication à peine suffisante, et nous hasardons l'hypothèse suivante, qui est nouvelle : c'est que le stigmate de la vigne ne reçoit pas le pollen de sa propre fleur, parce que ces deux organes ne sont probablement pas aptes au même moment à être fécondés. Il en résulte que la moindre brise peut suffire pour déterminer une fécondation par croisement là où différentes variétés, fleurissant en même temps, végètent dans le voisinage les unes des autres.

Sans pousser plus loin cette discussion, nous établissons que nous croyons reconnaître dans

l'ALVEY un hybride entre l'*Æstiv.* et le *Vinifera* ;
le CREVELING, » » *Labrusca* » *Riparia* ;
le DELAWARE, » » { *Labrusca* » *Vinifera* ; { *Vinifera* » *Riparia* ;
l'ELVIRA, » » *Riparia* » *Labrusca*,

et ainsi de suite pour un petit nombre d'autres (comme nous les mentionnerons en les décrivant) qui possèdent certains caractères

distincts appartenant à deux espèces différentes ; et si nous n'avons pas la prétention
d'être botanistes, nous sommes heureux de
voir nos observations adoptées à la fois par
les botanistes des États-Unis et d'Europe.

D'après de récentes observations (faites
depuis la publication de la seconde édition
de notre Catalogue), nous sommes amenés
à considérer aussi le Louisiana ou le Rulander comme des hybrides d'*Æstivalis* et de
Vinifera, et le Humboldt, que feu Fr. Muench
supposait être un pur semis de Louisiana,
comme le produit d'un croisement accidentel
entre ce dernier et quelqu'autre variété.

Nous avons déjà dit (pag. 42) que le Taylor est considéré aujourd'hui comme un
produit par hybridation naturelle entre un
Labrusca et un *Riparia*. Certains caractères
de l'une et de l'autre espèce sont tout à fait
reconnaissables dans les semis de Taylor de
Rommel : l'Amber, l'Elvira, l'Etta, le
Faith, le Montefiore, le Pearl, comme
aussi dans le Noah, semis de Taylor de
Wasserzieher, etc. Des croisements acci-
dentels entre différentes variétés de la même
espèce doivent être plus fréquents, quoiqu'on
ne les admette que pour peu de variétés : tels
sont Beauty (Catawba croisé avec Maxa-
tawny), Niagara (Concord croisé avec Cassady), et d'autres que l'on a la prétention
d'appeler de « semis purs ».

La seconde classe, celle des hybrides obtenus par une fécondation artificielle, quoique de date seulement récente, est maintenant
très nombreuse, et des résultats très intéressants et très importants ont été atteints par
ce procédé. Quand on reconnut erronée la
supposition que des semis d'espèces exotiques
seraient plus robustes, élevés dans notre sol
et sous notre climat, on fit des efforts pour
s'assurer des hybrides entre les espèces indigènes et le *Vitis vinifera*. On espérait ainsi
combiner la supériorité de qualité de la vigne
exotique avec la santé et la vigueur de nos
plants indigènes, et c'est l'opinion de quelques
éminents viticulteurs que ce résultat est bien
près d'être atteint, s'il ne l'est même entièrement.

Mais, pratiquement, pour la culture de la
vigne sur une grande échelle, tous les hybrides obtenus par le croisement de vignes
étrangères avec les nôtres ont en général
donné des résultats peu satisfaisants dans
notre pays. C'est un fait remarquable que
certains de ces hybrides ont très bien réussi
en Europe, comme le Triomphe (croisement
entre Concord et Chasselas musqué obtenu
par Campbell), l'Othello (croisement de
V. Riparia et Black Hambourg par Arnold),
le Black Eagle et le Black Defiance
(croisements de Concord et Black Saint-
Peters par Underhill[1]). Ces hybrides et quelques autres ont évidemment hérité de leur
parent américain des racines résistant au
Phylloxera, mais aussi de leur parent européen la non-résistance à nos influences climatériques et une grande sensibilité au mildew
et à la carie noire. Dans les localités où ces
maladies ne prévalent pas, plusieurs de ces
hybrides donneront des résultats très satisfaisants. Ce sont :

A. Hybrides de *Labrusca* et *Vinifera.*

Adelaide,	Excelsior,
Agawam,	Gærtner,
Allen's Hybrid,	Goethe,
Aminia (R. 39),	Herbert,
Barry,	Highland,
Black Defiance,	Imperial,
Black Eagle,	Irwing,
Burnet,	Lindley,
Clover Str. Black,	Massassoit,
Clover Str. Red,	Merrimac,
Concord Chasselas,	Planet,
Concord Muscat,	Requa,
Diana Hamburg,	Roger's Hybrids[2],
Don Juan,	Salem,
Downing,	Senasqua,
Early Dawn,	Triumph,
Essex,	Wilder,

et plusieurs autres moins connus.

[1] Le Croton, hybride du Delaware et du Chasselas, souffre du Phylloxera presque autant que
son parent le Chasselas de Fontainebleau.

[2] Innommés.

B. Hybrides de *Riparia* et *Vinifera.*

ADVANCE,	NAOMI,
ARIADNE,	NEWARK,
AUGUST GIANT,	OTHELLO,
AUTUCHON,	PIZARRO,
BRANDT,	QUASSAIC,
CANADA,	SECRETARY,
CORNUCOPIA,	WAVERLEY.

C. Hybrides de *Variétés d'espèces américaines*
et d'*Hybrides*, particulièrement de *Delaware.*

ALMA (Bacchus et Hybr.)
BERCKMANS (Clinton et Del.)
BRIGHTON (Concord et Diana Hamb.)
CENTENNIAL (Eumelan et Del.)
DUCHESS (Concord blanc et Del.)
EL DORADO (Concord et Allen's Hybr.)
GOLDEN GEM (Iona et Del.)
LADY WASHINGTON (Conc. et Allen's Hybr.)
MONROE (Concord et Del.)
POUGHKEEPSIE (Iona et Del. ou Walter)
PURITY (? et Del.)
RARITAN (Concord et Del.)
ROCHESTER (Diana et Del.)
WALTER (Del. et Diana),

et d'autres, la plupart nouveaux.

On considère ces hybrides comme pleins de promesses, et quelques-uns, tels que BRIGHTON, DUCHESS, LADY WASHINGTON, jouissent déjà d'une grande estime ; on suppose qu'ils réussiront de plus en plus, leur origine étant aux trois quarts indigène. Mais pour les localités où le Delaware ou l'autre parent hybride ne réussit pas, surtout à cause du mildew, nous ne pouvons, pour aucun d'eux, partager les grandes espérances que d'autres personnes nourrissent à leur égard. C'est pourquoi les hybrideurs ont avec raison dirigé dans ces derniers temps leurs efforts vers l'observation de croisements entre des variétés indigènes pures. Parmi les nouvelles vignes ainsi obtenues, nous citerons le JEF-FERSON (*Concord* blanc et *Iona*) et l'EMPIRE STATE (semis de l'*Hartford Prolific* fécondé par le *Clinton*), obtenus l'un et l'autre par Ricketts. Il semble que dans ces semis, la bonne qualité et la beauté du fruit s'allient à la vigueur de la végétation et à l'épaisseur du feuillage résistant au mildew.

Dans les précédentes éditions de ce Catalogue, nous exprimions déjà notre conviction que la création de vignes robustes et prospères par le croisement de vignes indigènes délicates et peu sûres, telles que l'Iona, avec le Vinifera, qui ici est encore plus chétif, était très incertaine, surtout si l'on prend pour cet objet quelque variété européenne élevée dans une serre. Les viticulteurs, en Europe, se sont aujourd'hui largement engagés dans la production de nouveaux hybrides de variétés américaines avec leurs propres variétés ; mais c'est une question de savoir si même ces hybrides seront un grand gain pour la viticulture américaine *chez nous*. Le progrès de celle-ci dépend, croyons-nous, de la production de vignes obtenues par le semis de nos espèces indigènes et le croisement de leurs meilleures variétés, en sélectionnant avec soin celles qui s'adaptent le mieux à notre propre localité.

Emplacement.

Les seules règles générales que nous puissions donner pour guide dans le choix d'un emplacement convenable, tel qu'on doit le désirer pour un vignoble, sont les suivantes :

1° Une bonne région pour la vigne est celle où la saison de la végétation est d'une longueur suffisante pour mûrir parfaitement nos meilleurs raisins, et qui n'a ni gelées tardives au printemps, ni rosées abondantes en été, ni gelées précoces en automne. N'essayez pas par conséquent de cultiver la vigne dans des vallées basses, humides, le long des criques. De hauts plateaux et des penchants de collines avec leur atmosphère sèche et leurs brises fraîches, sont préférables aux riches basfonds. Des emplacements bas, où l'eau peut s'établir et rester stagnante autour des racines, ne conviennent pas. Partout où nous trouvons la fièvre comme un hôte habituel du pays, nous chercherons vainement des vignes robustes. Mais sur le flanc des coteaux, sur des pentes doucement inclinées, le long des rivières et des lacs, sur les hauteurs dominant les bords de nos grands fleuves, où les brouillards sortant des eaux donnent à l'atmosphère une humidité suffisante, même pendant les jours les plus chauds de l'été, pour rafraîchir la feuille pendant la nuit et le matin : là est la place de la vigne. Un abri a aussi une influence importante sur la bonne végétation de la vigne : certains vignobles bien posés n'ont pas donné de bénéfices, faute d'un bon abri. Là où l'abri n'est pas fourni par les bois du voisinage, il faudrait y pourvoir par des plantations d'arbres. Il ne conviendrait cependant pas de planter de grands arbres assez près des vignes, pour que leurs racines devinssent gênantes. Nous avons protégé ainsi l'un de nos champs de vignes contre les vents du nord et de l'ouest, au moyen d'une haie d'*Arbor vitæ* (*Thuia occidentalis*). Cette haie a maintenant 15 ans, plus de 8 pieds de haut, et passe pour l'un des plus beaux ornements de nos jardins. Il y a des positions si favorisées qu'elles n'ont besoin d'aucune protection artificielle. Toutefois rappelez-vous qu'il n'est aucune position qui soit favorable à toutes les vignes à la fois (V. pag. 6).

2° On peut considérer comme un bon sol pour la vigne une terre végétale (loam) sèche, calcareuse, suffisamment profonde (3 pieds), souple et friable, se drainant elle-même aisément. Un grand nombre de variétés se trouvent mieux d'un sol sablonneux que d'une forte argile. Les sols nouveaux, granitiques aussi bien que calcaires, formés par la nature de pierres désagrégées et de terreau de feuilles, sont préférables à ceux qui sont depuis longtemps en culture, à moins qu'on ne les ait mis en jachère et laissé reposer quelques années. Si vous avez un bel emplacement et un tel sol, ne cherchez pas davantage, ne recourez à aucun chimiste pour en faire analyser les éléments, et mettez-vous de suite à l'œuvre.

Préparation du Sol.

La préparation du sol est sans contredit l'une des opérations les plus importantes dans l'établissement d'un vignoble, et l'un de ses objets doit être de donner à la masse une constitution et une richesse uniformes, sans exagération toutefois quant à la richesse. En remuant le sol profondément, on le met dans les conditions d'une éponge, qui lui permettent d'attirer l'humidité du sol au-dessous et de l'atmosphère au-dessus et de la conserver pour les besoins de la plante. Il en résulte que les sols qui sont drainés et profondément remués, la bonne terre restant à la surface, sont moins sujets que ceux qui ne sont pas traités ainsi aux inconvénients qui accompagnent et suivent une sécheresse. Il est, par suite, de la plus haute importance de placer les vignobles et tout au moins les jardins fruitiers dans *les* conditions les meilleures pour recevoir les vignes et les arbres, si l'on se propose d'obtenir les meilleurs résultats possibles (Pet. Henderson).

L'ancien système de défoncement n'est plus en usage, excepté dans un sol très dur, pierreux et sur des coteaux raides ; il est trop coûteux et trop peu avantageux, si tant est même qu'il le soit. La charrue a remplacé et a diminué sensiblement la dépense. Tout en insistant pour un travail complet dans la préparation du sol avant la plantation et tout en se mettant en garde contre le système de plantation en fossés, ou, ce qui est pis encore, en trous carrés, nous croyons que par un défrichement fait avec soin (dans les pays de forêts), ne laissant aucun tronc, ce qui ne serait qu'un ennui et un obstacle continuels pour une bonne culture, puis par l'emploi d'une forte charrue défonceuse, suivie d'une fouilleuse, on remuera le sol aussi profondément (soit à 20 pouces) qu'il est réellement nécessaire pour assurer à la vigne une végétation robuste et vigoureuse. Cela demandera deux ou trois paires de bœufs à chaque charrue, suivant les conditions du sol. Pour un sol ancien, une charrue ordinaire à deux chevaux, avec un attelage de forts chevaux ou de bœufs, suivie dans le même sillon par une fouilleuse, sera suffisante pour remuer le sol profondément et complètement, et le laisser aussi ameubli et dans un état aussi naturel qu'on peut le désirer. Ce travail peut être fait en toute saison, quand le sol est libre et pas trop humide. Un grand nombre de terrains gagneraient à être drainés. La manière de le faire est la même que pour les autres cultures agricoles, si ce n'est que, pour les vignes, les drains doivent être placés plus profondément. C'est moins important sur des coteaux et trop coûteux pour y être pratiqué sur une grande échelle. Les endroits humides, néanmoins, doivent être drainés au moyen de fossés; et, pour empêcher le sol de s'imprégner d'eau, il faut faire de petits fossés conduisant à un fossé principal. Les coteaux trop raides, si l'on veut les utiliser, doivent être disposés en terrasses.

Plantation.

Le sol étant complètement préparé de cette façon, et dans de bonnes conditions de friabilité, tout est prêt pour la plantation. La bonne saison pour la pratiquer est en automne après le 1er novembre, ou au printemps avant le 1er mai. Les saisons varient, et quelquefois on se trouve bien d'avoir planté plus tard, mais jamais quand il gèle ou que le sol est trop humide. Si vous avez été retardé dans les préparations du sol au printemps, mettez les jeunes plants qui sortent de la pépinière dans quelque endroit frais et sec, et recouvrez-les pour que leur végétation soit ralentie; s'ils ont déjà fait quelques pousses, ayez particulièrement soin que leurs racines ne souffrent pas de la sécheresse. On plante beaucoup de vignes au printemps; pour des expositions au Nord et très froides, cela peut être préférable. Pour nous, nous préférons planter en automne. Le sol est généralement en meilleures conditions, parce que nous avons en automne une plus belle température et plus de temps à consacrer à ces travaux. Pendant l'hiver, la terre peut s'établir autour des racines. Celles-ci se seront remises et cicatrisées; de nouvelles radicelles se seront formées de bonne heure, avant que l'état du sol eût

permis de planter, et les jeunes plants, commençant à pousser dès que la gelée aura abandonné le sol, partiront avec une grande vigueur au printemps. Pour empêcher les racines d'être poussées à la surface par des alternatives de gel ou de dégel, une butte de terre faite avec la bêche autour de la plante ou un sillon tracé avec la charrue, de manière à élever quelque peu le sol dans les rangées, suffira pour donner l'abri nécessaire. En tout cas, ne différez pas la plantation jusqu'à une époque tardive du printemps, et, si votre sol n'est pas prêt en temps voulu, vous ferez mieux de le cultiver en grains ou autres récoltes du même genre et de renvoyer la plantation à l'automne suivant. La plantation en lignes, à 6 pieds d'écartement, est maintenant la méthode habituelle. Elle laisse à l'homme et au cheval un espace suffisant pour passer avec une charrue ou tout autre instrument. L'écartement des lignes doit varier un peu suivant la végétation des différentes variétés et la richesse du sol. Plusieurs de nos vignes à forte végétation : le Concord, l'Ives, l'Hartford, le Clinton, le Taylor, le Norton, l'Herbemont, ont besoin de 8 à 10 pieds (2m,43 à 3m,04); on plante les Scuppernongs, de 20 à 30 pieds (6m,03 à 9m,12), tandis que le Delaware, le Catawba, le Creveling, l'Iona, peuvent avoir assez d'espace, plantés à 6 pieds (1m,82) d'écartement. Le traitement à bois court (*dwarfing treatment*), pratiqué sur les variétés d'Europe, surtout par les vignerons allemands, ne vaut rien pour nos vignes, qui ont besoin de beaucoup de place pour s'étendre et d'une libre circulation de l'air. Le nombre de pieds nécessaire pour garnir un acre contenant 43,500 pieds carrés (4,041 mèt. carrés), est :

Distance en pieds.	Mètres.	Nombre.
6 p. sur 6 p......	1,85 sur 1,85....	1210
6 — 7 p......	1,85 — 2,15....	1037
6 — 8 p......	1,85 — 2,46....	907
6 — 9 p......	1,85 — 2,75....	807
6 — 10 p......	1,85 — 3 —....	725
7 — 7 p......	2,15 — 2,15...,	889
7 — 8 p......	2,15 — 2,46....	777

Distance en pieds.	Mètres.	Nombre.
7 p. sur 9 p......	2,15 sur 2,75....	690
7 — 10 p......	2,15 — 3 —....	622
8 — 8 p......	2,46 — 2,46....	680
8 — 9 p......	2,46 — 2,75....	605
8 — 10 p......	2,46 — 3 —....	545
9 — 9 p......	2,75 — 2,75....	537
9 — 10 p......	2,75 — 3 —....	484
10 — 10 p......	3 — — 3 —....	435

Un acre = 41 ares français, d'où un hectare est à peu près égal à deux acres et demi.

Après avoir déterminé la distance à laquelle vous voulez planter, tracez les rangées en leur donnant des directions parallèles et le plus possible de niveau par rapport à la pente, de manière à pouvoir charruer facilement entre les rangées et à permettre au sol de se *ressuyer*. Par suite, sur une pente tournée à l'Est, les rangées auront la direction nord-sud, qui est préférée par la plupart des viticulteurs. Ayez soin, sur un terrain en pente, de laisser des places pour des surfaces drainées ; plus la pente est raide, plus ces surfaces doivent être fréquentes. Divisez ensuite les rangées suivant les distances voulues, à l'aide d'un cordeau, et placez de petits piquets aux points où vous aurez à planter. Si le sol est assez sec pour se réduire facilement en poussière, faites les trous pour recevoir les vignes comme l'indique la fig. 44. La profondeur de ces trous variera nécessairement un peu avec la nature du sol. Sur des coteaux très raides et spécialement sur des pentes tournées au Midi, à sol naturellement chaud et sec, il faut planter plus profondément que sur des pentes douces, à sol riche, profond, ou dans des bas-fonds et de riches prairies. Dans ces derniers terrains, huit pouces (202 millim.) suffiront ; dans les premiers, il faut planter à douze ou quatorze pouces (303 à 354 millim.) de profondeur.

Les trous faits, et il vaut mieux n'en pas faire trop à la fois, de peur que le sol ne sèche trop vite, vous pouvez vous mettre à planter. En plantant, il est important de donner aux racines leur position primitive, et de les bien entourer de bonne et fine terre, que l'on tasse avec les mains ou les pieds ; remplissez ensuite le trou avec de la terre, en formant une toute petite butte au-dessus de la tête de la plante, de sorte qu'aucune de ses parties ne puisse sécher, et cependant de manière à permettre à la jeune pousse de percer aisément.

Les viticulteurs qui débutent savent tous que, pour les plantations, on emploie de jeunes vignes enracinées, soit qu'il s'agisse de tout un vignoble, ou simplement d'un jardin ou d'un seul sujet ; ils savent aussi que ces jeunes vignes sont en général élevées dans des pépinières et proviennent de boutures ou de marcottes. Mais on ne connaît généralement pas aussi bien la raison pour laquelle on n'élève pas ces vignes de semis, et, même parmi les vieux viticulteurs expérimentés, il règne certaines idées erronées à l'égard de la culture de semis et des questions qui se rattachent à ce sujet, qui a aujourd'hui plus d'importance et d'intérêt que jamais. Il est à peine nécessaire de rappeler que la vigne sauvage repousse et se propage elle-même de semis seulement. Cette vigne sauvage se reproduit constamment elle-même, c'est-à-dire que ces semis ne diffèrent pas sensiblement de leurs parents. Transplantés dans un sol plus riche et recevant des soins et des cultures, leurs grains peuvent grossir, gagner en grosseur, et avec le cours des années améliorer un peu et modifier leur nature. Si alors on prend la graine de cette vigne cultivée, surtout si elle

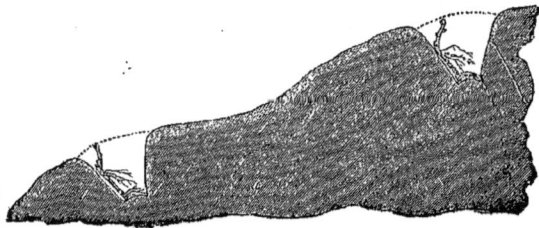

Fig. 44.

7

est venue dans le voisinage d'autres vignes différentes, les semis de ces dernières diffèrent davantage. Cette tendance à la variation est si grande que, sur cent semis de vigne cultivée, on en trouvera à peine deux exactement semblables : les uns différeront beaucoup ; près de la moitié seront des plants mâles et ne produiront point de fruit du tout, tandis que plusieurs autres retourneront à leur origine sauvage, et un seul à peine, peut-être, sera un progrès sur son parent cultivé.

La marcotte ou la bouture d'une vigne, au contraire, reproduira exactement le parent duquel elle provient, et même toutes les transplantations que vous en ferez, dans des localités très différentes, ne pourront pas la modifier. Les différences de sol et de climat peuvent *améliorer* ou *diminuer* sa vigueur et son feuillage, la dimension et la qualité de son fruit ; en d'autres termes, ces différences peuvent être plus ou moins favorables au développement de ses qualités intrinsèques, au succès plus ou moins complet de la variété ; mais jamais elles ne changeront matériellement son apparence, sa forme, son goût, sa couleur — encore moins ses caractères botaniques[1]. C'est pourquoi le viticulteur pratique qui désire planter certaines variétés toutes fructifères, ne plantera ni

[1] L'opinion erronée que la transplantation dans d'autres contrées peut, sous l'influence du climat et du sol, entièrement changer une vigne, a souvent été le résultat d'erreurs ou de déceptions survenues à la suite de transplantations de vignes ou de boutures dont le nom n'était pas exact. Ainsi, l'on supposait que le fameux Tokay avait été transplanté sur les bords du Rhin, il y a 150 ans, et comme il y a toujours été très malingre et tout à fait différent du noble Tokay, on attribuait cette infériorité à l'influence d'un sol différent. Mais on a découvert dernièrement que la vigne venue de Tokay (Hongrie) et connue en Allemagne sous le nom de « *Putzscheere* » (Snuffers, Mouchettes) est la même que celle qui pousse aussi à Tokay et y est connue sous le nom de « *Gyönyszoto* » (perle blanche), qu'elle y est aussi de pauvre qualité et qu'elle n'est pas l'excellente variété « *Furmint* » qui donne le célèbre vin de Tokay.

semis, ni jeunes plants obtenus de semis, quoique certains théoriciens prétendent que la continuité de la propagation et de la culture de la vigne par bouture est la cause de ses récents échecs dans sa résistance aux maladies, aux insectes et autres parasites. Des recherches et des déductions attentives et sans parti pris, aussi bien que des expériences pratiques, ont pleinement établi les faits suivants : les semis ne possèdent pas une force de résistance plus grande que les plants provenant de boutures, et ne sont guère moins sensibles aux vicissitudes climatériques ; la prolongation de la culture et de la propagation par bouture n'a rien à faire avec le plus ou moins de résistance aux maladies, comme aussi cette méthode n'a pas pour conséquence d'amollir leur tissu cellulaire.

Dans la pratique, n'employons que les meilleurs plants racinés des espèces que nous désirons cultiver. Certains vignerons, sous prétexte d'économie, n'emploient que des boutures pour planter leurs vignobles, en mettant deux boutures là où ne doit pousser qu'un seul pied de vigne. Le résultat n'est généralement pas satisfaisant, surtout avec les variétés américaines, dont plusieurs ne reprennent pas aussi facilement que celles d'Europe et qui rendent leur replantation très souvent nécessaire. De plus, là où poussent deux sarments, il faut en arracher un. Ces vignerons feraient bien mieux de faire reprendre leurs boutures un ou deux ans en pépinière, pour transplanter ensuite les meilleures dans la vigne qu'ils veulent créer.

Mais si nous désirons obtenir de *nouvelles* variétés, il faut faire des semis. C'est une opération beaucoup plus incertaine, beaucoup plus lente et plus difficile que la plupart des gens ne se l'imaginent ; un très petit nombre de ceux qui l'ont essayée y ont réussi. De même que certains habiles éleveurs ont réussi à obtenir des races améliorées auxquelles ils ont communiqué certaines qualités par le croisement, de même les horticulteurs se sont efforcés d'atteindre le même but en hybridant les meilleures variétés de vignes et en en faisant des semis, en tenant compte, comme il convenait, des caractères des parents dont ils les obtenaient. (Voyez *Hybrides*, pag. 44.)

Mais depuis quelque temps on a demandé au semis un service très important, celui de produire en Europe (spécialement là où l'importation de nos boutures et de nos plants était prohibée) des vignes américaines qui résistent au Phylloxera et servent de porte-greffes. Car, quelle que soit la tendance des semis à la variation, en dépit de toutes les conditions et changements de sol et de climat, ils conservent des racines résistant au Phylloxera, aussi bien que d'autres caractères botaniques appartenant à leurs parents[1]. Dans ces dernières années, nous avons fourni plusieurs centaines de mille livres de graines de vignes à l'Autriche, à l'Italie, à l'Espagne et au Portugal. Les nouvelles de leur germination ont été généralement favorables, tandis que les graines envoyées par d'autres ont eu beaucoup d'insuccès. Les nouvelles suivantes, que M. A.-V. Babo a bien voulu nous donner au printemps dernier 1883, sont aussi sûres qu'intéressantes à cet égard : « De toutes les graines que vous m'avez envoyées l'année dernière, ce sont celles de *Riparia* qui ont le mieux levé, si bien même que nous avons de la peine à soigner leurs innombrables petits semis. Tous les autres semis (d'espèces cultivées) accusent une grande variété en fruit, en couleur, en feuillage, etc. Ceux de Taylor sont particulièrement variables : sur 2,500 vignes fertiles obtenues des graines de cette seule variété, on peut sélectionner ainsi une centaine de formes distinctes. Les jeunes semis de Riparia ne paraissent pas varier beaucoup : nous ne trouvons en effet que de très légères différences essentielles dans leurs feuillages. »

Nous n'avons pas l'intention de discuter ici les divers modes de multiplication ou de propagation de la vigne par boutures, mar-

cottes ou simples yeux (bourgeons) ; nous avons encore moins l'intention de discuter les méthodes de production de nouvelles variétés par le semis ou l'hybridation : ce serait dépasser de beaucoup le but de ce court Manuel. Nous ne désirons pas non plus nous prononcer sur la question de savoir s'il faut préférer les plants provenant de boutures, ou ceux de marcottes, ou de simples yeux. On ne considérerait pas des propagateurs et des pépiniéristes comme des juges désintéressés dans la question. Mais nous pouvons raisonnablement supposer que les lecteurs de ce Catalogue sont, ou nos clients, ou des personnes désireuses d'acheter des vignes enracinées de chez nous, et de se procurer les meilleurs plants. Les vignes obtenues de marcottes étaient, dans les premiers temps, considérées comme supérieures et sont encore préférées par beaucoup de gens. Mais des cultivateurs observateurs et sans préjugés ont trouvé qu'elles *ont seulement l'air* d'être plus fortes et plus belles et qu'elles ne valent pas les plants obtenus convenablement de boutures ou de simples yeux d'un bois sain et mûr. La tendance à multiplier rapidement les nouvelles variétés a conduit à la production de quantités considérables de vignes par des couchages d'été, ou, ce qui est pire encore, par boutures vertes. Les plantes ainsi obtenues ne produisent, d'ordinaire, que du désappointement pour celui qui les plante et nuisent grandement à la réputation de nouvelles variétés.

Nos viticulteurs allemands ou français avaient généralement l'habitude de faire pousser la vigne de sarments longs : des sarments courts (de deux ou trois yeux) donnent incontestablement des racines plus fortes et mieux nourries. D'autres, au contraire, ont obtenu les meilleurs résultats de plants provenant d'un seul œil, et par suite les préfèrent. Le célèbre ampélographe français, le Dr J. Guyot, vantait les boutures à un seul œil comme se rapprochant davantage, physiquement et physiologiquement, de celles qui provenaient de graine. Nous avons tout essayé, et nous trouvons que le procédé par lequel la

---

[1] C'est pour cela qu'il vaut mieux employer les graines de vigne sauvage, principalement d'*Æstivalis* et de *Riparia* ; n'employez pas celles qui proviennent d'*Hybrides*.

vigne est obtenue ne fait que très peu de différence, pourvu que le plant ait des racines
fortes, solides, saines et bien nourries. Nous
n'en avons jamais trouvé qui eussent de telles
racines parmi les sujets obtenus de bois vert
ou de sarments longs. Comme règle générale,
une vigne bien venue est dans les meilleures
conditions de plantation quand elle a un an.
Fuller et d'autres bonnes autorités préfèrent
des vignes de deux ans transplantées. On ne
doit pas planter des vignes de plus de deux
ans, et les soi-disant marcottes extra-fortes
« pour production immédiate » ne sont
qu'une mystification.

Il existe toutefois un procédé de propagation de la vigne, le greffage, qui est plutôt
du domaine du cultivateur, du vigneron, que
du pépiniériste ou du propagateur, et qui se
présente sous des aspects presque entièrement nouveaux.

Greffage.

Le greffage de la vigne est pratiqué aujourd'hui sur une échelle gigantesque en
Europe, où les invasions ininterrompues du
Phylloxera ont porté la dévastation et la destruction sur une immense surface de vignobles autrefois prospères et florissants. On a
essayé un grand nombre de systèmes, on a
dépensé des sommes inouïes pour essayer
vainement d'arrêter la marche de ce terrible
ennemi de la vigne européenne ; hélas ! ces
tentatives n'ont dans la pratique abouti qu'à
des échecs. Par l'application et l'emploi
ininterrompu d'insecticides chimiques, quelques vignobles ont été maintenus dans un
état relatif de santé et de production ; mais
malheureusement les frais de ces traitements
annuels sont trop élevés pour que l'emploi
s'en généralise et ne peuvent être supportés
que par les propriétaires des vignobles les
plus renommés, les « grands crus[1] » dont les

[1] Ou bien par les propriétaires des terres très
riches qui produisent des quantités considérables
de vins ordinaires.   J.-E. P.

produits obtiennent des prix assez élevés
pour couvrir les dépenses extraordinaires de
leur préservation par de tels moyens. Les vignobles qu'on peut entièrement submerger
chaque hiver pendant une période d'un mois à
cinquante jours, peuvent être aussi maintenus
en dépit du Phylloxera. Enfin, les vignes
plantées dans un terrain contenant au moins
60 % de sable pur (silice) offrent aussi une
résistance relative à l'insecte.

Ces trois moyens de conservation de la
vigne européenne atteinte par le Phylloxera
ne s'appliquent qu'à des cas si exceptionnels,
que sa culture serait condamnée à une destruction presque complète si la vigne américaine n'était venue en aide à sa sœur d'Europe.

La vigne américaine, avec son système fort
et robuste, ses racines fermes et vigoureuses,
résiste au Phylloxera, et, en prêtant ses racines à la vigne européenne, elle rend possible la reconstitution des vignobles dévastés.

Quand parut la dernière édition de notre
Catalogue, en 1875, cette question était encore
un problème, et beaucoup de gens doutaient
alors du succès de cette solution dans la pratique. Aujourd'hui le problème est résolu, et
il est hors de doute que l'emploi de la vigne
américaine résistante, comme porte-greffe
de la vigne européenne, est la vraie solution
de la question du Phylloxera pour les vignerons d'Europe, solution qui seule a été trouvée jusqu'à présent généralement applicable,
généralement pratique et généralement satisfaisante.

On greffe maintenant en Europe des millions et des millions de vignes chaque printemps, les unes sur simples boutures, les
autres sur plants en pépinières, d'autres sur
vignes en place ; mais dans tous les cas le
sujet est de descendance américaine. Les
sujets le plus employés sont des types de
notre *Vitis riparia* sauvage ; ils forment probablement à eux seuls les quatre cinquièmes
des porte-greffes employés aujourd'hui, parce
qu'on a trouvé qu'ils s'adaptaient à presque
tous les terrains et à toutes les expositions et
qu'ils avaient à la fois la plus grande force de
résistance à l'insecte et une remarquable fa-

cilité à reprendre de boutures et à recevoir la greffe du *V. vinifera*.

On nous excusera de rappeler ici avec un certain degré de satisfaction et d'orgueil que nous avons été les premiers à recommander et à signaler ce précieux porte-greffe aux viticulteurs français, en décembre 1875, et à leur en mettre en mains une quantité suffisante pour leur permettre de mettre ses mérites à l'épreuve, mérites qu'ils ne tardèrent pas à apprécier, Depuis lors, les Français ont propagé et augmenté ce stock dans une mesure étonnante, et l'hiver dernier le département de l'Hérault à lui seul ne fournissait pas moins de vingt millions de plants et de boutures de *Riparia*, tous destinés à être greffés avec la vigne européenne.

Les résultats obtenus par le greffage du *V. vinifera* sur racines américaines ont été généralement si satisfaisants, non seulement au point de vue de la résistance au Phylloxera, mais encore comme communiquant à la vigne européenne une vigueur et une fertilité plus grandes, que la pratique du greffage sur pied américain persisterait probablement même dans le cas où le Phylloxera viendrait tout à coup à disparaître entièrement. Malheureusement c'est l'inverse, c'est-à-dire la multiplication et la diffusion de l'insecte qui est beaucoup plus à craindre ; et plus les vignerons de l'Europe méridionale dont le territoire n'est pas encore infecté par ce fléau mettront d'empressement à se réconcilier avec l'idée de reconstituer par le greffage sur sujets américains résistants leurs vignobles précieux mais condamnés, et mieux ils feront.

Nous espérons que nos lecteurs d'Amérique voudront bien nous pardonner ces remarques, peut-être un peu longues, sur le greffage en Europe ; mais plusieurs d'entre eux, notamment nos amis de Californie, où la vigne européenne forme le fond principal de la viticulture, leur trouveront peut-être quelque intérêt pratique.

La question du greffage présente plusieurs autres points intéressants pour nous, à part celui qui touche à l'avantage de placer une variété non résistante en dehors des atteintes de l'insecte. Ainsi, un autre avantage très intéressant du greffage, c'est de permettre d'essayer de bonne heure de nouvelles variétés. En greffant sur une vigne vigoureuse en rapport, on obtiendra généralement du bois à fruit, la première année. On peut aussi, par le greffage, utiliser de vieilles vignes vigoureuses appartenant à quelque mauvaise variété, puisque, avec peu de peine et de soin, et en ne perdant qu'une seule année, il est possible de les convertir en variétés choisies et méritantes. Mais, avant d'entrer dans les détails du *modus operandi*, parlons d'abord des conditions regardées généralement comme essentielles à la réussite de l'opération.

D'abord, le porte-greffe. Nous basant sur notre propre expérience, nous ne pouvons pas nous ranger du côté de ceux qui prétendent que, dans tous les cas, pour que le succès soit bien assuré, le sujet et le greffon doivent appartenir à la même classe.

Un point bien autrement important, c'est la santé et la vigueur parfaites du sujet. Ne choisissez jamais comme porte-greffe une vigne chétive, malade ou sujette aux attaques du Phylloxera. En admettant que le greffon végétât, il ne végéterait que misérablement, à moins qu'il n'appartînt lui-même à quelque variété très vigoureuse et qu'il ne fût greffé assez bas pour se former lui-même des racines ; ces racines le nourriraient complètement, et cette modification amènerait bientôt la cessation de son union avec le sujet malsain. Mais, même dans ce cas, il faut des années pour réparer les conséquences d'une association mal assortie. Si le but du greffage est de préserver des attaques du Phylloxera une variété qui y soit sujette, choisissez pour porte-greffe une variété robuste et vigoureuse, qui possède une force de résistance bien établie. Il faut insérer le greffon aussi près que possible de la surface du sol, et même au-dessus quand c'est praticable. Quelques personnes prétendent que le porte-greffe et le greffon doivent appartenir à des variétés aussi voisines que possible quant à la force de végétation ; nous ne pouvons pas être de cet avis. Nous préférerions invariablement greffer une espèce à faible végétation sur une espèce à forte végétation.

En second lieu, le greffon. Il doit provenir d'un sarment sain et à mérithalles courts, de la pousse de l'été précédent et d'une dimension modérée (un peu plus gros qu'un crayon à la mine de plomb, c'est la grosseur que nous préférons). Il faut le couper avant les fortes gelées et le garder dans une cave fraîche, soit dans de la mousse humide, du sable, de la sciure de bois, soit enterré dans le sol. Dans le cas où le greffage ne se ferait que tard, au printemps, on peut conserver le greffon endormi en le mettant dans une glacière [1].

En troisième lieu, quand faut-il greffer ? La meilleure époque, en ce qui concerne les jours et les mois, varie naturellement suivant les localités et la latitude. Mais, comme règle générale, nous poserions en principe que l'on ne peut pas greffer avec chances de succès pendant que la sève circule assez, et est assez liquide pour que, quand on taille la vigne, celle-ci saigne, comme on dit [2]. On ne peut pas le faire non

---

[1] Les greffons et les boutures peuvent se conserver indéfiniment, pourvu qu'ils soient mis complètement à l'abri de l'air, de la chaleur et surtout de l'humidité. L'œil ou bourgeon est tout à fait semblable à une graine ou semence ; tant que l'influence de l'humidité ou de la chaleur ne les a pas fait pousser, ils conservent leurs facultés végétatives.

En mettant les branches de vigne à stratifier dans du sable sec, fin et coulant, et dans un local froid et sec, on les maintient aussi fraîches qu'au moment où elles viennent d'être coupées, non seulement pendant toute une saison, mais d'une saison à une autre. J'ai greffé, le 25 mai 1884, des greffons coupés et stratifiés depuis le mois de décembre 1882, et un grand nombre a parfaitement repris.   A. Champin.

[2] Même à l'époque où la vigne pleure le plus abondamment sous la coupe de l'instrument tranchant, et où l'afflux de sève liquide risquerait de noyer ou même d'emporter le greffon, on peut greffer avec toute chance de succès avec la précaution suivante : Couper le sujet un peu au-

plus, excepté par le procédé du rapprochement (*inarching*), dont nous parlerons plus loin, à partir de l'époque où les jeunes pousses au printemps, ou plutôt dans les premiers jours de l'été, commencent à devenir dures et fibreuses ; cette période commence en général vers l'époque de la floraison et dure jusqu'à la chute des feuilles. Cela réduit l'époque du greffage à deux périodes : la première allant de la chute des feuilles au réveil de la circulation au printemps, la seconde commençant après que ce grand flot de sève s'est calmé et se prolongeant jusqu'au plein développement de la première végétation nouvelle.

Dans les États plus méridionaux, le greffage peut être pratiqué d'une manière utile pendant la première période. Le Dr A.-P. Wylie considérait, en effet, l'automne ou le commencement de l'hiver comme le vrai moment pour greffer. Plus au Nord, et même sous la latitude de Saint-Louis, le greffage d'automne n'est pas aussi certain, parce que, même protégée par un tas de paille ou de feuilles, la greffe court le risque d'être renversée par le soulèvement de la terre à la suite de la gelée. Sous notre latitude cependant, nous avons de beaux jours en février et au commencement de mars, quand le sol est libre et que le flot de la sève a commencé activement à monter ; on pourrait en profiter pour l'opération. Encore plus au Nord, là où le sol n'est libre que plus tard et où le printemps arrive tout à coup, ces jours-là sont si rares qu'on ne peut pas en faire souvent usage. Pour ces latitudes, le meilleur moment est pendant la seconde période, ou quand la sève a cessé son mouvement actif et s'écoule à l'état de gomme, lorsqu'on fait une blessure à la

dessus du point qui doit être greffé, et attendre que la fontaine ait fini de couler ; ce flux de sève tantôt s'arrête au bout de quelques heures, tantôt se prolonge pendant plusieurs jours ; quand il est fini, on rafraîchit la coupe un peu au-dessous du point tranché entièrement, et l'on peut, en toute confiance, adapter le greffon sur le porte-greffe ainsi préparé.   A. Ch.

plante. Quelques personnes ont même prétendu obtenir de bons résultats au milieu de l'été, avec des greffons de la pousse de la saison.

En décrivant les différentes méthodes de greffage, nous ne pensons pas pouvoir mieux faire que de suivre dans une large mesure un excellent ouvrage français, récent : *Traité théorique et pratique du greffage de la vigne*, par M. Aimé Champin, éminent et intelligent viticulteur non moins qu'écrivain spirituel et élégant, qui a traité ce sujet à fond dans son ouvrage. Son livre a été traduit en allemand par le D^r Rœsler (Der Weinbau, seine Cultur und sein Veredlung, von Aimé Champin. A. Hartleben et C^{to} ; Vienne, 1882). Nous devons aussi à M. Champin les gravures relatives à la greffe ; elles font partie des soixante et dix illustrations qui ornent son ouvrage. Ces gravures ont été dessinées d'après nature, avec une exactitude et une habileté très grandes, par Mlle Aimée Champin. A tous ceux qui s'intéressent à la question du greffage, nous recommandons cet ouvrage comme l'un des meilleurs sur ce sujet.

La méthode la plus généralement suivie pour des sujets assez gros, ou pour des plants établis déjà en pleine terre, est la « Greffe en fente ». Après avoir écarté la terre autour du collet de la plante sur laquelle vous voulez opérer, jusqu'à une profondeur de 3 ou 4 pouces (75 ou 101 millim.), choisissez une place au-dessous de la surface, dans un endroit uni, autour du collet ; coupez la souche juste au-dessous de cette place, en faisant une section horizontale au moyen d'une scie fine, ou, s'il s'agit de pieds plus petits, au moyen d'un couteau bien tranchant ; puis fendez la souche avec un ciseau à greffer ordinaire, ou tout autre instrument tranchant, de manière à ce que la fente descende à 1 pouce 1/2 ou 2 pouces (37 à 50 millim.) environ. Introduisez le petit bout du couteau à greffer, ou un coin étroit, au centre de la fente pour la maintenir ouverte ; puis, avec un couteau bien tranchant, coupez la partie inférieure de votre greffon, qui doit avoir 3 ou 4 pouces de long (75 à 101 millim.) et un ou deux yeux, en forme de biseau allongé, pour l'adapter à la fente, en laissant le côté extérieur un peu plus épais que le côté intérieur ; introduisez-le dans la fente, de telle sorte que l'écorce intérieure du porte-greffe et du greffon s'adaptent l'une sur l'autre aussi juste que possible. Retirez alors le coin, et le greffon tiendra solidement en place sous la pression du porte-greffe. Si le porte-greffe est assez gros, on peut y placer deux greffons, un de chaque côté. Cette méthode est applicable à des sujets variant de 1 1/2 à 3 pouces de diamètre. (Voyez fig. 45 et 46.)

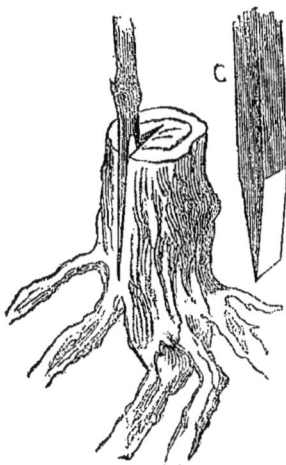

Fig. 45.

Quoiqu'il ne soit pas nécessaire de mettre une ligature aux sujets d'une certaine grosseur, il vaut mieux le faire en employant pour cela un fort lien ou tout autre objet convenable, afin de lier ensemble le porte-greffe et le greffon. Couvrez-les ensuite avec de l'argile à greffer ; la meilleure est celle qu'on fait en mélangeant une partie de bouse de vache fraîche et quatre parties d'argile ordinaire compacte. Pour la vigne, on ne peut pas recommander le mastic à greffer que l'on emploie pour le greffage des arbres et d'autres plantes : le suif et la résine sem-

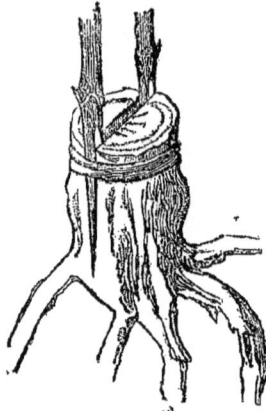

Fig. 46.

blent avoir une influence délétère sur elle.

Pour compléter l'opération, remettez la terre en place, en l'amoncelant de manière à ce que l'œil supérieur du greffon soit au niveau du sol. Un abri, disposé de façon à le protéger contre le soleil du milieu du jour, ou un léger paillis, sont d'excellentes précautions [1].

[1] L'affranchissement du greffon français étant un danger grave et permanent, il y a tout avantage à ce que le point de la soudure soit à fleur de sol, plutôt en dessus qu'en dessous. On pare à tous les inconvénients que présente cette position aérienne, dessiccation, cassure, etc., au moyen d'un buttage aussi fort que possible, s'élevant jusqu'à l'œil supérieur du greffon et même un peu en dessus.

Les deux seuls cas où il vaille mieux placer la greffe au-dessous du sol, sont les suivants : dans les vignobles où les souches sont déchaussées chaque année à une certaine profondeur, parce que cette opération enlève les racines adventices que peut émettre le greffon ; dans les régions où les gelées sont parfois assez fortes pour compromettre la variété française hors de terre, parce qu'alors on est bien forcé de placer le point greffé assez bas pour qu'il soit à l'abri des plus fortes gelées, sauf à faire chaque année, et plusieurs fois pendant la première, les déchaussements nécessaires pour empêcher l'affranchissement du greffon.   A. Ch.

Ce système de greffage peut être appliqué aussi à des sarments de petites dimensions; quand le porte-greffe et le greffon sont à peu près de la même grosseur, on peut obtenir un contact parfait de l'écorce (liber) des deux côtés. (Voyez fig. 47.)

On peut aussi insérer deux greffons sur un pied d'un peu plus grande dimension (Voyez fig. 48.)

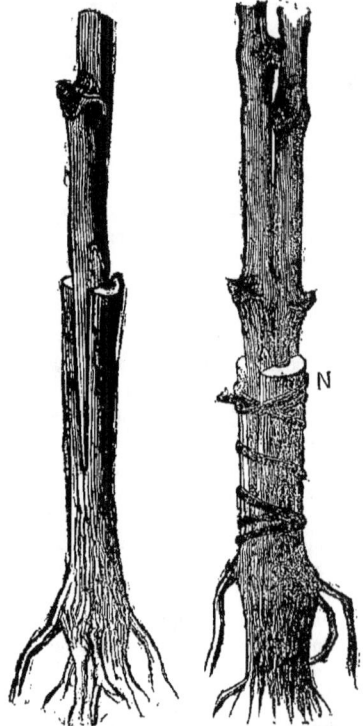

Fig. 47.   Fig. 48.

On peut greffer aussi bouture sur bouture (fig. 49), quoique pour cette greffe, comme au fond pour tous les sujets de petite dimension greffés hors de terre, nous préférions la Greffe anglaise, « Whip-Graft », ou mieux encore la « Greffe Champin », dont nous parlerons plus loin.

Un autre système de greffe en fente qui,

bien qu'un peu plus ennuyeux, est peut-être plus certain, c'est de *scier*, dans le porte-greffe, une fente d'un pouce et demi (38 millimètres) environ), au moyen d'une scie à lame et à dents larges, ou bien de se servir du ciseau. On ne doit donner à la fente que la largeur nécessaire pour le greffon, qu'il faut couper de manière à ce qu'il s'adapte proprement à la fente, sa partie supérieure, formée de chaque côté d'un épaulement carré, reposant sur le porte-greffe. Dans ce cas, nous préférons greffer à deux yeux, dont le plus bas est le point où l'on doit pratiquer les deux épaulements. Pour tout le reste, les règles sont les mêmes que celles que nous avons déjà données. Le plus grand avantage, c'est qu'on peut toujours faire une fente nette à droite, même quand le porte-greffe est noueux et tordu.

La fente pratiquée par la scie étant toujours d'une largeur uniforme, on peut préparer les greffons à l'avance chez soi pendant un jour de pluie ou le soir, et les garder dans de la mousse humide jusqu'au moment de leur emploi.

Fig. 49

Nous venons de dire que la greffe anglaise et la greffe Champin étaient préférables pour les sujets de petite dimension ou pour le greffage de bouture sur bouture. La greffe anglaise ordinaire est bien connue de nos horticulteurs et probablement de beaucoup de nos lecteurs. C'est celle qui est généralement employée par nos pépiniéristes pour la propagation des petits arbres fruitiers, en greffant sur racinés, et elle est particulièrement applicable au greffage fait à la maison, la « greffe sur table » ou «greffe au coin du feu », comme l'appellent les Français.

En France on fait chaque hiver des millions

de cette greffe, principalement sur racinés d'un an, mais beaucoup aussi sur simples boutures de variétés résistantes.

Les sujets et les greffons doivent être ramassés au moment favorable, et conservés en bon état dans le sable, la sciure, ou la mousse, ou toute autre matière convenable, et rangés au cellier dans un emplacement favorable. Avec ce système de greffe, il est fort à désirer, quoique cela ne

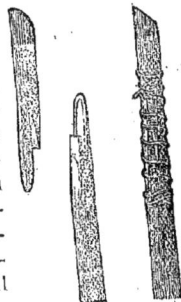

Fig. 50   Fig. 51

soit pas réellement essentiel, que le sujet et le greffon soient autant que possible de la même force. La greffe anglaise ordinaire, telle qu'on l'emploie pour la vigne, est parfaitement expliquée par les fig. 50 et 51.

Pour décrire la greffe anglaise perfectionnée, ou «greffe Champin », nous donnerons une traduction libre du chapitre de l'ouvrage qui traite ce sujet :

Opérons d'abord sur un plan raciné ou un mérithalle raciné ; à l'aide des ciseaux à taille, ou mieux encore d'un couteau, coupez le bout aussi près que possible d'un œil ou d'un nœud au collet. Quand le bout a été enlevé, il n'y a plus guère de différence entre un plant raciné et un mérithalle raciné [1].

A l'aide d'un chiffon grossier, enlevez tout le sable et la poussière qui pourraient se trouver sur la partie où la greffe doit être prati-

[1] Par mérithalle raciné, M. Champin entend des portions de sarment qui, marcottées au printemps précédent, ont émis des racines par leurs différents nœuds ou yeux. On verra que quand il s'agit de greffage. ces mérithalles racinés répondent à toutes les exigences, pourvu qu'ils aient de bonnes et fortes racines, alors même que les yeux placés dans le sol n'auraient émis aucune pousse de tête.

quée. Puis, avec un couteau à greffer, qui
doit être simple et fort, à lame très mince,
mais large et pas trop longue (fig. 52 [1]), pra-

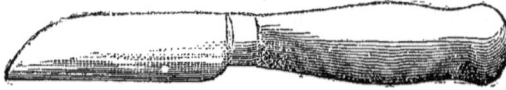

Fig. 52.

tiquez une fente nette, droite et régulière,
de haut en bas, et sur le tiers ou le quart du
diamètre suivant la dimension du sujet
(fig. 53). Prenant alors le sujet de la main
gauche comme le montre la fig. 54, la paume

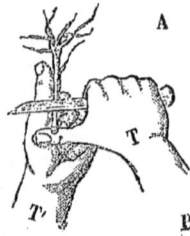

Fig. 54.

Fig. 53.

de la main tournée en dessus, taillez exactement la partie la plus épaisse de la fente en
un biseau bien uni, de longueur égale à celle
de la fente, comme on le voit dans la fig. 55.

Cette opération ne présente aucune difficulté ; mais, pour la faire aisément, il est
nécessaire d'avoir un couteau très tranchant,
finement aiguisé du côté supérieur seulement.

[1] Il est facile aujourd'hui de se procurer des
couteaux à greffer mieux faits et plus commodes
que le modèle primitif, représenté dans la fig. 23.
A, CH.

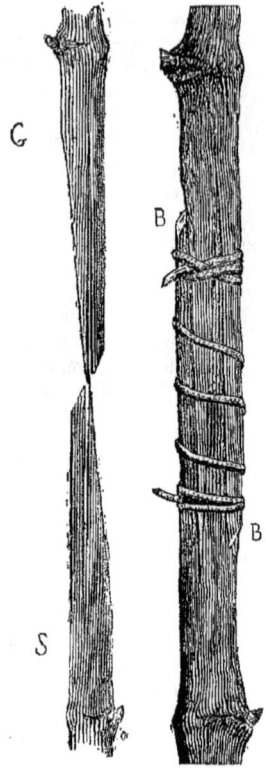

Fig. 55.   Fig. 56.

Quant au greffon, qui doit être choisi autant que possible d'une grosseur ou d'une
épaisseur correspondante à celle du sujet, et
généralement à deux yeux, il faut le préparer, le fendre et le couper exactement de la
même manière que le sujet, si ce n'est naturellement que la fente et le biseau doivent
se trouver dans le bas au lieu d'être dans le
haut. (Voy. la fig. 55.)

Le sujet et le greffon étant ainsi préparés,
il devient très facile de les réunir et de les
ajuster, comme le montre la fig. 56 ; ayez
soin seulement que leurs deux écorces
s'adaptent exactement et soient serrées l'une
contre l'autre, au moins sur un côté.

La greffe est prête à recevoir sa ligature,

qui doit être de quelque matière flexible. De l'écorce de tilleul est très bonne, mais un fil quelconque mince et fort peut suffire. En France, le « raphia », qui est le produit d'un palmier, est très usité. Il faut que le lien soit assujetti solidement.

La fig. 57 représente une greffe Champin bien faite [1].

[1] Il est incontestable que la longueur des fentes et des biseaux augmente la solidité de la greffe au moment où celle-ci est pratiquée, et que cette solidité est précieuse parce qu'elle met le plant greffé à l'abri des accidents nombreux auxquels il est exposé depuis le greffage jusqu'à la soudure complète.

Ce qui est contestable, c'est que la longueur des surfaces en contact augmente proportion-

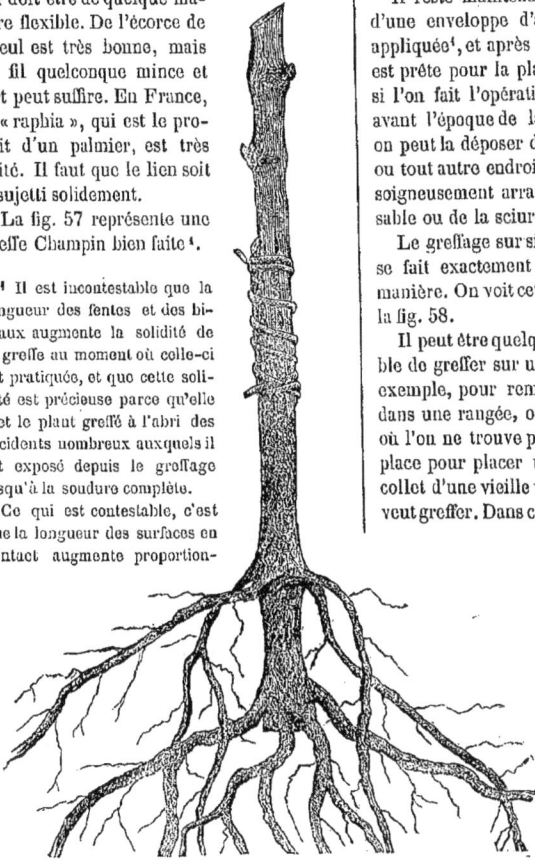

Il reste maintenant à recouvrir la greffe d'une enveloppe d'argile mince, mais bien appliquée [1], et après cela la greffe est prête pour la plantation ; ou, si l'on fait l'opération en hiver, avant l'époque de la plantation, on peut la déposer dans le cellier ou tout autre endroit convenable, soigneusement arrangée dans du sable ou de la sciure de bois.

Le greffage sur simple bouture se fait exactement de la même manière. On voit cette greffe dans la fig. 58.

Il peut être quelquefois désirable de greffer sur un provin ; par exemple, pour remplir un vide dans une rangée, ou dans le cas où l'on ne trouve pas une bonne place pour placer une greffe au collet d'une vieille vigne que l'on veut greffer. Dans ce cas, on greffe

Fig. 57.

Fig. 58.

nellement les chances d'une bonne reprise, c'est-à-dire d'une soudure bien complète. Parmi les critiques adressées à la greffe Champin, j'ai reconnu la justesse de celle qui lui reproche la longueur exagérée de ses languettes, et je me suis bien trouvé de ne plus leur donner qu'une longueur environ trois fois égale au diamètre du bois, au lieu de 5 à 6 diamètres que je leur donnais d'abord, comme l'indiquent les figures précédentes.

Quant aux petits espaces qui restent non recouverts aux extrémités extérieures des languettes et

un jeune sarment vigoureux sur un point propice vers son extrémité. La greffe peut être une greffe en fente, ou la greffe Champin, ou, comme le montre la fig. 59, la greffe à

biseaux (B, B), les reproches qu'on leur adresse sont dénués de fondement, puisque ces petites lacunes sont recouvertes promptement, complètement et solidement par le cambium de la soudure transformé en tissu cortical.   A. CH.

[1] Une étroite bande d'étain, enroulée autour de

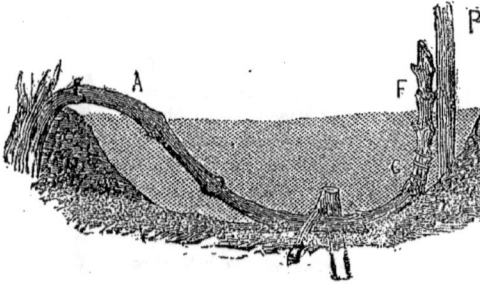

Fig. 59.

Si la greffe a pour but de placer une variété européenne ou un hybride sujet aux attaques du Phylloxera hors de l'atteinte des maux causés par l'insecte, il est très important de mettre la greffe aussi près que possible de la surface du sol, afin d'empêcher le greffon d'émettre des racines. Pendant le premier été, il faut examiner soigneusement les greffes à peu près une fois par mois et enlever toutes les racines qu'il aurait émises. Si le greffon appartient lui-même à une variété résistante, cette précaution n'est naturellement pas nécessaire.

cheval. Cette greffe n'est autre qu'une greffe en fente renversée, la fente étant pratiquée sur le greffon, tandis que la languette ou le biseau sont taillés sur le sujet. La fig. 59 représente le provin et la greffe, et rendra l'opération toute simple pour le lecteur. Un grand avantage de la greffe sur provin, c'est que, dans le cas où la greffe manquerait, on ne sacrifierait pas le sujet ; cela permet aussi d'obtenir plusieurs greffes semblables d'une seule souche. Dans ce cas, les marcottes doivent être séparées du pied-mère à la fin de l'été, et peuvent être enlevées à l'automne comme toute autre marcotte ordinaire.

la greffe, supplée très bien à l'argile ou à la cire. Si elle est bien appliquée, elle s'oppose au passage de l'air et à la moisissure. On emploie aussi beaucoup en France d'étroites bandes de caoutchouc enroulées autour de la greffe : elles servent à la fois de ligature et de mastic ; elles offrent, en outre, le grand avantage de se distendre avec la croissance du sarment et n'étranglent par conséquent pas la greffe, comme cela arrive parfois avec d'autres ligatures, quand on ne les retire pas à temps. Ces bandes de caoutchouc doivent avoir de 3/8 à 1/2 pouce de large[1].

[1] On ne saurait trop déconseiller l'emploi du caoutchouc comme ligature des greffes ; sous quelque forme qu'il soit employé, je ne sache pas qu'il ait jamais donné autre chose que de très mauvais résultats.

La ligature la plus généralement usitée est le raphia, mais il ne faut pas le tremper dans une solution de sulfate de cuivre, car cette préparation, que j'avais recommandée sur parole et sans l'avoir suffisamment éprouvée, exerce souvent une influence fâcheuse sur la reprise des greffes.　　　　A. CHAMPIN.

Il arrive souvent que les bourgeons des greffes fondent rapidement quelques jours après l'opération et que, après avoir donné de grandes espérances pendant une semaine ou deux, ils prennent une couleur brune et ont l'air de mourir. Que ce fait ne vous décourage pas trop vite, et surtout ne vous livrez pas promptement à un examen des causes de cet échec apparent en enlevant le greffon ou en le détachant. Une greffe peut souvent rester dans cet état pendant une période de cinq ou six semaines et pousser alors tout à coup avec une vigueur capable de donner du jeune bois de vingt pieds (6 mètres) et plus de long dans la même saison. Maintenez la jeune pousse bien attachée et enlevez soigneusement tous les rejetons du porte-greffe dès leur apparition.

Dans certaines parties de la Hongrie, notamment dans les régions viticoles qui sont autour de Buda-Pesth, on pratique sur une grande échelle une « greffe en vert ou herbacée », dont on prétend obtenir d'excellents résultats. Cette greffe est décrite ainsi dans les *Ampelographische Berichte* du mois de janvier 1880 : Au mois de mai, quand les jeunes pousses ne sont pas encore ligueuses, mais ont déjà des yeux bien développés à la base de la feuille, on coupe juste au-dessous d'un œil celle qu'on veut greffer ; puis on la fend presque jusqu'à l'œil au-dessous de la partie coupée. Le greffon qu'on a pris d'une jeune pousse convenable est taillé en un mince et long biseau sur un œil, au-dessous duquel on l'introduit proprement dans la fente. La greffe est alors entourée d'un fil de laine. Au bout de quelques jours, l'œil commencera à grossir et à végéter, et, quand la soudure sera bien faite, il développera des pousses de 90 centim. et plus de longueur dans la même saison. Pendant le premier hiver, il faudra coucher les jeunes sarments greffés, et les couvrir pour les protéger contre la gelée.

Les avantages de cette méthode sont de donner souvent du fruit la première année, de permettre de faire plusieurs greffes sur un même pied et de constituer une opération très facile. Une main habile peut faire aisément cent cinquante greffes et plus dans un jour, et cela à une époque où les autres travaux de la vigne seront relativement peu pressants.

Un autre système de greffage, en dessus du sol, est :

LA GREFFE PAR APPROCHE OU PAR COURBURE.

Pour ce procédé, il convient que deux plants, l'un de la variété qui doit former le porte-greffon et l'autre le greffon, soient plantés l'un près de l'autre, soit à une distance d'un pied (30 centimètres). En juin (la première année si les plants ont suffisamment poussé, sinon la seconde année), ou aussitôt que les jeunes pousses deviennent assez dures et ligneuses pour supporter le couteau, prenez une pousse de chacun des deux plants et enlevez-leur à chacun, dans un endroit convenable, où elles puissent être mises en contact, un morceau de 2 ou 3 pouces (50 à 75 millimètres) de long et sur les côtés les plus voisins l'un de l'autre. Il faut enlever ce morceau délicatement, avec un couteau bien tranchant, en pénétrant un peu au delà de l'écorce interne, de façon à obtenir sur chaque pousse une surface plane. Liez-les alors étroitement ensemble de manière que les parties internes de l'écorce se rejoignent autant que possible, et enveloppez-les bien avec quelques vieux chiffons de calicot ou des joncs souples. En outre, il est bon de mettre un lien un peu au-dessous et un autre un peu au-dessus du point où se trouve la greffe, et de rattacher aussi les deux sarments à un tuteur ou un treillis pour les mettre à l'abri de toute chance de détachement par l'influence du vent. Le gonflement rapide de la jeune pousse, à cette époque de l'année, nécessite un examen des greffes au bout de quelques semaines, pour pouvoir remplacer les liens qui auraient éclaté, ou lâcher ceux qui, trop serrés, entreraient dans le bois et le couperaient.

Il faut, en général, deux ou trois semaines pour que la soudure se fasse. Elle se consolide pendant six à huit semaines. Après ce laps de temps, on peut enlever les liens et laisser la greffe exposée au soleil pour qu'elle durcisse complètement et qu'elle mûrisse. Quant aux sarments eux-mêmes, il faut les laisser pousser librement pendant le reste de la saison. En automne, si la soudure s'est bien faite, coupez le sarment du porte-greffe juste au-dessus de la jonction. En supposant que le porte-greffe soit un Concord et le greffon un Delaware, on aurait alors une vigne de Delaware entièrement portée sur la forte et vigoureuse racine de Concord. Il faut naturellement exercer une vigilance constante pour empêcher les rejetons de pousser du porte-greffe. Il convient de protéger, pendant les premiers hivers, la partie greffée, au moyen d'une légère couverture de paille ou de terre, pour empêcher la gelée de la fendre ou de la partager.

Un autre système de greffage au-dessus du sol (copié du « Gardner's Monthly », par W.-C. Strong, dans son excellent ouvrage « La culture de la Vigne ») est non seulement intéressant par lui-même, mais aussi comme mettant en lumière plusieurs autres modifications de l'emploi de la greffe (Voy. fig. 60).

Après la formation des quatre ou cinq premières feuilles et la mise en mouvement de la sève, choisissez sur la vigne la place où vous voulez greffer. Sur ce point, entourez la vigne d'un lien fortement serré plusieurs fois autour d'elle. Ce lien empêchera, dans une certaine mesure, le retour de la sève.

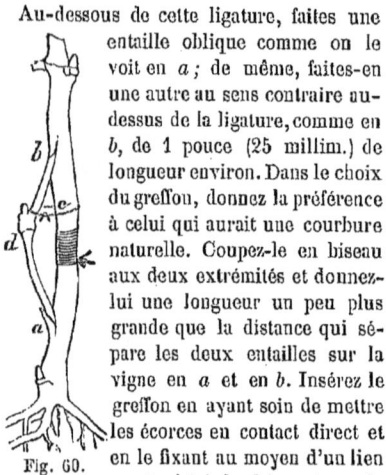

Au-dessous de cette ligature, faites une entaille oblique comme on le voit en *a ;* de même, faites-en une autre au sens contraire au-dessus de la ligature, comme en *b,* de 1 pouce (25 millim.) de longueur environ. Dans le choix du greffon, donnez la préférence à celui qui aurait une courbure naturelle. Coupez-le en biseau aux deux extrémités et donnez-lui une longueur un peu plus grande que la distance qui sé-pare les deux entailles sur la vigne en *a* et en *b.* Insérez le greffon en ayant soin de mettre les écorces en contact direct et en le fixant au moyen d'un lien *c,* attaché à la fois autour du greffon et de la vigne, et assez serré pour faire pénétrer les deux bouts dans les entailles. Si le travail est bien fait, il n'est pas néces-saire de mettre de lien en *a* et en *b,* mais il faut recouvrir ces points avec de la cire à greffer. Au bout de peu de temps, le bour-geon *d* commencera à pousser. Vous pouvez alors enlever peu à peu toutes les pousses qui n'appartiennent pas au greffon, dans le courant de l'été couper le bois au-dessus de *b,* et en automne tout enlever au-dessus de *a* sur le porte-greffe et au-dessus de *c* sur le greffon.

Fig. 60.

Nous nous dispensons de parler d'autres méthodes de greffage, notre avis étant que la greffe en fente ainsi que la greffe anglaise et la greffe Champin, que nous venons de dé-crire et dont nous avons donné de bonnes figures, sont celles qui fournissent en géné-ral les meilleurs résultats. Les greffages con-sidérables auxquels on se livre en France sont cantonnés dans ces méthodes, et l'expérience pratique est le meilleur enseignement en pareille matière.

Nous jugeons également inutile de parler des nombreux instruments et outils à gref-fer inventés dans ces derniers temps. Un bon couteau à taille, comme nous l'avons dé-crit, est l'outil le plus en usage et tout à fait suffisant en bonnes mains.

Il faut constater ici que, d'une manière gé-nérale, nos variétés américaines ne prennent pas la greffe aussi vite et aussi sûrement que l'espèce d'Europe. Une greffe de *V. vinifera* sur pied américain manquera rarement de pousser si l'opération a été bien faite, tandis que le succès est loin d'être aussi certain si le greffon et le sujet appartiennent l'un et l'au-tre à des variétés américaines, surtout de celles qui sont à bois dur. Toutefois, bien faite, en temps opportun et avec des bois dans de bonnes conditions, l'opération don-nera une proportion plus grande de réussites que d'échecs.

Dans notre précédente édition, nous avons promis de faire sur une plus grande échelle des essais de greffage de variétés européen-nes sur nos vignes indigènes. Nous avons fait ces essais, et, en septembre 1880, nous avons exposé à Saint-Louis, à la réunion de la Société d'Horticulture de la Vallée du Mississipi, un certain nombre de beaux rai-sins étrangers, élevés en plein air sur vignes greffées dans nos propres vignobles. Mais si le succès, pour ce qui est de mettre la vigne européenne à l'abri du Phylloxera, a été très satisfaisant, nous avons trouvé que notre climat, sous notre latitude, était trop peu favorable au *V. vinifera* pour nous sentir encouragé à donner plus de développement à cette pratique. Non seulement nos hivers sont trop rudes pour le *V. vinifera,* mais encore la sensibilité de ce dernier au Mil-dew rend sa réussite trop incertaine, à moins de saisons particulièrement favorables. Pour notre région des États-Unis, nous ne recom-manderions par suite que des tentatives limi-tées dans ce sens. Mais nous croyons qu'il y a un vaste champ d'opération, pour le viti-culteur entreprenant, dans certaines régions des États du Sud, où, grâce à des conditions de climat plus favorables, le *V. vinifera,* greffé sur des vignes indigènes résistantes, donnerait très probablement d'excellents résultats.

Plantation (*Suite*).

Mais revenons maintenant au *modus operandi*, à la manière d'opérer la plantation. Prenez vos vignes, de l'endroit où elles étaient en jauge [1]; portez-les aux trous enveloppées d'un linge humide ou dans une cornue contenant de l'eau. En plantant, qu'une personne raccourcisse les racines avec un couteau tranchant et les étende à plat de tous côtés, et qu'une autre personne remplisse les trous avec de la terre bien fine. Avec les doigts, faites pénétrer la terre au milieu des racines et tassez-les légèrement avec le pied. Placez la plante obliquement et faites arriver son extrémité au dehors contre le bâton que vous aurez disposé à l'avance. Puis, avec votre couteau, coupez le bout sur un œil, juste au-dessus ou au niveau du sol. Ne laissez pas plus de deux yeux sur les jeunes vignes que vous plantez, quelque forte qu'en soit la tête ou quelque vigoureuses et dures qu'en soient les racines. Il suffit de laisser pousser un seul sarment, et c'est seulement en prévision des accidents possibles qu'on laisse deux bourgeons se dévelop-

per. La plus faible des deux pousses peut être enlevée ou pincée plus tard.

Quand vous plantez en automne, amoncelez légèrement la terre autour du pied pour donner de l'écoulement aux eaux, et jetez une poignée de paille ou de tout autre paillis sur cette petite butte, pour l'abriter ; mais, dans aucun cas, ne recouvrez la vigne avec du fumier, soit frais, soit décomposé.

C'est un fait parfaitement certain que sous l'action d'agents azotés, la vigne acquiert une végétation plus luxuriante, les feuilles deviennent plus grandes et le produit s'accroît. Mais les produits de vignobles ainsi fumés ont un défaut reconnu : ils communiquent au vin un goût qui rappelle l'espèce de fumier employé [1]. Ce qu'on gagne en grosseur de la grappe et du grain, on le perd en bouquet et en qualité. Trop de fumure pousse au développement d'un bois gorgé de sève, mou et spongieux, à bourgeons faibles, beaucoup plus exposés à succomber aux froids de l'hiver. Au surplus, l'emploi exclusif de substances fertilisantes hâte le déclin d'un vignoble et l'épuisement du sol, et même les autorités qui recommandent les engrais dans la préparation de certains sols, ou longtemps après la plantation, ont en vue un compost fait de vieux fumier de basse-cour, de terreau de feuilles, de débris d'os, etc., etc., qu'on fait pourrir et qu'on retourne fréquemment ; mais elles proscrivent le contact avec les vignes nouvellement plantées de toute matière organique en décomposition.

Pendant le premier été, il n'y a guère qu'à maintenir le sol meuble, souple autour des plantes et libre de mauvaises herbes. Remuer le sol, surtout en temps sec, est le meilleur stimulant, et mettre un *paillis* (c'est-à-dire étendre sur le sol une couche de tannée, de sciure de bois, de paille, d'herbe de marais salants (Salt hay) ou autre matière analogue, pour conserver aux racines une température plus uniforme et plus de fraîcheur), vaut beaucoup mieux que d'arroser. Ne palissez pas

---

[1] Quand vous recevez vos vignes de chez le pépiniériste, déballez-les sans retard et mettez-les en jauge (*heeled-in*), ce qui se fait de la manière suivante : Dans un emplacement sec et bien abrité, creusez dans le sol un fossé de 12 à 15 pouces (30 à 38 centim.) de profondeur, assez large pour recevoir les racines des vignes et de la longueur nécessaire ; rejetez-en la terre sur l'un des côtés. Placez les plants dans ce fossé en les serrant les uns contre les autres, la tête inclinée et appuyée contre la terre que vous avez mise sur l'un des côtés. Faites un autre fossé parallèle au premier, jetez-en la terre dans celui-ci; recouvrez soigneusement avec cette terre les racines de vos plants, et garnissez bien tous les interstices qui se trouveraient entre elles. Tassez la terre et nivelez-en la surface, pour que les eaux ne puissent pas s'y introduire. Quand vous avez garni votre premier fossé, faites-en autant avec le second, et ainsi de suite. Lorsque le tout est terminé, creusez tout autour un fossé étroit pour faire écouler les eaux et maintenir votre emplacement bien sec,

[1] Ceci nous paraît plus que contestable.

J.-E. P.

vos jeunes vignes, ne pincez pas leurs branches latérales. En leur permettant de reposer
sur le sol pendant le premier été, vous
obtiendrez des tiges plus vigoureuses. Une
pousse de quatre pieds (1ᵐ,20) est une belle
pousse pour le premier été. Quelques viticulteurs préfèrent toutefois ne laisser qu'un
sarment, le plus fort, et supprimer les autres
rattacher ensuite ce sarment unique à un piquet, et pincer les sarments latéraux sur un
ou deux yeux chacun. En automne, quand les
feuilles sont toutes tombées, taillez sur deux
ou trois yeux. Avant que le sol ne gèle, recouvrez de quelques pouces de terre le petit
sarment qui est resté. S'il s'est produit quelques vides, garnissez-les le plus tôt possible
avec des sujets extra-forts de la même variété.

L'hiver suivant, il faut établir le treillis.
Le système adopté par plusieurs de nos viticulteurs expérimentés, comme ayant quelques avantages sur d'autres, surtout pour la
culture en grand, est le suivant : On prend
des piquets de quelque bois durable (le meilleur est le cèdre de Virginie (Juniperus virginiana); on le refend sur 3 pouces (76 millimètres) d'épaisseur, et on le coupe à 7 pieds
(2 mètres 12 centimètres environ de longueur) de manière qu'ils aient 5 pieds (1ᵐ,52)
de haut, une fois en place. On les place dans
des trous de 2 pieds (60 centimètres de profondeur), creusés dans les rangées de 16 à
18 pieds (4ᵐ,85 à 5ᵐ,47) d'écartement,
de manière que, entre deux piquets, il y
ait deux ceps s'ils sont écartés de 8 pieds
(2ᵐ,43), ou trois s'ils sont écartés de 6
pieds (1ᵐ,82). On tend trois fils de fer hori-

zontaux le long des piquets, en les assujettissant à chaque piquet au moyen d'un
crochet en V renversé, fixé assez solidement
dans le piquet pour que le fil de fer ne
puisse pas échapper. Les deux piquets des
deux extrémités doivent être plus grands que
les autres et arc-boutés (fig. 61), pour que

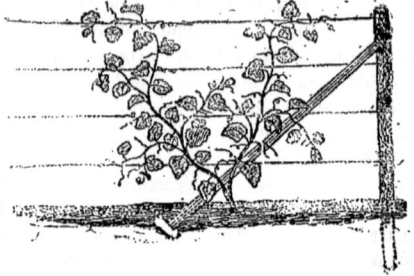

Fig 61.

la contraction des fils, par le froid, ne les
ébranle pas.

Il faut placer le premier fil à 18 pouces
(45 centimètres) environ au-dessus du sol,
et les autres à 18 pouces les uns des autres,
ce qui met le fil supérieur à 4 pieds 6 pouces (1ᵐ,36) au-dessus du sol). Le fil de fer
usité est du nᵒ 10, en fer galvanisé ; mais
le nᵒ 12 est assez fort. Aux prix actuels des
fils de fer, le coût par acre (33 ares) est de
40 à 60 dollars (180 à 270 fr.), suivant la
distance des rangées et le nombre de fils employés.

Au lieu de fils de fer, on peut employer
des lattes (fig. 62), mais elles ne sont pas
aussi durables et les piquets ont besoin d'être

Fig. 62.

beaucoup plus rapprochés. Une autre manière de faire le treillis « système Fuller » est de mettre des barres horizontales et des fils de fer perpendiculaires, comme on le voit (fig. 63). On place entre les ceps, à égale

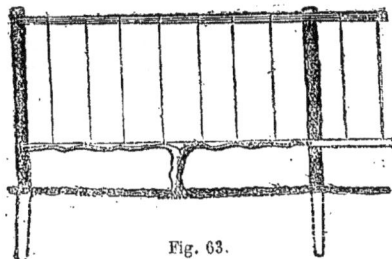

Fig. 63.

distance de chacun, en ligne avec eux et à une profondeur de 2 pieds (60 centimètres), des piquets d'un bon bois dur et durable, de 3 pouces (75 millim.) de diamètre et de 6 pieds et demi à 7 pieds (1m,97 à 2m,12) de long. Quand les piquets sont en place, on y cloue des lattes d'environ 2 pouces et demi (63 millim.) de large et de 1 pouce (25 millim.) d'épaisseur, l'une à 1 pied (30 centim.) au-dessus du sol, l'autre en haut du piquet. On prend alors du fil de fer galvanisé n° 16, on le place perpendiculairement, en le faisant passer autour de la latte d'en bas et de celle d'en haut, à 12 pouces (30 centim.) environ d'écartement. Le fil de fer galvanisé est préférable, et, comme le n° 16 donne 102 pieds à la livre, le surcroît de dépense est très petit. Ce treillis coûtera probablement moins que celui qui est fait avec des fils horizontaux, et quelques personnes le préfèrent. La pratique parle cependant en faveur des fils horizontaux. Un système à deux fils horizontaux seulement, l'un à 3 pieds (91 centim.) et l'autre à 5 pieds et demi (1m,57) de hauteur, gagne du terrain dans l'esprit des viticulteurs de l'Est et de l'Ouest. Un grand nombre de viticulteurs élèvent leurs vignes sur piquets ou échalas, croyant que c'est meilleur marché, et la tendance à la baisse du prix des raisins et du vin pousse beaucoup de

gens à adopter le système le moins coûteux.

Cette méthode a aussi le grand avantage de permettre de cultiver, de chausser et de rechausser en croisant le sol dans toutes les directions, et de ne laisser que peu à bêcher autour des souches. Certaines personnes n'emploient qu'un seul échalas, comme on le voit dans la fig. 64; mais avec nos vignes à forte végétation il en résulte un trop grand fouillis de feuillage et de fruit. C'est pourquoi d'autres personnes emploient deux échalas, et même, là où le bois est abondant, trois échalas, placés autour de chaque pied de

Fig. 64.

vigne, à 10 pouces environ de celui-ci, et enroulant les sarments en spirale autour d'eux jusqu'à ce qu'ils atteignent le sommet. L'inconvénient des échalas, c'est qu'ils pourrissent vite dans le sol, qu'il faut presque chaque année les enlever, les tailler de nouveau en pointe et les replanter, qu'ils exigent plus de travail et sont moins durables que le treillis, à moins qu'ils ne soient en piquets de cèdre ou de toute autre essence très résistante. On peut aussi recommander hautement une combinaison du treillis et du système à échalas (fig. 65), qui n'exige qu'un seul fil de fer pour les branches à fruit et des piquets beaucoup plus légers, qu'on n'a pas besoin d'enfoncer autant dans le sol, grâce à la présence du fil de fer, et qui durent par

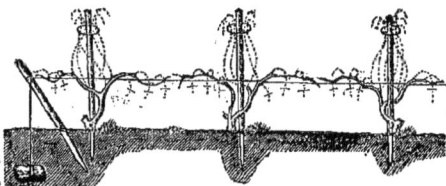

Fig. 65.

9

conséquent plus longtemps ; mais cette méthode prive de l'avantage de croiser en chaussant.

Pour nous assurer cette possibilité et pour donner en même temps à nos vignes à grande végétation plus d'espace et les avantages qu'il y a pour elles à être conduites sur haute tige, nous avons fait dans l'une de nos vignes un « *Treillis à arbres* » (fig. 66), dont l'éta-

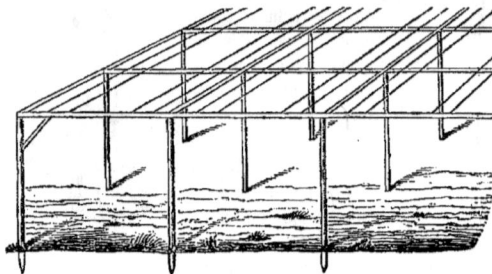

Fig. 66.

blissement est plus coûteux, par suite des piquets élevés (dont ceux des extrémités ont seuls le besoin d'être très forts) et du fil de fer qu'il exige ; mais la force de production et probablement l'immunité à l'égard des maladies sont aussi proportionnellement plus grandes. Par cette méthode, on peut utiliser le sol en prairie et l'on est presque entièrement dispensé de la taille d'été et du palissage. La cueillette du fruit est toutefois moins aisée et l'on ne doit conduire ainsi que des variétés très robustes et très vigoureuses.

Quelques personnes croient que nous pourrions nous dispenser entièrement de treillis et d'échalas, et insistent pour l'adoption de la taille en souche, système suivi dans certaines parties de la France et de la Suisse, mais tout à fait impraticable sous notre climat, avec nos espèces à forte végétation.

Un autre genre de culture que l'un de nous, M. G.-E. Meissner, a eu l'occasion de voir en Italie, paraît plus applicable à plusieurs de nos variétés américaines vigoureuses. C'est la conduite de la vigne sur arbres vivants, en remplacement de treillis ou d'échalas. L'arbre qui est le plus employé pour

cet usage est l'*Acer campestris*, qui est une espèce d'Érable. On plante les arbres quand ils ont de 2 à 4 ans et 4 ou 5 pieds de hauteur. On les plante dans les vignes à 12 pieds environ en tout sens ; quelques personnes les plantent aussi plus espacés et cultivent d'autres récoltes dans les intervalles. En même temps que les arbres, on plante les vignes, qui sont placées dans l'alignement des arbres à mi-chemin de l'un à l'autre. On cultive bien les arbres et les vignes, de manière à déterminer une croissance rapide et saine. A la fin de l'été, on rabat les vignes sur deux yeux au-dessus du sol, et, l'été suivant, elles donnent naissance à un ou deux forts sarments qu'on rattache avec soin à des piquets provisoires. A la fin de ce second été, ou aussitôt que la vigne a donné un sarment suffisamment fort, on le couche dans une tranchée de 8 à 10 pouces de profondeur et qui va jusqu'à l'arbre. On recouvre la tranchée et l'on raccourcit le sarment, de manière à ce qu'il n'émerge que deux yeux immédiatement au pied de l'arbre. Il est alors prêt à être conduit le long de l'arbre, sans que les racines de celui-ci puissent gêner son développement, puisque les racines maîtresses de la vigne sont à une distance suffisante de l'arbre.

Le sarment couché émettra lui aussi de nouvelles racines sur son entière longueur et déterminera ainsi une végétation des plus vigoureuses. On laisse en général les arbres se ramifier à 5 ou 6 pieds de hauteur, et c'est aussi à cette hauteur qu'on forme la nouvelle tête de la vigne, sur un ou plusieurs principaux ceps permanents que l'on a conduits du bas. Le système de taille et de culture qui suit, diffère peu du système de culture ordinaire. On taille aussi les arbres tous les ans, pour maintenir leur tête dégagée et empêcher cette tête de se trop développer, et, si c'est nécessaire, on supprime en été quelques rameaux et quelques feuilles pour faciliter l'admission de l'air et de la lumière. Dès que la vigne s'est accrochée aux branches de l'arbre, il n'y a plus que peu de palissage à faire dans la suite, les branches et les tiges lui offrant assez de points d'appui, embrassées qu'elles sont par les vrilles.

Ceux qui connaissent les frais des échalas et des treillis, les dépenses constantes et les ennuis de réparations et de renouvellements que leur entretien exige, apprécieront les avantages qu'offrirait un système semblable, s'il pouvait être appliqué avec succès dans notre pays. La principale difficulté paraît être de trouver la véritable espèce d'arbre à employer en remplacement de l'*Acer campestris*, que nous n'avons pas ici. Les points importants à tenir en ligne de compte dans le choix de l'arbre sont d'avoir un arbre qui pousse rapidement les premières années, sans être cependant par nature un arbre à grande végétation — un arbre qui perde ses feuilles assez tôt en automne, et surtout qui ne soit pas vorace.

Si vous avez recouvert vos jeunes vignes en automne, débarrassez-les de la terre à l'approche du printemps, aussitôt que les gelées ne sont plus à craindre.

Cultivez tout le sol, en labourant entre les rangées à une profondeur de 4 à 6 pouces (10 à 15 centim.) et en bêchant soigneusement le pied des vignes avec la bêche à deux pointes ou *Karst* ou avec la bêche à pointe de *Hexamer*. Le sol doit être ainsi brisé, retourné et maintenu dans un état *continuel* d'ameublissement ; *mais ne le travaillez pas quand il est mouillé !*

Pendant le *second été*, il sort une pousse ou un sarment de chacun des deux ou trois bourgeons que vous avez laissés l'automne précédent. De ces jeunes pousses, s'il y en a trois, ne conservez que les deux plus fortes, en les palissant proprement au treillis, et laissez-les se développer sans obstacle jusqu'au fil de fer le plus élevé.

Avec les variétés à forte végétation , surtout quand nous nous proposons de faire pousser

le fruit sur des branches latérales (*lateral*) ou des coursons (*spurs*), nous pinçons les deux sarments principaux (*main canes*) quand ils atteignent le second fil horizontal. Par là, on pousse fortement au développement des branches latérales, chacune de ces branche formant un sarment de moyenne force, qu'on raccourcit en automne sur quatre à six yeux. L'un des deux sarments principaux peut être marcotté en juin ; on le recouvre de terre meuble de l'épaisseur d'un pouce (25 millim.) et on laisse surgir hors de terre les extrémités des branches latérales. Celles-ci feront généralement de bons plants à l'automne pour de nouvelles plantations ; avec des variétés ne se reproduisant pas facilement de bouture, cette méthode est particulièrement avantageuse. La fig. 67 montre la vigne palissée et taillée en conséquence à la fin de la seconde année ; les lignes transversales sur les sarments montrent où ils doivent être coupés et taillés.

Une autre bonne méthode, recommandée par Fuller, c'est de courber en automne, à la fin de la seconde année, les deux sarments principaux dans des directions opposées, après avoir pincé toutes les branches latérales pour concentrer la végétation sur ces deux sarments. On les place et on les attache contre le fil inférieur ou la barre inférieure du treillis, comme on le voit à la fig.63, et on ne leur laisse qu'une longueur de 4 pieds (1m,21) à chacun. On conserve cinq ou six bourgeons à la partie supérieure des bras, pour qu'ils poussent en sarments verticaux (Voy. fig. 68). Il faut enlever ou casser tous les bourgeons ou toutes les pousses qui ne sont pas nécessaires pour ces sarments verticaux. Cette dernière

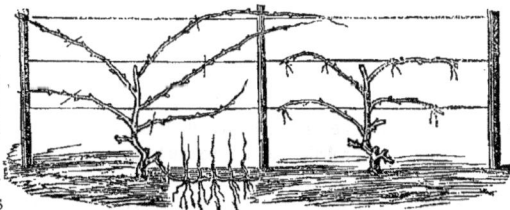

Fig. 67$_c$

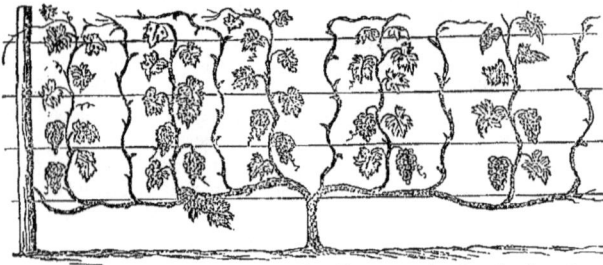

Fig. 68.

des pousses faibles.
Pour assurer la future
fructification de la vi-
gne et maintenir en
même temps celle-ci
sous notre dépendance,
il ne faut pas laisser
pousser plus de bois
qu'il n'est nécessaire
d'en avoir pour la pro-
duction de la saison suivante, et, pour cela,
nous avons recours à la taille du printemps,
généralement, quoique improprement, appelée :

méthode ne convient pas beaucoup aux variétés qui exigent un abri l'hiver. Quand les
sarments ont leur point de départ plus bas,
près du sol, qu'ils sont coupés et détachés du
fil de fer, ils peuvent être facilement recouverts de terre.

Au commencement de la troisième année,
découvrez et rattachez les sarments au treillis, comme nous l'avons déjà indiqué. Pour
attaches, on peut employer n'importe quel
cordon souple ou quel fil de laine solide, ou
de vieux chiffons. Quelques personnes se
servent de joncs ayant trempé dans l'eau cou-
rante deux semaines au plus.

D'autres plantent le saule doré (golden
willow), et se servent de ses petites branches
pour faire des liens. Attachez serré, et, à
mesure que les jeunes sarments poussent,
maintenez-les attachés ; mais, en tout cas,
prenez garde d'attacher trop serré, de peur
de gêner la libre circulation de la sève.

Vous labourez et bêchez maintenant le sol
de nouveau, comme auparavant. Donnez un
labour profond (6 pouces) au printemps, en
ayant soin de ne pas couper et déchirer les
racines, et deux labours plus légers (3 ou 4
pouces, en été).

De chacun des bourgeons laissés à la dernière taille, comme on l'a vu dans les figures
précédentes, il peut pousser des sarments
pendant la troisième année, et chacun de ces
sarments portera probablement deux ou trois
grappes de fruit. Il y a un danger : c'est qu'ils
aient à souffrir d'un excès de production. Il
faut y obvier en les éclaircissant par l'enlè-
vement de toutes les grappes imparfaites et

TAILLE D'ÉTÉ.

Le moment convenable pour pratiquer la
taille d'été, c'est celui où les jeunes pousses
ont environ 15 centim. de long, et quand
vous pouvez voir pleinement toutes les petites
grappes en bouton. Nous commençons par
les deux coursons d'en bas, ayant chacun
deux bourgeons et tous deux partis. Nous
destinons l'un des deux à devenir un sarment
à fruit l'été prochain ; c'est pourquoi nous le
laissons se développer sans y toucher pour
le moment, le rattachant, s'il est assez long,
au fil de fer inférieur. L'autre, que nous destinons à être de nouveau un courson à l'automne, nous le pinçons avec le pouce et le
doigt, juste au delà de la dernière grappe ou
bouton, en enlevant le bout du sarment principal entre la dernière grappe et la feuille
qui la suit, comme dans la fig. 69, la ligne

Fig. 69.　　　　　　Fig. 70.

transversale indiquant la place où le pincement doit être fait.

Nous passons ensuite au courson le plus
voisin, sur le côté opposé, où nous laissons
aussi un seul sarment libre et où nous pinçons l'autre.

De là nous passons à toutes les pousses
venues sur les bras ou branches latérales palissées, et nous les pinçons aussi au delà de
la dernière grappe. Si l'un des bourgeons a
émis deux pousses, nous enlevons la plus
faible ; nous enlevons également toutes les
pousses stériles ou faibles qui pourraient avoir
poussé du pied de la souche.

Les branches fruitières étant toutes pin-
cées, nous pouvons laisser nos vignes à elles-
mêmes jusqu'après la floraison, nous bor-
nant à rattacher les jeunes sarments des
branches coursonnes, si c'est nécessaire. Mais
ne les palissez pas sur les branches fruitières ;
dirigez-les vers les places vides des deux
côtés de la vigne, notre but devant être de
donner au fruit tout l'air et toute la lumière
possible, sans le priver du feuillage nécessaire, qui est de la plus grande importance
pour la formation du sucre dans les grains.
Pour cela, il faut des feuilles bien développées et bien saines. Des feuilles malades,
attaquées par le mildew, ne favoriseraient
pas, elles gêneraient au contraire la formation du sucre.

Pendant le temps que les vignes auront
mis à fleurir, des branches latérales auront
poussé des aisselles des feuilles des branches
à fruit. Revenez maintenant à celles-ci, et
pincez chaque branche latérale sur une feuille,
comme le montre la fig. 70.

Peu de temps après, les rameaux latéraux,
sur les branches fruitières qui ont été pin-
cées, émettront de nouveaux jets. Arrêtez
ceux-ci de nouveau, en ne laissant qu'une
feuille de la jeune pousse. Laissez pousser
sans obstacle les branches latérales sur les
sarments destinés à porter fruit l'année suivante ; attachez-les proprement aux fils de
fer, avec des joncs ou de la paille.

Si vous préférez conduire vos vignes d'a-
près le système des bras horizontaux (fig. 68),
la taille sera dans l'ensemble la même. Pincez l'extrémité de chaque pousse dès qu'elle
aura émis deux feuilles au delà de la dernière
grappe. Les pousses repartiront bientôt après
avoir été arrêtées, et devront être arrêtées de
nouveau quand elles auront atteint quelques
centimètres de long, notre désir étant de les
maintenir dans les limites du treillis. Les
branches latérales devront être arrêtées à
leur première feuille. Nous nous efforçons
ainsi de maintenir la vigne également équili-
brée en fruit, en feuillage et en bois. On
comprend que la taille d'hiver ou le raccourcissement du bois mûr, et la taille d'été ou
le raccourcissement et l'étalage des jeunes
pousses, ont un seul et même but : maintenir la vigne dans de justes limites et concentrer toute son énergie sur un double objet,
la production et la *maturation* du fruit le
meilleur et la production d'un bois fort et
sain pour l'année suivante. Les deux opérations ne sont, en réalité, que les deux parties différentes d'un seul et même système,
dont la taille d'été est la préparation, et la
taille d'hiver la conclusion. Mais, tandis que
la vigne peut supporter, sans dommage apparent, toute dose raisonnable de taille pendant qu'elle est en repos, en automne ou en
hiver, toute taille trop rigoureuse en été est
un mal sans atténuation. G.-W. Campbell,
l'horticulteur bien connu, dit : « Toute la
taille d'été que je recommanderais serait l'en-
lèvement précoce, à leur première apparition, des pousses superflues, en ne laissant
que ce qui est utile pour le bois à fruit de
l'année suivante. Ce serait là tout ce que je
considérerais comme nécessaire, avec le pincement et l'arrêt des pousses ou des sarments
qui seraient disposés à une végétation trop
rampante. Plusieurs des plus habiles viticulteurs, à ma connaissance, taillent soigneusement leurs vignes en automne ou de bonne
heure au printemps, et les laissent ensuite
sans taille d'été. » L'importance du sujet est
si grande que nous joignons ici l'article suivant.

Méthode d'Husmann pour la taille d'été de la Vigne.

(Extrait de ses excellents articles sur cette importante opération dans le *Grape Culturist.*)

Si l'on ne pratique pas une taille d'été convenable et judicieuse, il est impossible de tailler judicieusement en automne. Si vous avez permis à six ou huit sarments de pousser, en été, là où deux ou trois seulement vous sont nécessaires, aucun d'eux ne sera en état de donner une pleine récolte ni de se développer convenablement. Nous taillons en automne plus long que ne le fait la majorité de nos vignerons. Nous y trouvons un double avantage : si la gelée de l'hiver fait souffrir ou tue quelqu'un des premiers bourgeons, il nous en reste encore assez ; et, s'il n'en est pas ainsi, nous avons encore le choix d'enlever toutes les pousses imparfaites, de réduire le nombre des grappes au premier pincement, de ne conserver ainsi que des sarments forts pour la fructification de l'année suivante, et de n'avoir que des grappes grosses et bien développées.

Mais, pour nous assurer ces avantages, nous avons certaines règles que nous suivons strictement. Nous sommes heureux de voir que l'importance de ce sujet a complètement attiré l'attention de nos viticulteurs, et qu'ils renoncent généralement à la vieille habitude de couper et de casser les jeunes pousses en juillet et août. Elle a tué plus que toute autre des vignobles pleins d'espérances. Mais on court facilement aux extrêmes, et beaucoup de gens plaident aujourd'hui pour la doctrine du « laisser-aller ». Nous croyons que les uns et les autres ont tort, et que la vraie route est entre les deux.

1. — Opérez de *bonne heure.* Faites-le dès que les pousses ont atteint une longueur de 15 centim. A cette époque, vous pouvez surveiller votre vigne beaucoup plus aisément. Les jeunes pousses sont tendres et flexibles. Vous n'enlevez pas à la vigne une quantité de feuillage dont elle ne peut pas se passer (car les feuilles sont les poumons de la plante et les élévatrices de la sève) ; vous pouvez faire trois fois plus d'ouvrage qu'une semaine plus tard, quand les pousses ont durci et que leurs vrilles se sont entrelacées. Rappelez-vous que le *couteau* ne doit avoir rien à faire dans la taille d'été. Le pouce et le doigt doivent faire tout le travail, et ils peuvent le faire aisément, s'il est fait de bonne heure.

2. — Faites ce travail *complètement* et *systématiquement.* Choisissez les pousses que vous destinez à servir de branches fruitières l'année suivante. Il ne faut pas toucher à celles-là ; mais n'en laissez pas plus que vous n'en avez réellement besoin. Rappelez-vous que chaque partie de la vigne doit être complètement aérée. Si vous laissez trop de sarments, aucun d'eux n'aoûtera son bois aussi complètement et ne sera aussi vigoureux que si chacun d'eux a de l'espace, de l'air et de la lumière. Quand vous aurez choisi ces sarments, commencez au bas de la vigne et enlevez toutes les pousses superflues et toutes celles qui vous paraîtront faibles et imparfaites. Passez ensuite aux bras de la vigne et pincez chaque branche fruitière au-dessus de la dernière grappe, ou, si celle-ci vous paraît faible ou imparfaite, enlevez-la et pincez au-dessus de la première, dont le développement est parfait. Si le bourgeon a donné naissance à deux ou trois pousses, il sera, en général, sage de ne laisser que la plus forte et de supprimer les autres. Ne croyez pas pouvoir faire une partie de cette opération un peu plus tard ; ne vous épargnez pas, au contraire, à enlever tout ce que vous avez l'intention d'enlever cette fois. Détruisez toutes les chenilles et tous les insectes qui mangent vos vignes, l'*Haltica chalybea* (*steel blue beetle*), qui se nourrit de l'intérieur des bourgeons. Mais protégez la Coccinelle (*the lady-bug*), le Prie-Dieu (*mantis*) et tous les amis de la vigne.

Après le premier pincement, les bourgeons endormis, placés aux aisselles des feuilles, sur les rameaux à fruit, donneront chacun naissance à une pousse latérale, opposée aux jeunes grappes. Notre seconde opération consiste à pincer chacune de ces pousses latérales sur une feuille, aussitôt que nous pouvons saisir la pousse au-dessus de la première feuille. Nous obtenons ainsi une jeune et vigoureuse feuille supplémentaire opposée à chaque grappe. Ces feuilles servent à faire monter la sève ; elles forment aussi une excellente protection et un abri pour le fruit. Rappelez-vous que notre but n'est pas d'enlever à la plante son feuillage, mais de faire pousser deux feuilles là où il n'y en avait qu'une, et de les faire pousser à la place où elles sont le plus utiles au fruit. Avec notre méthode, nos rangées de vigne ressemblent à des murs garnis de feuilles, chaque grappe étant convenablement abritée et chaque partie de la vigne étant néanmoins convenablement aérée.

Après le second pincement des branches fruitières, comme nous l'avons décrit, les branches latérales partent généralement encore une fois; nous pinçons de nouveau leur jeune pousse sur une feuille, et nous donnons ainsi à chaque branche latérale deux feuilles bien développées. Toute l'opération doit être terminée vers le milieu de juin, ici. Il faut laisser tout ce qui pousse après cette époque. En terminant, jetons un coup d'œil sur les objets que nous avons en vue :

1. — *Maintenir la vigne dans de justes limites*, de manière à ce qu'elle soit en tout temps sous le contrôle du vigneron, *sans affaiblir sa constitution par un effeuillement trop grand*.

2. — *Éclaircir judicieusement le fruit* à une époque où son développement n'a exigé aucun effort de la plante.

3. — *Faire développer un feuillage vigoureux et sain*, en forçant la végétation des branches latérales et en ayant deux jeunes feuilles saines opposées à chaque grappe, ces feuilles devant abriter le fruit et lui amener la sève.

4. — *Faire pousser des sarments vigoureux pour la fructification de l'année suivante, et pas davantage*, en les rendant par là plus forts ; chaque partie de la vigne

étant ainsi accessible à la lumière et à l'air, le bois s'aoûte mieux et est plus uniforme.

5. — *Détruire les insectes nuisibles*.

Le vigneron, ayant à passer en revue chaque rameau de sa vigne, n'a pas de procédé plus complet et plus systématique pour opérer cette destruction.

TAILLE D'AUTOMNE OU D'HIVER.

Cette taille peut être pratiquée en tout temps, quand la température est douce, pendant que la vigne est en repos, généralement de novembre en mars ; mais elle doit l'être au moins une semaine avant le réveil probable de la végétation. On ne doit pas laisser les variétés délicates traverser nos hivers, quelquefois rudes, sans l'abri d'un petit tas de litière, de feuilles, de terre ou d'autre matière, pour les garantir contre les alternatives de gel et de dégel. Aussi faut-il tailler en novembre les vignes qui ne sont pas rustiques; alors on les laisse reposer simplement sur le sol, en les recouvrant légèrement, pour les découvrir de nouveau au printemps, juste *avant* le moment où la végétation nouvelle est prête à se développer de leurs bourgeons qui se gonflent. Plus au Nord, l'usage de recouvrir les vignes en entier, tête et racines, mérite d'être recommandé même pour les variétés rustiques.

Le traitement varie suivant les différentes variétés. Quelques-unes, les variétés à forte végétation, fructifient mieux quand on les taille à coursons sur le vieux bois que quand on les taille sur les jeunes sarments : on conserve les vieux sarments et l'on taille sur deux yeux celles de leurs fortes pousses ou branches latérales qui sont *saines*. D'autres variétés au contraire (celles dont la végétation est modérée) fleurissent et produisent mieux quand on les taille court et sur un sarment venu dans la saison précédente.

Le vigneron attentif trouvera quelques indications dans notre Catalogue descriptif ; mais ce ne sera que par la pratique et l'expérience qu'il apprendra quelle est la meilleure méthode à suivre pour chaque variété.

Nous extrayons du *Grape Culturist*, novembre 1870, les appréciations suivantes, qui sont justes :

Certaines variétés produiront plus vite et donneront des grappes plus grosses sur les branches latérales des *jeunes* sarments, d'autres sur les coursons d'un petit nombre d'yeux de *vieilles* branches fruitières, d'autres enfin sur les sarments principaux. Dirigez votre taille en conséquence.

La plupart des vignes à forte végétation, de l'espèce des *Labrusca* (Concord, Hartford, Ives, Martha, Perkins, etc.), ainsi que plusieurs de ses hybrides les plus vigoureux (Goethe, Wilder, etc.), et surtout certains *Æstivalis* (Herbemont, Cunningham, Louisiana, Rulander), *fructifieront mieux sur les branches latérales des jeunes sarments de la pousse de l'été précédent*, pourvu qu'ils soient assez forts, et ils le seront s'ils ont été pincés conformément à nos indications. Les boutons à fruit placés à la base des sarments maîtres (*principal canes*) sont rarement bien développés et ne portent pas beaucoup de fruit. C'est pourquoi nous faisons venir le fruit sur les branches latérales, que nous pouvons raccourcir sur deux à six yeux chacune, suivant leur force. Toutes ces variétés à grande végétation ont besoin d'avoir beaucoup à faire, c'est-à-dire d'être taillées long, beaucoup plus long qu'on ne le fait généralement. S'il sortait trop de grappes, vous pouvez en réduire aisément le nombre au premier pincement. Tous les *Cordifolia* [1] et quelques *Æstivalis* (Cynthiana et Norton's Virginia) produisent davantage sur les coursons de sarments vieux de deux ou trois ans. Ils se mettent aussi mieux à fruit sur des coursons de branches latérales que sur des coursons de sarments principaux (*main canes*); mais ils ne donnent leurs meilleurs fruits que quand ils ont pu être taillés à coursons sur de vieux bras. A cet effet, choisissez pour vos coursons des sarments forts, bien aoûtés ; taillez-les sur deux ou trois yeux, et supprimez tous

---

[1] Classés aujourd'hui comme *Riparia*, ou ses croisements, tels que le *Taylor*, etc.

les sarments imparfaits et petits. Vous pouvez laisser de trente à cinquante bourgeons, suivant la force de la vigne, en vous souvenant toujours que vous pourrez réduire le nombre des grappes quand vous pratiquerez la taille d'été.

Il est une troisième classe qui produit vite et abondamment sur les sarments principaux. Elle comprend les variétés qui ne poussent pas très fort, les *Labrusca* plus délicats, et toutes celles qui ont, plus ou moins, les caractères du *Vinifera*, telles que l'Alvey, le Cassady, le Creveling, le Catawba, le Delaware, l'Iona, le Rebecca. Ces variétés produiront mieux sur sarments courts à six yeux, avec la taille courte. L'ancien système de renouvellement peut être aussi bon pour elles que tout autre. Il y a aussi beaucoup plus de danger à *surcharger* cette classe que les deux autres, et il ne faut jamais les laisser porter trop.

On voit, par ce qui précède, qu'il faut appliquer différentes méthodes à différentes variétés, et nous pouvons ajouter qu'il faut aussi les modifier suivant d'autres circonstances. Aussi ceux qui ont recommandé des systèmes divers et contradictoires de conduite et de taille peuvent-ils avoir raison chacun en particulier ; mais ils ont eu tort de croire que leur système préféré était le seul bon *dans tous les cas*, ou qu'il était également bien adapté à toutes les espèces et à toutes les variétés. Le vigneron intelligent, en ne perdant pas de vue cette observation, aura bientôt appris quel est le système dont l'application sera la meilleure dans les conditions particulières où il se trouve.

Dispositions ultérieures.

Nous pouvons maintenant considérer la vigne comme tout à fait établie, en état de donner une pleine récolte, et, une fois palissée à son treillis au printemps, comme présentant l'apparence qu'indique la fig. 71.

Les opérations sont exactement les mêmes que dans la troisième année, avec cette im-

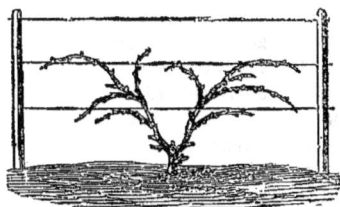

Fig. 71.

portante différence toutefois que le labour doit être peu profond. Dès que les vignes se sont établies, il faut employer le scarificateur pour la destruction des mauvaises herbes et maintenir la surface du sol bien meuble. La bêche est nécessaire pour détruire les mauvaises herbes qui sont autour des vignes, comme dans le principe. Au dernier charruage de l'automne précédent, on aura tracé un grand sillon en forme de fossé du côté des vignes, ce qui procurera un abri de plus aux racines, et facilitera les couchages et le recouvrement des sarments, s'il est nécessaire. Ce sera aussi le meilleur moment pour garnir en même temps les têtes de la souche de chaux, de cendres, de poussière d'os, etc., si la vigne en a besoin. Par suite, au printemps suivant, le charruage devra être croisé et le sol bien nivelé.

Le charruage ne doit jamais être assez profond pour nuire aux racines des vignes.

Si vous conduisez vos vignes d'après le système horizontal, les sarments érigés, qui avaient été taillés chacun sur deux yeux, produiront maintenant chacun deux pousses. Si de chacun de ces deux yeux il sort plus d'une pousse, ou si d'autres pousses sortent de petits yeux placés près des bras, ne laissez venir que la plus forte et supprimez toutes les autres. Au lieu de dix à douze sarments érigés, vous en aurez vingt ou vingt-quatre, et, en leur laissant trois grappes à chacun, vous pourrez avoir soixante et dix grappes à chaque pied de vigne, la quatrième année de la plantation. Vous aurez à traiter ces sarments, pendant toutes les années suivantes, de la même manière, pour ce qui regarde les arrêts

(*stopping*), le pincement, les branches latérales, etc.

Il y a plusieurs autres systèmes de conduite de la vigne ; mais les mêmes règles générales et les mêmes principes prévalent dans presque tous.

Il y a, dans la fructification de la vigne, un fait bien prouvé : c'est que les plus beaux fruits, les récoltes les meilleures, les plus précoces et les plus abondantes, sont le produit des pousses les plus fortes de l'année précédente. Le seul système de taille convenable sera donc celui qui favorise et qui assure une production abondante de ces pousses-là. C'est à l'aide de ce principe général qu'il faut contrôler tous les soi-disant nouveaux systèmes, et que les débutants dans la culture de la vigne peuvent être mis en garde contre les fausses impressions qu'ils pourraient recevoir de l'observation de quelque autre système. Cette précaution est d'autant plus nécessaire que de jeunes vignes donneront de bonnes récoltes pendant quelques années, alors même qu'elles seraient très imparfaitement traitées. Dans tous les systèmes qui impliquent le maintien du bois au delà de cinq ou six ans, comme dans la taille à coursons, et les méthodes à branches horizontales, il est absolument essentiel d'enlever à certaines époques le bois le plus vieux et de le remplacer par du bois plus jeune, pris aux environs de la base de la plante. Il est difficile de donner des règles précises pour une opération qui exige tant de réflexion et une connaissance si complète de la végétation et des habitudes de fructification des différentes variétés.

Si vous désirez conduire vos vignes en *berceaux* ou en *treilles*, mettez un plant d'une force exceptionnelle dans un sol riche et bien préparé ; laissez une seule pousse pendant le premier été, et même pendant le second, si c'est nécessaire, afin qu'elle puisse devenir très forte. Taillez sur trois yeux en automne. Ces yeux émettront chacun une forte pousse, que vous palisserez au berceau que vous aurez l'intention de garnir ; vous la laisserez croître librement. L'automne suivant, taillez ces trois sarments sur trois yeux, qui vous donne-

10

ront trois branches principales, ayant chacune leurs sarments à la troisième ou quatrième saison. Sur chacune de ces branches, taillez, l'automne suivant, un sarment sur deux yeux, et les autres sur six ou même davantage, suivant la force de la vigne. Puis augmentez graduellement le nombre des branches et taillez plus fortement celles qui ont porté du fruit. De cette manière, on peut, avec le temps, faire couvrir à une vigne une grande surface, lui faire produire une grande quantité de fruits et la faire durer jusqu'à un âge très avancé.

Ceux qui désirent de plus amples renseignements et des instructions plus détaillées sur les divers modes de taille et de conduite, ou sur la culture des vignes en serre, peuvent consulter le *Guide des cultures de vignes* de Chorlton (Chorlton's *Grape Growers Guide*), le *Grape Culturist* de Fuller, la *Culture de la vigne sur les murs* de Hoare (Hoare's *Cultivation of the Grape vine on open walls*) et d'autres ouvrages sur la viticulture, et surtout un article sur la taille et la conduite de la vigne de W. Saunders, département de l'Agriculture des États-Unis : *Rapport de* 1866.

Maladies de la Vigne.

La vigne, malgré toute sa vigueur et sa longévité, est, non moins que tous les autres corps organisés, sujette aux maladies, et, comme nous ne pouvons pas faire disparaître la plupart de leurs causes et que même nous ne pouvons, malgré tous les soins, en prévenir et en guérir qu'un petit nombre, notre première préoccupation doit être de choisir des plantes saines et des variétés robustes. Nous vous avons déjà mis en garde contre les dangers qu'il y a à planter la vigne dans un sol compact, humide, où l'eau reste stagnante, ou dans des endroits exposés aux gelées, tant précoces que tardives. Vous vous êtes pénétré de l'importance d'une bonne

culture, de l'ameublissement du sol [1], d'une conduite intelligente, de l'éclaircissement du fruit. Si vous négligez ces divers points, les variétés même les plus robustes et les plus vigoureuses deviendront malades.

Mais certaines des maladies qui infestent nos vignes américaines ne tiennent ni à des défectuosités du sol ni à un manque de culture. En fait, la cause en est inconnue, si ce n'est qu'elles sont le résultat de champignons —plantes parasites microscopiques qui produisent le mildew, etc. ; il en existe un grand nombre d'espèces et nous n'avons encore que des connaissances très incomplètes sur leur compte. Toutefois nous savons, hélas ! trop bien que ces maladies existent, qu'elles se propagent sous l'influence de circonstances atmosphériques — état défavorable du temps — et qu'elles paraissent être, autant que le temps lui-même, en dehors de notre action. Les plus redoutables de ces maladies, celles qui dominent le plus dans notre pays et causent le plus de désastres à la viticulture américaine, sont le MILDEW (*Peronospora viticola*) et le ROT ou BLACK ROT (CARIE NOIRE, *Phoma uvicola*).

On trouve pour la première fois la description et la distinction exacte des deux espèces dans les *Transactions* de l'Académie des Sciences de Saint-Louis, 1861, par le

[1] Nous n'ignorons pas ce fait que, dans certaines saisons et dans des sols particuliers, des vignobles négligés, pleins de gazon et de mauvaises herbes, ont échappé aux maladies et donné de pleines récoltes, tandis que d'autres, bien bêchés et bien cultivés, souffraient cruellement, surtout de la carie noire ; mais la règle n'en reste pas moins bonne en général. Après une saison de forte sécheresse, par exemple, le labour du printemps peut amener l'évaporation du peu d'humidité qui reste dans le sol ameubli, et faire des racines épuisées la proie des fortes gelées, tandis qu'une surface non labourée et durcie peut servir d'abri contre elles. De semblables exceptions ont amené à tort le viticulteur à préconiser la non-culture ou même l'ensemencement de gazons dans leurs vignobles ; mais, après un ou deux ans, le résultat était une végétation rabougrie et une sensible diminution dans le rendement de leurs vignobles.

Dr G. Engelmann (vol. 2, pag. 165). Voyez aussi l'*American Pomological Society*, session de 1879, pag. 41-48.

Au moment de mettre sous presse, le Dr G. Engelmann veut bien nous communiquer l'article suivant sur ce très important sujet :

«Les maladies de la vigne sont principalement dues à des parasites, soit animaux, soit végétaux. Je laisse à d'autres plus versés que moi dans la question le soin de s'occuper des premiers et me borne à constater que nos espèces ont toutes végété avec le Phylloxera et qu'elles auraient toutes disparu depuis longtemps, ou plutôt qu'elles n'auraient jamais pu vivre si l'insecte avait eu tant de pouvoir sur elles ; pourtant elles continuent à vivre aussi bien que l'insecte; ce dernier n'ayant pas d'autre nourriture que les vignes et leurs racines, on peut dire qu'il y a entre eux une accommodation.

Pour nous, en Amérique, les maladies dues aux champignons sont plus importantes; elles font à nos récoltes plus de mal que le Phylloxera. On dit en Europe qu'on a découvert plus de deux cents espèces de champignons qui vivent sur les différentes parties de la vigne ; heureusement un petit nombre seulement est réellement nuisible. Les plus nuisibles de tous sont le mildew des feuilles et la carie noire des grains. En Europe, en sus du mildew, récemment introduit, on a l'oïdium et l'anthracnose.

Le mildew, *Peronospora viticola*, se montre par places blanchissantes comme la gelée sur la page inférieure de la feuille, que celle-ci soit tomenteuse ou glabre. On peut l'observer généralement ici, dans le Missouri, à partir du commencement de juin, favorisé par la chaleur humide ou le temps pluvieux qui règnent d'ordinaire à cette époque; dans les États de l'Est, il paraît n'arriver que plus tard, en été et en automne. Quoique répandu surtout sur les feuilles, il envahit quelquefois aussi leur pétiole, le pédicelle des raisins et les grains très jeunes. Mais, même quand il n'attaque pas ces derniers, son action sur les feuilles seules, qui tournent au brun par places et périssent par-

tiellement ou en totalité, détruit le fruit, dont les grains se flétrissent à partir de la base et prennent une légère couleur brune sans se détacher. C'est ce qu'on appelle quelquefois ici la « carie brune ».

Le champignon envahit d'abord le tissu cellulaire de la feuille ; quelques jours après, les petits rameaux sporifères sortent à travers les stomates de la surface inférieure et forment un réseau de petites plantules dressées qui peuvent être comparées à un joli petit arbre en miniature, seulement invisible à l'œil nu. A l'extrémité des petites branches se trouvent les spores d'été (*conidies*), qui, une fois mûres, éclatent, sont dispersées par le vent ou d'autre manière, et qui, soumises à l'humidité, germent avec une étonnante rapidité. A la fin de la saison, le champignon produit dans l'intérieur du tissu de la feuille ce qu'on appelle les spores dormantes (oospores) ; tandis que les autres propagent le parasite en été, ceux-ci, plus gros et plus résistants, restent vivants l'hiver et assurent la végétation du champignon l'été suivant. On voit par là que les feuilles mildiousées mortes, qui renferment les spores dormantes, conservent les germes pour le mildew de la saison suivante. Il faut ramasser ces feuilles avec soin pour les détruire, soit en les brûlant, soit en les enfouissant profondément dans le sol. On a souvent essayé de détruire directement le champignon ; on a employé différents moyens, notamment les aspersions de soufre, mais sans aucun effet marqué. Une éclaircie de temps sec est, pour le moment, ce qui l'arrête le plus sûrement.

Depuis 1878, le *Peronospora* a fait son apparition en Europe — comme le Phylloxera, accidentellement introduit d'ici, — apportant aux viticulteurs de l'autre côté de l'Atlantique un nouveau fléau qui menace d'être pire que l'oïdium, dont leurs récoltes ont eu tant à souffrir, il y a un certain nombre d'années.

C'est le cas de dire quelques mots de l'oïdium. C'est un champignon semblable au mildew, qui apparaît à la surface supérieure de la feuille et qui porte ses spores moins nombreuses sur des filets plus petits, peu branchus ; il détruit la vitalité de la feuille, et avec elle la récolte, tout comme le fait notre mildew. Ses spores d'hiver ne sont pas connues ; nous ne connaissons pas aussi bien l'histoire de sa vie, mais nous savons que les aspersions de soufre sur les feuilles le détruisent. Il fit sa première apparition, autant qu'on peut le savoir, vers 1845, dans des serres à raisins, à Margate, près de Londres, et se répandit rapidement et en causant de grands ravages sur une grande partie de l'Europe et des îles, surtout Madère, où il annihila presque entièrement la culture de la vigne. Mais il paraît être aujourd'hui moins répandu ou moins nuisible qu'autrefois. Il est possible qu'il ait accompli sa course, comme d'autres épidémies ont pu le faire. On ne connaît pas son pays d'origine. On suppose qu'il est originaire d'Amérique, mais il ne s'est jamais montré chez nous sous la forme qu'il présente en Europe. Existe-t-il ici sous une autre forme ? C'est encore une question pour nos mycologues ; en tout cas, nous n'avons ici pour le moment qu'une forme destructive de mildew, savoir : le *Peronospora*.

Le champignon qui est le second grand fléau de nos vignobles est la carie noire *(Black rot)*, *Phoma uvicola*. Les grains (jamais les feuilles ni les pédicelles), généralement vers l'époque de leur complet développement, en juillet ou en août, très rarement quand ils ne sont qu'à moitié développés en juin, présentent sur le côté et loin du pédicelle une tache brun clair avec un point central plus foncé. Cette tache s'étend, et des nodules ou pustules brillantes, plus foncés, bien visibles à l'œil nu, commencent à former des protubérances sous l'épiderme. A la fin, le grain entier se flétrit, tourne au blanc bleuâtre ; les pustules rendent la surface rugueuse, et chaque ouverture au haut du grain émet un fil blanchâtre semblable à un ver, qui consiste en une agglomération innombrable de spores agglutinées par une enveloppe mucilagineuse. Dans cet état, les spores sont inertes, mais la pluie dissout le mucilage, dégage et entraîne les spores, ou bien celles-ci tombent

à terre avec les grains morts. Qu'en advient-il alors ; pénètrent-elles dans le sol, et comment propagent-elles le champignon ? On n'en sait encore rien. En tout cas, il paraît prudent de ramasser les raisins atteints, si c'est possible, et de les détruire.

En Europe, il existe une autre maladie cryptogamique de la vigne, appelée en Allemagne *Brenner*, en France *Anthracnose* et décrite sous le nom *Sphaceloma ampelinum*, que certaines autorités ont supposé être une autre forme de développement de notre carie, ci-dessus signalée ; la chose paraît toutefois très douteuse. Nous n'avons, semble-t-il, jamais eu ni *Sphaceloma* [1], ni l'Europe le *Phoma* [2]. La première attaque toutes les parties vertes, feuilles, jeunes tiges, raisins verts, et détermine des blessures ouvertes qu'on peut comparer à des ulcères ; tandis que notre *Phoma* se borne, d'après ce que nous en savons jusqu'à présent, à attaquer les grains verts sans désorganiser les tissus ni former d'ulcères. Le *Sphaceloma* paraît être une ancienne maladie en Europe, connue déjà au siècle dernier. Les mycologues étudient aujourd'hui attentivement ces questions. »

———

Si nous avions su que nous aurions la bonne fortune de recevoir l'article qui précède, sur les maladies de la vigne, par une aussi grande autorité que le Dr Engelmann, nous aurions supprimé certains passages de ce qui suit, passages que nous avions écrits nous-mêmes auparavant, en préparant cette nouvelle édition de notre Catalogue. Cette circonstance et l'importance du sujet justifieront ce qui pourrait paraître une répétition ; et tandis que l'article précédent restera comme

[1] Malheureusement nous avons aussi, depuis peu, le *Sphaceloma*. Comment et d'où est-il venu ? Nous n'en savons rien ; mais ayant eu l'occasion d'observer l'*Anthracnose* en France, nous ne pouvons nous empêcher de la reconnaître ici, heureusement sur une petite échelle, jusqu'à présent.

[2] Nous avons aussi sûrement le *Phoma* identique à celui de l'Amérique.   J.-E. P.

la description des maladies cryptogamiques par le savant, les lignes suivantes pourront n'être pas mal venues comme exposant les vues des viticulteurs pratiques.

Remarques culturales.

Le MILDEW *américain*[1] (*Peronospora viticola*) se présente d'abord sous la forme de taches ressemblant à un petit tas de sucre en poudre, de la grosseur d'une lentille, et placée sur la page inférieure de la feuille; mais ces taches s'étendent d'une manière imperceptible et se rejoignent jusqu'à ce qu'elles recouvrent une plus grande portion de la partie inférieure du feuillage tout entier. Plus tard encore, les centres d'attaque se dessèchent et prennent la couleur de feuilles brunies ou mortes, de sorte que ces feuilles *mildiousées*, flétries, desséchées, sont souvent confondues avec des feuilles brûlées par un coup de soleil; mais une observation plus attentive permet de distinguer facilement le mildew de *l'échaudage*. Quand il s'agit de celui-ci, il n'y a point de végétation cryptogamique blanche et poussiéreuse au revers de la feuille. Le mildew attaque surtout le feuillage, quelquefois aussi les jeunes tiges vertes, rarement les jeunes petits grains en train de mûrir, jamais ceux qui ont leur plein développement.

La différence importante entre le *Peronospora* (Mildew d'Amérique) et l'*Oïdium* (Mildew d'Europe) ne consiste pas seulement en ce que l'oïdium apparaît sur la face supérieure de la feuille, tandis que le mildew apparaît sur la face inférieure, mais en ce que ce dernier pénètre dans le tissu entier de la feuille, tandis que l'oïdium ne végète qu'à la surface. L'humidité et la sécheresse exercent une influence prépondérante sur le développement de la maladie; la pluie, la rosée, même le brouillard, favorisent la dispersion et la germination des spores, tandis qu'une sécheresse prolongée en réduit le nombre et les tue.

Comme remède, on a longtemps et fortement recommandé le soufrage. En France et en Allemagne, le mildew est combattu avec succès par le soufre appliqué de bonne heure et à plusieurs reprises. Pourquoi ne serait-ce pas le remède ici ? Nos journaux horticoles ont publié plusieurs articles où l'on représente la fleur de soufre comme un remède infaillible contre le mildew, et où l'on prescrit la quantité, l'époque et le mode d'emploi. On a fabriqué des soufflets spéciaux à cet usage. On a trouvé des viticulteurs pour certifier l'efficacité du remède. Personne n'y a contredit[1], [en sorte que nous-mêmes, qui

[1] Pour le distinguer de l'*Oïdium* (le Mildew d'Europe), nous appelons le Peronospora « Mildew américain »; mais cette dangereuse cryptogame n'est nullement inconnue en Europe, et nous doutons qu'elle y soit arrivé d'ici, quoiqu'elle se soit montrée plus tôt chez nous. En Italie et en Afrique, elle a fait son apparition sur plusieurs points où l'on n'avait jamais cultivé de vignes américaines et on l'a même découverte sur des vignes d'Europe sauvages. M. Rodolphe Goethe, directeur de l'Institut royal d'Horticulture à Geisenheim, sur le Rhin, l'appelle « *faux mildew* »; M. Victor Pulliat, éditeur de « la Vigne américaine » a montré qu'elle est connue en France depuis longtemps sous le nom de « *Melin* ».

[1] Le premier témoignage sérieux en faveur des résultats du soufrage dans notre pays se trouve dans le « Vineland Weekly » du 24 novembre 1877, dans une excellente étude sur la CANNE NOIRE DE LA VIGNE, par le Colonel A.-W. Pearson. Nous en extrayons le passage suivant :

« Plusieurs personnes, si ce n'est toutes, parmi celles qui ont employé pour la première fois le soufre cette année, sont très désappointées de leurs résultats. Elles disent n'en avoir eu aucun avantage, et même en avoir éprouvé un dommage réel. Ceux qui, plus zélés que prudents, ont employé le soufre largement sans l'étendre, ont naturellement brûlé les feuilles et ont fait plus de mal que de bien. D'un autre côté, ceux qui l'ont employé préventivement, avec modération, mais suivant leur estimation, à fond, comprendront, si cette description de la maladie les a mis à même d'en juger, que, le traitement « *à fond* », dans les conditions atmosphériques de cet été, supposerait un homme placé en sentinelle devant

n'avons pu réussir à en éprouver les bons effets malgré des essais répétés, nous nous sommes simplement hasardés à dire dans notre précédente édition, « qu'avec les prix de notre main-d'œuvre il serait à peine praticable— et qu'il valait mieux ne pas planter largement des variétés très sensibles à cette maladie ».

Le mildew a été signalé en France pour la première fois en 1878. C'est depuis qu'il y a été observé et étudié, et dans le cours des quatre dernières années pendant lesquelles il s'est répandu sur toute l'Europe et sur certains points de l'Afrique, qu'il a été reconnu et pleinement établi que le soufrage est tout à fait inefficace contre le *Peronospora*, par suite de cette circonstance que ce parasite ne vit pas, comme l'oïdium, seulement à la surface de la feuille, mais qu'il en pénètre les tissus.

Mais toutefois nous ne sommes pas sans espoir de voir trouver un remède. Des savants éminents s'occuperont maintenant de cette question sérieuse, qui concerne d'autant plus la viticulture européenne que ses variétés (Vinifera) sont toutes plus sujettes à cette maladie que nos espèces américaines. Nous avons sous les yeux un *Essai sur le Mildiou*, par M. A. MILLARDET, professeur à la Faculté des Sciences de Bordeaux ; Paris, 1882. M. Millardet propose comme remède un mélange de sulfate de fer en poudre, du couperose (4 livres) avec du plâtre de Paris (20 livres), mélange qui, suivant les rapports, a été appliqué avec un succès marqué (Compte rendu du Congrès international phylloxérique de Bordeaux).

De pareils remèdes ne doivent être employés qu'avec une grande précaution, et, jusqu'à ce que leur efficacité et le vrai mode d'application soient bien établis, nos vignerons feront mieux de choisir celles de nos variétés

chaque souche, prêt à faire une nouvelle aspersion de la mixture entre chaque averse.

» Comme je l'ai déjà dit, j'ai soufré mes vignes treize fois et j'ai sauvé près d'un tiers de la récolte. Peut-être en les soufrant vingt-six fois, en aurais-je sauvé un autre tiers.

qui sont généralement le moins sujettes à cette maladie. Pour aider à faire ainsi, le tableau suivant[1], basé sur une expérience de plusieurs années, peut être utile.

TABLEAU DES VIGNES AMÉRICAINES (PRINCIPALES VARIÉTÉS) PAR RAPPORT A LEUR RÉSISTANCE AU MILDEW (*Peronospora*).

Ire CATÉGORIE : Presque entièrement exempte, même dans des saisons et des localités défavorables.

Æstivalis, Groupe Nord; Cynthiana, Norton's Virginia.

Labrusca, Groupe Nord ; Concord, Hartford, Ives, Perkins, et aussi Champion, Cottage, North Carolina, Rentz, Venango.

Riparia et les croisements avec le Labr. : Elvira, Missouri — Riesling, Montefiore, Noah, Taylor.

II° CATÉGORIE : Souffrant un peu, *mais peu sérieusement*, dans les saisons et les localités exceptionnellement défavorables.

Æstivalis, Groupe Sud : Cunningham ; Division du Nord : Hermann, Neosho.

Labrusca, Groupe Nord : Dracut Amber, Lady, Martha, N. Muscadine, Telegraph, Mason's Seedling.

Riparia et ses croisements avec le Labr. : Black Pearl, Blue Dyer (Franklin), Clinton.

Hybrides de Labr. et Vinif. : Goethe.

III° CATÉGORIE : Souffrant sérieusement dans les saisons défavorables et à *méconseiller pour les localités exposées habituellement au Mildew*.

Æstivalis, Groupe Sud : Devereux, Herbemont, Lenoir, Louisiana, Rulander.

Æstivalis croisés avec le Vinifera (?) Alvey.

Labrusca, Groupe Sud : Catawba, Diana, Isabella.

Riparia croisés avec le Labr. : Amber (Rommel's), Marion, Uhland.

Hybrides de Labr. et Vinif., Labr. et ses Hybr., et Vinif. avec Riparia : Black Eagle, Brighton, Brandt, Herbert, Lindley, Triumph, Wilder.

IV° CATÉGORIE : Souffrant sérieusement, même dans les saisons normales; *sur laquelle on ne peut nullement compter*, sauf dans un petit nombre de localités à l'abri du Mildew.

[1] *Quelques observations sur le Mildew*, par G.-E. Meissner. Congr. intern de Bordeaux.

Æstivalis : Elsinburg; Eumelan.

Labrusca, Groupe Sud : Adirondac, Cassady, Greveling, Isabella, Iona, Mottled, Maxatawney, Union Village, Rebecca, Walter.

Origine indéterminée : DELAWARE.

Hybr. de Vinif. et Labr. : Agawam, Allen's Hybr. Amenia, Barry, Black Defiance, Croton, Irving, Massasoit, Merrimack, Salem, Senasqua.

Hybr. de Vinif. et de Rip. : Autuchon, Canada, Cornucopia, Othello.

Nous nous garderions de classer les variétés insuffisamment essayées, et surtout nouvelles. Mais on peut sûrement juger de leur résistance au mildew, d'après leur parenté. Les semis de Concord, tels que Moore's Early, Pocklington, Worden's seedling, ou du Taylor et Clinton, tels que Bacchus, Montefiore, Pearl, souffriront probablement très peu, ou point du tout, du mildew, tandis que les semis de Catawba, de Delaware, d'Eumelan ou d'Isabelle, et tous les hybrides de Vinif., ne donnent que peu d'espoir de succès dans des localités habituellement infestées par le mildew. Il est, en outre, digne de remarque que toutes les vignes plantées dans des jardins de ville, surtout celles qui sont en treilles contre des bâtiments, à l'abri de leurs toitures avancées, sont en général exemptes du mildew, même dans des saisons défavorables.

On suppose que cette immunité est due aux fumées sulfureuses de charbon dont l'atmosphère est chargée dans nos villes et qui peuvent s'opposer peut-être au développement des moisissures. On l'attribue aussi à l'abri qui protège ces vignes contre les fortes rosées, et par suite contre le développement du parasite. W. Saunders, l'éminent surintendant du Jardin d'Essais du département de l'Agriculture à Washington, D. C., a depuis longtemps démontré, dans un rapport, qu'on peut cultiver dans la perfection des variétés sensibles au mildew, pourvu qu'elles soient abritées des fortes rosées par des procédés, soit artificiels, soit naturels, par exemple en recouvrant d'un écran en planches, en canevas ou en verre le treillis auquel elles sont palissées. Mais les viticulteurs auront rarement recours à de pareils procédés, et préféreront en général faire choix de variétés moins sujettes au mildew.

La CARIE NOIRE (BLACK ROT, *Phoma uvicola*) fait son apparition sur les grains ayant presque atteint leur entier développement. Elle forme, dans sa première étape, une petite tache ronde, décolorée (blanchâtre), qui s'étend bientôt en circonférence, entourée d'une aréole distincte de couleur noire et passant au brun clair ; autour de cette aréole, le grain prend une couleur brune plus foncée et présente (au grossissement) une surface pustuleuse ; puis, peu à peu, le grain se flétrit, sèche et devient noir. Dans le milieu de l'été, quand le temps est lourd et accablant, les averses et les orages fréquents, l'horizon continuellement sillonné d'éclairs le soir, et que les vignes sont abreuvées de rosée le matin, alors le *rot* apparaît, et souvent disparaît (ou plutôt est arrêté dans sa marche), puis apparaît de nouveau avec ces phénomènes. Nous pouvons regarder et nous étonner, impuissants, mais sachant « que les brillantes espérances d'aujourd'hui peuvent être chassées par le premier matin ! »

La maladie est en général précédée de l'apparition de nombreuses taches de couleur brune sur la surface des feuilles ; plus tard, ces taches deviennent plus brunes, et finalement elles sont remplacées par des trous. A cet égard, la carie ressemble tout à fait à la maladie connue sous le nom d'*Anthracnose* ou Charbon en France, *Schwarzer Brenner* en Allemagne, en Suisse. Mais, tandis qu'en Europe le mal attaque les jeunes pousses et les tiges, laissant des plaies qu'on dirait faites par des insectes, amenant la dessication de l'épiderme, déterminant une fente profonde sur l'un des côtés des grains et laissant l'autre, sain en apparence, se colorer et mûrir complètement ; ici les taches brunes qui précèdent notre carie noire attaquent rarement les pousses et les tiges de nos vignes, et ne produisent jamais de simples fentes, mais détruisent toujours complètement les grains qu'elles ont une fois atteints. Tandis que l'Anthracnose affaiblit la vigne, fait jaunir et sécher le feuillage, la carie noire ne semble affecter nullement ni la vigueur ni le feuillage de la vigne. Toutefois, dans ces derniers temps, elle a souvent attaqué du quart aux trois quarts de *toutes* les vignes de l'Ohio, du Mississipi et des vallées inférieures du Missouri. Elle y est le grand obstacle à la culture de la vigne. Il y a trente ans, on supposait que le *Catawba* était plus sujet à la carie noire que les autres variétés ; mais aujourd'hui presque *toutes* (à l'exception du Delaware, du Cynthiana et des Nortons) sont souvent plus au moins attaquées par ce funeste parasite. Il envahit les vignes les plus vigoureuses autant, si ce n'est pas plus, que celles qui sont faibles de végétation. Le Concord s'est dernièrement montré aussi peu résistant que le Catawba. La théorie d'après laquelle une plante ne peut être attaquée par des maladies cryptogamiques que quand elle est dans des conditions de débilitation, n'a pas de valeur quant à la carie noire. L'épuisement du sol n'a pas non plus d'influence sur elle. On la trouve aussi bien dans les vignobles à sol riche que dans ceux à sol pauvre. Quant à la théorie d'après laquelle la carie est amenée par le Phylloxera, elle est tout à fait sans fondement.

L'électricité de l'atmosphère, l'humidité et la sécheresse peuvent influencer matériellement la propagation ou l'arrêt de la maladie. La nature du sol et l'exposition du vignoble peuvent parfois avoir des relations avec son apparition, car elle sévit surtout dans les endroits bas et humides, à sol froid et compact. Mais il est quelquefois arrivé qu'elle a commencé par un temps sec, et s'est arrêtée, ce qui est assez étrange, après les premières pluies de la même saison. On l'a trouvée aussi parfois sur des hauteurs à sol chaud et sec. Toutefois, d'une manière générale, les saisons sèches et les localités favorisées d'une atmosphère pure et d'un bon drainage sont plus à l'abri de la carie noire.

Feu M. B. Bateham, mort le 5 août 1880, écrivait ce qui suit dans son dernier Rapport à la Société d'Horticulture de l'Ohio, en se référant à un article lu à la réunion de 1879 de la Société américaine de Pomologie : « Quant à la carie noire de la vigne, mes observations de plus de trente ans m'ont conduit aux mêmes conclusions dans l'ensemble que celles de mon ami M. Bush. La difficulté n'est certainement pas dans le sol, la culture, la vigne, ou les ravages des insectes... Cette maladie commença dans le sud de l'Ohio il y a plus de vingt ans [1], et dans un court délai ruina les célèbres vignobles de Catawba de Nicolas Longworth et ceux d'un grand nombre d'autres viticulteurs. On crut alors, pendant un certain temps, que l'Ives et surtout le Concord seraient à l'abri du mal ; on en planta sur une grande échelle. Mais aujourd'hui on ne trouve presque pas de variétés qui soient en état de résister aux attaques de la carie, ou, si elles ont quelque chance de résister, elles souffrent cruellement du mildew. On a émis des théories nombreuses et diverses sur la nature et la cause de la carie, chacune d'elles indiquant différentes mesures pour la prévenir, mais avec peu de succès quant aux résultats. Ne jugeant pas d'autres théories dignes d'être mentionnées, je me borne à dire qu'après vingt ans d'observations et d'expériences attentives, j'en suis arrivé aux faits et aux déductions qui suivent : 1° La maladie n'est pas spéciale à une variété ou à une classe de vignes, quoique certaines y soient plus sujettes que d'autres, et celles qui sont en production depuis quelques années y soient plus sujettes que de plus jeunes. 2° Les genres de sol et de culture n'ont pas d'effet sur l'origine de la carie noire ; mais un sol riche ou trop fumé, en déterminant une végétation luxuriante des vignes, les rend plus aptes à contracter la maladie, et un sol humide ou un défaut de drainage ont les mêmes consé-

[1] Il faudrait lire « plus de *trente* ans ». Il y a évidemment une faute d'impression, car Bateham savait certainement que Longworth écrivait sur cette maladie en 1848.

quences. 3º Les méthodes de taille et de pincement, à bois court ou à bois long, ne produisent pas la maladie ; mais on s'en garantit en grande partie par la conduite de la vigne contre des constructions qui l'abritent largement de la pluie et de la rosée. 4º La maladie est une maladie cryptogamique engendrée par des spores très ténues qui flottent dans l'atmosphère, où elles sont poussées à la vie et développées par la chaleur et l'humidité, combinées avec un excès de sève, cette sève étant d'ailleurs dans un état morbide dû à un arrêt d'évaporation et d'assimilation des feuilles... Telles étant la nature et les causes de la maladie, il est aisé de voir que les moyens de la prévenir ne sont pas largement à la disposition de l'homme. On voit toutefois qu'on peut faire quelque chose pour l'éviter. »

Les indications de Bateham pour éviter le mal sont en partie peu praticables, sauf sur une très petite échelle, comme, par exemple, la conduite contre des constructions sur des piquets de vingt pieds de hauteur ; elles ont en partie besoin d'essais plus complets pour pouvoir être recommandées comme remèdes. Planter dans une position aussi élevée et aussi ouverte que possible, en drainant parfaitement le sol ; donner beaucoup d'espace sur le treillis en plantant isolément, ou en enlevant une souche sur deux quand elles commencent à se mêler : voilà naturellement des précautions nécessaires pour maintenir le sol et les racines aussi sèches que possible en été, et pour assurer le libre accès du soleil et de l'air, de manière à diminuer, du moins si ce n'est à empêcher, la maladie.

On recommande aussi, pour diminuer la sensibilité à la carie noire, de pailler le sol et de le garantir contre un excès de chaleur. On prétend avoir essayé avec succès de recouvrir le sol au-dessous des vignes avec du charbon bitumineux délayé. Nous avons essayé d'autres matières que le paillis, sans résultats spéciaux. Certaines personnes recommandent le soufrage, d'autres engagent à clouer une planche sur le treillis ; mais ni l'une ni l'autre de ces précautions ne prévalent contre la cryptogame. Saunders lui-

même a dit qu'il avait recommandé un chaperon comme une protection contre le mildew seulement, et non contre la carie.

Nous nourrissons encore l'espoir qu'on pourra découvrir un système plus pratique d'empêcher la maladie ou d'entraver son développement. Mais, jusqu'à ce qu'on le trouve, nous ne planterions que les variétés les moins sujettes à la carie, à moins d'avoir la bonne fortune d'être dans des localités exemptes de la maladie. Des vignobles encore indemnes une année peuvent être envahis l'année suivante. Que dire à cela ?

Nous avons néanmoins la confiance que cette maladie, comme d'autres épidémies, peut cesser, ou du moins disparaître temporairement comme elle l'a déjà fait en certains points. Il y a, sans aucun doute, plusieurs espèces de carie, désignées sous des noms divers par les botanistes. Pour la viticulture pratique, l'espèce décrite ici est la seule de grande et fâcheuse importance, qu'ils l'appellent carie noire ou carie brune.

Ceux qui désireraient avoir des descriptions et des observations plus complètes sur ce sujet, pourraient prendre connaissance des articles du Dr E.-C. Bidwell et du colonel Pearson dans le « Vineyard-Weekly », et récemment, aussi, dans le « New-York Sun », reproduits par divers journaux horticoles, et qui mériteraient d'être publiés en brochures. Mais après les avoir tous étudiés, nous arrivons à la conclusion que, pratiquement, ce que nous savons de ce sujet est peu de chose et ne peut pas nous servir beaucoup.

Méthode de protection des raisins par les sacs.

Pour ceux qui veulent cultiver de belles variétés sur une petite échelle, pour la table, pour le marché ou pour la montre, il faut mentionner la méthode des sacs à protéger les raisins. Avant que les grappes aient la moitié de leur développement, on les recouvre avec des sacs de papier grossier, comme en ont les épiciers, de 6 pouces de large et 9 pouces de profondeur, sacs qu'on fixe au moyen de deux épingles. Il faut qu'ils aient une petite fente au bas pour laisser passer l'eau. Le prix des sacs, des épingles et de la main-d'œuvre est d'environ cinq centimes par sac. Il est bien payé par le résultat. D'autres personnes se sont mieux trouvées, pour protéger le raisin contre les insectes, les oiseaux et les maladies, de recouvrir les grappes d'un sac de filet croisé comme on en a pour les moustiques. Cette espèce de sac est enfilée sur la grappe et attachée autour du pédicule par un élastique. Il a moins d'action sur la coloration naturelle et la parfaite *maturation* du fruit. En France, on fait pour cet objet un sac spécial en filet, conservant mieux sa forme et beaucoup plus durable que notre filet à moustiques, suffisamment ouvert pour laisser passer l'air et une certaine dose de lumière, protégeant parfaitement contre les oiseaux, et avec tous les avantages des sacs en papier sans leurs inconvénients. Nous nous en sommes servi et les avons trouvés excellents ; mais ils ne garantissent pas parfaitement de la carie.

INSECTES.

L'espace ne nous permet de nous arrêter que brièvement sur un petit nombre d'insectes que nous avons trouvés particulièrement nuisibles dans nos cultures. Ils sont cependant, pour la plupart, passés sous silence dans tous nos Traités classiques sur la Vigne, et, pour les faits qui les concernent, nous avons eu recours aux précieux Rapports entomologiques de l'État du Missouri, du prof. G.-V. Riley.

LE PHYLLOXERA.

(*Phylloxera vastatrix.*)

Parmi les insectes nuisibles à la vigne, aucun n'a jamais attiré l'attention comme le Phylloxera, qui, dans ses caractères essentiels, n'était pas connu quand nous avons publié la première édition de ce petit travail sur les vignes américaines. Le type gallicole de cet insecte avait été, il est vrai, remarqué depuis longtemps par nos viticulteurs, spéciale-

ment sur le Clinton, mais ils ne savaient rien du type radicicole. Fuller lui-même — qui nous apprend que dans les célèbres pépinières de vignes de M. Grant, en 1858, les jardiniers avaient déjà l'habitude de passer leurs doigts sur les racines des jeunes vignes qu'ils expédiaient, pour les débarrasser des nodosités — ne dit rien de l'insecte, pas plus que de tout autre insecte attaquant les racines ; et cependant, dans son excellent *Traité de la culture de la vigne indigène*, il consacre 16 pages aux insectes qui sont propres à cette plante. Au printemps de 1869, M. Jules Lichtenstein (de Montpellier) hasarda, le premier, l'opinion que le Phylloxera, qui attirait tant d'attention en Europe, était identique avec le puceron américain à galle de la feuille, décrit pour la première fois par le Dr Asa Fitch, entomologiste de l'État de New-York, sous le nom de *Pemphigus vitifoliæ*. En 1870, le professeur Riley réussit à établir l'identité de l'insecte à galle d'Europe avec le nôtre, ainsi que l'identité des types gallicole et radicicole. La justesse de ses vues a été confirmée par les recherches ultérieures du professeur Planchon, du Dr Signoret, de Balbiani, de Cornu et d'autres savants français, et en dernier lieu du professeur Rœssler, à Klosterneuburg (Autriche).

Après avoir visité la France en 1871, et étendu ses observations ici (quelques-unes furent faites dans nos vignes de Bushberg), M. le professeur Riley nous donna, le premier, toute raison de croire « que l'insuccès de la vigne d'Europe (*Vitis vinifera*) quand on la plante ici, l'insuccès partiel de plusieurs hybrides faits avec le *V. vinifera*, sont simplement dus au travail destructeur de cet insidieux puceron ; il nous donna aussi toute raison de croire que plusieurs de nos variétés indigènes jouissent d'une immunité relative quant aux attaques de l'insecte ». — M. Laliman (de Bordeaux) avait déjà constaté la remarquable résistance de certains cépages américains au milieu de cépages d'Europe qui mouraient des effets du Phylloxera. L'importance de ces découvertes pour la culture de la vigne ne saurait être trop appréciée. Le

Ministre de l'Agriculture en France chargea M. le professeur Planchon (de Montpellier) de visiter notre pays pour y étudier l'insecte, le mal qu'il fait à nos vignes ou le pouvoir de résistance qu'elles possèdent[1]. Ses investigations non seulement corroborèrent les conclusions du professeur Riley quant au Phylloxera, mais encore lui donnèrent, et par lui aux personnes d'Europe, une connaissance de la qualité de nos raisins et de nos vins indigènes très propre à dissiper une bonne partie des préjugés qui ont, jusqu'à présent, si universellement prévalu contre eux.

La recommandation du professeur Riley d'employer certaines vignes américaines, qu'il trouvait résister au Phylloxera, comme porte-greffes pour y cultiver les vignes européennes plus délicates, nous engagea à envoyer à titre d'essai, gratis, à Montpellier (France), quelques milliers de plants racinés et de boutures, dont le succès a eu pour conséquence une immense demande des variétés résistantes.

Discuter ce sujet comme il le mérite ; donner une histoire du Phylloxera, de la marche et de l'étendue de ses ravages, des expériences faites pour l'arrêter ; jeter un coup d'œil sur l'influence qu'il a eue et qu'il aura probablement sur la culture de la vigne en Amérique, ce serait dépasser le but de ce court Manuel. Les publications sur ce sujet rempliraient déjà une bibliothèque respectable. Nous ne pouvons ici que mentionner quelques faits et donner quelques figures qui permettront au viticulteur de reconnaître et d'observer ce petit et cependant si important insecte.

Nous renvoyons ceux qui désireraient des renseignements complets et certains aux Rapports entomologiques du professeur Riley, spécialement au sixième Rapport, pour 1874, où nous avons puisé largement. Il va de soi

[1] Le Rapport du prof. Planchon vient de paraître tout récemment, sous la forme d'un petit volume, intitulé : *Les Vignes américaines, leur résistance au Phylloxera et leur avenir en Europe.* Montpellier, chez Coulet, libr., 1875.

que toutes les figures ont été très fortement grossies ; les dimensions naturelles ont été indiquées par des points entourés de ronds ou par des lignes.

La figure suivante (72), d'une feuille de

Fig. 72.
Face inférieure d'une feuille recouverte de galles.

vigne, montre les galles ou excroissances produites par le type de l'insecte qui habite les

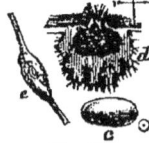

Fig. 73.
TYPE GALLICOLE :
c, œuf ; d, section de galle ; e, renflement de vrille.

galles. En ouvrant avec soin une de ces galles, nous trouvons la mère puceronne (*fig.* 74) diligemment à l'œuvre, s'entourant d'œufs jaune pâle, d'un centième à peine de pouce (0^m,002) de longueur, et pas tout à fait la moitié d'épaisseur. Elle est longue d'environ quatre centièmes de pouce (0^m,004), d'une couleur orange sombre, et ne ressemble pas mal à une graine de pourpier commun non mûre. Quand ils ont six ou sept jours, les œufs commencent à éclore et à donner naissance

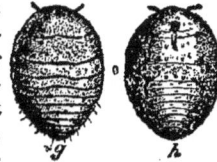

Fig. 74.
MÈRE PUCERONNE DES GALLES, vue de face et de dos.

à de petits êtres actifs, qui diffèrent de leur mère par leur couleur jaune plus clair, leurs pattes plus parfaites, etc. En sortant de l'ouverture de la galle, ces jeunes pucerons se répandent sur la vigne, la plupart d'entre eux se dirigeant vers les feuilles terminales, qui sont tendres ; ils commencent à sucer

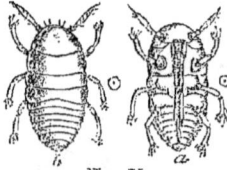

Fig. 75.
LARVE NOUVELLEMENT ÉCLOSE : *a*, vue par dessous; *b*, vue de dos.

et à s'approprier la sève, forment des galles et déposent des œufs, comme leurs parents immédiats l'avaient fait avant eux. Cette marche se poursuit pendant l'été jusqu'à la cinquième ou sixième génération. Chaque œuf met au jour une femelle qui devient bientôt d'une étonnante fécondité.

A la fin de septembre, les galles sont pour la plupart abandonnées, et celles qui sont vides sont envahies par la moisissure et quelquefois tournent au brun et se décomposent. Les jeunes pucerons se fixent aux racines et hivernent ainsi. C'est un fait important que l'insecte habitant les galles ne se présente que sous la forme de femelle agame et aptère. Ce n'est qu'un état transitoire de l'été, nullement essentiel à la perpétuation de l'espèce, et qui ne fait, comparativement à l'autre, celui du type habitant les racines, qu'un mal insignifiant. Il ne prospère que sur les *Riparia*, plus spécialement sur le Clinton et le Taylor. Quelques-unes de ces galles ont été constatées sur quelques autres variétés. Dans certaines années, il est difficile de trouver quelques galles sur des vignes où elles étaient très abondantes l'année précédente.

Le type radicicole du Phylloxera hiverne le plus souvent à l'état de jeune larve, fixée aux racines, et d'une couleur si foncée qu'elle est généralement d'un brun cuivré sombre ; elle est, par suite, difficile à apercevoir, les racines ayant souvent la même couleur.

A la reprise de la végétation, au printemps, cette larve mue, grossit rapidement et commence bientôt à déposer des œufs. Au moment voulu, ces œufs donnent naissance à de jeunes mères, qui deviennent bientôt adultes, déposent des œufs comme les premières et, comme elles, restent toujours aptères. Cinq ou six générations de ces mères donnant des œufs se succèdent l'une à l'autre, quand, vers le milieu de juillet, sous la latitude de Saint-Louis, quelques individus commencent à acquérir des ailes et continuent à sortir de terre jusqu'à ce que la vigne cesse de végéter, en automne. Sortis de terre à l'état de nymphe, ils s'élèvent dans l'air et se répandent sur de nouveaux vignobles, où ils déposent de trois à cinq œufs, et puis périssent. Au bout de quinze jours, ces œufs, qui sont déposés dans les crevasses à la surface du sol, près du pied de la souche [1], produisent des individus sexués, qui ne sont pas

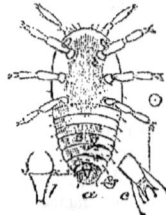

Fig. 76.
PHYLLOXERA MALE vu de dos.

nés pour autre chose que pour la reproduction de leur espèce, et sont sans aucun moyen de voler ou de prendre de la nourriture. Ils sont très actifs et s'accouplent de suite.

La femelle dépose un œuf unique, qui a été appelé « œuf d'hiver » parce qu'il passe en général l'hiver sans éclore. Il peut arriver cependant qu'il éclose dans la saison même pendant laquelle il est déposé. Il est en général caché dans les crevasses et sous les lambeaux d'écorce du vieux bois, mais il peut l'être aussi ailleurs et même sur les vieilles feuilles qui sont par terre. Là, éclôt de lui « la mère pondeuse », qui va directement aux racines fonder une colonie radicicole, ou bien, dans des circonstances favorables, fonde une colonie gallicole sur la feuille.

[1] C'est ainsi que M. Riley a vu la ponte se faire dans des conditions de captivité de l'insecte ailé; mais on sait que M. Balbiani et M. Boiteau ont vu l'œuf provenant des femelles sexuées être le plus souvent déposé sous les écorces des ceps ou dans les crevasses des échalas. J.-E. P.

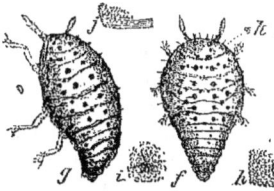

Fig. 77.

TYPE RADICICOLE, montrant les tubercules
qui le distinguent du type gallicole.

Tout morceau de racine ayant des radicelles, arraché d'une vigne malade en août
ou septembre, présente une bonne proportion de nymphes, et un tube de verre
rempli de ces racines et bien fermé four-
nira journellement, pendant un certain
temps, une douzaine ou plus de femelles
ailées, qui se rassembleront sur les parois du tube vers la lumière. Nous pouvons, par ce fait, nous former une idée
du nombre immense qui se disperse dans
les airs, vers de nouveaux champs, d'un
simple acre de vignes malades, vers la fin
de l'été et en automne. Nous avons donc
le spectacle d'un insecte qui, sous terre,
est doué de la faculté de continuer son
existence, même quand il est confiné
dans ses retraites souterraines. A l'état
aptère, il se répand de cep en cep et de
vignoble en vignoble, quand ceux-ci sont
contigus, soit à travers les fissures du sol
lui-même, soit par sa surface. En même
temps il peut, sous sa forme ailée, émi-
grer à de beaucoup plus grandes distances.

Si, à l'exposé qui précède, nous ajou-
tons que quelquefois, dans des conditions
spéciales, il est des individus qui aban-
donnent leur manière d'être souterraine
normale, et qui forment des galles sur certaines variétés de vigne, nous aurons,
d'une manière générale, l'histoire naturelle de cette espèce.

La planche ci-jointe (fig. 78) montre le
renflement anormal des radicelles, qui suit la
piqûre du puceron. Ces radicelles pourrissent souvent, et l'insecte les abandonne et se

transporte sur les radicelles fraîches. A mesure que celles-ci se décomposent, les pucerons se rassemblent sur les parties plus grosses de la racine, jusqu'à ce qu'enfin le système radiculaire soit complètement détruit.

Pendant la première année de l'attaque,
c'est à peine s'il y a quelques signes de mal
extérieur. C'est seulement la seconde et la
troisième année, — quand les racines fibreuses ont disparu et que les pucerons non seulement empêchent la formation de nouvelles
racines, mais encore s'établissent sur les racines plus fortes, qui souvent aussi se dés-
organisent et pourrissent, — c'est alors seu-

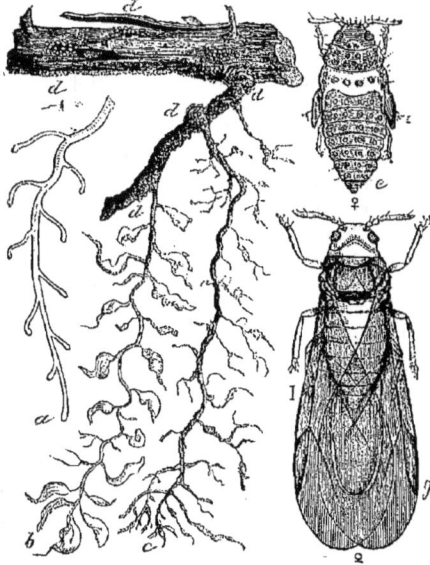

Fig. 78.

TYPE RADICICOLE : *a*, racine saine ; *b*, racine sur laquelle
les pucerons sont à l'œuvre ; elle présente les nodosités et les boursouflures déterminées par les piqûres
des insectes ; *c*, racine qu'ils ont abandonnée, et dont
les radicelles ont commencé à périr ; *d, d, d*, montrent
comment les pucerons sont placés sur les plus grosses
racines ; *e*, nymphe femelle, vue de dos ; *g*, femelle
ailée, vue de dos.

lement que les symptômes extérieurs de la
maladie deviennent manifestes par l'aspect
maladif, jaunâtre, de la feuille, et la végétation rabougrie du sarment ; puis la vigne

meurt. Quand la vigne est près de mourir, il est généralement impossible de découvrir la cause de la mort, les pucerons l'ayant abandonnée à l'avance pour de nouvelles pâtures.

Comme c'est fréquemment le cas avec des insectes nuisibles, le Phylloxera montre une préférence pour certaines espèces et y prospère mieux que sur d'autres. Il fait choix même entre des variétés, ou, ce qui pratiquement revient au même, certaines espèces ou variétés résistent à ses attaques et jouissent d'une immunité relative. La connaissance de la susceptibilité relative des différentes variétés aux attaques et aux ravages de l'insecte est donc d'une importance capitale.

Les éditeurs de ce Catalogue ne pouvaient néanmoins s'empêcher d'avoir des doutes sur la théorie d'une susceptibilité relative, ou d'un plus ou moins grand pouvoir de résistance, chez les différentes variétés de nos vignes américaines. Le Catawba, le Delaware étaient rangés parmi les plus sensibles aux attaques de l'insecte. Mais leur existence, même après tant d'années de culture dans la patrie du Phylloxera, et leur vigoureuse et saine végétation dans quelques parties infestées de la France, contredisent cette assertion. Et aujourd'hui plusieurs des personnes qui ont examiné attentivement la question et ont eu l'occasion de s'en rendre compte, ici et en Europe, sont fermement d'avis que *toutes les variétés américaines pures* résistent complètement au Phylloxera et peuvent réussir en dépit de l'insecte, pourvu qu'elles soient dans des conditions convenables de sol et de climat.

Nous voyons, dans ce pouvoir de résistance de nos vignes vraiment indigènes, une vérification remarquable de cette loi que Darwin a si habilement établie et qu'il a exprimée par ce titre: «*La survivance des mieux doués*» (*The survival of the fittest*).

Le professeur Riley, en expliquant pourquoi l'insecte est plus nuisible en Europe qu'ici, dit: « Il existe une certaine harmonie entre la faune et la flore d'un pays, et nos vignes indigènes sont ainsi faites que, par

leurs particularités propres, elles ont le mieux résisté aux attaques de l'insecte. La vigne d'Europe, au contraire, succombe plus vite, non seulement à cause de sa nature plus frêle et plus délicate, mais encore parce qu'elle n'a pas été habituée à la maladie. Il y a sans aucun doute un parallèle à établir entre ce cas et le fait bien connu, que les maladies et les parasites qui sont comparativement peu nuisibles parmi les populations qui y sont habituées depuis longtemps, prennent un caractère de violence souvent fatal quand ils sont introduits pour la première fois parmi les populations non atteintes jusqu'alors. De plus, les ennemis naturels de l'insecte qui lui sont particuliers et appartiennent à sa propre classe, et qui contribuent ici à la maintenir dans de certaines limites, manquent en Europe; et il faudra un certain temps pour que les espèces carnivores d'Europe qui sont l'équivalent de celles d'Amérique lui fassent la chasse et le tiennent en échec dans la même mesure qu'ici. Le Phylloxera, toutes choses égales d'ailleurs, aura aussi un avantage dans ces contrées, où la douceur et la brièveté des hivers permettent un accroissement dans [le nombre annuel de ses générations. Enfin, les différences de sol et de mode de culture ne sont pas sans importance dans la question. Quoique le Phylloxera, sous ses deux formes, se retrouve sur nos vignes sauvages, il est très douteux que de pareilles vignes dans l'état de nature soient jamais tuées par lui. Avec leurs bras s'étendant au loin et embrassant arbres et buissons, avec leur végétation de lianes que le ciseau du vigneron ne gêne pas, ces vignes ont une longueur et une profondeur de racines correspondantes qui les rendent moins sensibles aux ravages d'un ennemi souterrain. Notre propre méthode de culture en treillis se rapproche plus de ces conditions naturelles que les méthodes usitées dans les districts ravagés de France, où la vigne est cultivée très serrée et traînant sur le sol, ou bien supportée par un simple échalas. »

Après avoir parlé des grandes quantités

de femelles ailées qui s'élèvent du sol à la fin de l'été et en automne, M. Riley ajoute encore : « La femelle ailée du Phylloxera est emportée et dépose ses œufs, ou, en d'autres termes, se débarrasse de sa progéniture partout où elle se trouve établie. Si c'est sur la vigne, les jeunes vivent et se propagent ; si c'est sur d'autres plantes, ils périssent. Nous avons ainsi le spectacle d'une espèce se prodiguant elle-même dans une mesure plus ou moins grande, précisément comme, dans le règne végétal, un grand nombre d'espèces produisent une surabondance de graines dont la plus grande partie est destinée à périr. Ainsi, dans les vignobles de France, où la vigne est plantée si serrée, peu des insectes ailés doivent manquer de s'établir là où leur progéniture pourra leur survivre ; tandis qu'en Amérique, un nombre immense périt chaque année dans les vastes espaces où d'autres végétations séparent nos vignobles les uns des autres. »

Grâce au stimulant d'une forte récompense (300,000 fr.) consacrée à ce but par le Gouvernement français, d'innombrables procédés ont été proposés et de nombreuses expériences ont été faites pendant ces cinq dernières années ; mais on n'a découvert encore aucun remède qui donne une entière satisfaction ou qui soit applicable à toutes les conditions de sol [1]. La submersion est un remède efficace ; mais dans la plupart des vignobles, et spécialement dans les meilleurs, ceux des coteaux, elle est impraticable. Un mélange de sable dans le sol est aussi de quelque secours, le puceron ne prospérant pas dans les terrains sablonneux. Ce fait a été découvert pour la première fois par M. Lichtenstein [2].

Comme conséquence de cette découverte, les bords sablonneux de la Méditerranée près d'Aigues-Mortes, où ne poussaient autrefois que des herbes maigres, sont aujourd'hui, sur beaucoup de points, transformés en beaux vignobles de grande valeur. On indique le sulfocarbonate de potasse [1] et de coaltar comme pouvant détruire le Phylloxera, et M. Marès, comme président de la Commission instituée par le Ministre, dans son Rapport sur les divers modes (140) de traitement essayés de 1872 à 1874, assurait que les engrais riches en potasse et en azote, mélangés de sulfates alcalins ou terreux, les résidus des eaux-mères, la suie, les cendres de bois, l'ammoniaque ou la chaux grasse, avaient donné les meilleurs résultats. Le professeur Roessler croyait aussi au succès en combattant l'insecte avec de l'engrais et des phosphates, de l'ammoniaque et de la potasse, traitement qui réussit dans les sols poreux ; et, pour obtenir cette porosité, il se servait de la dynamite, qui remue le sol à une grande profondeur sans faire mal à la vigne. Mais les viticulteurs ne paraissent pas croire à ces remèdes insecticides ou les considèrent comme peu pratiques, trop coûteux et d'une application trop laborieuse. Beaucoup ont préféré avoir largement recours à la plantation de cépages américains, la plupart avec l'intention d'y greffer leurs propres variétés.

Et maintenant la vigne américaine a pénétré dans tous les vignobles de France, malgré ses nombreux adversaires, sincères ou non ; malgré l'opposition [2] du Gouvernement, qui avait réservé des subventions pour les insecticides et la submersion. Ce résultat n'est pas passager, mais a pris une grande force par la vigueur et le développement

---

[1] *La lutte contre le Phylloxera*, par J.-A. Barral, 1 vol. Paris, 1883, est le plus récent et le plus complet ouvrage sur la question.

[2] M. Lichtenstein a été un des premiers à le constater dans les cultures de M. Sylvain Espitalier, en Camargue. Mais cet agriculteur distingué avait su déjà faire remarquer le fait. Cette observation ne faisait d'ailleurs que confirmer une opinion de M. de la Pailhonne, de Sérignan (Vaucluse).
J.-E. P.

[1] Nous sommes surpris que les auteurs du Catalogue ne mentionnent pas en tête des insecticides le sulfure de carbone, dont l'emploi est très utile pour conserver des vignobles dans des terrains déterminés. J.-E. P.

[2] Le mot d'opposition est peut-être un peu trop absolu, puisque certaines subventions ont été accordées aux vignes américaines des pépinières départementales. J.-E. P.

exceptionnels des vignes américaines elles-mêmes, dans les conditions les plus variées de terrain et au milieu des ravages les plus intenses du Phylloxera. Le Médoc lui-même ouvre ses portes aux porte-greffes les plus méritants, Riparias, Solonis, York-Madeira, avec la conviction désormais acquise que ses vins célèbres ne seront en rien changés par le greffage de ses variétés sur racines américaines. Il en est de même dans d'autres districts viticoles, et même dans la région des grands vins blancs, Sauternes, Bommes, Barsac, etc., qui ne sont encore que peu attaqués par le Phylloxera. Il en sera de même dans d'autres contrées, dès que l'insecte y fera son apparition, en dépit des mesures de précaution prises pour les garantir de l'infection. On l'a déjà découvert en Italie (d'abord en 1879 en Lombardie et à Port-Maurice, puis en Sicile), et il est en train de se répandre sur toutes les contrées que baigne la Méditerranée et sur la Hongrie.

Riley et Planchon ont établi que l'insecte était indigène dans le continent Nord-Américain à l'est des montagnes Rocheuses, et il y a peu de doute à avoir qu'il a été importé en Europe pour la première fois sur des vignes américaines. On ne doit cependant pas supposer que toutes nos vignes américaines sont nécessairement toutes infectées, ou que l'insecte a été introduit partout où l'on a planté des vignes américaines. Au contraire, il y a des localités où, en raison de l'isolement des vignes ou en raison de la nature du sol, il est difficile de trouver l'insecte, et, comme il arrive pour d'autres espèces indigènes, l'insecte est très abondant et très nuisible dans certaines années, et presque introuvable dans d'autres. Il y a fort peu de danger qu'il soit importé d'un pays dans un autre par les *boutures*. Il faut aussi se rappeler que des vignes importées à la fin de l'hiver ou au commencement du printemps ne peuvent pas transporter l'insecte, seraient elles-mêmes infectées sous une forme autre que celle d'œuf ou de larve, aucun insecte ailé n'existant alors pour s'échapper en route ou à l'ouverture des caisses. Tout danger d'im-portation serait évité si les plants ou les boutures, quand on les déballe, étaient plongés dans un bain de savon concentré.

Le professeur Valéry-Mayet, de l'École Nationale d'Agriculture de Montpellier, recommande la précaution suivante (*Vigne américaine*, décembre 1882) : « 1. Ne gardez jamais la bouture dans le sol, quelle que soit la matière que l'on emploie pour la conserver en vue de l'exportation ; du sable fin est recommandé. 2. Fumiger les boutures à leur arrivée avec des vapeurs de soufre, l'acide sulfureux tuant infailliblement tous les insectes sans nuire aux bourgeons ni à la végétation : dix minutes suffisent. On peut se servir d'une vieille boîte un peu grande comme de réceptacle pour cette fumigation. » En réponse aux questions qui lui avaient été posées pour savoir si ce procédé suffirait aussi pour détruire les œufs du Phylloxera, le professeur déclare avec énergie (*Vigne américaine*, mai 1883) « que nous n'avons pas besoin de nous préoccuper des œufs, — aucun œuf n'ayant jamais été trouvé sur des sarments d'un an. Et si par hasard quelques insectes vivants avaient été transportés par les sarments, une fumigation de soufre de moins d'un quart d'heure les tuerait à leur arrivée. »

Toutefois la grandeur du mal semblait justifier l'adoption des mesures, et l'importation des vignes aussi bien que des *sarments* américains fut sévèrement prohibée par les gouvernements européens (quelques districts déjà envahis en France étant seuls exceptés de cette mesure). On exclut ainsi non l'insecte, mais le remède le meilleur. Et tandis qu'il est aujourd'hui reconnu et pleinement établi qu'on ne peut reconstituer les vignobles détruits par le Phylloxera qu'au moyen de la plantation de vignes américaines résistantes, que ce soit en vue de la production directe ou en vue du greffage sur leurs racines d'autres variétés préférées, il est aujourd'hui néanmoins très difficile d'obtenir le rappel de ces prohibitions et de ces restrictions. M. V. Babo, le célèbre directeur de l'Institut Œnologique d'Autriche, à Klosterneuburg près de Vienne, nous écrit (avril 1883) que, « malgré la déclaration unanime de la Commission en faveur des vignes américaines, le Gouvernement refuse de prêter l'oreille ; nous attendrons jusqu'à ce que l'insecte se soit répandu comme une grande calamité. On emploie sans discontinuer les sulfocarbonates aux frais du Gouvernement. Quand le propriétaire devra l'employer à ses frais, il n'en voudra plus, le coût annuel étant hors de proportion avec le résultat. En dépit de mes traitements au sulfocarbonate, très complets et très soigneusement faits, mon succès est incomplet. Je suis maintenant pleinement convaincu que la culture de la vigne ne peut pas être poursuivie si l'on n'emploie pas de bons porte-greffes résistants au Phylloxera. »

La *Revue des Deux-Mondes* du 1er juin 1883 contient sur la question du Phylloxera un très intéressant article de Mme la duchesse de Fitz-James, dans lequel elle dit : « Pendant que le Phylloxera continue à étendre son voile sinistre sur le beau pays de France, la vigne américaine jette çà et là un rameau d'espérance. Heureuse la terre qui en l'accueillant saisit la fortune au passage ! C'est ce rameau qui fera reculer le désert et la stérilité sur les inconscients qui défendent vainement un passé qui leur échappe, car les moyens chimiques, même s'ils étaient utiles, ne sont qu'exceptionnellement pratiques. Pendant que ces persévérants de la ruine poursuivent leurs chimères, la vigne américaine recouvre de ses flots de verdure la dernière trace de nos malheurs. »

LA CICADELLE DE LA VIGNE.
(*Erythroneura Vitis.*)

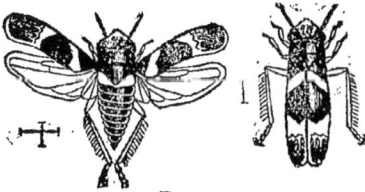

Fig 79.

Très généralement, mais à tort, appelé

Thrips. C'est un des insectes les plus ennuyeux auxquels le vigneron ait affaire : c'est un petit être très actif, courant de côté comme un crabe, et se rejetant lestement de l'autre côté quand on l'approche. Il saute vigoureusement, et se rassemble en grandes troupes sur le dessous de la feuille, suçant la sève, déterminant ainsi de nombreux points bruns morts, et tuant souvent la feuille entièrement. Une vigne bien envahie par ces insectes a un aspect tacheté, rouillé et maladif, tandis que les feuilles tombent souvent prématurément et que le fruit, par suite, n'arrive pas à maturité. Il y en a plusieurs espèces qui attaquent la vigne, toutes appartenant au même genre et ne différant que par la couleur. Les entomologistes n'ont pas raconté l'histoire naturelle de cet insecte, mais le professeur Riley nous apprend que les œufs sont déposés dans les pédoncules des feuilles et surtout le long des grandes nervures à la partie inférieure de la feuille. On recommande dans les livres l'eau de tabac et les solutions de savon en seringages sur les vignes. Des seringages de la mixtion suivante : une mesure de pétrole, deux livres de savon d'huile de baleine, une livre de savon de tabac, et quatre-vingt gallons (280 litres) d'eau détruisent, dit-on, le thrips vert, et sont un tout aussi bon remède contre le *red spider (Tetranychus)* et le *mealy bug.* On se trouvera bien aussi de fumigations de tiges de tabac pour détruire les *aphis* et les *thrips.* Mais nous recommanderions de passer le soir, entre les rangées, avec une torche, d'enduire les piquets au printemps avec du savon ou une autre substance gluante et de brûler les feuilles en automne. Les insectes volent vers la lumière de la torche, et, comme ils passent l'hiver sous des feuilles, sous l'écorce soulevée des piquets, etc., la propreté dans le vignoble et aux environs est de première importance pour combattre leurs ravages. Le remède de la torche est surtout efficace quand trois personnes travaillent de concert, l'une entre deux rangées avec la torche, et les deux autres chacune à l'une des extrémités des deux rangées, pour imprimer

12

un léger mouvement au treillis et déranger les insectes [1].

Des tiges ou des rebuts de tabac jetés sur le sol dans une serre à vignes protègent efficacement ces dernières.

L'ENROULEUSE DE LA VIGNE.
(*Desmia maculalis*.)

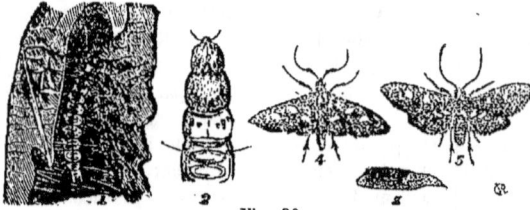

Fig. 80.

DESMIA MACULALIS : 1, larve ; 2, tête et anneaux thoraciques grossis; 3, chrysalide ; 4, 5, papillons mâle et femelle.

C'est une chenille d'une couleur vert de verre, très active, se tordant, sautant et se retournant de tous côtés chaque fois qu'on la touche. Elle plie plutôt qu'elle n'enroule la feuille, en en assujettissant ensemble deux parties au moyen de ses fils de soie. La chrysalide se forme dans le pli de la feuille. La phalène est distinctement marquée de blanc et de noir, toutes les ailes étant bordées et tachées, comme on le verra dans les planches ci-jointes. Le mâle se distingue de la femelle par ses antennes coudées, épaissies vers le milieu, tandis que celles de la femelle sont simples et semblables à un fil. Les papillons paraissent au printemps, mais les chenilles ne sont pas nombreuses avant le milieu de l'été. Un bon procédé pour tuer ces chenilles, c'est de les écraser subitement avec les mains dans la feuille même. La dernière génération passe l'hiver à l'état de chrysalide, au milieu des feuilles mortes, et l'on peut faire beaucoup pour en combattre les ravages, qui, dans certaines années, sont très sérieux, en ratissant et en brûlant en automne les feuilles mortes [2].

[1] Cet insecte est représenté en France par la Cicadelle à pieds verts (*Typhlocyba viridipes*), très commune à Montpellier. — J. LICHTENSTEIN.

[2] Cet insecte est représenté en France par la Pyrale. J. LICHT.

LE FIDIA DE LA VIGNE.
(*Fidia viticida*.)

Ce scarabée, appelé souvent à tort la Punaise[1] du Rosier (*Rose-bug*), est un des plus fâcheux ennemis de la vigne dans le Missouri. Il fait son apparition pendant le mois de juin, et a généralement disparu à la fin de juillet. Quand il est abondant, il ronge les feuilles au point de les réduire à de simples fils. Heureusement, cet insecte tombe par terre au moindre dérangement, et nous met ainsi à même de le tenir en échec en prenant une grande cuvette avec un peu d'eau, et en la tenant sous lui. Au moindre bruit, l'animal tombe dans le plat. Quand vous en avez pris ainsi un bon nombre, jetez-les au feu ou versez de l'eau chaude sur eux. M. Poeschel (de Hermann) avait élevé une nombreuse couvée de poulets et les avait si bien dressés, que tout ce

Fig. 81.

qu'il avait à faire, c'était de les conduire dans la vigne, avec un petit garçon en tête pour secouer les vignes attaquées. Les poulets avalaient tous les insectes qui tombaient sur le sol. L'année suivante, il put à peine trouver un seul *Fidia* [2].

LE CAPRICORNE GÉANT.
(*Prionus laticollis*.)

On rencontre souvent ce grand perforeur, à l'état de larve, dans les racines ou près des racines de plusieurs espèces de plantes, telles que le pommier, le poirier et la vigne, à la-

[1] Le mot « bug » signifie punaise *en anglais*; mais *en américain* il désigne tout insecte en général. J. LICHT.

[2] Cet insecte est remplacé chez nous par l'Écrivain ou Gribouri (*Bromius vitis*). J. LICHT.

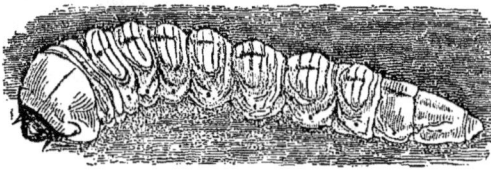

Fig. 82.

quelle il fait beaucoup de mal. Il suit les racines, les détruisant entièrement dans plusieurs cas, en sorte que les vignes meurent bientôt. Quand il a atteint tout son développement, il abandonne les racines, où il habitait, et s'arrange dans la terre une chambre unie, ovale, où il prend la forme de nymphe. Si les racines sont plus fortes, il y reste pour y accomplir ses métamorphoses. L'insecte parfait est un scarabée gros, brun foncé, qui fait son apparition vers la fin de juin, et est très commun en été et en automne ; il pénètre souvent, d'un vol lourd et bruyant, dans les appartements éclairés. Le professeur Riley a montré que cet insecte n'attaque pas seulement les vignes et les arbres vivants, mais qu'il vit aussi dans les troncs de chênes morts, et qu'il peut voyager à travers le sol, d'un endroit à un autre. Il tire de ces faits cette conclusion importante, qu'il ne convient pas de laisser pourrir les troncs de chênes sur un sol destiné à porter de la vigne, fait que notre propre expérience confirme. On ne peut pas faire grand'chose pour extirper ces larves souterraines, leur présence n'étant révélée que par la mort de la souche. Toutes les fois que vous trouvez des vignes mortes soudainement, sans cause connue, recherchez le perforeur, et, si vous en trouvez un (nous n'en avons jamais trouvé qu'un à chaque arbre ou à chaque vigne), mettez fin à son existence [1].

L'ALTISE BLEU D'ACIER DE LA VIGNE.
(*Haltica chalybea*.)

Comme toutes les altises (*Flea beetles*), cet insecte a les membres de derrière fortement

[1] Cet insecte est remplacé chez nous par le *Clytus ornatus*.   J. LICHT.

gonflés et, grâce à eux, il peut sauter à droite et à gauche très vigoureusement. Il est, par suite, très difficile à capturer. La couleur de l'insecte varie du bleu d'acier au vert métallique et au pourpre. Les insectes parfaits passent l'hiver en état de torpeur sous n'importe quel abri, tel que des débris d'écorce, des fissures de pieux, etc., et se remettent en activité de très bonne heure, au prin-

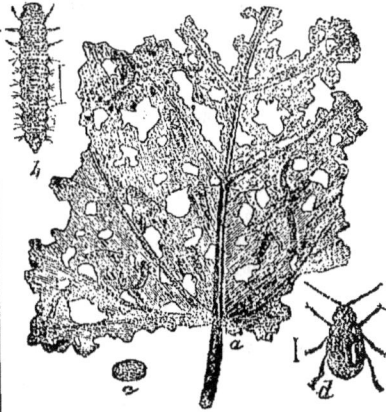

Fig. 83.
a, larve grandeur naturelle ; *b*, larve grossie ; *c*, cocon ; *d*, insecte parfait, grossi.

temps, faisant le plus grand mal, à cette époque précoce, en perçant et en évidant les bourgeons qui ne sont pas encore ouverts. A mesure que les feuilles se développent, ils s'en nourrissent, et bientôt s'accouplent et déposent en chapelets sur le dessous de la feuille leurs petits œufs orangés. Ces œufs éclosent bientôt sous forme de larves foncées, qu'on trouve de toutes les dimensions à la fin de mai et au commencement de juin, généralement sur le dessus de la feuille, qu'elles rongent, dévorant tout, excepté les plus grosses nervures. La poussière de chaux tue les larves, mais il faut attraper l'insecte parfait pour le tuer [1].

[1] Cet insecte est chez nous remplacé par l'Altise (*Haltica ampelophaga*).   J. LICHT.

COCHYLIS DU GRAIN DE RAISIN [1].
(*Lobesia botrana.*)

Cet insecte a attiré l'attention pour la première fois, il y a quinze ans environ. Vers le 1er juillet, les raisins attaqués par le ver

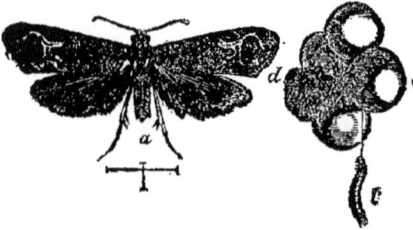

Fig. 84.

a, papillon ; *b*, ver ; *c*, trou pratiqué dans le grain ; *d*, grain pourri.

commencent à montrer un point décoloré là où le ver est entré. En ouvrant ce raisin, on en trouve l'habitant à l'extrémité d'un canal sinueux. Il continue à se nourrir de la pulpe du fruit, et, en arrivant aux pépins, il en mange généralement l'intérieur. Dès qu'on touche le raisin, le ver en sort et, se suspendant au fil de soie qui s'allonge de sa filière, se laisse couler sur le sol à moins qu'on n'ait le soin de l'en empêcher. Le cocon est souvent formé, sur les feuilles de la vigne, d'une manière essentiellement caractéristique. Le ver découpe proprement dans la feuille une pièce ovale, dont il laisse le côté adhérent comme charnière ; il replie la pièce sur la feuille, en assujettit le bord libre au moyen de fils, et se forme ainsi une bonne petite maison dans laquelle il se transforme en chrysalide. Environ dix jours après que cette dernière métamorphose a eu lieu, la chrysalide se dégage du cocon, et le petit papillon représenté par la planche de la page 92 (les lignes en indiquent la grandeur naturelle), prend son vol. Comme remède, nous recommandons d'enlever tous les grains tombés et d'en faire du vinaigre ; en séparant le liquide d'avec le marc, on trouve des quan-

[1] Cet insecte est remplacé en France par deux espèces du genre *Cochylis*.   J. Lichtenstein.

tités innombrables de ces vers dans le dépôt. Le Dr Packard avait nommé cet insecte *Penthina vitivorana* ; mais le professeur Riley nous apprend que c'est une importation d'Europe, où il est connu sous le nom de *Lobesia botrana* [1].

LE PETIT HANNETON DU ROSIER.
(*Macrodactylus subspinosus.*)

Ce scarabée, qui est le vrai « Rose-bug » (scarabée du Rosier), est nuisible à diverses plantes, mais spécialement redoutable pour les vignes dans certaines années. Voici ce qu'en dit le professeur Riley :

Fig. 85.

« C'est une de ces espèces dont la larve se »développe sous terre et qu'on ne peut pas »bien atteindre pendant cette période de leur »vie. Il faut lutter avec elle sous sa forme »d'insecte parfait, et il n'y a pas d'autre »moyen que de la prendre avec la main, ou »de la secouer et de la faire tomber dans des »récipients ou sur des feuilles de papier. Ce »travail peut être grandement facilité en se »faisant un auxiliaire des goûts et des pré- »férences de l'insecte. Il montre une grande »prédilection pour le Clinton et ses proches, »parmi toutes les autres variétés de vignes ; »il se portera sur cette variété et laissera les »autres tranquilles, là où il en aura la faci- »lité. Avis à ceux qui souffrent de ses ra- »vages. »

LE CHARANÇON DE LA VIGNE.
(*Cœliodes inæqualis.*)

La larve de ce charançon infeste les raisins en juin et juillet. Elle pratique un petit trou noir dans la peau du grain et détermine immédiatement à l'entour une décoloration, comme

[1] Nous ne pouvons rien dire de cette synonymie, sinon que Kaltenbach, dans son ouvrage intitulé : *Die Pflanzen-Feinde aus der Insecten*, pag. 95, mentionne, sous le nom de *Grapholita botrana*, une petite chenille de la vigne qui se chrysaliderait sous les écorces des ceps, et non sur la feuille même de la vigne.   J.-E. P.

on le voit dans la planche ci-jointe (86).
Du milieu à la fin de juillet, cette larve aban-

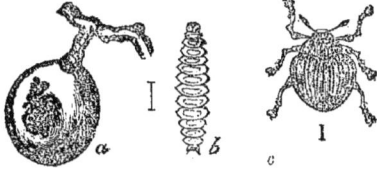

Fig. 86.

a, grain attaqué ; *b*, larve ; *c*, insecte parfait ;
le trait noir indique la grandeur naturelle.

donne les grains et s'enterre à quelques pouces dans le sol. Au commencement de septembre, l'insecte parfait sort de terre et sans
doute passe l'hiver à l'état de scarabée, prêt
à piquer les raisins de nouveau aux mois de
mai et de juin suivants. Ce charançon est
petit et peu visible, étant d'une couleur noire
teintée de gris. Il est représenté ici ; la ligne
au-dessous en montre la grandeur naturelle.
Cet insecte est très nuisible dans certaines
années, dans d'autres à peine remarqué : il
est alors très probablement tué par des parasites. C'est ainsi que la nature travaille :
« Mange et sois mangé, tue et sois tué », est
une de ses lois universelles ; et nous ne pouvons jamais dire avec certitude que, parce que
tel insecte est abondant une année, il le sera
aussi l'année suivante.

Tous les grains attaqués, au fur et à mesure qu'on les remarque, doivent être ramassés et détruits, et le scarabée peut être
enlevé au moyen de feuilles de papier, comme
on le fait pour le charançon du prunier.

Il y a plusieurs chenilles de noctuelles
« Cut-Worms » qui mangent les jeunes
pousses de la vigne et les emportent dans le
sol au-dessous ; elles ont détruit, ou du moins
arrêté, plus d'une jeune vigne. On peut
trouver et détruire facilement ces chenilles
en les recherchant sous les mottes de terre
au-dessous des jeunes ceps.

Il y a plusieurs autres insectes nuisibles à
la vigne : de gros vers vivant isolés, des insectes qui déposent leurs œufs dans les sarments, d'autres qui font des galles curieu-
ses, etc. ; mais le lecteur qui désire faire leur

connaissance n'a qu'à recourir aux Rapports
de M. Riley.

Il sera plus utile pour le cultivateur de
clore ce chapitre sur les insectes par une
courte description de quelques-unes des espèces utiles qu'il rencontrera, et qu'il doit
chérir comme des amis.

Les insectes qui sont utiles à l'homme, en
se nourrissant d'insectes nuisibles, peuvent
être divisés en deux groupes : le groupe de
ceux qui poursuivent simplement les insectes
nuisibles, sans avoir d'autres rapports avec
eux, — ce sont les insectes de proie ; — et
le groupe de ceux qui, dans les premières
phases de leur existence, vivent dans ou sur
leur proie — ce sont les vrais parasites.
Cette dernière classe n'est représentée que
par deux ordres : les Diptères ou insectes à
deux ailes et les Hyménoptères (notamment
la famille des Ichneumonides et celle des Chal-
cicides). La mère parasite dépose son œuf sur
ou dans le corps de sa victime, qui est en
général à l'état de larve ; la larve parasite se
nourrit des parties grasses de sa victime et
cause sa mort seulement après avoir atteint
elle-même son plein développement.

Fig. 87. — TACHINE.

Les plus im-
portants para-
sites parmi les
Diptères sont
les Tachines,
qui dans leur
aspect général
ressemblent as-
sez à nos mouches ordinaires. Ceux qui appartiennent aux Hyménoptères sont beaucoup plus nombreux comme espèces et plus
variés d'aspect et de mode de développement.

Fig. 88.
MICROGASTER.

Nous choisissons, comme spécimen des formes les plus
communes, un MICROGASTER
de la famille des Ichneumonides, petit insecte insignifiant,
qu'on sait faire la guerre à
un grand nombre de chenilles
et, entre autres, aux Sphinx de la vigne.
Au moyen de sa tarière, la femelle du Microgaster introduit un certain nombre d'œufs

dans le corps de la chenille pendant le jeune âge de celle-ci. Les larves des Microgaster se développent à l'intérieur de la chenille, et quand elles ont grandi elles en percent la peau et se font un chemin au dehors, jus-qu'à ne plus tenir à elle que par la dernière articula-tion de leur corps.

Fig. 89.—Larve affaissée de Chœrocampa avec cocons de Microgaster.

Elles se mettent alors à filer de pe-tits cocons blancs se tenant sur le bout, comme le montre la fig. 89 ; pendant ce temps la che-nille est morte et s'est beaucoup contractée. Une semaine ou quelque peu après, les mou-ches d'Ichneumon sortent des cocons.

Les insectes carnassiers renferment de nombreuses espèces de tous les ordres, et nous ne pouvons en choisir ici qu'un petit nombre, pris parmi les plus importants de ceux qui ont été observés comme ayant des rapports avec les insectes nuisibles à la vigne.

Coccinelles.—La famille des Coccinelles, qui appartient aux Coléoptères, comprend aux États-Unis plus de cent espèces dont les plus grandes se distinguent aisément par leur forme ronde, convexe, la partie supé-rieure ordinairement rouge ou mouchetée, joliment bariolée de taches noires qui varient beaucoup en nombre et en position. Ainsi, quelques espèces sont noires à taches rouges, tandis que les nombreuses espèces plus pe-tites sont la plupart d'une couleur noire plus uniforme. A l'exception d'un pe-tit nombre d'espèces

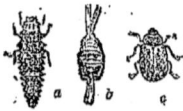

Fig. 90.—Coccinelle. (Hippodamia convergens.)

qui constituent le genre Epilachna et de quelques genres voisins, toutes les Coc-cinelles sont insectivores, et, si l'on con-sidère que plusieurs espèces comprennent d'innombrables individus et que les larves sont très voraces, on peut se faire une idée de l'étendue des services rendus par les Coc-cinelles pour la diminution des insectes nui-

sibles. Les larves de Coccinelles font de pré-férence la chasse aux pucerons mais, elles se nourrissent aussi largement des œufs et des jeunes larves de toute espèce d'insectes. Quand elles n'ont pas d'autre nourriture, elles dévo-rent même les pauvres chrysalides de leur propre espèce.

Nous choisissons, comme figure, l'une de nos espèces les plus communes de Cocci-nelle, l'Hippodamia convergens (Pl. 90) ; a représente la larve, b la chrysalide, et c l'insecte parfait. Les œufs des Coccinelles ont une grande ressemblance avec ceux de l'insecte du Colorado, qui mange la pomme de terre (Doryphora lineata) ; ils sont jaune orange et reposent en petits groupes au-des-sous des feuilles. Les larves sont très actives et la plupart très richement colorées ; celles de l'Hippodamia convergent sont bleues, orangées et noires. Quand elles ont atteint leur plein développement, elles se suspendent par la queue à la partie inférieure d'un piquet ou d'une feuille et se transforment en chrysali-des. L'insecte parfait est rouge orange, mar-qué de blanc et de noir, comme le montre la Pl. 90. Il tire son nom de deux lignes convergentes qu'il a sur le disque du thorax. Les larves de quelques Coccinelles, plus petites, sécrètent une matière cotonneuse, et l'on a trouvé que l'une d'elles, qui appartient au genre Scymnus, vit sous terre, faisant la guerre à la forme radicicole du Phylloxera.

Thrips. — Ce sont des insectes jaunes ou noirs, difficilement visibles pour un œil non exercé, mais très vite reconnaissables à l'aide d'un petit verre grossissant, à leurs ailes étroites, admirablement frangées de poils longs et délicats. Les larves ressemblent pour la forme générale à leurs parents, mais en diffèrent, non seulement par le man-que d'ailes, mais par leur couleur, qui est rouge de sang. Nous nous référons aux Thrips figurés ici (Pl. 91), qui sont d'une espèce noire à ailes blanches (Thrips Phylloxeræ, Riley), parce que c'est un des ennemis les plus efficaces du Phylloxera. Il vit dans les galles des feuilles faites par lui et fait plus

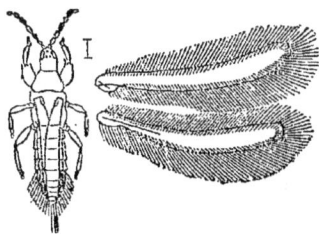

Fig. 91. — Thrips.

que toute autre espèce pour tenir en échec le Phylloxera gallicole. Conformément à la classification récente, les Thrips forment une famille séparée, *Thysanoptera*, de l'ordre des *Pseudoneuroptera*.

HÉMÉROBES. — Ces insectes jouent un rôle très important dans la destruction des insectes nuisibles; mais ici, c'est la larve qui fait seule le travail utile, l'insecte parfait n'étant pas carnassier. On reconnaît facilement ces insectes à leurs ailes délicates, à leurs yeux brillamment colorés, ainsi qu'à l'odeur particulière et désagréable qu'ils émettent. L'espèce figurée ici (Pl. 92) est la *Chrysopa ploribunda* Fitch, mais il y en a plusieurs autres du même genre ou de genres voisins qui forment la famille des Hémérobes de l'ordre des Névroptères.

Les œufs (Pl. 92, *a*) sont adroitement

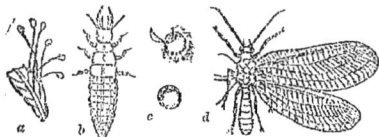

Fig. 92. — Hémérobe.
a, œufs; *b*, larve; *c*, cocon; *d*, insecte parfait.

déposés à l'extrémité de longs fils semblables à de la soie attachés aux feuilles et aux jeunes branches. Quelquefois ils sont isolés, quelquefois, comme dans la planche, en petits groupes. Les larves (Pl. 92, *b*) sont très rapaces et se meuvent activement à la recherche d'une proie, qui consiste en insectes à corps mou et en œufs d'insectes. Quand elle est sur le point de se transformer, la larve

s'enroule dans un merveilleux petit cocon (merveilleux eu égard à la taille de l'insecte qui le fait et qui en sort), ainsi que le montre la Pl. 92, *c*. L'insecte parfait sort par une ouverture circulaire nettement pratiquée dans ce cocon, comme le montre aussi la planche.

SYRPHUS. — On trouve fréquemment associée aux larves d'Hémérobes une autre classe de larves ou *maggots* d'apparence tout à fait différente. Ces larves sont aveugles et n'ont pas de jambes; elles se meuvent lentement au moyen de poils raides dont elles sont couvertes, tandis que d'autres adhèrent aux feuilles au moyen d'une sécrétion visqueuse et se meuvent en contractant et allongeant alternativement leur corps. Ces larves varient beaucoup sous le rapport de la couleur, les unes étant d'un blanc ou d'un brun sale, tandis que d'autres sont vertes ou rayées comme des chenilles. Leur proie est la même que celle des larves d'Hémérobes et leur œuvre est la même. Ce sont les larves d'une grande famille de mouches à deux ailes, appelées *syrphides*, aussi nombreuses en espè-

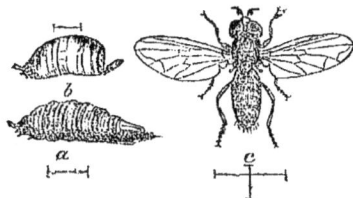

Fig. 93. — Syrphe des racines.
a, larve; *b*, pupe; *c*, insecte parfait.

ces qu'en individus. Quand la larve est prête à se transformer, elle devient rigide, la peau extérieure durcit et forme ce qu'on appelle un puparium, pendant que la véritable chrysalide repose dans l'intérieur de cette couverture extérieure. L'espèce figurée dans la planche ci-jointe (Pl. 93) est le *Pepiza radicum* (Walsh et Riley); *a* représente la larve, *b* le puparium d'où elle est sortie, *c* l'insecte parfait. Cette espèce vit, à l'état de larve, sous terre, se nourrissant à la fois des pucerons des racines de poiriers et de ceux des racines de vignes.

d'Anthocoris insidieux.—Cet insecte, dont nous donnons ici une figure largement grossie (Pl. 94), se rencontre très fréquemment sur toute sorte de plantes attaquées par des insectes nuisibles, et quiconque voudra prendre le soin d'observer ce petit insecte aux belles couleurs ou bien sa larve, n'aura pas de peine à se convaincre de son utilité. Il est vraiment amusant de voir comment ce petit insecte et sa larve, plus petite encore, non seulement sucent assidûment les pucerons et des œufs d'insectes de toute sorte, mais encore s'accrochent à des vers beaucoup plus grands qu'eux-mêmes et les percent avec leur bec court, à trois articulations. Ils rôdent sur toutes les plantes, en quête d'une proie, et souvent on les trouve dans les galles de Phylloxera faisant un carnage de pucerons. L'*Anthocoris insidiosus* Say appartient à l'ordre des Hétéroptères, ou vraies Punaises. On le reconnaît à sa belle coloration, noire, brun rougeâtre, et blanche au-dessus. Sa larve est couleur orange, et ressemble beaucoup, pour l'aspect général, à celle du *Chinch-bug* bien connu.

Fig. 94.— ANTHOCORIS.

A part les insectes, vous aurez d'autres ennemis à combattre : les renards et les oiseaux, et, le pis de tous, certains êtres à deux jambes, sous forme humaine — les voleurs, qui vous voleront vos raisins si vous ne faites pas bonne garde et si vous ne menacez pas de les tenir au large avec de la poudre et des coups de fusil. C'est ce que nous faisons.

Cueillette du Fruit.

Que ce soit pour la table ou pour la cuve, ne cueillez pas le raisin avant sa parfaite maturité. Le grappe se colore avant de mûrir. Quelques-unes le font plusieurs semaines auparavant. Mais, quand elles sont tout à fait mûres, le pédoncule tourne au brun et se flétrit un peu. Dans les meilleures espèces, la douceur et l'arome du jus ne sont pleinement développés que lorsque la maturité est parfaite. Nous considérons les variétés mûrissant tard comme bien supérieures, surtout pour le vin, aux espèces précoces; mais, bien entendu, seulement dans les localités où les raisins *tardifs* peuvent mûrir. Ce noble fruit ne mûrit pas, comme d'autres, une fois cueilli. Ramassez toujours vos raisins par le beau temps, et, avant de commencer, le matin, attendez que la rosée se soit évaporée. Coupez les grappes avec un couteau ou des ciseaux et enlevez les grains non mûrs ou malades, s'il y en a, en prenant garde toutefois de ne pas enlever la fleur, ni de rompre des grains si vous destinez les raisins au marché ou si vous devez les conserver pour l'hiver.

Il faut placer les grappes dans des tiroirs étroits ou des corbeilles peu profondes, dans lesquels on les emporte au lieu où on les emballe, ou dans quelque autre endroit à l'abri; là, on les arrange et on les prépare pour l'expédition.

Pour emballer les raisins pour le marché, on se sert de boîtes étroites, en contenant de 3 à 10 livres, et spécialement fabriquées pour cet objet dans les principaux pays à vignobles: ces boîtes coûtent environ un *cent* (cinq centimes) par livre de contenance. En emballant, on cloue d'abord le dessus de la boîte et on met en dedans une feuille de fin papier blanc; puis on y place des grappes entières de raisin. Les vides sont remplis avec des morceaux de grappe, de manière que tout l'espace soit occupé et toute la boîte emballée aussi juste et aussi pleine que possible, sans que les raisins soient gênés. On place une autre feuille de papier par-dessus et l'on cloue le fond de la boîte. De cette manière, quand on ouvre la boîte, on trouve toujours des grappes entières au-dessus.

On place les boîtes pour l'expédition dans des corbeilles ou de grandes boîtes légères. N'expédiez pas un mélange de fruit inférieur, vous n'y trouveriez pas de profit; de bons raisins établiront votre réputation et imposeront les meilleurs prix. L'habileté à manier et à emballer le raisin ne s'acquiert que par la pratique.

On peut conserver les raisins pendant plusieurs mois, si l'on dispose d'une chambre fraîche ou d'une cave où la température puisse être maintenue entre 35° à 40° (1°,67 à 4°,44 centigrades). Dans une atmosphère chaude et humide, les raisins ne tardent pas à pourrir. M. Fuller recommande de les porter d'abord dans une pièce fraîche, de les étendre et de les laisser ainsi pendant quelques jours, jusqu'à ce que l'excès d'humidité ait disparu ; puis de les empaqueter dans des boîtes, en plaçant les grappes serrées les unes contre les autres avec d'épaisses feuilles de papier entre chaque couche. Les boîtes une fois remplies, placez-les dans un endroit frais ; examinez-les de temps en temps et enlevez les grains pourris au fur et à mesure qu'ils se montrent. Si l'endroit est frais et le fruit mûr et *sain*, vos raisins se conserveront trois ou quatre mois. Une autre méthode qui permet quelquefois de conserver les raisins jusqu'à la fin de mars, surtout en France, est la suivante : coupez un sarment portant deux grappes ; placez le bout inférieur de ce sarment dans une petite boîte pleine d'eau, à travers un bouchon percé ; garnissez de cire à cacheter le bout supérieur du sarment, ainsi que le bouchon. Un peu de poudre de charbon mise dans l'eau en maintient la pureté. On place alors les bouteilles dans une chambre fraîche et sèche, où la température est bien égale et ne descend jamais au-dessous de 0 centigrade. Il faut que les bouteilles soient droites (ce qu'on obtient habituellement au moyen d'un râtelier fait exprès) et que les grappes ne se touchent pas l'une l'autre ; il faut aussi avoir soin d'enlever tous les raisins imparfaits dès qu'ils montrent quelque symptôme de détérioration. Mais peu de personnes peuvent prendre tant de soins, et encore moins avoir un fruitier dont la température puisse être maintenue si basse (4 degrés centigrades).

Une autre méthode plus simple de conservation des raisins est la suivante, recommandée récemment par un viticulteur praticien. Elle nous paraît valoir la peine d'être essayée : Huit jours environ avant que la grappe soit mûre, le sarment fructifère avec ses grappes est courbé jusqu'au sol et placé dans une fosse d'environ un pied de profondeur ; on saupoudre les raisins de fleur de soufre, on les couvre de terre pour les préserver de la gelée et on s'arrange pour que la pluie ne les atteigne pas. On nous a montré au mois de mars des raisins ainsi conservés et dont le goût était supérieur à celui des raisins soumis aux autres modes de conservation.

Nous avons vu et goûté des raisins de Concord conservés en un bel état de fraîcheur dans une jarre non vernissée, fabriquée *ad hoc* par T.-J. Price (Macomb, Ills), qui dit : « Il faut placer les grappes de raisin dans les jarres dès qu'elles viennent d'être cueillies, et les emporter ensuite dans la cave ou le sous-sol, ou quelque emplacement frais, où elles puissent avoir à la fois de l'aération et de l'humidité. Si vous les placez dans une pièce au-dessus du sol, arrosez le plancher de temps à autre et laissez arriver l'air de la nuit jusqu'à l'époque des gelées. Quand ces jarres sortent du four, on fait pénétrer dans leurs pores une solution saline, et l'on enduit l'intérieur d'une eau de chaux grossière et épaisse. La solution saline des pores a pour but d'absorber l'humidité et par là de produire à l'intérieur de la jarre une température égale et fraîche ; la chaux est destinée à prévenir la moisissure. Ces jarres peuvent servir d'année en année ; seulement, il faut au préalable les imbiber d'une forte saumure, et puis les blanchir à l'intérieur avant de les remplir de nouveau de raisins. »

Mais le meilleur moyen de conserver le jus du raisin, avec ses délicieuses qualités constitutives, sous une forme concentrée et presque impérissable, c'est d'en faire du vin.

Vinification.

On nous a poussés à joindre à ce Manuel un chapitre sur ce sujet, et malgré la conviction que, avec le but limité de ce Catalogue, il est impossible de donner des indications de quelque valeur, soit pour guider le fabricant de vin inexpérimenté, soit pour servir de *vade mecum* à celui qui est au courant, nous avons été à plusieurs reprises engagés par plusieurs de nos clients à leur fournir quelques directions concises, qui puissent aider le fermier intelligent et l'amateur de vignes à transformer l'excédent de leurs fruits en cette salutaire boisson qu'on appelle « le vin ». Les livres sur la vinification auxquels nous avons eu recours sont, ou difficiles à avoir, ou trop coûteux, ou contiennent tant de choses inutiles, pour ne pas dire davantage, que nous nous sommes après tout décidés à écrire ce court traité. Il ne faut toutefois le considérer que comme une réunion de simples indications destinées à donner aux personnes inexpérimentées une idée juste des principes généraux de la vinification, et à condenser quelques directions simples, pouvant mettre en garde contre les fausses théories et les pratiques vicieuses.

Ceux qui veulent faire de la fabrication du vin une affaire sur une large échelle et qui désirent des renseignements complets de toutes ses branches, ne sauraient espérer de les trouver dans ce court Manuel. Au surplus, l'art de faire le vin, quoique simple, ne peut pas s'acquérir dans les livres seulement ; il faut l'apprendre par *la pratique*, et nous ne pouvons que répéter le conseil que nous avons déjà donné dans les précédentes éditions de ce Catalogue, à savoir: celui d'engager quelque ouvrier capable, qui sache comment on fait et l'on traite les vins, qui ait appris et ait été habitué dès sa jeunesse à les traiter et qui puisse veiller sur eux et les soigner avec l'attention et la tendresse d'une mère envers son enfant, jusqu'à ce que vous ou votre fils ayez fait votre éducation sous sa direction. Il est possible

que vous ayez à bien payer un tel homme et que vous reculiez devant la dépense; mais les leçons de l'expérience, à moins de n'être prises que sur une petite échelle, pourraient, de beaucoup, être plus coûteuses et moins utiles.

Cela étant, sans avoir la prétention d'offrir rien de nouveau dans ce chapitre, nous espérons que les viticulteurs de notre pays pourront y trouver, sur un aussi vaste sujet, autant de renseignements d'une valeur pratique que le comporte un espace aussi limité[1].

I. LE VIN, SA NATURE ET SES ÉLÉMENTS, SA FORMATION ET SA CLASSIFICATION.

Le vin est le jus bien fermenté du raisin, dont le jus non fermenté s'appelle *moût*. Le produit de la fermentation vineuse d'autres jus saccharifères de certaines plantes et de certains fruits reçoit souvent aussi le nom de vin ; mais aucun ne contient les qualités vivifiantes, restauratrices, le goût exquis, le bouquet délicat, cette harmonieuse combinaison de substances qui nous charment dans le jus fermenté de la vigne. En tout cas, c'est au produit du jus de la vigne seulement que nous avons affaire, nous autres viticulteurs, et c'est de lui seulement que nous comptons parler.

Quelque importance qu'il y ait à connaître pleinement la nature et les éléments chimiques du vin et la loi de la fermentation, nous devons nous restreindre au strict nécessaire. Il peut aussi suffire de savoir, pour la plupart des opérations pratiques, que, chimiquement parlant, le jus du raisin contient:

1. Du *sucre*, qui, par la fermentation, se transforme en alcool. La plupart des éléments cellulaires qui se trouvent dans le raisin

[1] Il n'y a pas de livres écrits en anglais sur la Vinification. Celui d'Haraszthy's «Grape-Culture et Wine-making» a été publié par Harper et Frères à New-York, en 1862, il y a plus de vingt ans. Parmi les nombreux ouvrages scientifiques allemands sur ce sujet, le nouveau *Traité de la culture de la vigne et du traitement des vins* (*Handbuch des Weinbaues und der Kellerwirthschaft*) du Bᵒⁿ A.-V. Babo et C., Berlin, 1883, est probablement le meilleur et le plus complet.

non mûr se sont transformés en sucre pendant le développement de la maturité. Leurs résidus sont éliminés pendant la fermentation et se déposent. Moins les raisins sont mûrs, plus le moût contiendra de ces éléments et moins il contiendra de sucre.

2. Des *acides*, tartrique, tannique et autres, plus ou moins suivant le degré de maturité et la nature des raisins.

3. De *l'albumine*, substance azotée, bien visible dans l'écume blanche du moût. De même : certaines substances résineuses, de la gomme, ayant une action sur le corps et le goût du vin ; de la matière colorante, adhérente à la peau du grain, donnant la couleur spécialement aux vins rouges, et ce qu'on appelle la matière extractive. Toutes ces substances, et plusieurs autres qui ont été analysées chimiquement, sont combinées et dissoutes dans trois ou quatre fois leur quantité d'*eau*.

Tant que le jus est enfermé dans la peau du grain, qui le protège contre le contact de l'oxygène de l'air atmosphérique[1], la fermentation ne peut pas se produire. Dès que les raisins sont écrasés, l'influence de l'air commence à se faire sentir sur eux. Notre atmosphère contient partout des spores de ferment qui se développent dans certaines conditions. Ils se multiplient et augmentent dans le moût (comme on peut le voir à l'aide du microscope), décomposant le sucre, mettant le fluide en mouvement et formant de l'alcool. En même temps les autres substances combinent, transforment et forment de nouvelles substances. Aussi, quelque limpide que puisse être le jus non fermenté, il devient trouble par la fermentation ; l'albumine commence à s'oxyder ; l'alcool, en se formant, sépare de la peau la matière colorante ; l'acide carbonique se forme dans la masse, soulevant les

[1] Ceci s'applique évidemment au raisin isolé et vivant. Il ne faudrait pas en inférer que l'oxygène de l'air est nécessaire à la fermentation alcoolique; car on sait au contraire que le ferment peut à lui seul décomposer le glucose (sucre de raisin) des grains, et lui emprunte de l'oxygène.

J.-E. P.

parties solides et formant un lourd couvercle au-dessus du liquide ; le gaz se développe en quantités croissantes, s'échappe avec un bouillonnement bruyant, et la chaleur de la masse augmente. Ces phénomènes disparaissent graduellement, la fermentation devient moins tumultueuse ; les substances non dissoutes et la matière de nouvelle formation se précipitent. Le vin *nouveau* est formé ; peu à peu il devient presque limpide, mais la fermentation continue encore, lentement, d'une manière presque imperceptible ; il y a encore des éléments de moût, distribués un peu partout, flottant dans le jeune vin, et ces éléments, sous l'influence d'un accroissement de température, créent de nouveau un mouvement de fermentation plus considérable, jusqu'à ce que le vin soit limpide et complètement développé.

Plus les raisins contiennent de sucre, plus l'alcool se développera dans le vin sous l'influence d'une bonne fermentation, et plus il se maintiendra, par le fait que le ferment en suspension se dépose plus complètement. La durée d'un vin dépend en grande partie de la quantité de matières insolubles qui restent ; il est par suite nécessaire de le débarrasser de ces matières le plus tôt possible. Plus la première fermentation est régulière, ininterrompue et complète, plus la lie se déposera et meilleur deviendra le vin ; il reste toutefois en suspension des parcelles de sucre non décomposées jusqu'à la seconde fermentation, qui survient ordinairement à l'époque de la floraison suivante de la vigne. Quelques-uns des acides, le tannin, l'albumine, ne se précipitent aussi et ne se déposent que dans le cours de l'été suivant, et il est des vins que l'on ne peut considérer comme complètement développés qu'à ce moment-là. Même, après cette période, il se produit dans beaucoup de vins un nouveau changement saisissable ; ils deviennent plus doux, et non seulement leur goût mais leurs effets se modifient. Les vins vieux sont considérés comme moins capiteux et plus bienfaisants ; mais il y a une limite à cette amélioration due à l'âge, et des vins très vieux deviennent plus rudes et moins agréables, à moins qu'on n'y ajoute de temps en temps un vin plus jeune.

Il va de soi que la qualité d'un vin dépend de la combinaison et de la proportion dans le moût des éléments que nous avons énumérés, et de leur développement normal pendant la fermentation. D'après l'analyse des meilleurs vins, nous trouvons qu'un bon vin doit contenir de 10 à 12 % d'alcool, de 1 à 3 % de matières extractives, et 1/2 % (5 à 6 %) d'acides, bouquet et arome en proportions considérables (ce qui ne peut être exprimé ou mesuré par aucun chiffre.

La force alcoolique d'un vin ne peut pas se mesurer au moyen de ce qu'on appelle des pèse-vins (Wine scales) ; ces instruments indiquent la pesanteur spécifique, mais jamais la force alcoolique. Il faut recourir pour cela à un petit appareil distillatoire, l'*Alambic de Salleron*. Des instructions pour son usage accompagnent cet instrument. On peut cependant connaître à l'avance, d'après le pourcentage du moût en sucre, combien de pour cent d'alcool aura le vin après complète fermentation, en calculant 1 % d'alcool par 2 % de sucre, mesurés à l'échelle du pèse-moût bien connu d'Œchsle. Pour un examen exact du moût, il faudrait que ce moût fût limpide (filtré), qu'il ne fermentât pas encore, et que sa température fût d'environ 65° Farenheit (14° R. ou 17° C.). On pourrait obtenir avec cet instrument des tables indiquant le pourcentage en sucre pour les divers degrés de l'échelle d'Œchsle. Pour déterminer l'acidité des vins ainsi que du moût, nous avons aujourd'hui un instrument sûr et pratique dans l'acidomètre de Twichell.

Relativement à leur matière saccharine, on classe généralement les vins comme suit :

1. VINS SECS, dans lesquels tout le sucre a été absorbé et transformé par la fermentation.

2. VINS DOUX, qui contiennent encore une quantité considérable de sucre.

On pourrait appeler les premiers vins du Nord, et les seconds vins du Sud. Les vins du Nord contiennent plus d'acidité et par conséquent sont plus riches en arome, en bouquet;

les vins du Sud manquent d'acidité ; l'élément spiritueux, la douceur, prédomine ; ils n'ont généralement pas de bouquet, et même le fort parfum musqué de certains raisins du Sud disparaît au bout de quelques années.

Pour ce qui regarde la couleur, on classe les vins en VINS BLANCS et VINS ROUGES, quoiqu'il y ait beaucoup de nuances entre les deux extrêmes, depuis le jaune verdâtre pâle du Catawba de l'Ile Kelley jusqu'au rouge foncé intense de notre Norton's Virginia. Les nuances intermédiaires ne sont généralement pas aussi goûtées. Quelquefois on distingue aussi les vins en vins mousseux et vins non mousseux, classification purement artificielle, la propriété du mousseux étant simplement le résultat d'un mode de manipulation particulier (par la fermentation en bouteilles fermées, de manière à retenir et à conserver le gaz acide carbonique) — manipulation trop compliquée pour être décrite ici, ou pour être d'un emploi pratique pour la plupart des producteurs de vins.

Tâchons maintenant de passer au *modus operandi* du viticulteur comme producteur de vins non mousseux.

II. CUEILLETTE DU FRUIT. — FOULAGE ET PRESSURAGE.

Certaines personnes sont impatientes de ramasser leurs raisins, pour faire le vin dès qu'ils se colorent; d'autres attendent jusqu'à ce qu'ils soient plus que mûrs. Les unes et les autres ont tort. Les raisins ne sont mûrs que quand ils ont atteint leur douceur complète, quand les grains se détachent aisément de leurs pédicelles, que ceux-ci ont perdu leur fraîcheur et sont devenus plus durs, plus secs, bruns et ligneux ; mais quand ils ont atteint ce point de maturité, il ne faut plus tarder à les ramasser. Il est impossible de décrire ou de déterminer avec exactitude le point de la complète maturité. Quelques variétés, surtout celles qui sont faibles en acidité, l'atteindront plus tôt que d'autres, et quand la saison n'est pas favorable, le raisin n'atteindra pas un parfait degré de maturité. Quand il en est ainsi, plus encore que dans les années favorables, il serait inutile d'attendre une amélioration d'un maturation *in extremis*, car, à part le danger de les perdre par les pluies tardives et la gelée, la perte en quantité serait bien plus grande que le gain en qualité. Le vigneron ne peut pas s'exposer à perdre une grande partie de sa récolte pour avoir une qualité un peu meilleure, surtout tant que celle-ci n'est pas suffisamment appréciée et rémunérée dans le pays. Les dangers de perte sont naturellement plus grands dans le Nord que plus au Sud, et dans certaines contrées l'automne est si constamment pluvieux et chaud, que la règle précédente en est modifiée; au surplus, certaines variétés gagnent plus que d'autres par un excès de maturité et sont plus aptes à n'être cueillies que tard. Comme telle, nous citerons spécialement le Norton's Virginia.

Pour obtenir un vin de qualité supérieure, il faut *choisir* les raisins les meilleurs et les plus parfaitement mûrs, appartenant aux variétés les plus propres à faire le vin, et les mettre à part de celles qui sont pauvres en qualité ou imparfaitement mûres. Mais, au lieu de séparer les raisins ramassés, on considère en général comme préférable—surtout dans les années où les raisins ne mûrissent pas également — de les séparer au moment de la cueillette, c'est-à-dire de prendre d'abord les meilleurs et les plus mûrs et de laisser les autres sur la souche plusieurs jours de plus pour qu'ils mûrissent davantage, en faisant ainsi deux cueillettes sur les mêmes vignes. Nous tenons aussi à mettre le viticulteur en garde contre l'inconvénient qu'il y a à planter trop de variétés diverses. Un petit nombre de cépages appropriés à la localité rendra davantage et fera un meilleur vin. Nous ne voulons pas par là décourager les essais des variétés nouvelles et différentes, faits en petites quantités en vue d'un progrès et d'une amélioration ; mais la plantation d'un grand nombre de variétés, chacune insuffisante par elle-même, forcerait à cueillir les raisins pendant que certains ne seraient pas encore assez mûrs, que d'autres le seraient trop, et ce mélange ne saurait produire un bon

vin. Il semble presque inutile d'ajouter que les raisins rouges et les raisins blancs doivent être ramassés et pressurés séparément. Il faut cueillir les raisins avec des couteaux ou des ciseaux propres à cet objet, et non les arracher simplement avec la main. On les ramasse dans des paniers, ou dans des hottes faites exprès; mais, quel que soit le genre de vaisseaux employés, il importe qu'ils soient, ainsi que tous ceux qu'on emploie pour la fabrication du vin, parfaitement propres. Il est donc essentiel d'avoir à sa disposition beaucoup d'eau pour les laver. Certaines personnes se servent d'abord d'eau chaude, à laquelle on ajoute un peu de chaux et de sel, afin d'écarter toute trace de moisissure qui aurait pu se former, et après avoir laissé séjourner cette eau vingt-quatre heures dans les vaisseaux, elles les rincent avec une abondante quantité d'eau fraîche et pure.

La cueillette est terminée. Nous arrivons au FOULAGE, qui se fait généralement dans une pièce où est le pressoir. Pour cette opération, nous nous servons d'un fouloir consistant en deux rouleaux à gros crans, mus par une manivelle et deux roues marchant en sens contraire, ayant une trémie au-dessus. Sa construction est si simple qu'elle n'exige pas d'explication. Les rouleaux doivent être ajustés de façon à éviter le déchirement des pédicelles et des rafles des raisins, et cependant assez serrés pour broyer chaque raisin sans écraser les pépins. Quelques viticulteurs croient bon de séparer les rafles avant le foulage, ce qu'on fait au moyen de cribles ou de râpes ; d'autres prétendent que cette opération n'améliore pas les vins et que, pour les vins rouges en particulier, il vaut mieux s'en abstenir, sans doute à cause du tannin que la rafle renferme. Mais quand les raisins ont mal mûri et qu'il faut les ramasser dans cet état, il est nécessaire d'enlever la rafle, qui, par sa verdeur, augmenterait encore l'acidité et la rudesse du vin.

La chambre au pressoir n'a pas besoin d'être dans la vigne ou tout près d'elle, mais elle ne doit pas en être éloignée. Le mieux est qu'elle soit au-dessus du cellier. Elle peut être divisée en deux parties : l'une destinée au foulage et au pressurage, l'autre à la fermentation. La presse et le fouloir doivent être placés au milieu de la pièce, avec assez d'espace pour qu'on puisse circuler autour du pressoir en faisant tourner la vis.

Le *pressurage*, opération par laquelle on sépare le moût des raisins écrasés, appelés marc, peut être fait avec n'importe quelle presse à cidre. Toutefois, pour de grandes quantités, on se sert en général de grands pressoirs à vis faits exprès ; et les principales qualités d'un bon pressoir sont d'exiger peu de force, et de fournir d'abondants moyens de faire couler le jus.

La manière de se servir du pressoir, avant et après la fermentation, diffère sensiblement suivant les sortes de vin qu'il s'agit de faire. Avant de parler de ces dernières, il faut remarquer que la température de la pièce, pendant la marche de la fermentation, doit être maintenue uniforme sans interruption ; ici, dans le sud du Missouri, à 70° Farenheit (17°R. environ, 21°,1/4 C.). Dans le Sud, où la fabrication du vin commence au mois d'août, cette pièce doit être disposée de manière à être aussi fraîche que possible, et dans le Nord, être *chauffée* à l'aide du feu ; si c'est nécessaire, une cheminée et un chaudron peuvent aussi être très utiles dans la chambre à pressoir.

L'outillage de la chambre à pressoir comporte aussi des vases à fermentation, qui peuvent être faits de toute dimension (pas moins de 100 gallons — 380 litres —) par n'importe quel tonnelier capable. Les meilleurs sont en bois de peuplier. Il faut ensuite des tuyaux, des cuviers et des seaux en bon bois de pin ou de cèdre, sans oublier le pèse-moût, dont nous avons fait déjà mention ; et enfin, des manches suffisantes pour amener le vin fermenté dans la cave. Une bonne cave ordinaire, fraîche en été et bien à l'abri de la gelée de l'hiver, atteindra pleinement le but.

Toutefois, pour ceux qui comptent faire du vin sur une large échelle, une cave séparée deviendra une nécessité. Une bonne cave doit être sèche ; dans celles qui sont humides, les futailles moisissent, le vin prend un mauvais goût et se gâte. La cave doit être bien drainée, afin qu'on puisse la laver tous les jours, et pour cela il faut qu'elle soit largement pourvue d'eau ; elle doit avoir un nombre suffisant de lucarnes à air, pour régulariser la ventilation et la température. La température d'une cave ne doit pas monter au-dessus de 15° C. en été, ni descendre au-dessous de 10° C. en hiver. Une cave dans ces conditions, avec chambre à pressoir et à fermentation, avec approvisionnements pour les fûts, pompes et autres instruments, coûte environ 1,000 dollars, et les frais supplémentaires pour avoir des plans et des distributions faits par un bon architecte ou constructeur, bien au courant de ce qu'exige une bonne cave, seront de l'argent bien employé. Cela vous mettra à l'abri des grosses pertes, qui sont le résultat inévitable de celliers économiquement et incorrectement construits. Là où des celliers en contre-bas du sol sont impraticables ou trop coûteux, on peut en construire aussi de bons au-dessus du sol, d'après le système des glacières américaines, dont les doubles parois sont bien garnies de paille, de sciure de bois, de cendres et d'autres substances mauvaises conductrices de la chaleur. La toiture devra avoir beaucoup de saillie en avant de la façade et être largement recouverte de paille.

Parmi les objets nécessaires à l'outillage d'un cellier, on peut mentionner : des supports et des soliveaux en bois sain sur lesquels reposent les fûts, à peu près à 18 pouces au-dessus du sol et au moins à 15 pouces de la muraille, de manière à ce qu'il soit possible de surveiller et de nettoyer les fûts en tout temps. Les fûts doivent varier de 160 à 500 gallons (leur capacité étant distinctement indiquée sur chacun d'eux). De grands établissements se serviront naturellement de plus grands fûts. Ils doivent être faits en bon bois de chêne blanc bien préparé. Les futailles plus grandes doivent avoir ce qu'on appelle des *trous d'homme*, par lesquels un homme peut se glisser dans la futaille et la nettoyer entièrement. On doit avoir aussi des entonnoirs en bois, des seaux et des cornues, qu'on trouvera facilement chez tous les tonneliers ; des faussets, des robinets ; des sondes pour prendre des échantillons par le trou de bonde ; des pompes rotatives avec manche en caoutchouc, pour permettre le soutirage d'une futaille dans une autre ; des forets, des marteaux de bois et divers autres genres d'outils ; des allumettes soufrées, des chandelles et des chandeliers, des jauges et des mesures, des verres à déguster ; de petites échelles et d'autres ustensiles dont le besoin peut se faire sentir dans le cours des opérations, et qu'on peut voir dans tout cellier outillé.

Toutefois, les fûts neufs ne sont ni prêts ni aptes à recevoir le vin. Il faut les étuver d'abord avec de l'eau bouillante — en ayant soin de les vider de nouveau quand l'eau est froide — on les remplit ensuite d'eau fraîche pendant plusieurs jours ; puis, de nouveau, mettez dans le fût vide quelques gallons d'eau chaude, dans laquelle vous avez fait dissoudre du sel commun (deux onces par gallon); enfoncez bien la bonde, puis roulez et tournez la futaille jusqu'à ce qu'elle ait été bien en contact dans toutes ses parties avec l'eau salée chaude. Après cette opération (que quelques personnes ne considèrent pas comme nécessaire), faites-en de même avec deux ou trois gallons de vin nouveau en fermentation ou bouillant. C'est ce qu'on appelle faire les fûts *wine-green*[1]. Un autre procédé consiste à mettre dans la futaille de l'eau de chaux chaude, faite avec de la chaux éteinte et de l'eau chaude et formant une sorte de lait. On retourne la futaille, de manière à ce que tout l'intérieur soit enduit de cette matière, après quoi on lave avec de l'eau propre, et enfin l'on rince avec du vin chaud, comme nous l'avons dit. Si cette opération ne vous convient pas, mettez dans la futaille un peu de trois-six ou d'eau-de-vie et faites-le brûler, en laissant la bonde légèrement entr'ouverte. Les vapeurs alcooliques débarrasseront le

[1] C'est-à-dire propres à recevoir le vin.
Nous ne connaissons point d'expression analogue en français. (*Note du Trad.*)

bois de son goût désagréable, qui, sans cela, altérerait le vin. Dans les grands établissements modernes on applique, avec grand avantage, la vapeur à cette importante opération.

Quand un fût vient d'être vidé et qu'on ne le remplit pas de suite d'autre vin, il faut le laver, et, quand il est sec, y faire brûler un petit morceau de soufre (d'environ un pouce carré) ; puis on ferme bien le fût au moyen de la bonde. Quand on doit s'en servir de nouveau, il faut examiner s'il tient bien, en y mettant de l'eau, et, s'il perd, il faut le faire tenir en le remplissant d'eau et resserrant les cercles jusqu'à ce qu'il cesse de perdre. Il faut l'examiner aussi au point de vue de la pureté de l'air qu'il contient, ce qu'on fait au moyen d'un petit morceau d'allumette soufrée. Si l'allumette s'éteint quand on l'introduit dans la futaille, cela prouve que l'air n'est pas pur ; on peut l'en débarrasser au moyen de simples petits soufflets et par un lavage complet, comme nous l'avons déjà indiqué. Les vieilles futailles et les vieux barils dont on se sert pour le vin doivent être lavés et traités comme les fûts neufs pour être *propres à contenir* (le vin). Mais n'employez jamais un fût moisi ou aigre ; mieux vaut le brûler que de chercher à le guérir.

Vins blancs.

Les raisins blancs — et en règle générale il ne faut pour les vins blancs employer ni raisins noirs ni raisins bleuâtres — doivent être écrasés dès qu'ils arrivent à la chambre à pressoir. Le mieux est de faire cette opération dans un fouloir placé au-dessus de la cuve à fermenter. Dès que la cuve est pleine, on la recouvre d'une planche ou d'une toile et on laisse les raisins foulés fermenter de vingt-quatre à quarante-huit heures. On laisse alors le jus couler par le robinet placé vers le bas de la cuve, on l'entonne dans une futaille propre, bien préparée ; ensuite on pressure les raisins foulés et l'on ajoute au vin déjà obtenu sous pressurage celui qui sort du pressoir.

Il ne faut ni remplir complètement la futaille ni fermer le trou de bonde tant que dure la fermentation tumultueuse. Pendant ce temps, le gaz acide carbonique qui se dégage et remplit cet espace empêche l'air d'arriver, et la vieille méthode de recouvrir la bonde d'une feuille de vigne sur laquelle on place un petit sac de sable, est encore préférable à tout siphon compliqué. Il faut avoir soin que les sacs de sable restent propres, car, s'ils étaient atteints par le moût ou par le vin, il s'y formerait du vinaigre. C'est pourquoi quelques personnes se servent d'une bonde en liège, contenant un tuyau en verre ou en caoutchouc doublement recourbé, conduisant dans un petit récipient en verre à moitié plein d'eau, à travers laquelle le gaz s'échappe sans laisser pénétrer l'air de l'atmosphère. Un verre en forme d'entonnoir avec un tube à air ou un évent dans le centre, recouvert d'un verre renversé qui oblige le gaz qui s'échappe à passer à travers l'eau qui est dans le verre, réunit les mêmes avantages et risque moins de se briser ou de se déranger. Quand la fermentation principale a cessé ou n'est plus sensible, il faut ouiller le fût avec un vin blanc jeune et analogue, et le boucher avec une bonde en bois fermant hermétiquement. Mohr recommande une bonde de liège traversée par un tube en verre rempli de coton, par lequel l'air atmosphérique pourrait pénétrer sans entraîner aucun genre de moisissure. Babo recommande une bonde en liège ordinaire, percée de petits trous, arrangée de telle façon qu'un anneau de caoutchouc empêche l'introduction de l'air et permet cependant au gaz acide carbonique de s'échapper, grâce à l'élasticité de l'anneau en caoutchouc.

On peut faire aussi des vins blancs avec des raisins noirs ou bleuâtres; la matière colorante n'est en effet généralement que dans la peau et ne se dissout que pendant la fermentation. En conséquence, en pressurant les raisins dès qu'ils sont foulés (ou même sans qu'ils aient été foulés du tout), et avant le com-

mencement de la fermentation, en séparant une partie du moût d'avec le marc, on obtient ainsi un vin blanc ou très léger de couleur. Les marcs de pression, contenant une grande quantité de moût, sont ensuite mis dans la cuve; on y ajoute de l'eau sucrée pour remplacer la portion de moût qu'un léger pressurage a enlevée, et après une fermentation de plusieurs jours on les pressure de nouveau, et l'on obtient un vin rouge provenant des mêmes raisins. Si nous ne recommandons pas cette méthode, et si nous considérons à la fois les vins blancs et les vins rouges faits ainsi comme inférieurs à ceux qu'on aurait pu produire avec les mêmes raisins si l'on avait laissé fermenter leur jus avec les marcs, elle ne mérite certainement pas de donner lieu aux reproches qui ont été lancés contre nos producteurs, qui, à cause de l'échec du Catawba et d'autres raisins à vins blancs, ont eu recours à cette méthode pour le Concord.

Elle sera du reste abandonnée par tous, aujourd'hui qu'on a planté nombre de cépages à vins blancs productifs et surtout que le moût est meilleur marché que l'eau de sucre.

Après la principale et violente fermentation, le moût sera devenu un jeune vin clair, pourvu que cette fermentation ait été ininterrompue et complète. Après sa clarification, en décembre ou janvier, on le soutire de son dépôt dans des fûts propres et convenablement préparés. Ce soutirage rend de nouveau le vin louche, et il ne redevient limpide qu'en mars ou avril, quand on le soutire une seconde fois avant sa fermentation. Dès qu'avec l'élévation de la température, en mai, cette seconde fermentation annonce son approche, il faut ouvrir le trou de bonde, retirer un peu de vin pour faire de la place à l'expansion qui va se produire inévitablement, et placer le sac de sable ou tout autre appareil sur les trous de bonde, jusqu'à la fin de cette nouvelle fermentation, quand la lie et les autres matières impures se seront précipitées et déposées, et l'on soutirera de nouveau le vin terminé dans des fûts propres et bien préparés. Le soutirage convenable et fréquent est l'une des opérations les plus essentielles de la vinification. L'objet que l'on a en vue par là n'est pas seulement de séparer le jeune vin de son dépôt, la lie, mais de le mettre en contact avec l'air atmosphérique, tandis que, pour les vins vieux, ce contact doit être soigneusement évité. Pour le soutirage du vin nouveau, nous nous servons d'une manche en caoutchouc vulcanisé, dont un bout est placé dans le vin de telle façon qu'il ne touche pas le fond de la futaille, et par l'autre bout on aspire l'air avec la bouche jusqu'à ce que le vin arrive par le tube pour tomber dans des seaux ou des tuyaux en bois. On ferme le siphon par la simple pression des doigts, et le flot s'arrête à volonté. On verse le vin clair dans des futailles fraîches au moyen d'un entonnoir en bois, que nous avons déjà mentionné parmi les outils nécessaires. On emploie généralement aujourd'hui, pour le soutirage, des pompes rotatives, faites exprès pour le vin ; mais, tant que le vin n'est pas complètement et définitivement limpide, le contact de l'air pendant le soutirage lui est nécessaire. Souvent on n'obtient une limpidité définitive qu'après avoir soumis le vin à six soutirages et même davantage.

Cette longue méthode de clarification peut être accélérée par le collage (par la colle de poisson, la gélatine, les blancs d'œufs, etc.), le filtrage, l'aération, le chauffage (procédé Pasteur) et autres procédés artificiels qui exigent une habileté et un outillage spéciaux, et qui appartiennent plutôt aux manipulations du marchand de vins qu'à celles du producteur.

Vins rouges.

Les vins rouges diffèrent des vins blancs, non seulement par la couleur, dérivant des raisins à peau noire et bleu foncé, mais aussi en ce qu'ils contiennent d'autres matériaux précieux, spécialement plus de tannin, ce qui donne aux vins rouges un caractère particulier et des propriétés hygiéniques importantes.

Les raisins rouges n'ont pas besoin d'être écrasés aussi vite après la cueillette que les raisins blancs. Plusieurs autorités recommandent d'en enlever les rafles, celles-ci contenant et communiquant au vin plus d'acidité qu'il n'est désirable pour les vins rouges. On met généralement les grappes à fermenter une ou deux semaines dans des cuves droites, bien fermées, dans lesquelles on place un double fond percillé, fixé au quart environ de la distance du sommet au fond de la cuve. Ce double fond est destiné à empêcher le marc de s'élever en haut du liquide, comme il le ferait, sans cela, quand on l'aurait refoulé au fond plusieurs fois par jour, pour empêcher la formation de l'acide acétique dans ce marc et pour en extraire toute la couleur et d'autres substances précieuses. Naturellement on commence par remplir la cuve de raisins écrasés, puis on place le double fond de manière à ce qu'il soit recouvert de 3 pouces environ de moût, qu'on peut soutirer par le robinet de dessous, et verser de nouveau après avoir placé le double fond au-dessus de la masse du marc. La bonde ou entonnoir à fermentation s'emploie de la même manière qu'avec les vins blancs, pour empêcher l'introduction de l'air et permettre le dégagement du gaz acide carbonique. Ces procédés varient plus ou moins suivant les pays ; mais partout leur succès dépend d'une fermentation rapide, complète et ininterrompue, et ce fait dépend à son tour de la température, qui doit être maintenue à 75° F. (25,5-25° C.), en chauffant au besoin s'il le faut.

Le traitement ultérieur des vins rouges est entièrement le même que celui des vins blancs, et les vins rouges sont en général plus vite mûrs et *faits*, si *au début* ils ont bien fermenté ; mais si cette fermentation ne s'est pas bien faite, la fermentation ultérieure et les soins à donner présentent d'autant plus de difficultés. De pareils vins rouges prennent un goût aigre-doux désagréable et finissent par laisser plus d'ennuis que de bénéfices.

14

Tous les livres qui traitent de la vinification contiennent des instructions plus ou moins volumineuses sur différents procédés ayant pour but d'améliorer le moût qui provient de raisins aigres, cueillis quand la saison est défavorable, et de guérir les vins qui ont souffert, soit d'une fermentation défectueuse, soit d'erreurs ou de négligences dans leur traitement.

Nous ne prétendons pas condamner ces procédés, comme d'autres personnes le font. Nous considérons comme justifiés les efforts que fait le producteur pour améliorer son vin en additionnant son moût de sucre, si ce moût n'a eu dans le raisin qu'un développement insuffisant, ou en ajoutant un peu d'alcool à son vin pour en assurer la durée. Nous ne pouvons rien voir de répréhensible à ce que les producteurs tâchent d'extraire de leurs marcs pressurés la grande proportion de matières vineuses qu'ils renferment encore, pour faire un vin domestique très bon, complet et à bon marché, — surtout en présence d'une législation fiscale qui rend la distillation de ces marcs impraticable. — Nous condamnons seulement l'usage de quelque substance étrangère délétère que ce soit et de tous les autres soi-disant secrets du cellier. Nous voudrions aussi mettre en garde les producteurs inexpérimentés contre l'usage de toutes les tentatives faites pour améliorer ou ajouter quoi que ce soit à leur vin, quand ces manipulations exigent une précision scientifique et une habileté pratique sans lesquelles le résultat est à coup sûr une amélioration *négative*, si même elle n'est pas tout à fait ruineuse. Du reste, la technologie chimique du vin est encore très imparfaite. Tout récemment, Adolphe Reihlen (de Stuttgart) a inventé un procédé qui renverse les anciennes doctrines scientifiques. Il a démontré que les propriétés fermentatives existent exclusivement dans la peau du raisin, et qu'on peut faire entrer immédiatement en fermentation et restaurer des vins vieux par l'emploi de peaux de raisins propres et pures et par l'action de la chaleur appliquée au vin. Mais sa méthode est brevetée et ne

peut, par suite, être décrite ici. Quant à la fabrication des vins doux, de cordiaux et de liqueurs, ainsi que celle des vins mousseux, elle est en dehors des limites de ce court Manuel.

Un vin naturel, le pur jus de la grappe, bien fermenté et soigné, sera toujours supérieur à tout vin amélioré artificiellement, et les seules conditions nécessaires pour obtenir de pareils vins naturels supérieurs sont :

1. De bons raisins mûrs.
2. Des vaisseaux et des ustensiles propres.
3. Une température élevée, appropriée et permanente pendant la fermentation.
4. Un soutirage, comme nous l'avons décrit, en décembre ou janvier.
5. Un nouveau soutirage en mars ou avril.
6. Autre soutirage après une seconde fermentation.
7. Tenir les fûts pleins, en les ouillant de temps en temps avec un bon vin analogue.

Si l'on observe strictement ces conditions — et elles ne sont ni nombreuses ni difficiles — on réussira très bien dans la fabrication de son vin.

Beaucoup de gens disent, malgré cela, que les vins américains sont très inférieurs, « à peine suffisants pour être bons ». C'était là l'idée préconçue d'étrangers, comme d'un grand nombre d'Américains. Aussi la plupart des hôtels et restaurants américains ne servent-ils que des vins étrangers — ou du moins des vins indigènes décorés de noms et de titres étrangers, et souvent l'on demande si nous espérons jamais produire d'aussi bons vins qu'en Europe. Eh bien ! si nous sommes loin d'avoir la prétention de « pouvoir faire des vins rivalisant et surpassant les meilleurs vins de France, d'Allemagne et d'Espagne », nous soutenons que nous produisons déjà quelques bons vins, et qu'avant peu d'années, par la plantation de nos meilleures variétés et nos progrès dans la vinification, nous arriverons complètement au niveau de la production moyenne des pays d'Europe.

---

[1] Amer. Wine and Fruit Grower, août 1882, pag. 75.

Ce n'est là ni une simple vanterie ni une opinion qui nous soit propre. Les bonnes qualités des vins américains sont appréciées aujourd'hui par les juges les meilleurs et les plus impartiaux. Feu le professeur Saint-pierre, directeur de l'École Nationale d'Agriculture de Montpellier [1], dit dans un de ses Rapports à la Société Centrale d'Agriculture de l'Hérault :

« L'étude des vins provenant des variétés américaines a attiré toute notre attention depuis 1875... J'ai trouvé les moûts des variétés suivantes : *Jacquez*, *Rulander*, *Cynthiana*, *Black July*, *Elvira*, et de plusieurs autres, plus doux, plus riches que ceux de nos meilleures variétés du Midi... Les beaux vins de montagne du midi de la France ont leurs équivalents dans le *Black July*, le *Jacquez*, le *Norton* et le *Cynthiana;* couleur, alcool, saveur, corps, bonne tenue, rien n'y manque, et leurs produits égalent les bons vins de Provence et du Roussillon. Le commerce trouvera aussi des vins de coupage semblables aux *Narbonne,* et la couleur et la richesse des *Jacquez*, *Norton*, *Clinton*, etc., ne le cèdent en rien aux vins très colorés de France. De tous ceux que j'ai cités, aucun, sauf le *Clinton*, n'a un goût désagréable ; et le Clinton lui-même pourra nous donner, grâce au coupage, à l'âge, au soutirage, etc., un vin capable d'entrer dans la consommation générale.

» Dans la catégorie des vins blancs, certaines variétés américaines offrent également des types intéressants. Les vins de *Diana* et d'*Elvira* rappellent nos bons *Piquepouls ;* le *Cunningham*, fait en blanc, présente des caractères qui se rapprochent de notre Grenache... Ainsi, il est évident qu'en outre de la greffe, qui nous permet d'obtenir nos vins français sur pieds américains, la culture directe de plusieurs variétés américaines peut nous donner des vins d'une véritable valeur. J'espère que les préventions qui existent contre ces vins chez certaines personnes qui n'ont jamais goûté que du *Concord* ou de

[1] Mort en décembre 1881.

l'*Isabelle*, finiront par tomber devant l'évidence de l'expérience. »

Espérons que les préventions de nos concitoyens des États-Unis prendront fin et qu'ils s'en rapporteront à leur propre palais plutôt qu'aux grands prix et aux étiquettes de l'étranger.

Mais nous savons qu'il y a une autre prévention, celle qui condamne tous les vins,. indigènes ou étrangers, par crainte de leurs effets nuisibles. Nous ne pouvons pas clore ce chapitre sans dire un mot de la question des

SOCIÉTÉS DE TEMPÉRANCE.

Le vin est lui-même un apôtre de la tempérance. Les meilleures autorités médicales, ainsi le Dr Lunier, médecin inspecteur des Asiles et Prisons de France, et en même temps Secrétaire de la Société de Tempérance, ont montré par d'habiles recherches et des statistiques sûres que le taux du pourcentage des maladies et des crimes attribuables aux excès de l'alcoolisme *décroissait* dans chaque district en proportion de l'accroissement de consommation du vin et de la bière ; que les maux de l'intempérance sont pires là où le vin et la bière sont rares ; que le vin naturel et la bière guérissent de la soif pour les boissons distillées au lieu de l'exciter. La Société française de Tempérance vise à réprimer entièrement la circulation des spiritueux de mauvaise qualité, en découvrant des moyens de les faire connaître, en punissant les fraudes et encourageant l'usage des vins naturels à bon marché, du thé, de la bière, du café, comme étant les meilleurs moyens de guérir de l'envie de boire des alcools distillés.

Les voyageurs américains qui reviennent du midi de l'Europe, et qui étaient des adversaires décidés du vin avant d'avoir visité ces contrées, affirment aujourd'hui que là où le vin est le plus abondant, à meilleur marché et d'un usage général parmi le peuple, l'ivrognerie n'existe pas. La Société française de Tempérance est appuyée cordialement par tous les principaux médecins, sa-

vants, légistes et tous les hommes intelligents. Une Société semblable en Amérique,
si elle avait une organisation convenable,
recevrait un égal appui de tous les hommes
intelligents de notre pays ; mais nos Sociétés
de Tempérance, ayant pour but la prohibition
absolue, sans regarder aux principes de li-
berté personnelle, nuisent à la cause même
qu'elles font profession de défendre avec plus
de zèle que de sagesse.

De temps immémorial, l'art de faire le vin
et l'usage du vin ont existé dans le monde
entier, et toutes les fois qu'on a tenté de le
supprimer (comme en Chine), l'usage des
boissons opiacées énervantes a remplacé celui
du vin, qui fortifie. Défendez l'usage du vin
et de la bière : celui de l'opium, la consommation secrète de liqueurs fortes, l'accroissement du vice et de l'intempérance, en
seront la conséquence. Chez presque aucune

nation civilisée il n'y a de repas de fête sans
vin. L'Église l'emploie dans ses sacrements
comme le symbole de l'un des dons les plus
précieux de Dieu ; le médecin le prescrit au
malade et au convalescent comme un toni-
que qui restaure la santé. Nous ne nions pas
que le vin n'enivre si l'on en abuse ; mais
« le bon vin est une bonne chose si l'on s'en
sert à propos ».

La culture de la vigne s'étend sur des centaines de mille acres, sa production annuelle
a atteint des centaines de millions de gallons;
une insignifiante proportion de cette production trouve seule son emploi pour la table et
des opérations culinaires ; aucune de nos variétés américaines ne se prête à faire des raisins secs. Aussi la culture de la vigne est-
elle et restera-t-elle toujours inséparable de
la fabrication du vin, «qui, suivant la parole
de Psalmiste, réjouit le cœur de l'homme ».

CATALOGUE DESCRIPTIF

NOTE POUR LE LECTEUR.

Le Catalogue descriptif suivant contient toutes les variétés qui ont, à un moment donné, attiré l'attention des viticulteurs, et même toutes les nouveautés sur lesquelles nous avons pu avoir quelque renseignement sûr. Nos descriptions sont probablement les plus complètes qui aient paru jusqu'à présent, et les meilleures que nous ayons pu donner avec les ressources dont nous disposions. Nous n'ignorons pas, malgré cela, qu'elles sont incomplètes, comparées à celles que donne la méthode si exacte des viticulteurs d'Europe[1].

Le formulaire ampélographique international demande pour ces descriptions :

1. Le *nom*, synonymes, origine, patrie de la variété, région de sa plus grande culture.

2. *Histoire*, bibliographie de la variété et ses reproductions graphiques.

3. *Vigne*, ses caractères généraux ; force de végétation ; fertilité, rusticité ; résistance à la gelée, aux maladies parasitiques, aux insectes ; exigences au point de vue du climat, du sol, de la culture, etc.

4. *Bois*, lourd ou léger, à mérithalles courts ou longs ; sa couleur, caractère de l'œil ou bourgeon.

5. *Pousses* précoces ou tardives, glabres ou tomenteuses, couleur, etc.

6. *Feuilles*, feuillage, sa dimension, sa forme, ses sinuosités, lobé, face supérieure et inférieure (glabres, luisantes, tomenteuses, laineuses).

7. *Pétiole*, queue de la feuille, long ou court, tomenteux ou glabre, vert ou rouge.

8. *Chute des feuilles*, précoce ou tardive, changement de couleur (en jaune ou en rouge, avant la chute, etc.).

9. *Grappe*, dimension, forme, ailée ou non, compacte ou lâche.

10. *Tiges*, pédoncules, vrilles, longs ou courts, tendres ou durs, intermittents ou continus, etc.

11. *Grains*, dimension, forme, peau, couleur, pulpe ou chair, goût et usage ; pour la table ou la cuve, ou l'un et l'autre ; qualités qui se conservent.

12. *Époque de maturité*, précoce, moyenne, tardive — et autres caractères.

L'AMPÉLOGRAPHIE, c'est-à-dire la description des vignes, est une science relativement récente, et une description complète des variétés américaines conformément à ce formulaire est pour le moment impossible. Il faut la laisser, à l'avenir, à des mains plus capables, à des

---

[1] Sur les changements introduits par MM. Bush et Meissner dans leur appréciation des cépages de la 2ᵉ à la 3ᵉ édition de leur Catalogue, consulter les excellentes notes de M. Aimé Champin, dans le Journal *La Vigne américaine*, ann. 1884. J.-E. P.

botanistes. Elle exigerait de larges subventions, comme les gouvernements d'Europe et ses riches protecteurs de la viticulture en ont accordé à des ouvrages ampélographiques illustrés de grandes et belles planches qui sont très coûteuses. Nous nous sommes efforcés de faire du mieux possible pour un prix insignifiant, à la portée même du plus humble viticulteur.

Au surplus, nous considérons toute description orale comme insuffisante, et même les planches ne semblent offrir qu'un secours incomplet. Ce n'est qu'en se familiarisant soi-même avec les caractères de l'espèce à laquelle appartient une variété que les descriptions deviennent complètement intelligibles. Quand on connaît les caractères distincts que, par la communauté d'origine, toutes les variétés d'une certaine classe possèdent, leur description minutieuse conformément au formulaire d'Europe n'est presque pas nécessaire, comme on s'en convaincra en étudiant l'excellent Traité du Dr Engelmann sur la classification des vraies vignes des États-Unis, écrit pour notre Catalogue (pag. 15 et suiv.).

Nous avons, par suite, joint à chaque variété l'espèce dont elle est (ou paraît être) la plus rapprochée, ou de laquelle elle est originaire. Nous donnons d'abord le nom principal en **lettres grassses**, ensuite les synonymes en petites lettres CAPITALES, puis l'espèce en *italiques*, en les abrégeant ainsi (*Æst.*) pour Æstivalis, (*Labr.*) pour Labrusca, (*Rip.*) pour Riparia, et en indiquant les parents d'origine autant qu'on les connaît ou qu'on les suppose.

Les descriptions des variétés plus importantes contiennent aussi quelques indications sur les racines et sur la végétation du bois, basées sur nos seules observations; avec des conditions différentes de sol, de climat, etc., ces indications peuvent varier, comme aussi le titre en moût, qui a pour but d'indiquer la quantité de sucre en degrés de l'échelle d'Œchsle, et l'acide en millièmes à l'acidomètre Twichell, peuvent varier aussi dans nos propres vignobles, quand la saison est favorable.

Nous avons donné les descriptions des nouvelles variétés telles que nous les avons reçues des obtenteurs, passant sous silence ce qui plus tard peut se trouver n'être qu'un enthousiasme exagéré. Plusieurs années d'observations sont en effet nécessaires pour déterminer avec certitude le caractère et la valeur d'une variété; et même les éloges d'autorités impartiales, que nous citons dans la description de nouvelles variétés méritantes, doivent être accueillis avec une certaine réserve.

Afin de pouvoir placer les planches des raisins sur la même page que leur description ou sur une page attenante, nous nous sommes permis quelques légères déviations de l'ordre alphabétique. Si l'on ne trouve pas immédiatement telle ou telle variété, on voudra bien se porter à l'Index.

Adirondac (*Labr.*). — Originaire de Port-Henry, comté d'Essex, N.-Y. (signalé pour la première fois en 1852). Probablement un semis d'Isabelle, auquel il ressemble beaucoup pour la végétation et le feuillage. Mûrit de très bonne heure, — environ à la même époque que l'Hartford prolific. — *Grappe* grosse, compacte, rarement ailée; *grain* ovale-rond, gros, oblong, noir, couvert d'une fleur délicate, transparent, à pulpe tendre; peau mince; juteux et vineux; qualité très bonne, « quand vous pouvez l'obtenir ». — Renseignements en général peu satisfaisants. Végétation lente, délicate. De jeunes vignes ont ici le *mildew* et de vieilles vignes ont besoin d'abri. Fleurit de bonne heure; le fruit souffre des gelées tardives. Racines très faibles et délicates. Raisin d'amateurs seulement.

Advance. — Un des nouveaux semis de M. Rickett[1], croisement entre le Clinton et le Black Hamburg. « Raisin de qualité supérieure, et, à l'époque (1872), peut-être en progrès sur tous les autres semis de M. Rickett. Le *grain* est noir, avec une légère fleur bleue, rond-ovale ; *grappe* grosse, longue et ailée ; chair trop bonne pour être décrite, excepté au point de vue pomologique. Bornons-nous à dire qu'elle est excellente. » F.-R. Elliot, N.Y.

Grappe grosse, *grain* moyen, peau mince, presque pas de pulpe ; doux et plein de feu ; décidément l'un des meilleurs raisins très précoces que nous ayons jamais rencontrés. Plante saine, vigoureuse et productive ; mais le fruit malheureusement pourrit. Pleinement mûr le 30 juillet. — *Sam. Miller, Adélaïde, Bluffton, Missouri.*

Adélaïde. — L'un des nouveaux raisins de M. Jas.-H. Rickett ; hybride de Concord et de Muscat Hamburg. Est décrit comme de moyenne dimension ; grain de forme ovale, noir, à fleur bleue légère ; d'un bouquet doux, mais ayant du montant ; chair rouge-pourpre.

Alexander. — Synon. : CAPE [2], BLACK CAPE, SCHUYLKILL MUSCADELL, CONSTANTIA, SPRINGMILL CONSTANTIA, CLIFTON'S CONSTANTIA, TASKER'S GRAPE, VEVAY, WINNE, ROTHROCK DE PRINCE, YORK LISBON (*Labr.*). Cette vigne a été découverte pour la première fois par Alexander, jardinier chez le gouverneur Penn, sur les bords du Schuylkill, près de Philadelphie, avant la guerre de la Révolution. On la trouve assez souvent comme semis du La-

---

[1] Voy. Rickett's *Seedling Grapes* (Vignes de semis de Rickett).

[2] En réalité, les viticulteurs américains ne semblent pas savoir exactement ce qu'est le *Cape*, ce cépage qui sous des noms très divers a joué jadis un rôle important dans les premiers essais de vinification en Amérique. Il y aurait intérêt à retrouver dans les collections un type qui s'y trouve probablement sous un nom actuel, non rattaché à ses noms anciens. J.-E. P.

brusca sauvage, sur la lisière de nos forêts. La culture des vignes américaines commença réellement par la plantation de cette variété au commencement du siècle, plantation pratiquée par une colonie suisse à Vevay, dans le comté de la Suisse, Indiana, sur les bords de l'Ohio, à 45 milles en aval de Cincinnati. Pendant quelques temps on la prit pour la fameuse vigne de Constance.

Nous ne savons pas si John-James Dufour, le chef respecté de cette colonie suisse, partageait cette erreur, ou s'il jugea nécessaire de la laisser partager à ses colons, lui qui eut la sagacité de découvrir que leurs premiers échecs dans le comté de Jessamine, Ky., 1790-1801, tenaient à la plantation de vignes exotiques, et qui leur substitua volontairement une variété indigène. Toujours est-il que ce fut là le premier essai suivi de succès pour l'établissement de vignobles dans nos contrées. On fit un très bon vin, ressemblant au bordeaux, avec le raisin du *Cape*, et ce raisin fut le favori des premiers temps, jusqu'à ce qu'il fut remplacé par le Catawba. (Le *Cape* blanc est semblable au *Cape* noir, dont il ne diffère que par sa couleur, qui est blanc verdâtre). Downing décrit le Cape comme suit : « *Grappes* plutôt compactes, non ailées ; *grains* de moyenne grosseur, ovales ; peau épaisse, tout à fait noire ; chair à pulpe très ferme, mais juteuse ; fait un très joli vin, mais est beaucoup trop pulpeux et grossier pour la table, quoique très doux et musqué quand il est bien mûr, ce qui n'arrive qu'à la fin d'octobre. Feuilles beaucoup plus duveteuses que celles de l'Isabelle. »

W.-R. Prince, dans son *Traité de la vigne*, N.-Y., 1830, énumère 88 variétés de vignes américaines, « mais comme rapport ne peut recommander que le Catawba et le Cape ; un dixième de cette dernière variété suffirait pour améliorer du vin. De ces deux variétés, le Catawba est de beaucoup la plus productive, mais le *Cape* est moins sujet à la carie noire. Toutes font de bons vins. »

Aletha. — Semis de Catawba, né à Ottawa, Ill. ; on dit qu'il mûrit dix jours plus tôt que l'Hartford prolific. « *Grappes* de moyenne dimension, queue longue ; *grains* pendants d'une manière un peu lâche ; peau épaisse, couleur pourpre foncé ; jus presque noir, teignant les mains et la bouche. Chair tout à fait pulpeuse, avec un arome décidément foxé. Pour le goût foxé et astringent, il ressemble beaucoup à un Isabelle bien mûr. » On dit qu'il promet beaucoup comme raisin pour la cuve, dans les localités du Nord. Pas encore répandu, ce qui n'est pas à regretter si l'on en juge par la description qui précède.

Albino. Synon.: GARBER's ALBINO (*Labr.*). —Obtenu par J.-B. Garber, Columbia, Pa. (supposé être un semis d'Isabelle). *Grappe* petite ; *grain* presque rond, légèrement ovale ; couleur jaunâtre ou ambrée ; chair acide, coriace ; trop tardif pour le Nord. — Charl. Downing.

Hybride d'Allen. — Obtenu par J.-F. Allen, Salem, Mass. Croisement entre le Chasselas doré et l'Isabelle ; le premier des raisins américains hybrides exposé, le 9 septembre 1854, à la réunion de la Société d'Horticulture du Massachussetts. Mûrit de bonne heure, à peu près comme le Concord. *Grappes* grosses et longues, modérément compactes ; *grains* pleinement moyens ou gros ; peau épaisse, à demi transparente ; couleur presque blanche, teintée d'ambre ; chair tendre et délicate, sans pulpe, juteuse et délicieuse ; bouquet de muscat agréable ; excellente qualité. Les feuilles ont un aspect particulier et un caractère en partie étranger. Est sujet au *mildew* et à la carie noire, et ne peut pas être recommandé pour la grande culture, quoiqu'il soit digne d'occuper une place dans les collections d'amateurs. D'un mariage entre l'Hybride d'Allen et le Concord on a obtenu le *Lady Washington*.

Alvey. Synon. : HAGAR (*Hybr.*). — Introduit par le Dr Harvey, d'Hagerstown, Md. Généralement classé parmi les *Æstivalis*, mais ses traits caractéristiques se rap-

portent à une espèce différente. Son port érigé, son bois mou et court jointé, sa reprise facile de bouture, son excellente qualité, son pur bouquet de vin, tout indique le *Vitis vinifera* et nous force à conclure que l'Alvey a dû son origine à un croisement par hybridation naturelle entre le *Vitis vinifera* et l'*Æstivalis. Grappes* moyennes, lâches, ailées ; *grains* petits, ronds, noirs, doux, juteux et vineux, sans pulpe ; végétation lente, bois solide, à mérithalles courts, modérément productif ; *racines* moyennement épaisses, avec tendance au caractère des *Æstivalis* d'être dures, avec un liber assez uni. Sarments remarquablement droits et dressés, se terminant graduellement en pointe et n'ayant pas de tendance à ramper, comme la plupart des variétés américaines. Vrilles courbes et épaisses souvent à triple embranchement ; bourgeons couverts d'un léger duvet ; le feuillage noir, de moyenne dimension, a aussi un léger duvet blanchâtre sur la face inférieure ; les jeunes folioles sont délicates, très minces et presque transparentes. Branches latérales peu nombreuses et faibles; bois assez tendre et avec beaucoup de moelle. Ces caractères, ainsi que le peu d'épaisseur de la peau et l'absence totale du pulpe, indiquent un tempérament étranger. Excellent de qualité, mais est porté à perdre ses feuilles sur les pentes au midi ; fait un bon vin rouge, mais en trop petite quantité, parce qu'il conserve mal son fruit ; semble préférer le *loam* profond, riche et *sablonneux*, de nos pentes tournées au nord-est ou même au nord.

Renseignements généralement défavorables.

Agawam (Hybride de Rogers, nᵒ 15). — Obtenu par E.-S. Rogers, de Salem, Mass., et regardé par lui comme la meilleure variété qu'il eût obtenue avant l'introduction du Salem. C'est un raisin rouge brunâtre ou marron, provenant d'un croisement du Hamburg. *Grappes* moyennes ou grosses, compactes, souvent ailées ; *grains* très gros, un peu globuleux, doux ; peau épaisse ; pulpe

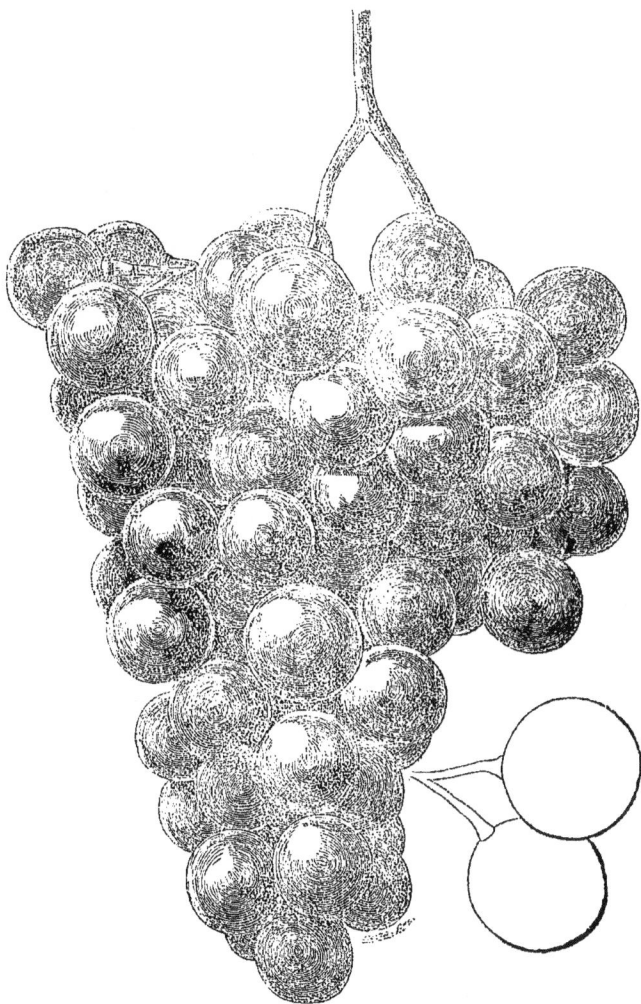

AGAWAM (Hybride de Rogers, n° 15).

molle, ayant du montant, d'un bouquet aromatique particulier et ayant un peu de l'arome natif ; fertile et d'une végétation vigoureuse, préfère la taille longue: «laissez courir ses branches aussi loin qu'elles le veulent » (*Rév. H. Burnet*, d'Ontario) ; *Racines* fortes, charnues et modérément fibreuses, à liber épais et uni. Sarments très forts, modérément longs, avec des branches latérales relativement peu nombreuses, mais fortes. Bois à mérithalles assez longs, d'une dureté normale et à moelle de dimension ˙moyenne.

15

Bourgeons gros et proéminents. Mûrit peu après le Concord. Les renseignements sur son compte sont généralement satisfaisants ; réussit bien. Dans quelques localités, a une tendance au *mildew* et à la carie noire ; dans d'autres, réussit incontestablement.

Alma (*Hybr. de Riparia*). — Semis de Bacchus fécondé par un semis hybride provenant d'un croisement entre une variété indigène robuste et le « Purple Constantia » du cap de Bonne-Espérance (?). Obtenu par JAS.-H. RICKETT, qui dit en publiant ce nouveau semis : « J'ai l'assurance qu'il aura l'approbation des viticulteurs d'Amérique, car il donne un agréable raisin de dessert et fait un vin splendide, avec un bouquet de rose et de Wintergreen[1] des plus délicatement mélangés. Cette variété a une belle et vigoureuse végétation ; feuillage grand, lobé, légèrement tomenteux en dessous ; parfaitement rustique et n'a jamais montré la moindre trace de maladie. Le moût s'est tenu de 100-107 ; acide 5-7. » Mûrit comme ou peu après l'Hartford prolific. *Grappe* moyenne, compacte, rarement ailée; *grain* moyen, noir, avec fleur blanche, épicé et très doux. Vigne vigoureuse et saine. Comment se comportera-t-il dans d'autres sols et d'autres régions ? C'est ce qu'il reste à voir ; chez M. Rickett, marche très bien et est très beau.

Amanda (*Labr.*). — Le description de notre précédente édition, copiée sur le Catalogue de la Bluffton Wine Company (de l'Annuaire hortic. de 1868), diffère totalement du fruit que nous ont donné des plants de la même source. Pour le goût et l'arome rappelle un peu l'Ives et le Rantz ; *grappe* de

[1] Gaultheria procumbens L.

AMBER.

grosseur moyenne, compacte, de très belle apparence ; la vigne est un Labrusca très vigoureux et très sain. Estimé par quelques-uns pour son vin rouge. Est peut-être le même que « l'August Pioneer ».

Amber (Riparia ⨯). — Sœur de l'Elvira, obtenu par Jacob Rommel, du Missouri ; paraît être un croisement entre Riparia et Labrusca, car il a certains caractères des deux espèces. Plante robuste, vigoureuse et modérément fertile ; Rommel dit qu'il faut le mettre à fruit sur les coursons du vieux bois ; mérithalles assez longs ; végétation vigoureuse ; bois brun-noir ; feuillage grand, un peu duveteux en dessous. *Grappes* longues, ailées, modérément compactes ; *grains* moyens, oblongs, d'une couleur ambrée pâle quand ils sont mûrs ; peau mince ; pulpe molle; doux, juteux et d'un agréable bouquet. Mûrit plus tard que le Concord et un peu plus tôt que le Catawba. Raisin de table réunissant la qualité à l'aspect attrayant, mais trop délicat pour être expédié sur les marchés éloignés ; peut faire aussi un très bon vin blanc. Il paraît toutefois ne pas conserver ses feuilles autant que d'autres semis de Taylor.

Amber Queen (*Hybr.*). Décrit comme il suit par l'obtenteur, dans le Catalogue d'Ellwanger et Barry : « Grappe grosse, ailée comme le Hamburg ; grain gros, souvent oblong ; tient fermement à la grappe ; d'abord ambré, mais devient plus foncé en se développant jusqu'à ce qu'il soit pourpre ; chair tendre, riche, et pépins petits ; végétation vigoureuse ; feuilles épaisses, un peu duveteuses en dessous. Fruit toujours prêt à être mangé en août, et avec des soins convenables pouvant se conserver tout l'hiver. » Nous n'avons jamais vu ce raisin. — B.-S.-M.

Aminia (supposé être l'hybride de Rogers n° 39). — Dans l'automne de 1867, nous essayâmes de nous procurer ceux des hybrides de Rogers non dénommés que nous n'avions pas encore expérimentés, et, connaissant la confusion qui existait à l'égard de leurs numéros, nous obtînmes en même temps de différentes sources quelques exemplaires de chaque numéro. Il en survécut trois de ceux que nous avions plantés sous le n° 39, mais il n'y en avait pas deux semblables. L'un d'eux se trouva particulièrement remarquable. Pour nous assurer si c'était bien le n° 39, nous nous adressâmes à M. E.-S. Rogers, afin d'avoir un plant ou une greffe du pied original de son n° 39 ; mais nous apprîmes que le pied original n'existait plus !

L'une de nos vignes n° 39 se trouva être si remarquable que nous nous décidâmes à la propager, et nous en plantâmes cinquante pieds, tandis que nous supprimions les deux autres. D'après les éloges donnés au n° 39 à la session quadriséculaire de la Société pomologique américaine, par son président, l'honorable M. P. Wilder, nous avons encore plus de raisons de supposer que notre n° 39 est le véritable. Mais, pour éviter toute confusion avec d'autres qui pourraient être expédiées sous ce numéro par d'autres propagateurs, et qui pourraient ou non être les mêmes, nous avons donné au nôtre le nom d'*Aminia*, avec l'assentiment de M. Rogers. *Grappes* moyennes, légèrement ailées, modérément compactes, plus égales et meilleures, en moyenne, que ne les font en général les vignes de Rogers. *Grains* pleinement moyens ou gros, pourpre foncé, presque noirs, avec une jolie fleur. Chair fondante avec très peu de pulpe[1], douce et d'un bouquet très agréable ; mûrissant de très bonne heure, à peu près comme l'Hartford prolific. Nous le considérons comme un de nos *bons raisins les plus précoces*. Plante modérément vigoureuse, très rustique, fertile, mais fruit avec tendance à la carie noire. Mérite d'être cultivé largement comme raisin de table dans les localités à l'abri de la carie noire.

Anna. — Semis de Catawba, obtenu par Élie Hasbrouck, Newburg, N.-Y., en 1852. G.-W. Campbell, de Delaware, Ohio, le décrit comme très rustique et bien portant, et d'une vigueur de végétation modérée. *Grappes* un peu lâches, de dimension moyenne. *Grains* moyens, d'une couleur légèrement ambrée, avec de petites taches foncées, couvert d'une légère fleur blanche. Un peu pulpeux. Mûrit comme le Catawba. Ne vaut pas la peine d'être planté ici ; délicat et chétif.

Antoinette (*Labr.*). — L'un des semis de Miner. Beau et gros raisin blanc ayant les caractères du Concord, à grappes longues, modérément compactes ; forte végétation, plant robuste et très fertile ; mûrit plus tôt que le Concord ; bouquet doux, riche ; peu de pulpe, peu de pépins et peu de goût foxé. Peut se montrer méritant comme raisin blanc précoce.

---

[1] Rappelons, une fois pour toutes, que les Américains entendent par pulpe, non pas, comme nous le ferions, l'ensemble de la chair d'un grain de raisin, mais bien la partie de cette chair qui n'est pas fondante. Pour eux, c'est donc une qualité que le peu de pulpe dans un raisin.

J.-E. P.

Ariadne (ou *Arcadine*, par erreur). (*Rip*.).
— L'un des semis de Clinton de Ricketts;
donne des espérances pour vin rouge. *Plante
vigoureuse* et saine, énormément fertile, très
portée à trop produire; *grappes* compactes,
ressemblant à celles du Clinton, mais de bien
meilleure qualité; très juteux, doux; produisant un gros vin rouge-clair, d'un joli
bouquet. Ces notes, prises au Jardin d'Expérience de M. J.-H. Ricketts, sont un peu
modifiées par le Catalogue de ce dernier, de
mars 1882, où il le décrit comme un semis
de Clinton et de Newburgh (Vinifera); bois
court-joincté et vigueur seulement modérée;
feuillage moyen, grossièrement denté; *grappe*
petite ou moyenne, compacte; *grain* petit,
rond, noir, avec une légère fleur bleue; chair
molle, tendre, juteuse, douce. Fait un vin
très noir et riche, ayant du corps et le bouquet du Sherry vieux. M. Ricketts est plein
de confiance et croit que ce raisin se répandra
pour la cuve dès qu'il sera connu.

Hybrides d'Arnold[1]. *Voyez* Othello
(nº 1), Cornucopia (nº 2), Autuchon (nº 5),
Brant (nº 8), Canada (nº 16).

Arrot (ou ARCOTT?) (*Labr*.). — Philadelphie. *Grappes* et *grains* moyens, blancs;
ressemblant au Cassady par l'apparence, mais

[1] M. Charles Arnold, de Paris (Canada), a obtenu de très heureux résultats en fécondant le
Clinton indigène avec le pollen de variétés étrangères. Ses semis paraissent être pleins de promesses dans quelques variétés. Le Comité de la
Société d'Horticulture de Paris (Canada) dit dans
son Rapport : « Nous trouvons que leurs traits
caractéristiques saillants, comme classe, sont les
suivants : D'abord rusticité parfaite et végétation
vigoureuse ; en second lieu, maturité précoce du
fruit et du bois ; jusqu'à présent, immunité remarquable au point de vue des maladies ; grand
et beau feuillage, d'un caractère très distinct,
non laineux ; *grappes* grandes en général ; *grains*
plus gros que la moyenne ; peau mince et, dans
tous les numéros que nous avons goûtés, exempte
de pulpe ; d'un bouquet plein, agréable et ayant
du montant. Notre jugement ne se base pas sur
un examen rapide, mais sur une connaissance
qui date des deux dernières années. »

moins bon. « Doux et bon ; peau épaisse ;
bonne végétation, fertile. »—Husmann[1].

Autuchon (Hybride d'Arnold, nº 5). —
Semis de Clinton, croisé avec le Chasselas
doré. Feuilles vert foncé, très profondément
lobées et à dents fines et pointues ; le bois
non mûr est pourpre très foncé, presque
noir. *Grappes* très longues, peu ailées, un
peu lâches. *Grains* de dimension moyenne,
ronds, blancs (verts), à chair modérément
ferme, mais facilement fondante et d'un bouquet agréable, ayant du montant, ressemblant au Chasselas blanc. Peau mince, non astringente. Mûrit comme le Delaware. M. Sam.
Miller, l'obtenteur du Martha, a accordé
l'important éloge suivant à ce nouveau raisin, en 1869 :

« J'ai toujours considéré le Martha comme
le [m]eilleur raisin blanc indigène ; mais, depuis que j'ai vu et goûté l'Autuchon, je
baisse pavillon. S'il mûrit comme lui au Canada, et s'il s'améliore en venant ici comme
les Rogers et autres raisins du Nord, il me
semble que nous aurons alors tout ce que
nous pouvons souhaiter. A lui seul, c'est un
trésor. »

Notre ami Miller fit bien de mettre des
« si » dans son éloge, car l'Autuchon n'a
pas répondu à ces espérances. Il s'est montré
délicat, d'une réussite incertaine, du moins
dans l'Ouest ; son fruit est sujet à la carie
noire et au *mildew*, et, malgré ses belles qualités, il ne restera qu'une variété d'amateur
et ne peut pas être recommandé pour une
culture en grand.

Nous joignons ici une planche qui donne
une figure exacte de la grappe telle qu'elle

[1] D'après l'observation de M. Maurice Lespiault, l'*Arrott* de certaines collections serait le
même raisin que d'autres collectionneurs ont pris
à tort pour le vrai *Monticola* de Buckley. C'est
en effet la variété que feu M. Durieu de Maison-
neuve obtint jadis, dans le Jardin botanique de
Bordeaux, des graines envoyées, peut-être par
erreur, par Élias Durand comme étant ce *Monticola* du Texas. Voir à cet égard la *Vigne américaine*, tom. V, année 1881, pag. 45.

AUTUCHON.

a poussé chez nous, car nous n'en avons jamais vu d'aussi grosse que celle que représentait le cuivre de notre première édition, qui nous venait de l'obtenteur. Dans des localités et des sols favorables, cette variété peut toutefois atteindre plus de deux fois la grosseur de la grappe figurée ici.

Aughwick (*Rip.*).— Introduit par W.-A. Fraker, Shirleysburg. Pa. *Grappes* ailées, ressemblant à celles du Clinton ; *grains* plus gros que ceux du Clinton, noirs ; jus très foncé, bouquet épicé. On dit qu'il fait un vin rouge très foncé, de qualité supérieure, et qu'il ne craint en rien la carie noire et le *mildew;* très rustique et très sain. Nous l'avons trouvé moins bon et moins productif que le Clinton. A rejeter.

August Giant (*Hybr.*).— Croisement du Black Hamburg et du Marion, possédé par le domaine de M. Geo. A. Stone, et décrit comme suit : *Grappes* très grandes avec un pédoncule assez long, très fort ; quand elles sont ailées, les ailes sont très courtes et doubles ; *grains* très gros, un peu oblongs, mesurant souvent un pouce et 1/8 de diamètre. Placé dans une corbeille à côté du Black Hamburg, l'August Giant peut à peine en être distingué. Le fruit bien développé a un bouquet de Black Hamburg bien prononcé ; tout à fait tendre au centre, très riche et fin ; feuille forte et épaisse, plante à végétation et à production énormes. Le fruit mûrit en août ; plante très rustique.

August Pioneer (*Labr.*). — Origine inconnue ; l'une des plus grossières de nos variétés indigènes: gros, noir, à chair ferme, dure, pulpeuse; bon seulement pour confiture. Mi-août. — Downing.

Baldwin Lenoir (*Æst.*). — Originaire de West-Chester, Pa.; on le dit un semis de Lenoir. *Grappe* petite, un peu lâche ; *grains* petits, tout à fait foncés, presque noirs; chair un peu dure, acide, croquante. Mentionné dans un rapport comme le plus riche en sucre parmi 26 variétés expérimentées par le chimiste du Département de l'Agriculture, à Washington. Par le feuillage et l'allure de sa végétation, il rappelle beaucoup le Lincoln. *Grappe* et *grain* semblables à ceux de Norton's, mais moins âpre, plus doux quand il est bien mûr; estimable pour vin rouge.

Barnes' (*Labr.*).— Doit son origine à Parker Barnes, Boston, Massach. *Grappes* ailées ; *grains* moyens, ovales, noirs, doux et bons ; presque aussi précoce que l'Hartford. — Stroug. — Nous n'avons pas vu ce raisin.

Bacchus (*Rip.*). — Semis de Clinton, obtenu par M. James H. Ricketts (de New-York), N. Y. Ressemble à son père pour la

BACCHUS

feuille, la grappe et le grain, mais lui est supérieur en qualité et fertilité. *Grappe* moyenne, compacte, ailée ; *grain* rond, au-dessous de la moyenne, noir avec fleur bleue, juteux et ayant du montant. Ricketts dit : «Chez moi, il a supporté toutes les épreuves possibles depuis ces quatorze dernières années, pour ce qui est de la rusticité du bois, de la feuille et du fruit. Ses racines se sont aussi montrées à l'épreuve du Phylloxera et de toute autre cause d'altération.

Partout où on l'a essayé, on s'est accordé à lui assigner les qualités spéciales « néces-saires à une vigne à vin parfaite ». Le Bac-chus fait un vin rouge-brun foncé, de beaucoup de corps. Le moût rend 95° à 110° depuis plusieurs années. Plusieurs personnes regar-dent le Bacchus, comme vigne pour la cuve, avec plus de faveur qu'aucun autre des nom-breux et estimables semis de Ricketts. Il pousse bien et n'a pas le mildew, même dans les saisons les plus défavorables.

La planche de Bacchus ci-contre, gravée spécialement pour notre Catalogue, montre ce raisin réduit à peu près de moitié.

Beauty (*Labr.*). — L'un des semis de Ja-cob Rommel ; croisement de Delaware et du Maxatawney. Végétation vigoureuse et saine ; feuillage lourd et sain, cependant sujet à l'échaudure ; ressemble au Catawba (et nous supposons que c'est plutôt un croisement de *Catawba* et de *Maxatawney*, que de *Delaware* et de Maxatawney) ; *grappe* petite ou moyenne, bien remplie, mais pas trop com-pacte ; *grain* entre le Catawba et le Delaware pour la grosseur et la couleur, oblong, cou-vert d'une fleur lilas ; peau épaisse ; sup-porte bien le transport ; mûrit entre le Ca-tawba et le Delaware, et est de très belle qualité, ayant une pulpe tendre, douce, avec un bouquet délicat. Promet comme raisin de marché et de table, fait aussi un excellent vin. Le fait est qu'un échantillon de vin de « Beauty », à l'Exposition de Bordeaux, du mois de septembre 1880, fut déclaré par la Commission française « le meilleur vin blanc de l'Exposition, ayant un bouquet très mar-qué et très agréable ». M. Lespiault. — Son origine justifie toutefois la crainte qu'il puisse être sujet au mildew, dans des saisons et des localités qui n'en seraient pas exemptes ; il a aussi une tendance à la carie noire quand la saison est humide.

Berks ou Lehigh (*Labr.*). — *Grappe* grosse, ailée, compacte ; *grain* gros, rond, rouge, peu pulpeux, de bonne qualité ; végétation vigoureuse comme celle du Catawba, dont il est un semis, et peut-être une amélioration pour la grosseur et la qualité ; mais aussi plus sujet aux maladies.

Barry (*Hybride de Rogers*, n° 43). — Un des plus méritants des hybrides de Rogers « aussi beau que le Black Hamburg ». *Grappe* grosse, assez large et compacte, courte ; sou-vent plus grosse que celle qui est figurée ici ; *grain* gros, un peu rond ; couleur noire ; chair tendre, d'un bouquet doux, agréable ; peau mince, un peu astringente. Plante aussi vigoureuse, saine et rustique qu'aucun des autres hybrides de Rogers. Réussit très bien dans l'ouest de l'État de New-York et dans quelques autres localités. Très productif et très précoce, plus précoce que le Concord ; se conserve remarquablement bien. Sous ce rapport, comme sous celui de la qualité, les hybrides de Rogers l'emportent sur le Con-cord.

Baxter (*Æst.*). — *Grappe* grosse et longue ; *grain* au-dessous de la moyenne, noir, très tardif ; rustique et fertile ; impropre à la table, mais peut-être estimable pour la cuve. — Catalogue de la Bluffton Wine Co.

Beauty of Minnesota (*Labr.*). — Obtenu (ou introduit seulement) par J.-C. Kramer, de La Crescent, Minn. Décrit par lui comme un semis de Delaware croisé avec le Concord ; bonne et saine végétation ; *grappe* égale à celle du Concord, mais plus compacte ; *grain* jaune-verdâtre quand il est mûr et d'un riche bouquet ; recommandé par M. Kramer, avec témoignages à l'appui, comme le meilleur raisin pour le climat du Minnesota, où il mûrit vers le 1er septembre. Insuffisamment essayé ailleurs.

BARRY (Rogers' n° 43).

Bird's Egg (*Labr.*). — Probablement un semis de Catawba, ressemblant un peu à l'Anna. *Grappe* longue, pointue; *grain* ovale, blanchâtre, avec des taches brunes; chair pulpeuse; seulement bon; curiosité. — Downing.

Black July. —Voyez *Devereux*.

Berckmans. — Croisement de Clinton et de Delaware, obtenu par feu le D' A.-P. Wylie, Chester, S.C. Vigne très vigoureuse et très prolifique; végétation et feuillage presque semblables à ceux du Clinton. Grappes et grains plus gros que ceux du Delaware, de la même couleur et aussi bons de qualité que chez cette variété favorite. Nous le cultivions sous réserves, non pour le propager ni en vendre ou en donner le bois. Il s'est montré plus sain, plus exempt de mildew que le Delaware, et mérite de se répandre. Nous sommes heureux d'apprendre que P.-J. Berckmans, en l'honneur duquel on lui a donné son nom, l'a propagé, et qu'aujourd'hui des vignes poussent et fructifient dans plusieurs localités du Nord et du Sud, soutenant pleinement la bonne opinion que nous en avons.

Black Defiance. — (Underhill's 8-8 Hybr.). Splendide raisin de table, tardif, à peu près le meilleur raisin noir de table que nous ayons chez nous ; préférable au Senasqua. Si nos informations sont exactes, c'est un croisement entre le Black Saint-Peters et le Concord. *Grappes* et *grains* gros, noirs, avec une jolie fleur ; en retard de trois semaines sur le Concord, et beaucoup meilleur. Réussit bien et plaît aussi en France.

Black Eagle. — (Underhill's 8-12). Hybride de *Labrusca* et de *Vinifera*.

Beau raisin de table, précoce, de la meilleure qualité. La feuille est une des plus belles que nous connaissions, très ferme, vert foncé, profondément lobée, ayant la forme de la feuille d'une vigne exotique.

La plante a une végétation érigée et vigoureuse, rustique et saine, mais sujette à la carie noire, comme tous les autres hybrides de Labr. et de Vin. dans les saisons et les localités peu favorables ; *racines* droites et presque raides, avec un liber moyen ; sarments remarquablement droits et érigés, avec des branches latérales nombreuses, mais petites ; bois ferme, avec moelle moyenne ; *grappe* grosse, modérément compacte ; *grains* gros, ovales, noirs, avec fleur bleue ; chair riche et fondante, avec peu de pulpe. Chez M. Underhill, le fruit a noué imparfaitement, mais il n'a pas toujours ce défaut. A Croton-Point, cette circonstance doit avoir tenu à du mauvais temps pendant la floraison. Nous le considérons comme une des variétés qui promettent le plus. Campbell (de Delaware) y voit « l'une des meilleures variétés hybrides». Berckmans (de Géorgie), Président du Comité de Pomologie, disait : « Nous trouvons que le Black Eagle est sans rival en qualité, fertilité et vigueur. J'ai vu des grappes pesant une livre et trois quarts, venues à Macon (Géorgie), à l'âge de trois ans.»

Nous donnons à la page 122 une reproduction de grandeur naturelle de sa grappe et de sa feuille, les nervures de celle-ci étant, comme à l'ordinaire, dessinées incorrectement.

Black Hawk. — Semis de Concord, obtenu par Samuel Miller. *Grappe* grosse, un peu lâche ; *grain* gros, noir, rond, juteux, doux; pulpe très tendre ; mûrit aussitôt que le Concord, lui est supérieur en qualité, et paraît être rustique et sain. Nous le trouvons quelquefois un peu en avance sur le Concord. Il a cette particularité remarquable, que sa feuille est d'un vert si foncé qu'elle paraît presque noire.

Black King (*Labr.*). — Raisin rustique, vigoureux et précoce, de grosseur moyenne, doux, mais foxé. — Strong.

Black Pearl (*Rip.*). — Syn. SEMIS DE SCHRAIDT. Obtenteur, Gaspard Schraidt, (de Put-in-Bay, O.). Probablement d'une graine de Clinton ou de Taylor. Vigne d'une végétation vigoureuse, saine, semblable, pour l'aspect de la végétation et le feuillage, à l'Elvira et au Noah. Réussit admirablement dans les îles et sur les bords du lac Érié, où il est très fertile. Dans nos sols argileux plus forts et sous notre climat plus chaud, il est moins satisfaisant, soit pour la qualité, soit pour la fertilité ; la grappe n'est pas aussi grosse et aussi belle qu'aux îles et sur les bords du lac, où il surpasse de beaucoup le Clinton comme aspect et fait un vin rouge foncé, ayant de la valeur.

Le Dr Warder le considérait « comme une vigne pleine de magnifiques promesses, de la classe des Clintons ». (Société amér. de Pom., 1877). Ainsi faisions-nous nous-mêmes, après l'avoir examiné pendant plusieurs saisons dans le vignoble de M. Schraidt. En ayant transplanté quelques pieds, provenant de chez lui, dans notre vignoble de Bushberg, et pleins d'admiration pour sa luxuriante et saine végétation, nous nous assurâmes auprès de M. Schraidt un millier de boutures, répandîmes cette variété, en 1877, avec son consentement, sous le nom de Black Pearl

16

BLACK EAGLE. (Underhill's 8 - 12.)

(il avait eu d'abord l'intention de l'appeler
« Burgundy » ou « Schraidt's Burgundy », et
prétendait que c'était un semis de Delaware).
M. Geo.-W. Campbell, excellente autorité,
qui a eu l'occasion d'observer cette variété
dans sa propriété personnelle, dit : «C'est une
vigne à forte végétation, très fertile et probablement une addition méritante au nombre
très limité des vignes à vin rouge».Et comme
telle seulement nous la recommandons pour
certaines localités.

En août 1882, été qui, dans la région de
la vallée du Mississipi, fut désastreux sous
le rapport du mildew et de la carie noire,
M. Baxter, de Nauvoo, rapporte que le
Black Pearl a été exceptionnellement beau
et la feuille extrêmement belle. A. Wehrle,
de Middle-Bass, le premier producteur de
l'Ohio,nous écrivait au printemps dernier qu'il
trouve ce raisin sans rival pour la couleur ;
moût d'un bon poids en sucre et d'un degré
d'acidité convenable; mais il ajoutait : «Chez
nous, il souffre quelquefois à l'époque de la
floraison ; à part cela, c'est un cépage des
plus méritants et qui rémunère bien le producteur ».

Black Taylor (*Riparia* ou Hybr.de Rommel, n° 19). — Sous beaucoup de rapports
semblable à son n° 14, ou MONTEFIORE; n'a
pas été suffisamment essayé, et ne devrait
pas être répandu tant qu'il ne sera pas montré
distinct de cette nouveauté méritante ou supérieur à elle.

Bland (*Labr.?*) Syn : BLAND'S VIRGINIA,
BLAND'S MADEIRA, PALE RED, POWELL. —
On dit qu'il fut trouvé sur la côte orientale
de la Virginie par le colonel Bland, de cet
État, qui en donna des scions à Bartram, botaniste qui l'a cultivé le premier. *Grappes*
assez longues, lâches et souvent avec de petits
grains imparfaits; *grains* ronds, à longues
queues, assez clairsemés sur la grappe; peau
mince, d'abord vert pâle, mais rouge pâle à la
maturité ; chair légèrement pulpeuse, d'un
bouquet délicat, agréable, ayant du montant,
avec peu ou point d'odeur de musc, mais un
peu astringente ; mûrit tard; feuillage vert

plus clair que celui du Catawba, plus uni et
plus délicat. Cette vigne est très difficile à
propager par boutures. La description qui
précède de cette vieille variété est tirée des
Fruits d'Amérique, de Downing. Le Bland
n'a pas réussi ou n'a pas bien mûri dans le
Nord, et a été perdu et abandonné dans le
Sud.

Blood's Black (*Labr.*). — *Grappe*
moyenne, compacte ; *grain* moyen, rond,
noir, un peu dur et foxé, mais doux. Très
hâtif et très fertile. Ressemble au Mary-
Ann, avec lequel on l'a confondu souvent.

Blue Dyer (*Cord.*). — *Grappe* moyenne ;
grains petits, noirs ; jus très foncé ; promet
bien pour la cuve. — Husmann. (L'une des
nombreuses promesses non remplies !)

Blue Favorite (*Æst.*). — Raisin du Sud.
Plante vigoureuse, fertile ; *grappe* au-dessus
de la moyenne ; *grains* moyens, ronds, bleu
noir, doux, vineux; beaucoup de matière colorante. Dans le Sud, est mûr en septembre ;
ne mûrit pas bien dans le Nord. On le dit
estimé pour la vinification. — Downing.

Blue imperial (*Labr.*).— Origine incertaine. Plante vigoureuse, exempte de *mildew*,
non fertile. *Grappes* moyennes, courtes ;
grain gros, rond, noir ; chair à noyau ou
pulpe acide, dure ; mûrit comme l'Hartford.
Inférieur. — Downing.

Brant (Hybride d'Arnold, n° 8).— Semis
de Clinton croisé avec le Black Saint-Peters.
Les jeunes feuilles et jeunes pousses couleur rouge de sang foncé ; feuilles très profondément lobées, lisses des deux côtés.
Grappe et *grain* ressemblant à ceux du
Clinton pour l'aspect, mais grandement supérieurs en bouquet, quand le raisin est bien
mûr ; peau mince ; exempt de pulpe ; tout
jus, doux et vineux ; pépins petits et peu
nombreux ; très rustique ; végétation forte,
saine, suffisamment fertile. La grappe tient
ferme à la plante jusqu'à l'automne et les
grains adhèrent bien à la grappe. Notre reproduction de cette variété est faite d'après
un spécimen de taille et de forme moyennes

l'attention des viticulteurs. Notre ami M. Champin nous donne des renseignements très favorables sur la marche de cette variété en France, dans la Drôme, où le Brant et son frère le Canada méritent d'être cultivés sur une grande échelle. Ils ont résisté jusqu'à présent au Phylloxera, et, depuis six ans qu'il les cultive, leur vigueur et leur fertilité se sont accrues d'année en année. On a souvent confondu ces deux variétés l'une avec l'autre, et la description suivante pourra servir à la distinguer. Le Brant a le feuillage le plus sinueux, le plus profondément découpé, le plus denté en lobes, de toutes les variétés américaines, tandis que celui du Canada est très peu incisé et lobé pendant son jeune âge. Mais la forme des feuilles est très variable, et l'on n'en peut tirer aucun caractère distinctif bien certain. Il en est autrement de la couleur : celle du Brant est d'un vert plus intense, avec une teinte rougeâtre, tandis que celle du Canada est d'un vert plus clair, avec une teinte blanchâtre. De même, les vrilles du Canada sont d'un vert plus pâle et n'ont que deux embranchements, tandis que celles du Brant sont plus foncées, plus longues, et souvent à deux embranchements doubles. Le bois du Brant est rouge et à longs mérithalles ; celui du Canada est plutôt court-jointé, d'une moins grande vigueur, vert, brunâtre du côté du soleil. Les grappes du Canada sont habituellement plus courtes et plus compactes ; celles du Brant ne sont pas lâches non plus, mais pas assez compactes pour aplatir les grains. Les pépins du Brant sont très petits et rarement plus de deux dans le grain. Tous les deux mûrissent de très bonne heure et donnent un vin d'excellente qualité et d'une belle couleur rouge.

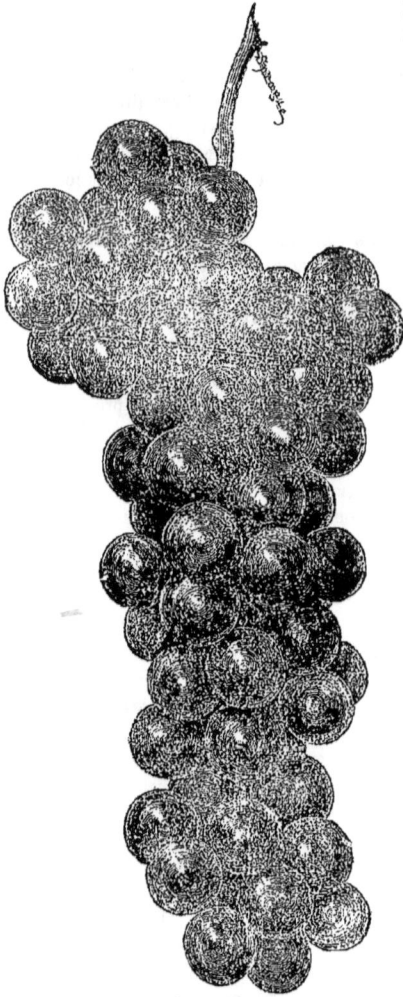

BRANT.

Raisin très précoce et méritant ; en fait, c'est le plus précoce de tous, chez nous, et ce serait le plus avantageux si les oiseaux n'en détruisaient pas les grappes dès qu'elles mûrissent. Pour des contrées où les raisins mûrissent plus tard que chez nous et où les oiseaux font moins de dégâts, il est digne de

Brighton (*Labr.*). — Ce superbe et beau cépage, obtenu par James Moore, de Brighton, N.-Y., est un croisement du Concord et du Diana-Hamburg. Plante robuste, à végétation vigoureuse et rapide ; *rameaux* à mérithalles moyens ou longs, qui mûrissent de bonne heure ; *feuilles* grandes, épaisses, foncées, vertes, luisantes, grossièrement dé-

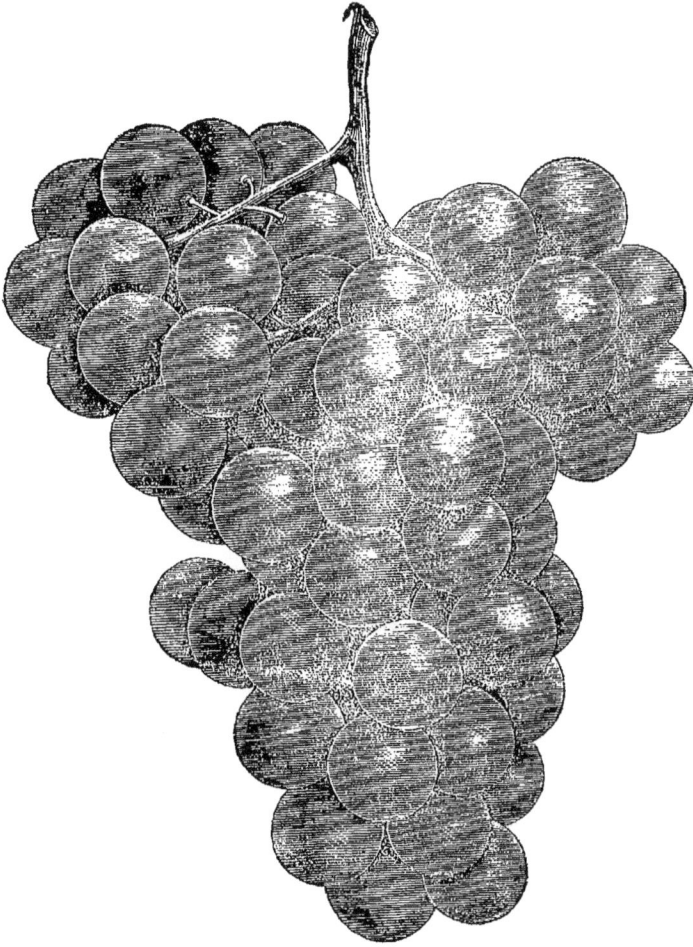

BRIGHTON.

coupées, occasionnellement lobées. Très fertile, et, si l'on enlevait de bonne heure les petites grappes, ce serait au grand profit des autres.

Grappe moyenne ou grosse, ailée, modérément compacte ; *grains* moyens ou gros, ronds, rouge clair d'abord, tournant à un cramoisi ou marron foncé à la pleine maturité, quelquefois presque noirs et couverts d'une épaisse fleur lilas. Les grains tiennent bien au pédicelle ; peau mince mais solide ; chair tendre, très légèrement pulpeuse, douce, juteuse, légèrement aromatique, très légèrement vineuse et de très bonne qualité pour un raisin précoce. Son bouquet est surtout bon à la première maturité, mais il devient pâteux et perd sa vivacité quand il est tout à fait mûr. Mûrit presque aussitôt que l'Hartford prolific et plus tôt que le De-laware. —A.-J. Downing.

L'une des variétés nouvelles les plus méritantes et qui réussit le mieux ; cultivée largement dans les États de l'Est, où elle est aujourd'hui le PRINCIPAL RAISIN DE TABLE. Elle vaut la peine d'être plantée partout où les vignes hybrides peuvent être cultivées avec succès, où l'on demande des *raisins précoces* pour la table et pour le marché. Réclame un abri dans les hivers rudes. La planche est la copie fidèle de la photographie d'une grappe de Brighton de dimension moyenne. Pour la belle apparence générale, le Brighton ressemble au Catawba, qui mûrit un mois plus tard.

Bottsi (*Æst.*). — C'est le nom local d'un raisin très remarquable, venu dans la cour d'un monsieur de ce nom, à Natchez, Miss. On dit qu'il éclipse complètement tous les autres raisins qu'on y récolte (y compris le Jacquez), et l'on prétend que c'est le véritable Herbemont, apporté il y a quelque cinquante ans de la Caroline du Sud. Il diffère de notre Herbemont par la couleur, étant d'un rose léger à l'ombre et d'un rose foncé en plein soleil. Le témoignage impartial et digne de foi de M. H.-Y. Child, amateur d'horticulture, sur son excellente qualité, sa croissance rapide, son énorme fructification et son immunité contre la carie noire, nous décidèrent à nous procurer et à planter quelques pieds de cette variété. Après plusieurs années d'épreuve, nous l'avons trouvé impropre à notre contrée, trop délicat et trop sujet au mildew. Dans le Texas, on le trouve « une admirable chose », mais, nous assure M. Onderdonk, « juste autant que l'Herbemont».

Burnet (*Hybr.*). — Ce cépage, obtenu par C. Dempsey, d'Albany, comté du Prince-Edwards, Ont., d'un semis d'Hartford prolific fécondé par le Black Hamburg. Plante vigoureuse et saine, rustique et fertile ; feuilles profondément lobées, épaisses, duveteuses en dessous. *Grappes* grosses, bien ailées et bien pleines ; *grains* gros, ovales, pourpre noir ; chair et bouquet rappelant ceux du Black Hamburg, sans aucune trace de goût foxé ; mûrit plutôt que le Concord. — Burnet.

Burrough's (*Rip.*). — De Vermont. Plante voisine du Clinton. *Grappe* petite ; *grain* rond, noir ; fleur épaisse ; chair âpre, acide, rude. — Downing.

Burton's Early (*Labr.*). — Pauvre raisin de la famille des Fox grapes, gros, précoce. Ne mérite pas d'être cultivé. — Downing.

Canada (Hybride d'Arnold, n° 16). — Obtenu d'un pépin de Clinton fécondé avec

CANADA.

le pollen du Black Saint-Peters. Ressemble au Brant (n° 3) pour l'aspect. Pour les différences caractéristiques (voyez Brant, pag. 123). Est justement vanté par tous ceux qui le goûtent, pour son riche arome et son excellent bouquet. *Grappe* et *grain* au-dessus de la moyenne; couleur noire, à belle fleur; peau mince; exempt de toute âpreté et de l'acidité commune aux autres raisins indigènes. Végétation modérée; feuillage particulier; rustique; aoûte bien son bois. Recommandable pour la cuve dans certaines localités. Comme tous les hybrides d'Arnold, il se montre délicat et peu sûr aux États-Unis, dans plusieurs localités, tandis qu'en France il pousse très bien et se montre résistant au Phylloxera. Mais ce n'est pas une raison pour le condamner absolument et en bloc sur tous les points de notre pays, ni pour le recommander dans les différentes régions viticoles de la France. Le Cornucopia et le Canada sont morts à Nimes, tandis qu'ils poussent et prospèrent bien depuis huit ans dans la vallée de la Saône. Le principe de l'adaptation à certains sols, certaines expositions et certaines localités et non à d'autres, s'applique aux hybrides dans une mesure même plus grande qu'aux variétés de nos espèces indigènes.

Cambridge (*Labr.*). — Nouveau raisin venu dans le jardin de M. Francis Houghton, Cambridge, Massachus., et introduit maintenant par MM. Hovey et C°, de Boston, comme étant « du plus grand mérite ». Ils en donnent la description suivante: « C'est un raisin noir, ressemblant un peu au Concord, mais à grains un peu ovales. *Grappes* grosses et ailées; *grains* à peau très mince, gros, tenant ferme à la grappe, et recouverts d'une fleur délicate; chair riche, croquante et rafraîchissante, sans pulpe et se rapprochant de la qualité de l'Adirondac plus que tout autre raisin indigène. Mûrit quelques jours avant le Concord. La plante a la végétation luxuriante et le beau feuillage du Concord, en même temps qu'elle est aussi rustique, si ce n'est davantage. Dans certaines saisons favorables, comme en 1880, le Cambridge a produit dans nos vignobles des grappes beaucoup plus belles et plus grosses que le Concord; généralement cependant, il est presque identique en goût et en apparence à cette variété si répandue.

Camden (*Labr.*). — *Grappe* moyenne; *grain* gros, blanc verdâtre; chair avec une partie centrale dure; acide; pauvre variété.

Canby's August. Voyez *York Madeira*.

Catawba. Syn.: RED MUNCY, CATAWBA TOKAY, SINGLETON (*Labr.*). — Cette vieille variété, bien connue, est native de la Caroline du Nord, et a tiré son nom de la rivière de Catawba. Il fut transplanté dans un jardin de Clarksburg, Md., et porté à la connaissance du public, il y a soixante ans, par le major Adlum, de Georgetown D. C. Il a été pendant de longues années le raisin type du pays et on en a planté des milliers d'acres. Mais l'incertitude de ses récoltes, par suite du mildew et de la rouille des feuilles, ainsi que le retard de sa maturité dans les États de l'Est et du Nord (en octobre), fait qu'on y renonce sur plusieurs points, qu'on plante en remplacement des espèces sur lesquelles on puisse compter davantage. Dans les localités où il arrive à parfaite maturité et où il semble moins sujet à la maladie, il y a très peu de variétés meilleures que lui.

Contrairement à la croyance accréditée jusqu'ici que le Phylloxera était la principale cause de l'échec du Catawba sur plusieurs points, et contrairement à l'opinion de quelques savants éminents, qui conservaient encore cette manière de voir, nous sommes arrivés aujourd'hui à la conclusion, basée sur une observation attentive, que l'état maladif et l'affaiblissement des racines du Catawba ont pour cause le trouble apporté par le mildew au développement des extrémités et non le Phylloxera. Là où le mildew ne règne pas, comme aux Iles du lac Erié et sur le bord du lac, etc., le Catawba est encore et restera avec raison pendant longtemps la principale variété pour le marché et pour la cuve.

Feu le Dr Warder avait raison de dire que

CATAWBA.

Grappes grosses, modérément compactes, ailées; *grains*
au-dessus de la moyenne,
ronds, rouge foncé, recouverts
d'une fleur lilas. Peau modérément épaisse ; chair légèrement pulpeuse, douce, juteuse,
avec un parfum riche vineux
et un peu musqué. Plante à
végétation vigoureuse ; très
productive dans des années et
des localités favorables. Un sol
argileux (*clay shale soil*),
comme aussi un sol graveleux
ou sablonneux, paraît lui être
le plus favorable.

Racines faibles, en comparaison de la forte végétation
de la plante quand elle est en
parfait état de santé, avec une
texture d'une dureté au-dessous de la moyenne ; liber
épais et n'ayant pas la facilité
d'émettre de jeunes fibres aussi
rapidement que d'autres variétés ; sarments droits et longs,
avec peu de branches latérales ; bois de dureté moyenne,
avec une moelle un peu
au-dessus de la dimension
moyenne. Moût 86 à 91° à l'é-
chelle d'Œchsle.

les belles rives de l'Ohio pourraient être de
nouveau couvertes de vignobles si l'on pouvait seulement découvrir un cépage égal
en qualité au Catawba, et qui ne serait sujet
ni au mildew, ni à la carie noire[1].

[1] Au moment où nous corrigeons nos épreuves,

nous lisons dans le *Messager
agricole* (août 1883) ce qui suit:
Remède certain contre le mildew (Peronospora). Un modeste
viticulteur italien, Jean Gazotti,
a eu l'heureuse idée d'asperger le
feuillage de ses vignes atteintes
du mildew avec une solution de
soude (2 kil. de soude dans un hectolitre d'eau),
et il a eu la bonne fortune de trouver, le jour où
a suivi ce traitement, les filaments du Peronospora
détruits.—Tout en n'osant pas nous flatter de l'espoir que ce sera là un remède certain, nous pensons qu'il vaut bien la peine de l'essayer. Puissent les résultats être satisfaisants ! — Bush et
Meissn.,— (Encore un espoir trompé. J.-E. P.)

Le Catawba a donné un grand nombre de semis. De l'Iona et du Diana, les deux meilleurs, et de l'Aletha, de l'Anna, du Hine, du Mottled, etc., nous donnons des descriptions à leur place alphabétique. Mais certains d'entre eux sont actuellement les mêmes que l'on vend sous un autre nom; d'autres sont si près d'être identiques, qu'ils n'exigent pas de description. A cette classe appartiennent :

Le *Fancher*, vanté comme un Catawba précoce ;

Le *Keller's White*, le *Mead's Seedling*, le *Merceron* ;

Le *Mammoth Catawba* (Catawba Mammouth) de Hermann, très gros de grappe et de grains, mais du reste inférieur à son parent ;

L'*Omega*, exposé à Indiana en 1857 ;

Le *Saratoga*, le même que le Fancher ;

Le *Tekomah*, un semis missourien du Catawba ;

Le *Catawba blanc*, obtenu par M. John E. Mottier et abandonné par l'obtenteur lui-même comme inférieur à son parent.

Cassady (*Labr.*). — Est né dans la cour de H.-P. Cassady, Philadelphie, comme semis de hasard. *Grappe* moyenne, très compacte, quelquefois ailée ; *grain* moyen, rond, vert pâle, recouvert d'une fleur blanche ; à la maturité, sa couleur passe au jaune pâle ; peau épaisse et coriace (*leathery*), pulpeuse, mais avec une douceur mielleuse particulière, qu'aucun autre raisin ne possède au même degré. Mûrit comme le Catawba. Plante à végétation modérée, un vrai Labrusca dans son allure et son feuillage ; énormément productive, d'autant plus productive que chaque bouton à fruit donne plusieurs branches avec trois à cinq grappes chacune. Mais cet excès de production l'épuise pour plusieurs années ; les feuilles tombent prématurément et le fruit ne mûrit pas. Aujourd'hui cette variété est généralement abandonnée et remplacée par des variétés nouvelles et meilleures. On dit que c'est le père du « Niagara ».

Catawissa. — Voyez *Creveling*.

Centennial [1]. — Nouveau cépage, qui promet beaucoup, obtenu par D.-S. Marwin, Watertown, N.-Y., qui le suppose appartenir au groupe Nord des Æstivalis (semis d'Eumelan fécondé par le pollen de quelque Labrusca, probablement l'*Iona* ou le *Delaware*, certainement pas d'une variété exotique). M. Marwin nous l'a gracieusement envoyé pour l'essayer.

On n'a pas encore vu ce cépage à la vente. Il a été figuré pour la première fois dans le *Rural New-Yorker*, 1882.

Plante décrite comme ayant une végétation vigoureuse, à feuillage épais et durable ; très fertile, ayant une tendance à se surcharger de fruits ; a quelquefois le mildew sur ses feuilles, mais aucun signe de carie noire sur les grains. Ses *grappes* sont grosses, d'une belle forme conique, toujours compactes. *Grains* au-dessus de la moyenne, ronds; *peau* ferme, d'une belle couleur particulière, presque blancs, avec une teinte légèrement ambrée ; chair juteuse, très douce, vineuse, ressemblant au Delaware pour le bouquet. Mûrit à peu près en même temps ou quelques jours plus tard que le Concord et se *conserve bien pour l'hiver*. Le Centennial promet d'être précieux à la fois pour la table et pour la cuve ; son seul défaut apparent est qu'il a les pépins nombreux et assez gros.

Quand Marwin introduisit le Centennial pour la première fois (en automne 1882), il disait :

« Je n'approuve la multiplication de variétés que si elles constituent un progrès. Pendant le cours de mes nombreux essais, j'ai rejeté plusieurs semis supérieurs à plusieurs de nos anciennes espèces.... Je ne prétends pas que le Centennial soit parfait.... mais, comme raisin d'hiver, je le crois supérieur à tous les autres... La plante est presque aussi vigoureuse ici que le Concord et semble être presque aussi exempte du mildew, dont elle souffre beaucoup moins que

[1] Non *Continental*, comme il est dénommé à tort dans le Rapport de la Société Américaine de Pomologie sur les Fruits nouveaux, 1881.

17

»le Delaware.... Les organes de reproduction »semblent être parfaits, aucune grappe n'é- »tant stérile, en sorte que les souches portent »de fortes récoltes.... Les personnes qui »tiennent à un fruit de grande qualité seront »heureuses d'avoir le Centennial ; *et si, à* »*l'essai, il réussit en général aussi bien que* »*dans le nord de l'État de New-York*, il ré- »sultera de son introduction un réel progrès »dans la viticulture. »

« Cette variété a obtenu des médailles d'ar- »gent, des certificats, des prix en numéraire, »et une mention favorable, à plusieurs expo- »sitions.... A la fin de la saison, je pourrai »donner de nouvelles preuves de son mérite; »mais je me sens disposé à protester contre »les preuves de cette sorte. Il faudrait que »chaque nouvelle vigne s'appuyât sur son »seul mérite et sur l'honorabilité de son in- »troducteur. Les horticulteurs devraient être »dispensés de fournir des certificats pour des »fruits que, par la nature des circonstances, »ils connaissent peu. »

Ces remarques de l'obtenteur, si modestes et si réservées, nous donnent plus de con- fiance que nous n'en avons d'ordinaire dans les variétés nouvelles ; nous recommandons le *Centennial*, avec nos meilleurs vœux pour son succès, et nous engageons à l'essayer dans les localités où son parent, l'Eumelan, ne souffre pas du mildew.

Challenge. — On suppose que c'est un croisement entre le Concord et le Royal Mus- cadine, cultivé par le Rév. Asher Moore, N.-J. Très précoce, prolifique ; *grappes* courtes, compactes, ailées ; *grains* gros, ronds, rouge pâle, à chair légèrement pul- peuse : très doux et juteux. Bois et feuilles **extra-rustiques**.

Nous les considérons comme purement in- digène, mais cependant excellent comme rai- sin pour vin et pour dessert.

Champion. — Syn. EARLY CHAMPION, TALMAN'S SEEDLING, BEACONSFIELD (*Lab.*). Il y a dix ans, le président Wilder demandait si quelqu'un savait quelque chose du Cham-

pion, et feu le Dr Swasey (de Louisiana) nous informait alors que c'était un nouveau cé- page, extra-précoce, l'un des meilleurs en culture (Société Pom., année 1873, pag. 66), envoyé justement pour la première fois par quelques pépiniéristes de la Nouvelle-Or- léans. Dans l'édition de 1875 de notre Cata- logue, nous en avons donné la meilleure description que nous pûmes obtenir, et nous disions : « Nous tâcherons de nous procurer cette nouvelle vigne extraordinaire pour l'essayer. Mais tandis qu'on disait que « le Champion avait pris naissance dans un des jardins de la Nouvelle-Orléans, «comme se- mis accidentel», et « qu'il y avait magnifique- ment fleuri et porté des fruits splendides » et « qu'il avait échappé à l'observation de nos viticulteurs pendant plusieurs années »,nous trouvâmes qu'il n'en était pas ainsi ; que B.-J. Donnelly (de Rochester, N.-Y.) et J. S. Stone (de Charlotte, comté de Monroe, N.-Y.), avaient propagé et répandu antérieu- rement à 1873 l' « Early Champion », appa- remment la même vigne, et que sous le nom de TALMAN'S SEEDLING, ou TALMAN, cette variété identique avait été cultivée pendant pendant plusieurs années dans les environs de Syracuse et d'autres localités de l'État de New-York. Aujourd'hui on en a fait des es- sais complets, et, tandis qu'elle s'est montrée actuellement la vigne la *plus précoce* pour le marché et a procuré à quelques viticulteurs des bénéfices sûrs et avantageux, elle est si pauvre de qualité que, plus on l'a connue, et moins ses produits ont été vendables ; on de- vrait l'abandonner, et on l'abandonnera pro- bablement bientôt pour de meilleures varié- tés. Il y a quelques années, on expédia des raisins de Champion à Montréal et sur d'au- tres marchés du Canada : on en obtint de beaux prix, et comme on trouva que cette vigne réussissait bien et produisait abondam- ment dans le voisinage de Montréal, le jeune Donnelly, qui dirigeait alors les vignobles Beaconsfield, planta plusieurs milliers de vi- gnes de Champion de son père, et détermina par là la plantation de grandes quantités de ce cépage dans les environs. C'est ainsi qu'il

fut connu sous le nom de *Beaconsfield*[1]. C'é-
tait décidément une vigne dont le raisin était
avantageux, et se vendait très cher à cause de
sa précocité (on l'avait avant tous les autres)
— jusqu'au moment où le public devint
plus connaisseur.

Plante à forte végétation, peu exigeante
(thrifty), et parfaitement rustique, à feuillage
sain, entièrement exempt du mildew et très fertile. *Grappes* grandes, belles, compactes, ailées. *Grain* rond, bleu noir, presque aussi gros
que celui de l'*Hartford prolific* ; peau épaisse,
ferme, adhérant bien au pédicelle. Mûrit près
d'une semaine avant l'*Hartford*, mais est
aussi pauvre, si ce n'est plus, de qualité.

Cette vigne se trouve au mieux dans un sol
chaud, sablonneux, pas très fertile.

Sous le nom de *Champion* et aussi de
Champion doré (golden Champion), un autre
cépage a été introduit en Californie et y
échoue misérablement.

Charlotte. — Identique au *Diana*.

Charter Oak (*Labr.*). — Raisin de la
famille des Fox grapes, très gros, grossier,
tout à fait sans valeur, excepté pour la dimension, qui rend son apparence aussi sé-
duisante que son odeur musquée est re-
poussante.

Christine (*Telegraph*).

Claret (?). — Semis de Chas. Carpenter,
île de Kelley, O. *Grappe* et *grain* moyens ;
rouge clair, acide ; vigne vigoureuse , sans
valeur. — Downing.

Clara. — Supposé provenir d'une graine
étrangère. Raisin blanc ou ambre pâle, très
joli pour la table ; ressemblant un peu à
l'Hybride d'Allen. *Grappe* longue, lâche ;
grain moyennement rond, vert jaunâtre,
transparent, sans pulpe, doux et délicieux,
mais très incertain. Un peu délicat. Demande
un abri l'hiver. N'est pas digne d'une culture en grand, et, depuis que nous avons
tant de qualités supérieures, mérite à peine

une place dans une collection d'amateur.
Toutefois nous apprenons qu'il est vanté en
France comme l'une des variétés américaines
réussissant bien, vigoureuse et fertile, en

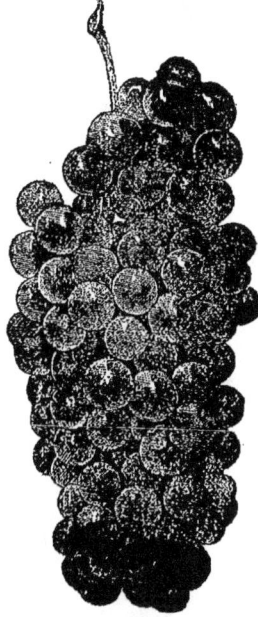

CLARA.

apparence à l'abri de l'insecte au milieu de
vignes fort maltraitées, chez M. Borty, à
Roquemaure. Nous sommes portés à croire
que le nom est incorrect. La figure du
Clara, que nous donnons ici, est réduite à
un quart de grandeur naturelle, un demi-
diamètre.

Clinton.—Syn. : WORTHINGTON (*Cord.*).
Strong dit que, en 1821, l'honorable Hugh
White, alors à Hamilton College, N.-Y.,
planta dans le domaine du professeur Noyes,
à College Hill, une vigne de semis qui
existe encore et qui est le Clinton primitif.
Grappes moyennes ou petites, compactes,
non ailées ; *grain* rond, au-dessous de la
grosseur moyenne, noir ; fleur bleue ; peau
mince, coriace ; chair juteuse, peu pulpeuse, brillante et vineuse ; un peu acide ;

---

[1] Il fut ainsi nommé par les propriétaires de
ce vignoble, malgré les protestations de Donnelly.

d'autant plus doux qu'il pousse plus au Sud ; tourne de bonne heure, mais a besoin de rester longtemps sur la souche (jusqu'aux

CLINTON.

premières gelées) pour atteindre toute sa maturité. Vigoureux, rustique et productif ; sain, mais à végétation excessivement abondante, vagabonde et l'une des vignes les plus difficiles à maîtriser. Demande beaucoup de place et une taille à coursons sur vieux bois pour donner ses meilleurs résultats. Étant un des premiers à fleurir au printemps, il souffre quelquefois des gelées tardives.

La feuille du Clinton est, dans certaines années, complètement envahie par le puceron des galles (forme gallicole du Phylloxera), mais ses racines jouissent d'une immunité remarquable à l'endroit des piqûres de cet insecte redouté. Le puceron des racines s'y rencontre, mais d'ordinaire en petit nombre, et la vigne n'en souffre pas le moins du monde, tandis que les vignes européennes sont tout à fait détruites à côté. C'est ce qui nous fit recommander le Clinton à la France envahie par le Phylloxera, et on l'y employa largement pendant plusieurs années, jusqu'à ce que le Taylor, et surtout certains types de Riparias, aient paru mieux convenir [1].

M. L. Giraud, président du syndicat de Pomerol (Gironde), écrit à la date du 4 mai 1883 : « Mes greffes de 1876, sur le pauvre Clinton si décrié, donnent les meilleures promesses cette année. J'ai cessé de greffer sur Clinton; je préfère aujourd'hui le Riparia, à cause des nombreux pucerons qui se trouvent sur les racines du Clinton, ce qui est un mauvais voisinage pour nos vignes françaises. »

Le fait que des Clintons, même avec des Phylloxeras, sont relativement exempts de mildew et de carie noire, tandis que d'autres variétés beaucoup moins envahies par l'insecte souffrent, soit de la carie, soit du mildew, et quelques-unes même des deux, est une réfutation de la théorie d'après laquelle ces maladies auraient le Phylloxera pour cause.

Racines minces et raides, mais très tenaces, avec un liber dur, uni, formant rapidement de nouvelles fibres ou radicales et, quoique très envahies par le Phylloxera, n'éprouvant que peu d'effet de l'insecte sur le dur tissu des grosses racines. Sarments assez grêles, mais longs et rampants, avec une ample provision de branches latérales et de fortes vrilles. Bois assez tendre, avec une grande moelle.

Fait un joli vin rouge, foncé, ressemblant

[1] Le Clinton est un des cépages qui se sont montrés difficiles sur le choix du sol. Il a réussi dans les terrains profonds, un peu frais et *ferrugineux*. Mais il craint les marnes blanches et y contracte une jaunisse mortelle.   J.-E. P.

au bordeaux [1], mais d'un goût légèrement désagréable, qui pourtant s'améliore avec l'âge ; moût 93° à 98°, et quelquefois dépassant 100°.

Clinton-Vialla (*Rip.*). — Supposé par quelques personnes identique au *Franklin* ; d'autres disent que le feuillage du Vialla est plus grand et plus foncé et qu'il est plus fertile et d'un peu meilleure qualité. On ne le connaît pas du tout ici, mais il est estimé en France comme un porte-greffe de premier mérite.

Clover-Street Black. — Hybride obtenu par Jacob Moore, d'un *Diana* croisé avec le Black Hamburg. *Grappes* grosses, ailées ; *grains* gros, à peu près ronds, noirs, recouverts d'une fleur violet foncé ; chair tendre, douce; plante modérément vigoureuse; mûrit comme le Concord. — Hovey's Magazine.

Clover Street Red. — Même origine que le précédent. *Grappes* plus grosses que celles du *Diana*, lâches, quelquefois avec un long pédoncule et un grapillon terminal ; *grains* gros, ovales-ronds, cramoisis quand ils sont bien mûrs, avec léger bouquet de *Diana* ; plante à forte végétation ; mûrit comme le *Diana*. — Hovey's Mag.

Coe. — Cette variété est originaire du comté de Washing. Iova. G.-B. Brackett, président du Comité pomologique, le considère comme appartenant au type Labrusca, et a eu l'obligeance de nous en envoyer la description suivante pour notre Catalogue :

« Vigne à végétation forte et libre ; supporte bien les vicissitudes de notre climat ; on peut dire qu'il est cuirassé ; sarments assez courts-jointés, avec feuilles saines et durables. *Grappes* petites, compactes, rarement ailées; *grains* petits ou moyens, noirs, assez charnus et juteux. Mûrit huit ou dix

[1] Nous osons à peine traduire ce passage, qui choque toutes les notions reçues sur le vrai bordeaux. L'auteur a voulu sans doute signaler une simple ressemblance de couleur et non de goût.

(Note de la Trad.)

jours avant le Concord. Tandis que le grain et la grappe sont plus petits que ceux de l'Hartford, les grains du Coe sont plus doux et n'éclatent ni ne tombent prématurément. Brackett le considère comme n'étant bon que pour le Nord.

Columbia. — On dit que cette vigne fut trouvée jadis par Adlum, sur sa ferme, à Georgetown, D. C. Végétation vigoureuse, fertile. *Grappe* petite, compacte ; *grain* petit, noir, à fleur légère, à pulpe très peu dure et très peu acide ; peu parfumé, mais agréable et vineux. Mûrit fin septembre. — Downing.

Concord (*Labr.*). — Ce raisin si répandu doit son origine à E.-W. Bull, de Concord, Mass., qui l'exposa pour la première fois, le 25 septembre 1853, à la 25ᵐᵉ Exposition annuelle de la Société d'Horticulture du Massachussets, à Boston.

Grappe grande, ailée, un peu compacte ; *grains* gros, globuleux, couverts d'une épaisse et belle fleur bleue ; peau mince, tendre, crevant facilement ; chair douce, pulpeuse, tendre ; tourne environ quinze jours avant le Catawba, mais a besoin de rester longtemps sur la souche pour développer toutes ses bonnes qualités.

Ne se conserve pas bien, devenant insipide bientôt après avoir été cueilli. Dans certaines localités cependant, surtout dans l'est du Tennessee et quelques parties de la Virginie, il devient si doux et si riche qu'on le reconnaît à peine. *Racines* nombreuses, solides, d'une texture au-dessus de la moyenne comme dureté, à liber moyen, émettant promptement de nouvelles radicelles sous les attaques du Phylloxera. L'un des plus résistants de la classe des Labrusca; a été à cause de cela exporté dans le midi de la France comme porte-greffe ; mais, s'étant trouvé mal approprié à certaines localités sous ce climat, a été bientôt mis généralement de côté ; on lui a préféré le Taylor et d'autres variétés de *Riparia*. Sarments de grosseur moyenne, longs, traînants, avec branches latérales nombreuses et bien développées. Bois de dureté et de moelle moyennes. *Plante*

CONCORD.

CONCORD.

très robuste, à végétation rampante ; feuillage rude, fort, vert foncé en dessus, couleur de rouille en dessous ; très rustique et bien portant et énormément productif. On peut s'en convaincre par la gravure ci-dessus, exécutée d'après la photographie d'un pied de Concord prise dans le vignoble de Jordan et exposée à Saint-Louis. Dans quelques localités cependant, le Concord est souvent sujet à la carie noire sur les souches vieilles. La belle apparence de son raisin en fait un des plus recherchés pour le marché, et, quoiqu'il ne soit pas de première qualité, le goût populaire s'est si bien habitué à lui qu'on le vend mieux que des variétés supérieures d'une apparence moins agréable. On plante plus de vignes de cette seule qualité que de toutes les autres ensemble. Le Catalogue de la Société Américaine de Pomologie dit que « le Concord réussit sur une plus grande aire de sol et de climat qu'aucune autre variété » (dans trente-cinq États de

l'Union), mais qu'il est aujourd'hui généralement mis de côté dans les États du Centre-Sud , parce qu'on le trouve « impropre aux climats chauds et secs ».

Le Concord fait un vin rouge léger, qui est en voie de devenir la boisson du travailleur, peut être produit à assez bon marché, est très agréable et possède un effet particulièrement rafraîchissant sur l'ensemble de l'organisme. On peut aussi en faire un vin blanc en pressurant les raisins sans les faire fermenter. Le poids spécifique du moût varie de 70 à 80 degrés, suivant l'emplacement et le sol, et dans les États du Sud son caractère particulier (le goût foxé) paraît s'améliorer sensiblement.

M. Lespiault, dans un Rapport sur les vignes américaines au Congrès de Bordeaux en 1881, dit : Le Concord fait également en France, chez M. Guiraud, un vin populaire qui a l'approbation des ouvriers. En séparant le jus d'avec le marc avant la fermentation, on peut obtenir des vins neutres, moins foxés, ressemblant à certains vins blancs de France. »

La rusticité, la fertilité et la vogue du Concord ont fait faire beaucoup de tentatives pour en obtenir des semis, en vue de nouvelles améliorations. Parmi ceux qui ont reçu des noms, quelques-uns resteront presque inconnus, excepté de leurs obtenteurs, car ils ne sont ni suffisamment distincts de leur parent, ni assez supérieurs à lui en qualité.

Mais c'est notre devoir, pour que notre Catalogue soit complet, de mentionner les suivants :

Le BLACK HAWK et le COTTAGE sont tous les deux plus précoces (Voir leur description).

Le BURR'S SEEDLING CONCORD, obtenu par John Burr, de Leavenworth, Kans.

Le BALSIGER'S CONCORD SEEDLING n° 2 ressemble aux meilleurs Concords et mûrit plus tard.

Le EATON'S SEEDLING, obtenu par feu Galvin Eaton, de Concord, Mass.; attire beaucoup l'attention sur un point où ce fruit est à sa limite Nord ; il produit de belles *grappes* très grosses, ressemblant au Concord, mais à *grains* beaucoup plus gros et ayant moins le goût natif.

Le LINDEN, obtenu par T.-B. Minor, de Linden, N.-J. On le dit de meilleure qualité et se conservant mieux que le Concord, mais à grain et grappe plus petits.

Le MAIN était, prétendait-on, plus précoce ; mais s'est trouvé n'être qu'un Concord sous un autre nom.

Le MODENA, obtenu par A.-J. Caywood, de Poughkeepsie, N.-Y. ; nous ne le connaissons que de nom.

Le MOORE'S EARLY, obtenu, en 1872, par John-B. Moore, de Concord, Mass., a gagné le prix de 60 dollars de la Société d'Horticulture du Massachussets, comme le meilleur semis nouveau précoce dans l'automne de 1877. Il est de huit à quinze jours plus précoce que le Concord ; les grappes ne sont ni aussi grosses ni aussi bien formées ; les grains sont plus gros, mais la qualité n'est pas meilleure et la végétation pas aussi forte (Voir la description).

Le MAC DONALD'S ANN ARBOR, grain de W. Mac Donald, Ann Arbor, Mich., obtenu, en 1877, d'une graine de Concord ; est aussi noir, et mûrit comme l'Hartford prolific. On le dit d'une végétation extra-vigoureuse, parfaitement rustique et saine. *Grappe* très grosse, ailée ; *grain* très gros.

Le NEW-HAVEN, gain de J. Valle, de New-Haven, Mo., ressemble au Concord pour le bois et le feuillage ; mûrit huit jours plus tôt. *Grappe* et *grain* moyens, de très bonne qualité. Mérite d'être mieux connu.

Le PAXTON, grain de F.-F. Merceron, de Catawissa, Penn. ; on le dit en tout semblable au Concord.

Le ROCKLAND FAVORITE, mentionné dans le Catalogue d'Elwanger et Barry comme un nouveau semis de Concord ; on prétend qu'il est plus précoce et meilleur que son parent et qu'il produit beaucoup.

Le STORM KING, obtenu par E.-P. Roe, de Cornwall, sur l'Hudson, N.-Y., est un sport (une variation) d'une vigne de Concord ; on dit qu'il donne depuis plusieurs années de grosses grappes largement ailées, ressemblant en tous points à celles du Concord, mais à grains près de deux fois plus gros, noirs, ronds, très peu foxés.

Le WORDEN'S SEEDLING (Voir la description).

Le YOUNG AMERICA, par Samuel Miller, de Bluffton, ressemble tout à fait au Concord.

Voyez aussi COTTAGE et UNA (blanc), obtenus par E.-M. Bull lui-même, de semis du Concord ; ce sont donc, à vrai dire, de petits-enfants du Concord.

Ces essais ont montré que le Concord témoigne d'une grande tendance à produire des semis *blancs*, parmi lesquels Martha a été obtenu le premier et est devenu l'une des variétés les plus importantes.

L'EVA et le MACEDONIA, obtenus l'un et l'autre par Sam. Miller d'une graine de Concord, ressemblaient au Martha. Il les a par suite abandonnés, quoique dans quelques localités, par exemple aux environs de Louisville, on considère l'Eva comme supérieur au Martha.

Le GOLDEN CONCORD, gain de John Valle, de New-Haven, Mo., a une pauvre végétation et est inférieur au Martha ; nous ne pensons pas qu'il mérite d'être propagé comme variété distincte.

Le MASON'S SEEDLING a beaucoup plus de mérite (Voir la description).

F. Muench, F.-J. Langendorfer, J. Belsiger et plusieurs autres ont obtenu avec le Concord des semis blancs ; certains d'entre eux peuvent se montrer supérieurs en qualité au Martha. Le n° 32 de Balsiger n'a presque pas de goût foxé ; son moût pèse 84° ; était mûr le 15 août sous notre latitude, et a conservé ses raisins sur la souche jusqu'en octobre.

Les grappes et les grains de ces semis blancs de Concord sont de plus petite dimension, à peu près comme le Martha, mais moins sujets à la carie noire, semble-t-il.

Le LADY (Voir la description) est une amélioration du Martha pour la qualité, et est recommandé comme tel par de bonnes autorités.

Parmi les divers semis purs de Concord qu'on prétend avoir de meilleures qualités que leur parent et se montrer de grande valeur, se trouve aussi un *nouveau raisin blanc* gros et de belle apparence, nommé POCKLINGTON (Voir cette variété), ainsi que le WHITE ANN ARBOR, obtenu d'une graine de Concord par C.-H. Woodruff d'Ann Arbor, Mich., en 1870. On dit que c'est celui qui se rapproche le plus du Pocklington pour la dimension et que c'est un très beau raisin blanc, parfaitement rustique et plus précoce que le Concord. Mais il a le défaut de se détacher trop facilement, et, en 1881, la Commission des fruits indigènes de la Société américaine de Pomologie le déclara trop acide. Il se peut que l'échantillon qui lui fut soumis ne fût pas complètement mûr.

On a accompli de plus grands progrès, il est vrai, par le croisement du Concord et de variétés européennes ; mais, tandis qu'on obtenait ainsi des vignes d'un mérite supérieur, il s'est en général élevé des doutes sur leur rusticité, leur vigueur et leur fécondité. (Voyez « Hybrides » dans le Manuel. Voyez aussi « TRIUMPH » et « LADY WASHINGTON » à la description de ces variétés.)

Conqueror. — Semis obtenus par le Rév. Archer-Moore, N.-J., qui le suppose être un croisement entre le Concord et le Royal Muscadine. Très précoce. *Grappes* longues, lâches, ailées ; *grains* moyens, noirs, brillants avec fleur ; chair légèrement pulpeuse, juteuse, douce. Plante à végétation franche, rustique, saine et prolifique. Chez nous, le Conqueror marche remarquablement bien, se montre moins sujet à la carie noire qu'aucun hybride. Nous ne pouvons non plus voir aucune trace de type étranger, soit dans le feuillage, soit dans la végétation, soit dans l'aspect. Il semble être plutôt un croisement entre le Concord et quelque Riparia, et mérite d'être plus cultivé qu'il ne l'est.

Corporal. (Hybr.). — Nouveau raisin obtenu par D. S. Marwin, Watertown, N.-Y. *Grappe* et *grain* moyens ; lâche ; couleur noire ; brillant et bon raisin. (Société amér. de Pom., Rapport sur les Fruits nouveaux, 1881.)

Concord Chasselas. — Hybride provenant d'une graine de Concord, obtenu par Geo.-W. Campbell, de Delaware, O., qui en a donné la description suivante :

« *Grappe* assez longue, ordinairement ailée, d'une belle compacité, sans être trop serrée ; *grains* gros, ronds ; peau très mince, mais tenace, et à demi transparente ; pépins très nombreux et très petits ; quand la maturité est complète, les grains sont d'une riche couleur d'ambre, avec une légère fleur blanche. Presque identique d'aspect avec le Chasselas doré exotique. Chair parfaitement tendre et fondante, juste assez vineuse et acide pour ne pas rassasier le goût le plus délicat. Entièrement exempte de toute trace de saveur foxée et pouvant satisfaire le palais le plus gâté par l'habitude des vins d'Europe ; mûrit à la même époque que le Concord. La vigne est d'une végétation très vigoureuse ; feuillage grand, épais et abondant, résistant au *mildew* aussi bien que le Concord, dans les localités qui y sont très exposées.

Concord Muscat (Hybr.). — Obtenu aussi d'une graine de Concord par Geo.-W. Campbell, de Delaware, O., qui en donne la description suivante : « *Grappe* longue, modérément compacte, quelquefois ailée ; *grains* très gros, ovales ; peau mince, un peu opaque ; pépins peu nombreux et petits ; couleur claire, blanc verdâtre, à fleur délicate; chair extrêmement tendre et fondante, sans pulpe ni astringence près des pépins; bouquet riche, sucré, légèrement subacide, avec l'arome particulier qui fait le charme et la distinction des Muscats étrangers et des Frontignans. Il y a réellement peu de raisins, parmi les espèces étrangères les plus admirées, qui égalent cette variété en bouquet et en distinction. Vigne très vigoureuse; feuillage grand et modérément épais; résiste au *mildew*, excepté dans des années très défavorables. Sous ce rapport, il l'emporte sur l'Eumelan, le Delaware, le Clinton ou les Hybrides de Rogers, mais il n'égale pas le Concord.»

Cornucopia (Hybride d'Arnold, n° 2).— Semis de Clinton croisé avec le Black Saint-Peters. Vigne ressemblant beaucoup au Clinton pour l'aspect, mais supérieure à lui pour la dimension du grain et de la grappe et très supérieure pour le bouquet. Plante saine portant beaucoup. La Société d'Horti_ culture de Paris (Canada) en a fait le rapport suivant : « C'est certainement une des meilleures vignes de toute la collection des hybrides de M. Arnold ; c'est une vigne qui promet beaucoup.» *Grappe* grosse, ailée, très compacte ; *grain* au-dessus de la moyenne, noir, recouvert d'une jolie fleur ; bouquet excellent, ayant beaucoup de montant et agréable; peau mince; pépins gros, proportionnés à la grosseur du grain comme ceux du Clinton. Chair fondante, avec très peu de pulpe, si même il y en a; semble fondre dans la bouche ; tout jus, un peu acide et astringent ; mûrit comme le Concord. Bon

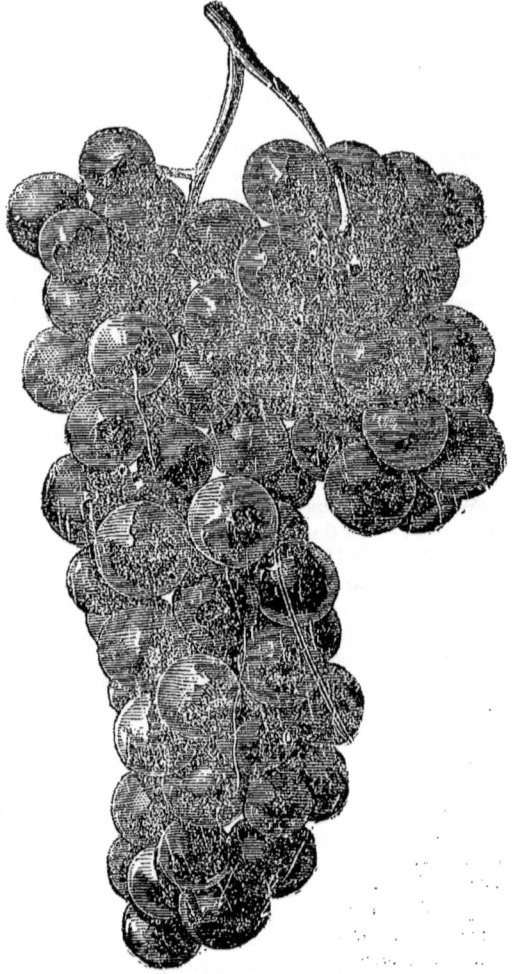

CORNUCOPIA.

raisin pour le marché et se conservant bien. Bon également pour la cuve.

Cottage (*Labr.*). — Semis de Concord élevé par E.-W. Bull, l'obtenteur de cette variété. Végétation forte, vigoureuse; feuilles remarquablement grandes et coriaces ; *racines* abondantes, fortes et branchues : *Grappe* et *grains* à peu près de la dimension de ceux du Concord, mais d'une teinte un peu plus sombre ; mûrit avant le Concord ; de meilleure qualité que son parent, avec moins de goût foxé que lui, mais par contre moins approprié que lui à certains sols, certaines localités. Dans le vignoble de Bushberg, il donne plus de satisfaction que la plupart des autres variétés de Labrusca, tandis que dans d'autres vignobles il n'a pas une aussi forte végétation et ne produit pas autant que le Concord, et même, sur certains points, marche misérablement.

M. Bull, dans ses efforts heureux pour améliorer nos vignes indigènes, commença par semer les pépins d'une vigne sauvage (*V. Labrusca*), de laquelle il obtint des plants. Il sema alors les pépins obtenus de ceux-ci, et en obtint d'autres, parmi lesquels le Concord. Il éleva alors 2,000 semis avant d'en obtenir un qui surpassât le Concord. A la quatrième génération, par conséquent avec les arrière-petits-enfants du Concord, il obtint des plants bien supérieurs au Concord et presque égaux à la vigne d'Europe (*V. vinifera*). Il semble qu'il n'y ait pas raisonnablement de doute à avoir que, comme le pense M. Bull, la vigne sauvage peut, au bout de quelques générations, être élevée, sous le rapport de la qualité, au niveau de la vigne d'Europe[1]. — Rapport agricole des États-Unis pour 1867 (*U. S. Agric. Report for 1867.*)

Le jardin d'expériences de M. Bull est une colline sablonneuse, un sol pauvre en ma-

CROTON.

tières organiques, mais riche en fer. Il n'emploie pas de riches engrais ; il met à ses vignes quelques cendres et quelques poudres d'os, et leur donne une bonne culture. Il n'a pas réussi à élever un autre semis qui aurait comblé ses hautes espérances, quoiqu'il y ait trente ans qu'il a obtenu le Concord. Mais c'est un assez grand sujet de satisfaction que d'avoir obtenu cette seule variété ; et l'on doit savoir d'autant plus de gré à M. Bull d'avoir continué ses recherches, qu'elles n'ont jamais été récompensées par aucun profit pécuniaire.

[1] Il va sans dire que les traducteurs n'acceptent pas la responsabilité d'une opinion aussi optimiste. (*Note de la Trad.*)

Cowan, ou Mᶜ Cowan (*Rip.*). — *Grappe et grain* moyens, noirs, un peu âpres et rudes. Pas recommandables.— *Downing*.

Croton. — Hybride du Delaware et du Chasselas de Fontainebleau, obtenu par S.-W. Underhill, de Croton-Point, N.-Y. A porté son premier fruit en 1865. En 1868 et les années suivantes, il obtint des prix aux Sociétés de N.-Y., de Pensylvanie et de Massachussets, et à d'autres Expositions de raisins, y attirant une attention marquée.

Feu H.-T. Hooker, de New-York, a dit : « Le Croton réussit très bien dans *quelques* localités, et est sans contredit, quand il est bien venu, l'un des plus délicieux raisins que j'aie jamais élevés. »

Grappe, souvent de 8 à 9 pouces (20 à 22 centim.) de long, modérément compacte et ailée ; le haut souvent aussi gros que la grappe elle-même, et les grappillons fréquemment ailés ; *grains* de grandeur moyenne, de couleur claire, jaune verdâtre, transparents et d'une apparence remarquablement délicate ; chair fondante et douce jusqu'au bout ; qualité excellente, rappelant beaucoup le Chasselas par le parfum et le caractère ; mûrit de bonne heure. Quelques pomologues très éminents disent que c'est un des meilleurs raisins rustiques qu'ils aient goûtés et prétendent que la vigne est rustique, vigoureuse et productive ; d'autres, qu'elle ne réussit pas du tout ; — même greffée sur des racines vigoureuses, elle est restée infertile et sans mérite chez certains viticulteurs de l'Ouest. Notre propre expérience lui a été très défavorable, cette vigne étant très délicate, végétant faiblement et ayant une tendance au mildew et à la carie noire.

Nous ne pouvons pas la recommander pour la grande culture, mais seulement comme une vigne d'amateur.

Cunningham. Syn. : Long. (*Æst.*). — Vigne du Sud, appartenant à la même classe que l'*Herbemont* ; est née dans le jardin de M. Jacob Cunningham, Prince-Edward county, Va. Le Dʳ D.-N. Norton, éminent agronome, le même qui a cultivé le premier et fait connaître notre précieux Norton's Virginia, fit du vin avec le Cunningham en 1855, et remit à M. Prince aîné, de Flushing, Long-Island, le pied au moyen duquel cette variété a été répandue. Transplanté dans le midi de la France, le Cunningham y a été considéré comme l'un des plus précieux cépages américains et a été admis comme l'égal de quelques-unes des variétés françaises favorites [1].

Le Cunningham est TRÈS PRÉCIEUX pour les pentes au midi, à sols pauvres, légèrement calcaires, sous cette latitude et plus au Sud. *Grappe* très compacte et lourde, moyenne ; souvent, mais pas toujours, ailée ; *grains* petits, noir brun, juteux et vineux. Vigne à forte végétation, bien portante et fertile ; pour cela cependant, elle a besoin d'une taille à coursons sur les branches latérales et d'une légère couverture l'hiver [2]. Il ne faut le planter que dans des situations favorables, là où l'*Herbemont* réussit le mieux. *Racines* de moyenne épaisseur, ayant une tendance à être raides (*wiry*), droites, rugueuses, à liber uni, dur ; c'est l'une des variétés les plus résistantes à l'insecte. Sarments peu nombreux, mais très forts et vigoureux, atteignant souvent une longueur de 30 à 40 pieds (9 à 12 mètres) dans une saison, branches latérales de dimension moyenne et bien développées ; bois dur, à moelle de grandeur moyenne ; écorce dure, épaisse, adhérant fortement, même sur le bois mûr, caractéristique commune à toute la classe des *Æstivalis*. Mûrit son fruit tard et fait un des vins les plus parfumés et les meilleurs, d'une couleur jaune foncé. Moût. 95 à 112°.

Cynthiana. Syn.: Red River (*Æst.*). — Reçu par Husmann en 1858, de William R.

[1] L'expérience a depuis, en France, fait beaucoup rabattre de ces éloges, et le Cunningham est discuté comme porte-greffe aussi bien que comme producteur direct.   J.-E. Planchon.

[2] Cette précaution ne paraît pas devoir être nécessaire sous notre climat, si l'on en juge par la manière dont le Cunningham a supporté nos hivers depuis qu'on le cultive dans nos contrées du Midi.   (*Note de la Trad.*)

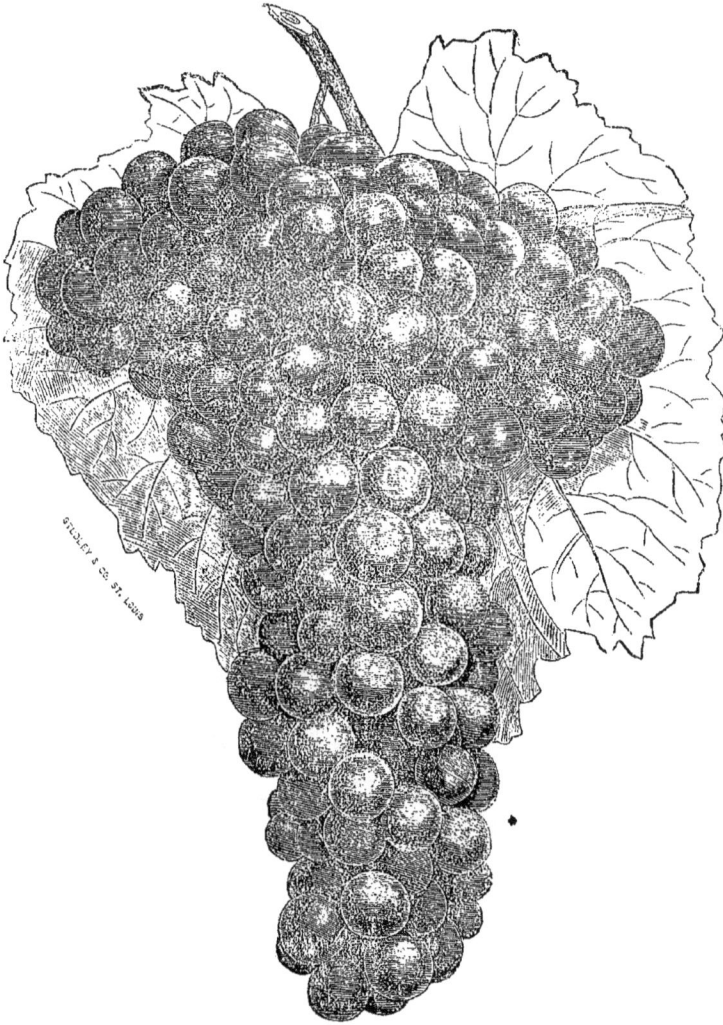

CUNNINGHAM.

Prince, Flushing, Long Island, New-York. Origine : Arkansas, où on l'a trouvé probablement à l'état sauvage. C'est un véritable *Æstivalis* dans toutes ses habitudes, et il ressemble tellement au Norton's Virginia qu'il est impossible de différencier leur bois ou leurs feuilles ; la grappe est cependant un peu plus ailée, le grain plus juteux et un peu plus doux et la maturité plus précoce. Toutefois cette différence et d'autres points mentionnés plus loin sont attribués par plusieurs viticulteurs à des différences de sol, d'em-

CYNTHIANA.

placement et d'exposition, et ne leur paraissent pas suffisantes pour le considérer comme une variété distincte et séparée du Norton's Virginia. Nous ne sommes pas bien en mesure de trancher la question, mais nous sommes disposés à nous ranger du côté de ceux qui considèrent le Cynthiana comme différent du Norton's et comme supérieur à lui.

Grappe de grandeur moyenne, modérément compacte, ailée ; *grain* au-dessous de la moyenne, rond, noir, à fleur bleue, doux, épicé, modérément juteux. Jus rouge très foncé ; pèse beaucoup à l'aréomètre, plus même que celui du Norton's Virginia ; fait, jusqu'à présent, *notre meilleur vin rouge.* Possède autant de corps que le Norton's Virginia, est d'un parfum exquis, beaucoup plus délicat que le Norton's, et peut en toute sécurité être mis en ligne avec les vins de Bourgogne les plus choisis [1]. Le Norton's semble pourtant posséder des ingrédients médicaux (tannin) à un plus haut degré. Vigne vigoureuse et saine, productive, donnant *ici* des récoltes de fruits bien mûris, aussi bien qu'aucune variété à nous connue ; mais très difficile à propager, son bois étant très dur, avec une petite moelle et une écorce extérieure très adhérente. Le fruit mûrit quelques jours plus tôt que le Norton's. Poids spécifique du moût, de 98 à 118°, suivant la saison. Nous pouvons recommander avec assurance le *véritable* Cynthiana comme la *meilleure vigne* pour vin rouge que nous ayons essayée.

Notre vin de Cynthiana a obtenu la première médaille de mérite à l'Exposition universelle de Vienne en 1873, et remporte de nouveaux succès à chaque dégustation. La Commission du Congrès de Montpellier (France) a dit dans son Rapport : «Le Cynthiana de M. Bush est un vin rouge d'une belle couleur, riche en corps et en alcool, qui nous rappelle le vieux Roussillon ». Il parle de même du Cynthiana exposé par MM. Poschel et Scherer. M. Nuesch, du vignoble Ouachita, du Dr Laurence, près Hot Spring, Ark., qui a reçu ses plants de chez nous, dit : «Nous trouvons le Cynthiana plus rustique que le Norton's et un peu plus précoce de quelques jours ». M. Muench nous écrivait : «On ne saurait assez dire en faveur du Cynthiana. Son vin, à l'âge de deux ou trois ans, n'est dépassé par aucun des meilleurs vin rouges de l'Ancien Monde. » Nous le regardons comme notre *vin rouge le meilleur et le plus méritant*, et nous avons apporté le plus grand soin et une attention spéciale à la propagation.

Creveling. Syn. : CATAWISSA, BLOOM (*Labr.* ✕) Comté de Columbia, Pensylvanie.

[1] Il y aurait ici les mêmes réserves à faire que ci-dessus pour les vins de bordeaux.

Traduct.

—Grappes longues, lâches sur les jeunes vignes, mais sur les vieilles quelquefois aussi compactes que celles du Concord ; d'autres fois très lâches, parce que le fruit a imparfaitement noué. *Grains* moyens ou gros, légèrement ovales, noirs avec fleur bleue ; chair délicate, juteuse'et douce; bonne qualité, mûrit de bonne heure, quelques jours après l'Hartford et avant le Concord. Vigne à belle végétation, saine et rustique, mais non à l'abri du mildew et de la carie noire ; peut être plantée à 6 pieds d'écartement, sur les coteaux au Nord et au Nord-Est. *Racines* épaisses, verruqueuses et relativement peu nombreuses ; texture molle ; liber épais, formant de jeunes fibres assez lentement ; sarments longs et rampants, grêles, à entre-nœuds longs, avec peu de branches latérales ; bois mou, d'une couleur rougeâtre, avec une grosse moelle.

Dans tous ces caractères, il y a à peine trace de l'Æstivalis, dans la classe duquel quelques personnes voudraient faire entrer le Creveling.

Cette vigne a, pendant quelque temps, gagné rapidement dans l'opinion ; elle ne le méritait pas, étant souvent improductive et nouant imparfaitement son fruit.

M. Knight, propriétaire d'un vignoble de 50 acres (environ 20 hectares), a, dit-on, arraché récemment cinq acres de Creveling, ne trouvant pas ce raisin satisfaisant pour le marché ; il serait encore plus désavantageux pour la cuve et ne peut être maintenu que comme un beau raisin de famille dans la culture d'un jardin. Le Rév. Burnet, d'Ontario, qui a planté et cultivé le Creveling entremêlé avec le Concord, dit qu'il l'a trouvé « tout ce qu'on peut désirer, tant sous le rapport de la grappe que sous celui du grain », attribuant ce fait à ce que le Creveling était fécondé par le Concord.

Cuyahoga. Syn. : WEMPLE (*Labr.*). — Semis dû au hasard, et cultivé par Wemple, de Collamer, Cuyahoga County, O. Plante à végétation forte ; demande un sol chaud, sablonneux et une exposition au Nord, pour se faire apprécier ; mais quand elle pousse bien, elle est de bonne qualité. Dans le Sud, elle perd son feuillage et n'a pas de mérite. *Grappe* moyenne, compacte ; *grain* moyen, épais, verdâtre, ambré quand il est bien mûr ; chair délicate, juteuse, douce. Mûrit comme le Catawba ou un peu plus tard.

Dana. — Semis obtenu par Francis Dana, de Roxbury, Mass., et décrit dans les *Massachussetts horticult. Transactions. Grappe* moyenne, ailée, compacte, ayant une tige particulière, rouge ; *grains* assez gros, presque ronds, *rouges*, recouverts d'une fleur riche et épaisse, de sorte qu'ils paraissent presque noirs quand ils sont bien mûrs ; chair aussi exempte de pulpe que le Delaware ; il est moins doux, mais plus alcoolique et vineux, sans être acide.

MM. John B. Moore et fils, de Concord, Mass., qui possèdent le pied-mère, disent de plus que la vigne de cette variété a une végétation vigoureuse et parfaitement rustique ; feuillage propre (?) et sain. *Grappe* aussi grosse que le plus beau Concord : semblable pour la qualité et la couleur au Chasselas rouge ; on le suppose un *pur semis indigène*. Mûrit comme le Concord.

DEMPSEY's Seedling. (Voyez BURNET, pag. 126) Il y a d'autres semis désignés seulement par des numéros et très peu connus en dehors de l'Ontario.

Détroit (*Labr.*). — On suppose que cette variété est un semis de Catawba. On l'a trouvée dans un jardin à Détroit, Mich. N'en ayant pas vu le fruit, nous copions la description donnée par l'*Horticulturist*. Vigne très vigoureuse et rustique. Feuillage ressemblant à celui du Catawba ; bois à entrenœuds courts ; *grappes* grosses, compactes, *grains* très foncés, d'une riche couleur brun clair, avec fleur légère, ronds et réguliers. Chair très peu pulpeuse, riche et sucrée. Mûrit plus tôt que le Catawba.

Diana Hamburg (*Hybr.*).— Variété nouvelle qu'on dit être un croisement entre le Diana et le Black Hamburg, et dont l'origine est due à M. Jacob Moore (de Rochester),

N.-Y. *Grappes* généralement grandes, suffisamment compactes, bien ailées ; *grains* au-dessus de la moyenne, légèrement ovales, d'une riche couleur rouge de feu quand ils sont bien mûrs ; chair tendre, d'un parfum très doux, égal à celui de quelques-unes des meilleures espèces étrangères. Vigne à végétation faible, à bois ferme ; très délicate ; mérithalles courts, feuilles de moyenne grandeur, crispées et quelquefois enroulées ; sujet au *mildew*. Son fruit mûrit après celui du Concord, mais avant celui du Diana, son parent. Nous pourrions avancer qu'au moins trois personnes différentes passent pour avoir fait cet hybride, et il est possible qu'il existe plusieurs croisements de l'exotique Black Hamburg avec le Diana. Le nôtre est de J. Charlton, Rochester, N.-Y., mais il s'est montré sans valeur. Nous pourrions aussi bien tenter de cultiver le Black Hamburg en plein air. Sa propagation devrait être abandonnée ; c'est du moins ce que nous avons fait.

Delaware. — Origine inconnue. A été trouvé, il y a de longues années, dans le jardin de Paul H. Provost, Freuchtown, comté de Hunterdon. N.-J. Provost était un immigrant suisse et avait apporté avec lui plusieurs variétés de vignes exotiques qu'il cultivait dans son jardin. Cette vigne fut connue d'abord sous le nom de *vigne italienne*, puis fut supposée être le « Traminer Rouge », ou un semis de cette variété. Nous avons de fortes raisons de croire que c'est un hybride entre la *V. Labrusca* et la *V. vinifera.*

Cette variété, portée pour la première fois à la connaissance du public par A. Thompson, Delaware, Ohio, est considérée comme l'un des meilleurs, si ce n'est le meilleur des raisins américains. Il semble être *entièrement à l'abri de la carie noire* en toutes saisons, et sa parfaite rusticité, sa qualité sans rivale, et sa vogue à la fois pour la table et pour la cuve, placent cette variété à la tête des raisins américains. Malheureusement, par suite de diverses causes, elle ne réussit pas bien dans toutes les localités ; il faut

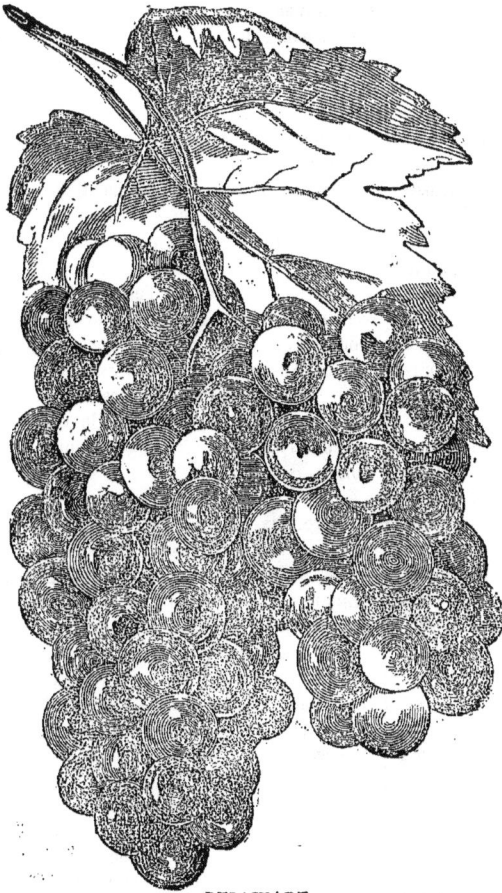

DELAWARE.

qu'elle soit plantée dans un sol profond, riche, ouvert et drainé (ici sur des pentes tournées au Nord-Est et à l'Est), et elle demande une bonne culture, un élagage de la récolte et une taille sur branches latérales courtes (*pruning to short laterals*). Ses *racines* sont effilées et ne sont pas disposées à se ramifier beaucoup ; d'une dureté moyenne, avec un liber assez mou. Sarments proportionnés en longueur et en épaisseur, avec un nombre normal de branches latérales. Bois dur, avec une petite moelle. Le Delaware pousse len-tement. On peut très bien planter 1450 pieds à l'acre, 5 ou 6 pieds étant un écartement suffisant. On a fait dernièrement quelques essais de greffage du Delaware sur Concord et Clinton, qui paraissent avoir réussi. (Voyez *Greffage*, dans le Manuel.) Le Delaware est extrêmement rustique ; il supporte sans souffrance les hivers les plus rudes, quand les vignes sont en bon état.

Dans certaines localités, comme le sud-ouest du Missouri et l'Arkansas, il donne des récoltes certaines et abondantes et est entièrement sans rival pour la production d'un beau vin blanc. Dans quelques parties du Michigan (Saint-Joseph, Benton Harbor par exemple), il produit annuellement (depuis 1864 jusqu'à maintenant) autant de livres par pied que le Concord, et est encore plus certain. Dans le Maine, il est considéré dans l'ensemble « comme le meilleur raisin qu'on ait ». Mais dans d'autres localités il s'est montré sujet au *mildew* ou à la rouille des feuilles, et cette disposition est grandement aggravée quand on force la production ; ce qu'on est sûr de pouvoir faire, si on le lui permet.

De bonnes autorités recommandent un léger abri au-dessus des vignes comme une défense contre le mildew. On croyait les racines sensibles au Phylloxera, et ses feuilles sont en effet souvent couvertes de galles de l'insecte. Mais M. Reich, l'éminent viticulteur du delta du Rhône, a prouvé que cette variété résiste très bien aux attaques du Phylloxera. Il les a infectées artificiellement avec l'insecte, trois fois par an, sans leur faire aucun mal.

Grappe petite ou moyenne, compacte, ordinairement ailée ; *grains* au-dessous de la moyenne, ronds ; peau mince, mais tenace ; pulpe douce et tendre ; jus abondant, riche, vineux et sucré, ayant du montant, rafraîchissant ; belle couleur rouge pourpre marron, couverte d'une fine fleur blanchâtre, et très transparente. Sans âpreté ni acidité dans sa pulpe, qui est extrêmement douce, vineuse, parfumée, et qui a du montant. Mûrit de bonne heure, environ huit jours plus tard que l'Hartford prolific. Excellente qualité pour la table comme pour la cuve. Moût 100° — 118°. Acide, 5 à 6 par mille.

Les semis de Delaware et ses croisements ne sont que peu connus, bien que d'innombrables essais aient été tentés pour les obtenir. L'espoir de trouver parmi eux un raisin d'une valeur supérieure, ayant seulement des grappes et des grains plus gros, mais de la même qualité que le Delaware, a été et sera probablement toujours déçu. Tous ces semis tiennent plus ou moins du *Fox grape*. Ce fait et d'autres caractères (Voyez le Manuel, *Tableau des graines de vignes*, etc.) nous convainquent que son origine vient en partie de cette espèce, bien que plusieurs horticulteurs et botanistes éminents placent le Delaware parmi les *Æstivalis*, d'autres parmi les *Riparia*. Il est vrai que la feuille du Delaware paraît voisine des *Æstivalis* ; son bois est plus dur, plus difficile à propager et les vrilles ne sont pas continues (elles ne sont pas non plus régulièrement intermittentes). Nous trouvons un cas parallèle remarquable dans le Delaware de Sheppard, obtenu d'une graine de Catawba, en 1853, par J.-V. Sheppard, de qui Charles Downing le reçut avec son histoire. Voici ce qu'il en dit : « *La vigne et le fruit sont à tous égards semblables au Delaware* ». Le Delaware blanc, variété nouvelle, obtenue par G.-W. Campbell d'une graine de Delaware, a un feuillage grand, épais, « *ressemblant plus au Catawba qu'au Delaware* ». Un autre semis de Delaware blanc, obtenu par H. Jæger (de Neosho), possède les mêmes caractères, et son fruit a un bouquet musqué. Probablement il n'a pas montré grand mérite,

car on n'en a plus entendu parler. Dernièrement on a obtenu plusieurs hybrides, promettant beaucoup, du Delaware croisé avec Concord et autres Labrusca, notamment la DUCHESSE. (Voir descript. de cette variété ; voir aussi la liste C des Hybrides dans le Manuel, pag. 46.)

I. Rommel a obtenu récemment, de semis, un Delaware noir qui est très précoce, de belle qualité, et peut devenir intéressant, par le fait qu'il réussit, semble-t-il, dans des localités et des sols où l'ancien Delaware échoue. I. Sacksteder (de Louisville) mentionne deux semis blancs de Delaware, l'un nommé *Kalista*, l'autre *Laccrissa* ; on les dit d'un mérite supérieur, riches en bouquet, d'une meilleure végétation que leur parent, et conservant leur feuillage jusqu'à l'automne.

Devereux (*Æst.*). Syn. : BLACK JULY, LINCOLN ? BLUE GRAPE, SHERRY, THURMOND, HART, TULEY, MC LEAN, HUSSON (LENOIR, improprement ; on peut aussi faire des objections au nom de BLACK JULY, ce nom étant employé par les ampélographes anglais pour l'ISCHIA NOIR, ou NOIR DE JUILLET, une variété de PINEAU — *Vinifera* — avec laquelle le Devereux n'a aucun rapport). Cépage du Sud ; appartient à la classe de l'Herbemont et du Cunningham. Là où il réussit, il donne un de nos meilleurs raisins pour la cuve, car il produit un vin blanc d'un bouquet excellent. Est un peu sujet au mildew ; très délicat ; demande un abri l'hiver. Au nord du Missouri, il ne faut pas l'essayer ; mais il réussit admirablement sur les pentes au Midi, quand la saison est favorable ; jamais dans les sols froids et humides. Nos viticulteurs du Sud, spécialement, devraient en planter un peu. *Grappe* longue, lâche, légèrement ailée ; *grain* noir, au-dessous de la moyenne, rond ; peau fine, tendre ; chair nourrissante, juteuse, sans pulpe et vineuse ; qualité excellente. Plante à forte végétation, et, quand elle n'a pas le mildew, modérément fertile ; bois à mérithalles longs, brun pourpre d'abord, d'un rouge pourpre plus foncé quand il est mûr ; vrilles à deux embranchements, intermittentes — celles-ci, ainsi que le pédoncule de la feuille, sont teintées à la base de pourpre brun, aussi bien que les jeunes sarments ; les bourgeons sont couverts d'un duvet roussâtre et, en se déroulant, ont cette teinte rosée particulière aux jeunes feuilles duveteuses d'un grand nombre d'Æstivalis. Les feuilles, une fois développées, sont de dimension moyenne, entières (non lobées), très rugueuses, nourries, et avec des touffes de poils assez abondantes sur les nervures inférieures.

Don Juan. — Un des semis de M. Ricketts, ressemblant beaucoup à son parent l'Iona. M. F.-R. Elliot dit : « Il est meilleur qu'aucun raisin rustique de sa couleur ; le grain est à peu près de la grosseur de celui du n° 16 de Rogers, sa couleur est plus foncée et sa grappe plus grosse et meilleure ; la chair est vineuse, douce et pétillante. » (Voyez nos remarques sur les semis de Ricketts.)

Downing, ou CHARLES DOWNING. — Hybride obtenu par James H. Ricketts, Newburg, N.-Y., du Croton fertilisé par le Black Hamburg. « *Grappes* grosses, quelquefois ailées ; *grains* gros, légèrement ovales, presque noirs, avec légère fleur ; chair tendre, fondant un peu, dans le genre des variétés exotiques. Pour le bouquet, cette variété est de premier ordre, étant douce, avec juste assez de montant pour empêcher qu'on n'en soit rassasié. — Fuller.

On dit que la vigne a une végétation vigoureuse et un feuillage sain, ce qui s'explique par la nature de ses parents. Suivant d'autres indications, ce serait le produit de l'Israella croisé avec le Muscat Hamburg. Grosse grappe exceptionnellement longue, grains oblongs ; — raisin remarquable. M. Ricketts doit en avoir eu une très haute idée,

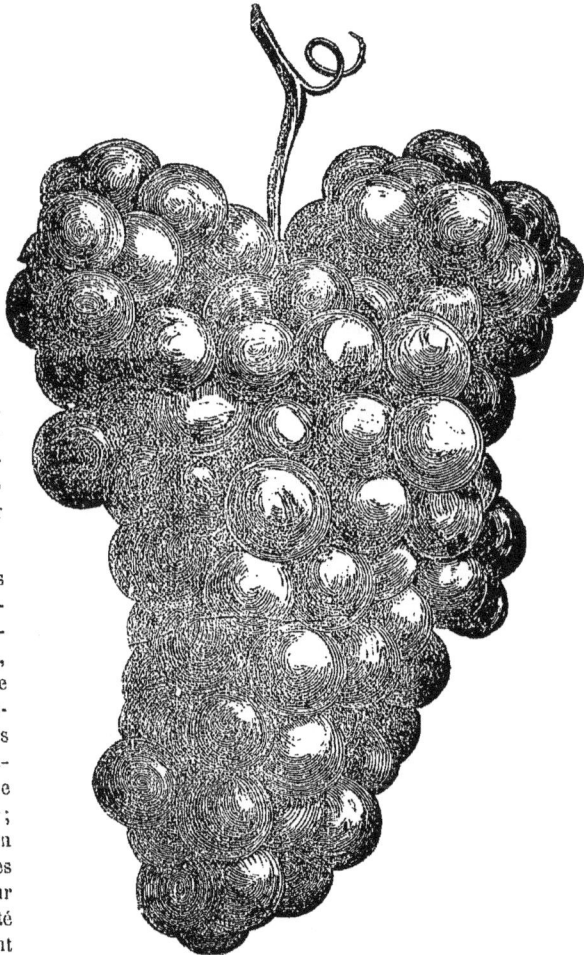

DIANA.

puisqu'il lui a donné le nom de notre grand et vénéré Pomologue. Mais il n'est pas répandu.

Diana (*Labr.*). — Semis de Catawba, obtenu par Mme Diana Crehore, Milton, Massachussets ; exposé pour la première fois, en 1843, à la Société d'Horticulture du Massachussets. M. Fuller fait remarquer avec raison ce qui suit :

« Il n'y a probablement pas en culture de variété à l'égard de laquelle il existe une plus grande diversité d'opinions, et sa variabilité justifie pleinement tout ce qu'on en dit. Dans une localité, elle est réellement excellente, tandis que dans une autre, souvent très voisine, elle est entièrement sans valeur. On observe fréquemment ces différences dans le même jardin, et sans cause apparente. »

Le Diana paraît réussir le mieux dans les sols chauds, un peu secs et pauvres ; une argile graveleuse ou sablonneuse paraît être surtout appropriée à ses besoins. On dit qu'il réussit remarquablement bien en Géorgie. *Grappes* moyennes, très compactes, accidentellement ailées ; *grains* de grosseur moyenne, ronds, rouge pâle, recouverts d'une légère fleur lilas ; chair tendre avec un peu de pulpe, douce, juteuse, avec un parfum de musc qui est très fort jusqu'à ce que le fruit soit mûr complètement, et qui répugne souvent à certains goûts. Le fruit tourne de bonne heure, mais en réalité ne mûrit pas beaucoup plus tôt que le Catawba. Vigne à végétation vigoureuse, demandant beaucoup d'espace et une taille longue, et gagnant en fertilité et en qualité à mesure qu'elle vieillit. *Racines* peu nombreuses, mais longues et épaisses, d'une texture tendre, à liber épais ; sarments gros et longs, avec peu de branches latérales et une moelle très grosse. Il n'est ni aussi fertile, ni tout à fait aussi gros de grappe et de grain que son parent, mais quelques personnes le regardent comme supérieur en qualité ; malheureusement il souffre aussi souvent que le Catawba du mildew et de la carie noire. Ses grains tiennent bien, et l'épaisseur de sa peau le met à même de mieux supporter les changements de température ; aussi le Diana gagne-t-il à rester sur la souche jusqu'après une bonne gelée. Comme variété pour l'expédition et la conservation, il n'a pas de rival. Les viticulteurs de l'Est le considèrent aussi comme recommandable pour la cuve. Moût 80 à 90° ; acide 12.

Dracut Amber (*Labr.*). — Doit son origine à J.-W. Manning, Dracut, Mass. Vigne très vigoureuse. Nous ne la regardons que comme un *Fox grape* sauvage légèrement amélioré ; très précoce et très fertile. *Grappes* grosses et longues, compactes, souvent ailées ; *grains* gros, ronds ; peau épaisse, rouge pâle, pulpeuse ; à laisser de côté, alors qu'on peut cultiver tant de variétés meilleures. Et cependant on introduit tous les jours des variétés *nouvelles*, tout à fait semblables, et très peu préférables, si même elles le sont le moins du monde. (Voyez *Wyoming rouge*.)

Dunlap. — Hybride de Ricketts ; beau raisin rouge. Pas répandu.

Dunn (*Æst.*). — Nouveau raisin obtenu par M. Dunn, dans le Texas occidental, et nommé ainsi du nom de son obtenteur par G. Onderdonk, Mission Valley, Texas. *Plante* à végétation vigoureuse, semblable à l'Herbemont pour l'aspect et le feuillage, mais *grappes* généralement non ailées et *grains* plus gros et plus pâles que ceux de l'Herbemont ; mûrit quand l'Herbemont a passé, condition précieuse pour le sud du Texas et de semblables climats méridionaux, mais qui le rend impropre à nos États du Nord et même du Centre.

De nouvelles expériences rendent douteuse la question de savoir si cette variété est suffisamment distincte de l'Herbemont, et si les différences de grosseur et d'époque de maturité ne peuvent pas tenir à d'autres circonstances, telles que des conditions de sol, etc. Nous n'en expédierons pas jusqu'à ce que ce point ait été éclairci.

Duchesse, beau raisin blanc de table, nouveau, obtenu près de Newburgh, N.-Y, par

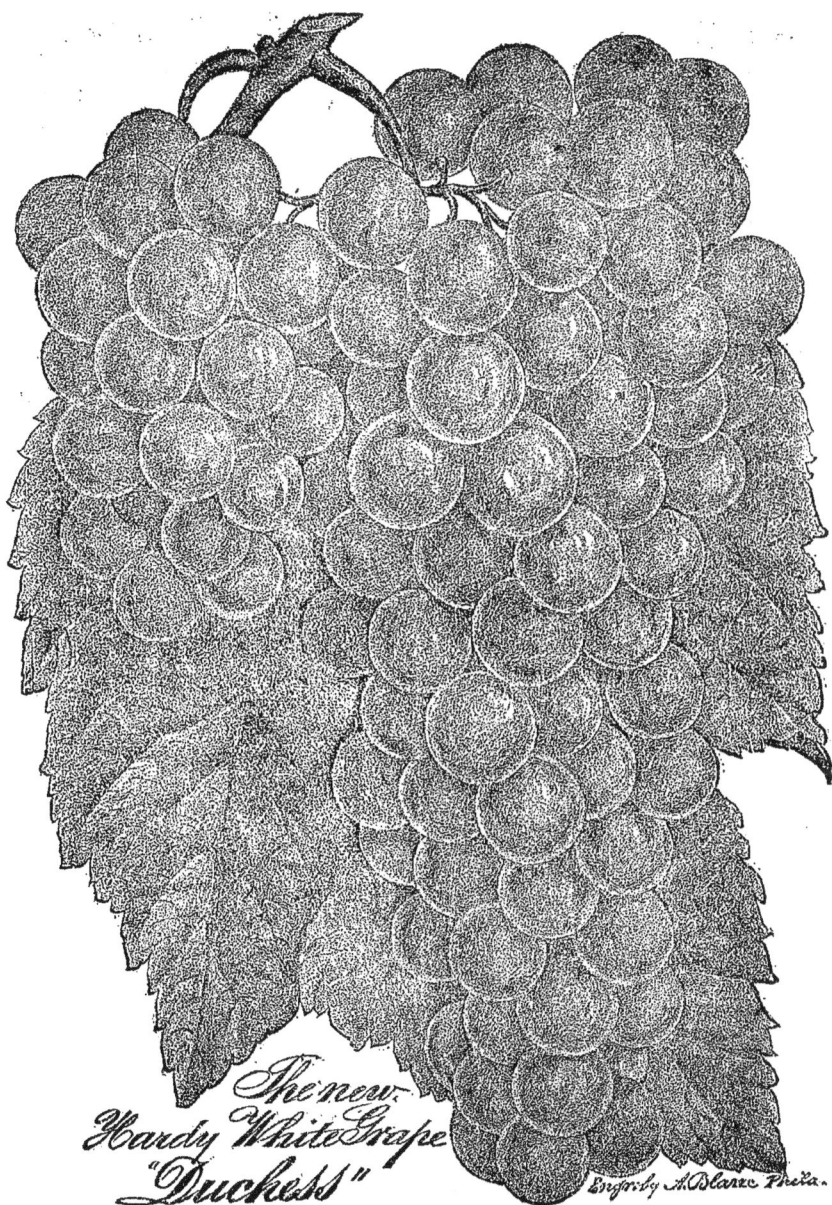

The new
Hardy White Grape
"Duchess"

Engr. by A. Blanc Phila.

A.-S. Caywood et fils, qui disent « qu'il a été produit par le croisement d'un Concord blanc de semis avec le Delaware et le Walter, le pollen des deux ayant été appliqué en même temps ». Végétation vigoureuse, avec rameaux à mérithalles modérément courts ; *feuilles* grandes, vert clair, assez épaisses, grossièrement dentées, adhérant à la souche très longtemps dans la saison ; vigne abondamment productive. *Grappes* moyennes ou grosses (de 1/4 à 3/4 de livre), ailées, accidentellement doublement ailées, compactes ; *grains* moyens, assez ronds, tendant à l'ovale ; peau assez épaisse, vert clair d'abord, mais jaune verdâtre pâle à la maturité, quelquefois jaune d'or (quand le raisin est en plein soleil et cueilli tard), et couvert d'une légère fleur blanchâtre ; chair tendre, sans pulpe, juteuse, douce, épicée, riche et d'excellente qualité ; les grains tiennent fortement au pédoncule, et le fruit se conserve longtemps après avoir été cueilli. Mûrit peu après le Concord. — Charles Downing.

John J. Thomas, reconnu comme une bonne autorité parmi les Pomologues, dit : «Comme qualité, c'est sans contredit l'une des plus délicieuses de toutes les variétés étrangères à notre région. Comme végétation, elle possède une grande vigueur et une grande rusticité, supportant nos hivers sans en souffrir.» Le Président Wilder dit : « La Duchesse est aussi propre à l'exportation que le Malaga blanc, et est de beaucoup meilleure qualité ; je pense que c'est le commencement de la production de raisins pour l'exportation ». Dans une discussion sur ce nouveau raisin, dans une réunion de la Société américaine de Pomologie, en 1881, M. Caywood remarquait «que la Duchesse ne supportera pas de fortes fumures. Elle a une végétation rampante, qui atteint 30 pieds de long sur les vignes de trois ans. C'est la vigne du pauvre. Elle poussera sans l'obliger à dépenser en engrais tout l'argent qu'elle rapporte.» Il nous assure aussi qu'elle mûrit en même temps que le Concord et qu'elle supporte le transport mieux qu'aucune autre variété ; on en a envoyé des raisins en Californie : ils en sont

revenus en bon état, et, cinq semaines plus tard, les mêmes raisins étaient envoyés à une exposition à Atlanta, Ga. Ce raisin se conserve sans difficulté jusqu'au printemps. Tous les raisins qui supportent bien le transport se conservent bien, ce qui est dû à la même cause générale. » Nous avons reçu des meilleures autorités du pays des témoignages de l'excellence de la Duchesse. C'est, suivant nous, l'un de nos meilleurs raisins blancs et qui ne le cède à aucun autre pour l'usage domestique.

Early Dawn (Hybr.). — Raisin noir, précoce, de belle qualité, obtenu par le Dr W.-A. M. Culbert, de Newburgh, N.-Y; c'est un croisement de Muscat Hamburg et d'Israella; plante saine, vigoureuse et très fertile ; bois à mérithalles modérément courts ; feuilles grandes, épaisses et fermes, à peu près rondes, largement mais non profondément dentées, quelquefois légèrement lobées. *Grappe* moyenne ou grande, longue, ailée ; *grain* moyen, rond, noir, avec une épaisse fleur bleue ; peau mince, mais ferme ; chair tendre, juteuse, douce, légèrement vineuse, riche, et de très bonne qualité ; le fruit tient bien au pédicelle, se conserve bien, et est une précieuse adjonction aux raisins précoces, soit pour la table, soit pour la vente au marché. Mûrit huit jours ou plus avant l'Hartford prolific. — Ch. Downing.

P.-M. Angur, du Connecticut, O.-B. Hadwen, du Massachussets, et quelques autres, le considèrent comme l'une des meilleures variétés précoces ; végétation modérée, avec une assez bonne grappe. Jusqu'à présent il n'a pas été essayé dans l'Ouest, et sa parenté ne nous donne pas de confiance dans son mérite.

Early Hudson (?). — Raisin précoce, rond, noir, de peu de valeur, si ce n'est comme curiosité, à cause de ce fait que plusieurs de ses grains ne contiennent pas de pépins.

Elizabeth (*Labr.*). — Originaire de la ferme de Joseph Hart, près Rochester, N.-Y., et décrit dans le *Rural New-Yorker. Grappes* grosses, compactes ; *grains* gros, ronds-ovales, blancs-verdâtres, avec une teinte pourpre du côté exposé au soleil. Chair assez pulpeuse, acide.

Elsinburgh. Syn.: ELSINBORO, SMART'S ELSINBOROUGH (*Æst*.). — On le suppose originaire d'Elsinburgh, comté de Salem, N.-J. Excellent raisin d'amateur, de bonne qualité ; mûrit de bonne heure. *Grappes* moyennes ou grosses, un peu lâches, ailées; *grains* petits, ronds; peau épaisse, noire, couverte d'une légère fleur bleue ; chair sans pulpe, douce, vineuse . Feuilles profondément lobées, 5 lobes, vert foncé, unies; bois à longs entre-nœuds et grêle. Sujet au *mildew.*

El Dorado.—Un autre semis de Ricketts, obtenu par le croisement du Concord et de l'Allen's Hybrid. La plante tient fortement de son parent le Concord dans tous les détails, tandis que sous le rapport du fruit la grappe est très régulière et beaucoup plus grosse.*Grain* gros,rond, jaune d'or clair , fleur blanche et peu de pépins. C'est *un frère* de Lady Washington (avec lequel il a une grande ressemblance); mûrit de bonne heure et

est peut-être le raisin, soit indigène, soit exotique, le plus parfumé qui existe; il possède un arome délicat, quoique bien accusé, ressemblant à l'ananas ; feuillage et aspect de la végétation bons, au moins d'après les essais faits jusqu'à ce jour. N'a pas été essayé chez nous.

Early Victor (*Labr.*).— Semis de hasard,

EARLY VICTOR.

de la classe des Labrusca, obtenu par John Burr, de Leavenworth, Kansas, il y a environ douze ans (1871). *Plante* très rustique, saine, vigoureuse et très fertile ; *bois* gris foncé, à mérithalles plutôt longs ; feuillage épais, moyen, vert foncé, profondément lobé, tenant à la fois un peu du caractère du Delaware et de celui de l'Hartford prolific, pas aussi pubescent que le dernier. Le pied même n'a pas souffert des grands froids et des changements brusques de notre climat, et n'a ni carie noire ni autre maladie.

Grappe au-dessus de la moyenne, compacte, souvent ailée, quelquefois doublement ailée ; *grain* moyen, rond, noir, avec une épaisse fleur bleue ; tient au pédicelle jusqu'à ce qu'il se flétrisse ; chair légèrement pulpeuse, juteuse, ayant du montant et vineuse ; agréablement douce, sans goût foxé. *Maturité* huit jours plus tôt que l'HARTFORD PROLIFIC. — Dʳ J. Stayman.

Cette description est tirée du troisième Appendice des « Fruits et arbres fruitiers d'Amérique » de Downing (1881). Cette variété n'était pas répandue avant 1881, mais elle a été essayée dans diverses localités. Geo.-W. Campbell dit : « Je ne connais aucun raisin noir aussi propre à remplacer toutes les abominations (Hartford, Yves, Talman ou Early Champion, Janesville, Belvidere) qu'on a supportées à cause de leur précocité. Je suis heureux de reconnaître dans cette variété un raisin noir *nettement bon, très précoce*, dont la plante est évidemment l'une des plus saines et des plus rustiques de la classe des Labrusca. »

On compte que l'Early Victor prendra une haute position comme raisin populaire ; est avantageux pour la culture en vue du marché, aussi bien dans le vignoble qu'au jardin, partout où l'on peut cultiver avec succès les vignes de la classe des Labrusca. Comme végétation et tenue générale, aussi bien que comme dimension et aspect d'ensemble des grappes, il ressemble à l'Hartford ; mais, contrairement à l'Hartford, c'est un raisin d'excellente qualité, légèrement pulpeux, à pépins petits, exempt de goût foxé et avec un grain qui ne tombe que quand il est plus que mûr.

Elvira. — Semis de Taylor obtenu par Jacob Rommel, de Morrison, Missouri ; introduit pour la première fois par nous en 1874-1875, est aujourd'hui l'un de nos principaux raisins à vin blanc. La gravure que nous donnons ici a été faite pour notre Catalogue, d'après la photographie d'une grappe moyenne. *Grappe* petite ou moyenne, ailée, très compacte ; *grain* moyen, beaucoup plus gros que celui du Taylor, son parent ; rond, vert pâle avec fleur blanche, quelquefois teinté de stries rouges quand il est bien mûr ; peau très mince, presque transparente ; les grains sont si serrés et la peau en est si mince, qu'ils éclatent quelquefois ; pulpe douce, très tendre et juteuse ; bouquet agréable. Mûrit dix jours environ plus tard que le Concord. Vigne très vigoureuse, poussant beaucoup du tronc, éminemment fertile, portant souvent de 4 à 6 grappes consécutives sur un seul bourgeon ; extrêmement saine et rustique, ayant supporté sans abri le rude hiver de 1872-1873 et même celui de 1880-1881. Pas question de la carie noire jusqu'à présent ; feuillage exempt du mildew dans les saisons les plus défavorables.

Racines semblables à celles du Clinton et du Taylor, jouissant de la même immunité contre le Phylloxera. Sarments forts et longs avec des branches latérales bien développées. Bois plus dur que celui du Taylor, avec moelle moyenne. Feuillage large et fort, d'un tissu plus ferme que les feuilles de son parent le Taylor ; un peu rouilleux et laineux en dessous. Depuis qu'il a été établi que le Taylor est lui-même un croisement du *Riparia* et du *Labrusca*, les caractères de l'Elvira se trouvent pleinement expliqués par sa parenté. (Voyez pag. 45.)

L'Elvira fait un excellent vin blanc, étant aujourd'hui cultivé sur une large échelle pour cet objet ; mais il est impropre à la vente au marché à cause de sa peau, qui est très mince et éclate aisément. Cette disposition à éclater et la tendance à trop produire, ce qui com-

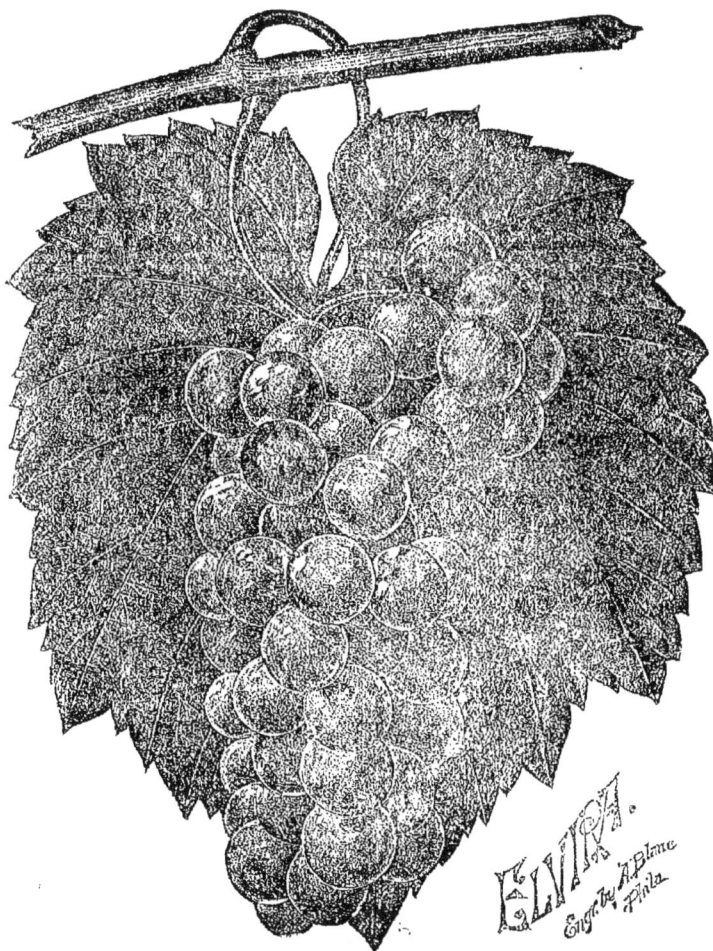

ELVIRA.
Engᵈ by A. Blanc Phila

promet la santé et la vigueur de la vigne pour les années suivantes, ont fait désirer à son obtenteur de produire un raisin meilleur, n'ayant pas ces défauts ; il est possible qu'il l'ait trouvé avec son « Etta ».

Etta (*Rip.*).—Serait un descendant du Taylor à la troisième génération, un fils de l'Elvira, obtenu par Jacob Rommel (exposé pour la première fois, en 1879, comme un semis d'Elvira nᵒ 3) ; ressemble à l'Elvira, mais a des grains plus gros, à peau plus ferme, non enclins à crever ; lui est supérieur en qualité. Mûrit plus tard. La vigne a une végétation très vigoureuse avec un feuillage fort et sain ; elle est rustique et fertile. Ce raisin a été récompensé du prix « pour le sarment le mieux à fruit parmi les semis nouveaux de

20

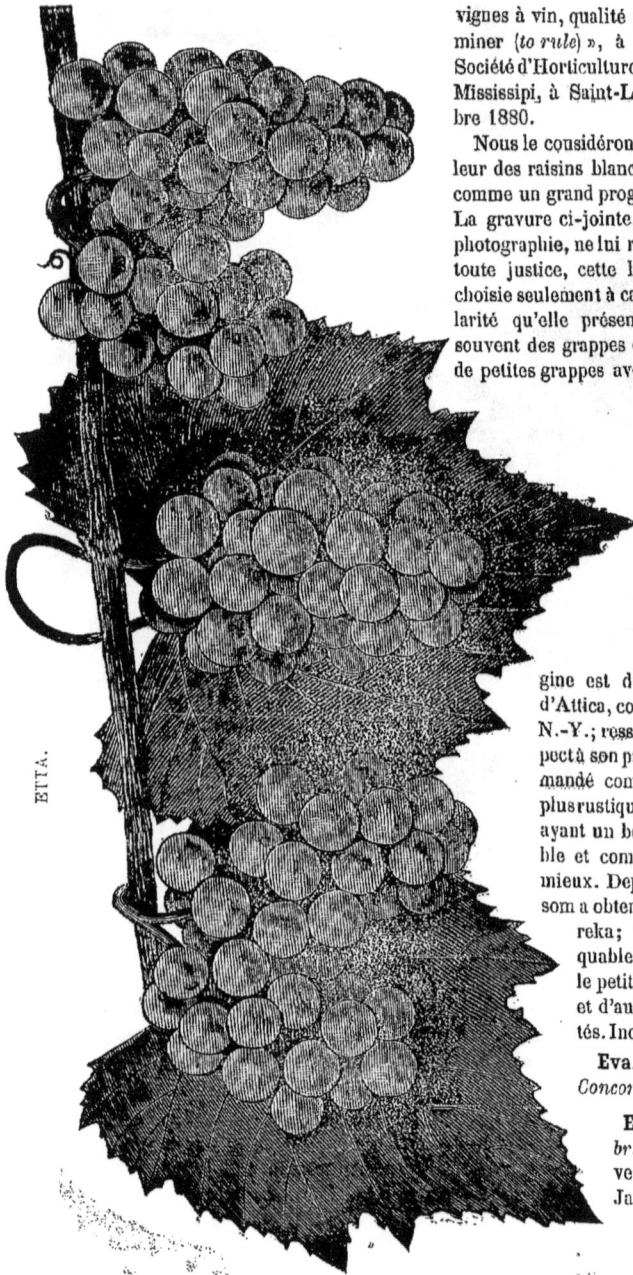

ETTA.

vignes à vin, qualité et fertilité à déterminer (to rule) », à la réunion de la Société d'Horticulture de la vallée du Mississipi, à Saint-Louis, en septembre 1880.

Nous le considérons comme le meilleur des raisins blancs de Rommel, et comme un grand progrès sur l'*Elvira*. La gravure ci-jointe, faite d'après une photographie, ne lui rend peut-être pas toute justice, cette branche ayant été choisie seulement à cause de la particularité qu'elle présentait de produire souvent des grappes doubles, ou plutôt de petites grappes avec des ailes égales en grosseur à la grappe principale ; la grosseur naturelle est aussi largement d'un tiers plus considérable que dans la gravure.

Eureka (*Labr.*). — Semis d'Isabelle, dont l'origine est due à S. Folsom, d'Attica, comté de Wyoming, N.-Y.; ressemblant pour l'aspect à son parent, mais recommandé comme plus précoce, plus rustique, plus sain, comme ayant un bouquet plus agréable et comme se conservant mieux. Depuis lors, M. Folsom a obtenu huit semis d'Eureka; on les dit remarquables par la précocité, le petit nombre des pépins et d'autres bonnes qualités. Inconnu dans l'Ouest.

Eva. (Voyez *Semis de Concord*, pag. 136.)

Empire State (*Labr.* et *Rip.*).— Nouveau semis obtenu par James-H. Ricketts, d'une graine de l'Hartford prolific fécondé par le Clinton. Nous avons vu et admiré à la fois sa beauté et son excellente qualité à l'Exposition de la Société amér. de Pomologie à Boston, en 1881. La lettre suivante, adressée par l'obtenteur à Geo.-A. Stone, qui acheta tout le stock de ce cépage, en donne la description, et offrira d'ailleurs de l'intérêt.

« George-A. Stone, pépiniériste, Rochester, N.-Y.

» Cher Monsieur, pour ce qui est de l'Empire State, je crois qu'il répondra à un besoin longtemps ressenti, celui d'un bon raisin blanc, très précoce pour l'usage domestique aussi bien que pour le marché. L'Empire State est un semis de l'Hartford prolific fécondé avec le Clinton; il a fructifié pour la première fois en 1879, et sa première récolte fut de 38 grappes qu'il mena à bien jusqu'à la fin. La récolte de 1880 fut de 48 grappes d'un fruit splendide. Des greffons placés, en 1880, sur des vignes de deux ans, produisirent, en 1881, de 20 à 30 grappes par pied et mûrirent en même temps que l'Hartford prolific et le Moore's Early. Presque toutes les grappes étaient ailées et avaient la plus belle teinte de blanc que j'aie jamais vue sur un fruit. Vigne de bonne végétation et de bonne production sous tous les rapports.

» *Grappes* grosses, longues de 6 à 10 pouces, ailées; *grains* moyens ou gros, ronds-ovales; couleur blanche avec une très légère teinte de jaune, couverte d'une épaisse fleur blanche; feuille épaisse, unie en dessous; chair tendre, juteuse, riche, douce et ayant du montant, avec une légère trace de l'arome natif, persistant longtemps; plante très rustique. Sa grande fertilité, sa belle couleur, sa bonne qualité, son extrême rusticité, sa vigueur et sa bonne santé comme vigne et comme feuillage, la dimension et la compacité de sa grappe, et son mérite pour l'expédition, en font, *tout compte fait, le meilleur raisin que j'aie encore obtenu.*

» Aucune vigne de cette variété n'a encore été distribuée; par conséquent, votre achat vous rend maître du stock entier; et quoiqu'il soit vrai, comme vous le dites, que, à ma connaissance, le prix de 20,000 (4,000 dollars) que vous m'avez payé soit le plus élevé dont j'aie jamais entendu parler pour un raisin nouveau dans notre pays, je le considère comme à bon marché à ce prix, et je crois que vous trouverez que vous avez fait une bonne affaire.

» Votre dévoué,

» James-H. Ricketts.

»Nous ne pourrons livrer de jeunes plants d'Empire State qu'au printemps 1884.»

Essex (Hybride de Rogers, n° 41). — *Grappe* de grosseur moyenne, compacte, ailée; *grain* très gros, noir, un peu aplati, ressemblant sous ce rapport à son ancêtre; chair tendre et douce, avec un bouquet aromatique prononcé; mûrit de bonne heure. Vigne vigoureuse, saine et prolifique.

Eumelan (« Good black » grape) (*Æst.*) [1]. — Cette variété fut trouvée comme semis dû au hasard à Fishkill, N.-Y., où elle a été cultivée, dans le jardin de MM. Thorne, pendant plusieurs années, donnant d'abondantes récoltes de raisins remarquables à la fois par leur qualité et leur précocité. Les pieds primitifs furent achetés par le Dr C.-W. Grant en 1866 (aujourd'hui Hasbrouck et Bushnell, île d'Iona), de qui nous reçûmes des plants de cette précieuse variété. Nous en donnons la description d'après la circulaire du propagateur, le Dr Grant, laissant de côté cependant tous les éloges excessifs, qui, d'après nous, ont plus nui à son succès que n'ont pu le faire tous ses adversaires. *Grappes* de bonne dimension, de forme élégante et d'un degré convenable de compacité; *grains* gros, de moyenne dimension, ronds, noirs, recouverts d'une jolie fleur, tenant ferme à la grappe longtemps après leur maturité; chair délicate, fondante, se réduisant toute en jus vineux sous une légère pres-

[1] Par une simple erreur typographique de notre première édition (1869), l'Eumelan y était désigné comme *Labr.*, et, à notre grand regret, cette erreur a été copiée et répétée depuis lors par plusieurs personnes, qui auraient dû mieux savoir ce qu'il en est.

EUMELAN.

sion de la langue ; mûrissant de très bonne
heure (même avant l'*Hartford prolific*) et
d'une manière uniforme jusqu'au centre.
Bouquet pur et fin, très sucré, riche et vineux,
avec un large degré de cette qualité rafraîchissante qui distingue les meilleurs raisins
étrangers. *Racines* abondantes, épaisses, diffuses et de moyenne dureté ; liber épais,
mais ferme. Plante à végétation forte, produisant un bois à mérithalles remarquablement courts, avec de nombreuses et fortes
branches latérales ; bourgeons gros et saillants ; bois dur, à petite moelle ; feuilles
grandes, épaisses, noires, d'un tissu solide
(ressemblant d'une manière frappante à l'Elsinburgh) ; et quoiqu'il soit sujet au *mildew* quand la saison n'est pas favorable, nous
le recommandons comme un très joli raisin

précoce. L'*Annuaire horticole
américain* pour 1869 dit de
l'Eumelan : Cette variété a fait
ses preuves dans plusieurs localités. Elle s'est montrée chez
nous, près de New-York, remarquablement saine de feuillage,
et a remporté plusieurs prix à
diverses Expositions comme le
meilleur raisin noir. D'un autre
côté, dans plusieurs localités, on
a trouvé qu'il n'avait pas répondu
à l'attente générale. Dans nos
propres vignobles à Bushberg,
il s'est montré tel qu'on l'avait
vanté, c'est-à-dire précoce, fertile et de *très belle* qualité. Mais,
hélas ! vinrent des saisons défavorables, et l'Eumelan a beaucoup souffert du mildew, dont il
ne s'est pas complètement remis
depuis lors.

Peut-être avec aucune autre
variété n'est-il aussi important
de ne livrer que de *bons* et *forts*
plants ; et nous croyons que la
grande diversité d'opinions qui
règne à l'égard de ce raisin tient
à ce fait qu'un grand nombre de
vignes de cette variété, expédiées au dehors,
ont été de pauvres et faibles plantes, qui n'ont
jamais rien valu depuis lors et ne vaudront
jamais rien.

L'Eumelan fait un vin rouge supérieur
(d'après Mottier, North-East, Pensylvanie,
moût 93°, et à l'épreuve faite à Hammondsport jusqu'à 104°, avec 4 pour mille d'acide
seulement).

Nous donnons la figure d'une grappe et
d'une feuille réduites, et celle d'un grain de
grandeur naturelle.

Excelsior (*Hybr.*). — Semis de l'Iona fécondé avec du pollen de Vinifera, obtenu par
J.-H. Ricketts ; mis en vente pour la première fois à l'automne de 1882. La *plante*
est modérément vigoureuse, court-jointée ;
feuilles moyennes, modérément épaisses,

lobées, grossièrement incisées ; *grappe* grosse ou très grosse, ailée, souvent doublement, modérément compacte ; *grain* moyen ou gros, un peu rond, tendant à l'ovale ; peau rouge pâle ; doux, légèrement vineux, avec un riche bouquet de muscat ; les grains tiennent bien et se maintiennent longtemps sur la grappe. Mûrit un peu plus tôt que le Catawba.

Ricketts dit que c'est le plus beau raisin de sa collection ; que la vigne supporta l'hiver de 1880-1881 sans aucun abri, mais qu'elle donne de meilleurs résultats quand elle est protégée contre le froid. Elle est disposée à se surcharger, tellement qu'il conviendrait de supprimer un bourgeon sur deux au sarment à fruit ; pour avoir des grappes aussi belles et aussi bonnes que possible, il faudrait éclaircir le fruit en ne laissant qu'une grappe par sarment.

Faith (*Rip.* X).—Un des semis de Taylor, très méritant, de Jacob Rommel. Vigne vigoureuse, végétation saine, suffisamment fertile, donnant des *grappes* ailées de grosseur moyenne : *grains* petits ou moyens, d'une couleur d'ambre blanc ou pâle ; juteux, doux, et agréablement parfumés. Mûrit de très bonne heure, en même temps ou plus tôt que l'Hartford. Regardé par Rommel comme une de ses meilleures variétés, comme non sujet au mildew et à la carie noire.

Far West (*Æst.*).— Le Nestor de la Viticulture de l'Ouest, feu Frédéric Muench (mort en 1881), recevait de temps à autre, pour les essayer, des greffes de M. Hermann Jæger (Neosho, Mo.), qui s'est donné la tâche d'explorer les forêts du sud-ouest du Missouri, à la recherche de vignes sauvages. Parmi celles-ci se trouvait un faible greffon, qui donna du fruit après plusieurs années et l'étonna par la délicatesse du bouquet du vin qu'il en fit, tellement qu'il le considéra comme la plus précieuse acquisition, une acquisition pouvant inaugurer une ère nouvelle dans la viticulture ». Il l'honora du nom de Far West, son propre pseudonyme littéraire.

Muench en a donné la description suivante : « *Vigne* à très vigoureuse végétation, à feuillage exceptionnellement grand et sain, parfaitement rustique, résistant (dans mon champ d'expérience) à toutes les maladies, dans les saisons les plus défavorables. *Grappes* ailées et de bonne dimension. *Grains* un peu plus gros que ceux du Norton's ; peau très tenace, noire avec une belle fleur bleue. La pulpe, ou plutôt la chair des grains, est souple, nourrie, fondante ; riche couleur noire, peu de pépins, très douce et sapide ; fait un vin si fin, en même temps qu'il est plein de feu et d'arome, qu'il surpasse (à mon goût) tous les autres vins connus. A besoin d'une longue saison, sa fleur et son fruit venant tardivement, en même temps que ceux du Norton's ; —partout où le Far West réussit, on peut le planter avec confiance. Sa propagation de bouture semble être presque impossible ; il faut recourir au marcottage, en ayant soin toutefois de ne pas sevrer les marcottes du pied-mère avant le second été. »

Flora (*Labr.*).—Origine : Philadelphie, Pa. *Grappe* petite, compacte ; *grain* petit, assez rond, ovale, rouge pourpre. Chair un peu pulpeuse, acide au centre, juteuse, vineuse. Mûrit à peu près comme l'Isabelle. Vigne rustique et fertile. — Downing.

Florence (*Labr.*). — Probablement un croisement entre l'Union Village (mère) et l'Eumelan (père), obtenu par Marine. Très beau raisin, de belle apparence, de bonne qualité ; *grappe* grosse, avec quelque chose du caractère de l'Isabelle. Mis de côté (probablement parce qu'il a des défauts. Traduct.).

Flowers. Syn.: BLACK MUSCADINE (*Vitis rotundifolia*). — Variété du type Scuppernong. *Grains* gros, disposés en *grappes* de 10 à 20, noirs, doux. Mûrit très tard ; reste sur la souche jusqu'aux gelées. On dit qu'il fait un vin rouge riche et excellent [1]. Ne manque

[1] Ces éloges, qui reviennent souvent pour des vins américains, sont toujours sujets à caution. Pour ce qui concerne par exemple le vin du groupe des *Vitis rotundifolia*, ils sont *naturellement* très pauvres en alcool et demandent presque toujours une addition de sucre à la cuve. On ne peut donc les appeler *riches*.　J.-E. PL.

GOETHE.

jamais de produire une récolte, et est parfaitement exempt de toute espèce de maladie. Est très estimé en Géorgie, dans l'Alabama et la Caroline du Sud, à cause de sa tardiveté; il n'arrive que quand le Scuppernong est passé. M. Berckmans (de la Géorgie) dit qu'il n'est pas tout à fait aussi bon que le Scuppernong et qu'il est à peu près de la même grosseur.

Flower of Missouri. — Nouveau semis de Delaware obtenu par MM. Pœschel, Hermann, Mo. N'est pas mis au commerce et ne le sera probablement jamais. Il possède à la fois les qualités et les défauts du Walter.

Framingham. — Peut-être pas identique à l'Hartford prolific, mais seulement une reproduction de cette variété; en tout cas, il lui ressemble tellement qu'il n'aurait pas dû être introduit comme variété nouvelle.

Franklin (*Rip.*). — A les allures et la végétation du Clinton, mais ne produit pas aussi bien. *Grappe* petite, pas très compacte; *grain* petit, noir, juteux, tout à fait acide, âpre; sans valeur. — Downing.

Gærtner (Hybride de Rogers, n° 14). — Hybride de chasselas blanc et d'un Labrusca sauvage. L'Hon. Marshal P. Wilder en donne la description suivante : « *Grappe* de bonne grosseur; *grain* moyen ou gros; couleur brun clair ou rouge; peau mince; bouquet agréable et parfumé; assez précoce; vigne saine et fertile. »

Gazelle. — Un des hybrides de Ricketts, obtenu il y a plusieurs années, mais négligé et resté inconnu jusqu'à l'année dernière environ. Sam. Miller, à qui Ricketts donna un plant ou une greffe de cet enfant presque oublié, le dit SPLENDIDE. *Grappe* grosse; *grain* à peu près de la grosseur de celui de l'Herbemont, couleur blanche ou presque aussi blanche qu'aucun raisin peut l'avoir, presque transparent; doux et délicieux. Sa végétation nous plut beaucoup l'été dernier.

Goethe (Hybride de Rogers, n° 1). — Cette précieuse variété est peut-être plus exceptionnelle et possède dans son fruit, plus

qu'aucun autre hybride de M. Rogers, le caractère de l'espèce d'Europe; cependant la plante est une des plus rustiques, des mieux portantes et des plus fertiles que nous ayons. Tardive dans le Nord, elle n'y mûrit pas toujours; mais ici elle produit et mûrit parfaitement une bonne récolte de beaux raisins exempts de la carie noire et d'imperfections de tout genre, pourvu qu'elle soit dans un bon sol riche et qu'on ne la laisse pas trop porter, ce qui ruinerait sa santé et sa fertilité pour les années suivantes, si ce n'est pour toujours. Un sol sablonneux paraît favoriser le bon état de sa santé. Les *racines* du Goethe, quoique épaisses (généralement d'un extérieur maigre et verruqueux), sont faibles, et, dans un sol argileux, peuvent peut-être devenir bientôt la proie du phylloxera. La plante a une végétation très vigoureuse, et fait de forts et longs sarments, avec des branches latérales bien développées. Bois assez mou, avec moelle modérée. A la réunion d'automne de l'Association des Viticulteurs de la vallée du Mississipi, le 9 septembre 1868, nous exposâmes pour la première fois quelques branches de cette vigne, ayant chacune plusieurs grappes parfaites, qui furent fort admirées et qui auraient probablement étonné l'obtenteur lui-même, s'il avait pu les voir. Nous fîmes photographier la plus petite, qui était d'une bonne grosseur normale, et nous en avons fait graver une copie exacte, expressément pour ce Catalogue. Les *grappes* sont moyennes ou grandes, pas tout à fait compactes, occasionnellement ailées; *grains* très gros, oblongs, d'un vert jaunâtre, quelquefois taché et rouge pâle du côté exposé au soleil, entièrement rouge à la pleine maturité; peau mince, transparente; chair tendre et toute fondante, avec peu de pépins, douce, vineuse et juteuse, avec un arome particulier qui est délicieux. Poids pécifique du moût, 78°. Dans l'ensemble, excellent raisin pour les États de l'Atlantique, du centre de l'Ohio et les vallées inférieures du Missouri, à la fois pour la table et pour la cuve.

Golden Clinton, Clinton doré. Syn.:

KING (*Rip.*). — Semis de Clinton, auquel il ressemble beaucoup, avec cette différence que ses grains sont blancs verdâtres et qu'il est beaucoup moins fertile. M. Campbell a parfaitement raison de dire : « Il ne conserve pas le caractère indiqué par ses premiers introducteurs. *Grappes* petites, rares et irrégulières ; *grains* petits et de qualité inférieure. Non recommandable. »

Golden Drop. (*Hybr.*). — Raisin d'introduction récente, décrit comme raisin blanc précoce, obtenu par Pringle en 1869 (de l'Adirondac fécondé par le Delaware).Comme dimension de la grappe et du grain il ressem-

GOLDEN DROP.

ble au Delaware. Couleur blanc jaunâtre, avec une teinte de rouge quand il est au soleil ; *grappe* cylindrique, rarement ailée, petite, serrée ; *grain* un peu petit, rond ;

chair tendre, quoique légèrement pulpeuse, juteuse, très douce et parfumée, sans la moindre trace de goût foxé. Vigne à bonne végétation, chargée de fruit chaque année ; feuilles petites, obscurément lobées, tomenteuses en dessous, montrant une aptitude supérieure à résister au mildew et au thrips.

Cette variété indigène et rustique est appréciée par ceux qui aiment le bouquet doux et délicat de certaines espèces exotiques. Son extrème précocité la rend précieuse pour la plantation dans nos districts du Nord, où aucune des variétés cultivées n'arrive sûrement à parfaite maturité chaque année. — Bliss et Fils.

Golden Berry (*Hybr.*).— Semis blanc de l'*Hartford prolific* et du *Gen. Marmora*, obtenu par le Dr Culbert, Newburg, N.-Y. ; rustique et produit librement. Exposé en 1877. N'est pas au commerce.

Golden Gem. (*Hybr.*). — Semis du Delaware et de l'Iona, superbe raisin de table, de couleur dorée, obtenu par J.-H. Ricketts ; exposé pour la première fois à la réunion de la Société amér. de Pomologie en 1881, et mis en vente pour la première fois en 1882.

Vigne modérément vigoureuse ; bois court-jointé ; feuille petite ou moyenne, légèrement incisée ; *grappe* petite et quelquefois ailée ; *grain* petit et d'une riche couleur dorée ; chair tendre, juteuse et riche, avec un parfum de rose agréable ; qualité excellente. Le fruit mûrit de très bonne heure, même avant l'Hartford prolific, et persiste longtemps sans perdre aucune de ses bonnes qualités. Partout où l'un ou l'autre de ses parents, le Delaware ou l'Iona, peut être cultivé avec succès, cette excellente nouveauté mérite d'être essayée avec une attention spéciale.

Graham. — Semis dû au hasard, introduit par W. Graham, de Philadelphie. *Grappe* de grosseur moyenne, non compacte ; *grain* d'un demi-pouce de diamètre, rond, pourpre, recouvert d'une épaisse fleur bleue ; contient peu ou pas de pulpe, abonde en jus d'un parfum agréable. Pauvre végétation et pauvre production. — Downing.

Grein's Seedlings (semis de Grein). — Collection de semis de Taylor obtenus par Nicolas Grein, près d'Hermann, Mo., et supposés par lui provenir de graines du Riesling d'Europe qu'il avait semées.

Nº 1. — Missouri Riesling. Vigne rustique et très saine ; végétation modérée, relativement court-jointée; feuilles saines, épaisses ; très fertile. *Grappe* moyenne, modérément compacte, légèrement ailée ; *grain* moyen, rond, blanc verdâtre, mais rouge clair quand il est bien mûr ; pulpe très tendre, juteuse, douce, de bonne qualité, faisant un vin blanc exquis ; à cause de cela, on plante aujourd'hui beaucoup ce cépage dans le Missouri et l'Illinois. Mûrit dix jours après le Concord ; sujet à la carie noire dans les saisons humides.

Nº 2. — Grein's Golden. — Assez semblable au précédent, mais d'une végétation plus vigoureuse ; *grappe* moyenne, pas très compacte, avec de belles ailes ; *grains* plus gros que ceux de la plupart des autres semis de Taylor, d'un jaune d'or intense, bronzé du côté du soleil ; doux, juteux, avec peu de pulpe. Mûrit comme le Concord. Raisin qui promet beaucoup pour l'usage domestique, la table et le marché.

Nº 3. — Ressemble beaucoup, pour la grappe et le grain, à son Missouri Riesling ; on dit qu'il contient plus de sucre et qu'il fait un vin encore meilleur.

Nº 4. — Ressemble aussi au précédent ; on dit qu'il fait un très beau vin jaune d'or intense et d'un bouquet délicieux.

Nº 7. — Ou *Grein's extra early* (extra-précoce de Grein). — Vigne à végétation vigoureuse, modérément fertile ; *grappe* et *grain* ressemblant à ceux du Delaware pour la dimension et la forme, mais non pour la couleur, qui est ici d'un beau jaune verdâtre, avec une tache distincte semblable à une étoile sur chaque grain. Mûrit à peu près à la même époque que le Concord.

Hartford prolific (*Labr.*). — Le type de la précocité parmi les raisins. Obtenu par M. Steel, de Hartford, Conn., il y a trente ans. Est bien connu et planté généralement comme variété pour le marché; très fertile et précoce ; mûrit ici de bonne heure, en août, environ dix jours avant le Concord, mais laisse tomber ses fruits dès qu'ils sont mûrs et est toujours de pauvre qualité. Vigne très saine et rustique; produit d'énormes récoltes. *Grappes* grosses, ailées, un peu compactes ; *grains* ronds, moyennement pleins, noirs ; chair pulpeuse, juteuse, avec un certain goût foxé ; *racines* très abondantes, branchues et fibreuses, d'une épaisseur et d'une résistance moyennes ; liber passablement ferme. Sarments forts, avec des nœuds fortement courbés, des branches latérales bien développées et un duvet considérable sur la jeune pousse. Bois dur, avec peu de moelle. On en a fait du vin passable, mais nous ne pouvons pas le recommander pour cet emploi. Il n'est estimé par certaines personnes que comme raisin de marché, à cause de sa précocité et de sa fertilité ; mais, même comme tel, il est inférieur à plusieurs autres.

La FRAMINGHAM et le SENECA sont presque identiques à l'Hartford ; le PIONEER lui ressemble aussi, mais passe pour un raisin meilleur à tous égards. N.-H. Lindley, de Bridgeport, Conn., dit : « Nous avons mis de côté l'Hartford et cultivons le Pioneer à sa place. Que tous les viticulteurs mettent aussi de côté l'Hartford qui ne fait que dégoûter des raisins et nuit ainsi à la vente et au prix des autres sortes ; tandis qu'un raisin précoce pour le marché, *réellement bon*, accroîtrait la demande de toutes les variétés plus tardives.

Haskell's Seedlings (semis de Haskell). — Sur le très grand nombre d'hybrides obtenus à la suite d'efforts persévérants et coûteux par Georges Haskell, d'Ipswich, Mass., cet obtenteur choisit quarante variétés, désignées par des numéros seulement, qu'il mit en vente en 1877 ; mais comme il ne voulait pas vendre moins de trente de ces variétés à chaque viticulteur ou pépiniériste

21

à un prix qui, quoique bas, eu égard aux frais qu'elles représentaient pour l'obtenteur, dépasse cependant les moyens de la plupart des viticulteurs, et comme ce sont toutes des hybrides de vignes *exotiques* (Black Hamburg, Frontignan blanc et Chasselas blanc) et de vignes indigènes (Black-Fox, Amber-Fox et Pigeon), et qu'elles n'ont pas été essayées dans d'autres localités, très peu d'entre elles ont été répandues.

Notre proposition de prendre cinq variétés, deux pieds de chacune, comme essai, et de les payer sur la base du prix auquel on tenait les trente, fut repoussée, quoique Haskell dise lui-même, dans son très intéressant Compte rendu de diverses expériences relatives à la production de nouveaux et intéressants raisins, publié par lui, que la propagation de tant de variétés dans une seule localité n'est pas une chose désirable. Ainsi, les résultats de ses longs et louables efforts resteront probablement pour toujours dans l'ombre ; et quoiqu'une récompense pécuniaire ne lui soit, heureusement pour lui, « nécessaire en rien », il est regrettable que les résultats obtenus par lui, qui auraient pu être un avantage pour le public et une valeur pour le pays, soient ainsi perdus. La Commission des fruits de la Société amér. de Pomologie et d'autres autorités, auxquelles Haskell envoya quelques-uns de ces raisins pour les leur faire juger, déclarèrent que plusieurs étaient d'excellente qualité.

Harwood (*Æst.*) Syn.: *Warren amélioré*; obtenu du major Harwood, Gonzales, Texas; semblable à l'Herbemont à tous égards, excepté pour la dimension du grain, qui est presque double de celle de l'Herbemont ; il varie aussi en couleur, n'étant quelquefois pas plus foncé que le Diana ; mûrit quatre ou cinq jours avant le Warren ou Herbemont. Il a pris naissance dans le jardin du colonel cité ci-dessus. Ce cépage a de forts sarments à mérithalles courts, n'a pas une végétation aussi vagabonde que l'Herbemont et ne prend pas facilement de bouture.

Hattie ou Hettie. — Il y a trois raisins de ce nom, ou dont les descriptions diffèrent. L'un doit son origine à MM. N.-R. Haskell, Monroe, Mich., décrit comme raisin luisant, rouge clair, transparent. L'autre, introduit par E.-Y. Teas, de Richmond, Ind., est décrit comme un raisin gros, ovale, noir, « plus précoce, plus gros et meilleur que le Concord et l'Isabelle ». Enfin un autre, d'origine inconnue : *Grappe* petite; *grain* noir; chair un peu pulpeuse; pauvre végétation et pauvre produit, mais maturité précoce. Tous les trois sont inconnus ici.

Herbemont. Syn.: Warren, Herbemont's Madeira, Warrenton, Neil grape (*Æst.*). — Origine inconnue ; propagé dès 1798 d'une vieille vigne existant sur la plantation du juge Huger, Columb., S.C. — M. Nicolas Herbemont, viticulteur entreprenant et enthousiaste, l'y trouva et, d'après la vigueur de sa végétation et sa parfaite acclimatation, supposa d'abord, avec raison, qu'il y était indigène ; plus tard on lui dit qu'on l'avait reçu de France en 1834, et il crut qu'il en était ainsi. Mais la même vigne fut trouvée à l'état sauvage dans le comté de Warren, Ga., et y est connue sous le nom de vigne de Warren. Les meilleures autorités le classent maintenant comme un membre de la famille des *Æstivalis* du Sud. — C'est une vigne indigène, appelée avec raison par Downing *bags of wine*, sacs à vin. Une des meilleures vignes, une de celles sur lesquelles on peut le plus compter à la fois pour le raisin à manger et pour le vin ; spécialement appropriée à nos coteaux à sol calcaire. Elle prospère dans le Texas, la Géorgie, la Caroline du Sud et la Floride, mais en général sur les coteaux à sol pauvre. On ne doit pas la planter plus loin vers le Nord, et même ici il faut la couvrir en hiver[1]. Pour ceux qui ont pris cette pe-

[1] Dans le midi de la France, les dernières pousses d'automne ont été en partie tuées en 1875 ; mais le gros des sarments a été respecté et s'est parfaitement aoûté. Le dommage produit sur des pousses exceptionnellement tardives est absolument insignifiant, et la rusticité générale de ce cépage sous notre climat n'en est pas affectée.

J.-E. Planchon.

HERBEMONT.

tite peine, elle a produit presque toujours une récolte splendide, et a été si énormément productive qu'elle a largement payé ce léger supplément de travail, excepté là où la carie noire a détruit les récoltes; et c'est le cas de mentionner que cette maladie sur l'Herbemont et sa famille diffère de celle des Labrus-cas. Pour quelques-uns de nos États du Sud, cette vigne sera une source de richesse. Dans le sud du Texas, où l'Herbemont réussit admirablement, sa culture s'étend graduellement, mais constamment, en sorte que, dans un avenir qui n'est pas éloigné, la culture de la vigne deviendra une des principales culta-

res du pays. A l'exposition du Congrès international de Bordeaux, en octobre 1881,
M. Lespiault exposa un pied d'Herbemont
dont les deux bras avaient, l'un quarante et
l'autre soixante grappes parfaitement mûries.
La vue de ce superbe échantillon, si productif, convertit à la vigne américaine plus d'un
opposant. — *Grappes* très grandes, longues,
ailées et compactes; *grains* petits, noirs, à
belle fleur bleuâtre; peau mince; chair douce, sans pulpe, juteuse et à bouquet marqué;
mûrit tard, quelques jours après le Catawba.
Racines de moyenne épaisseur, à liber uni,
résistant au phylloxera, en France aussi bien
qu'ici. Sarments forts, lourds et longs; branches latérales bien développées. Bois dur, à
moelle de dimension moyenne et à écorce
extérieure épaisse et ferme. Végétation très
vigoureuse, avec le plus beau feuillage; pas
sujet au *mildew* et très peu à la carie noire.
Dans les sols riches, est quelquefois un peu
délicat, fait trop de bois et paraît moins fertile; tandis que dans un sol calcaire, chaud
et un peu pauvre, à l'exposition du Midi, il
est parfaitement sain et énormément productif, excepté dans les années très défavorables,
quand toutes les variétés à demi délicates
manquent. M. Werth, de Richmond, Va.,
dit: « J'ai obtenu la récolte la plus uniformément abondante, saine et complètement
mûrie, pendant une série d'années, sur un sol
imparfaitement drainé et assez compact. »
Eiscnmeyer, de Mascoutah, Ill., trouve que
la taille d'été, promptement pratiquée à la fin
de la floraison, est très efficace pour le préserver de la carie noire et lui assurer une belle
récolte. La figure (pag. 163) donne une idée de
la beauté et de la richesse de la grappe. Poids
spécifique du moût, environ 90°. Le jus naturel pressé, sans que la grappe soit écrasée,
fait un vin blanc ressemblant aux délicats
vins du Rhin; si on le fait fermenter quarante-huit heures dans la cave, il donne un très
joli vin rouge pâle. Le Congrès de Montpellier l'a qualifié d' « assez agréable, rappelant
le goût des vins de l'est de la France ».

Il semble qu'on a obtenu très peu de semis
de l'Herbemont, du moins nous n'en connaissons aucun qui ait été répandu. Un semis
d'Herbemont est mentionné par le Dr Warder, dans sa description de l'École de vignes
de Longworth (Longworth School of vines).
Le *Pauline* (voyez la description) est peut-
être un semis d'Herbemont, le *Muscogee* également; mais on sait peu de chose de ces
variétés. On a regardé le *Mc Kee* comme un
semis d'Herbemont à fruit plus gros et à maturité de près de huit jours plus précoce; mais
aujourd'hui, après une comparaison attentive,
on le déclare identique en tout point à l'Herbemont. Onderdonk ne dit pas que ce soit l'Herbemont lui-même; il indique en effet quelques
différences entre les deux, comme par exemple une pousse plus tardive au printemps :
mais, même en admettant que cette différence
persiste et ne soit pas due à des circonstances
locales ou à des conditions de sol, ce ne serait
pas suffisant pour en faire une variété distincte. Si nous avions l'intention d'obtenir de
nouvelles vignes de semis (intention que nous
n'avons pas), nous choisirions l'Herbemont
presque de préférence à toute autre variété.

Hayes. Syn.: FRANCIS B. HAYES; primitivement n° 31 de Moore.— C'est un des semis
du lot du Moore's Early. Raisin blanc très
précoce, obtenu par John B. Moore, de Concord, Mass.; plus petit que le Martha, mais
meilleur ; obtient un certificat de mérite de
1re classe de la Société d'Horticulture de
Massachussets, le 14 septembre 1880. On dit
la *plante* rustique et vigoureuse, fertile et
exempte de mildew : « bois à mérithalles
courts; *Grappe* plus longue que celle du Prentiss, modérément compacte, en partie ailée ;
grain moyen, globuleux, d'un beau jaune
ambré ; *peau* très ferme ; *chair* tendre, juteuse, d'une texture délicate et d'un agréable
bouquet, exempte de tout goût foxé. Mûrit
sept ou huit jours avant le Concord ; conserve
malgré cela ses feuilles, après que celles de
plusieurs autres variétés ont péri par le froid. »

Ce nouveau cépage à raisin blanc sera mis
en vente pour la première fois dans l'automne
de 1884, quoiqu'il ait fructifié pour la première
fois en 1872, et qu'on l'ait exposé, en 1874.

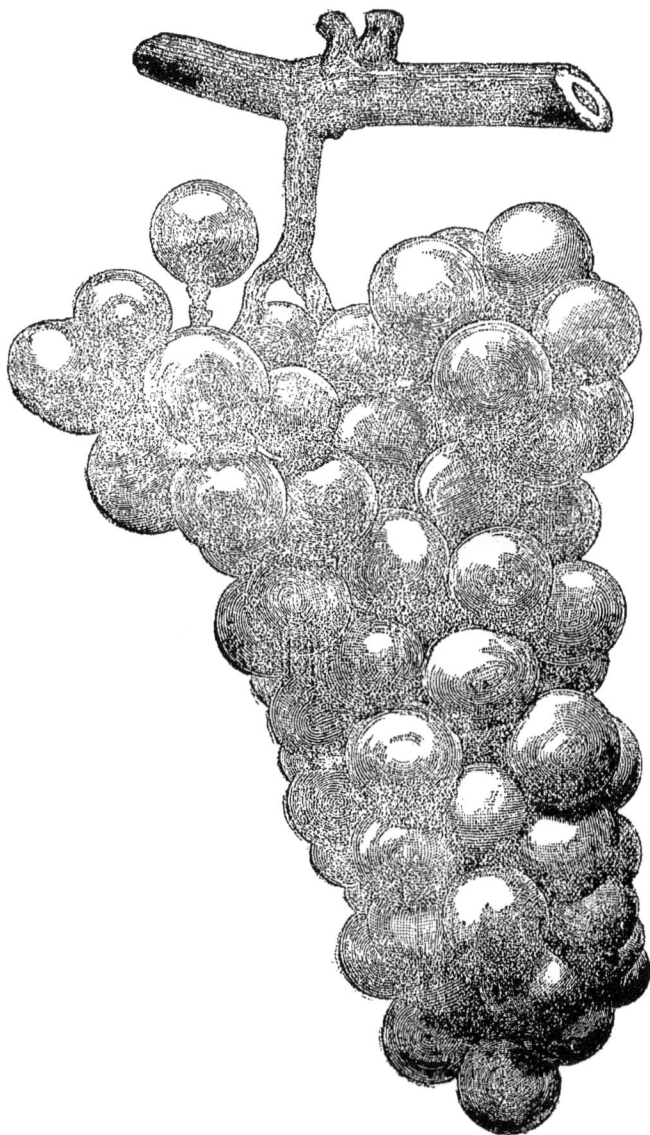

HAYES.

à Boston, où il attire spécialement l'attention par son excellente qualité et sa précocité. L'obtenteur le présente aujourd'hui au public avec les remarques suivantes : « Nous nous efforçons de mettre à la disposition de nos viticulteurs un raisin de qualité, possédant

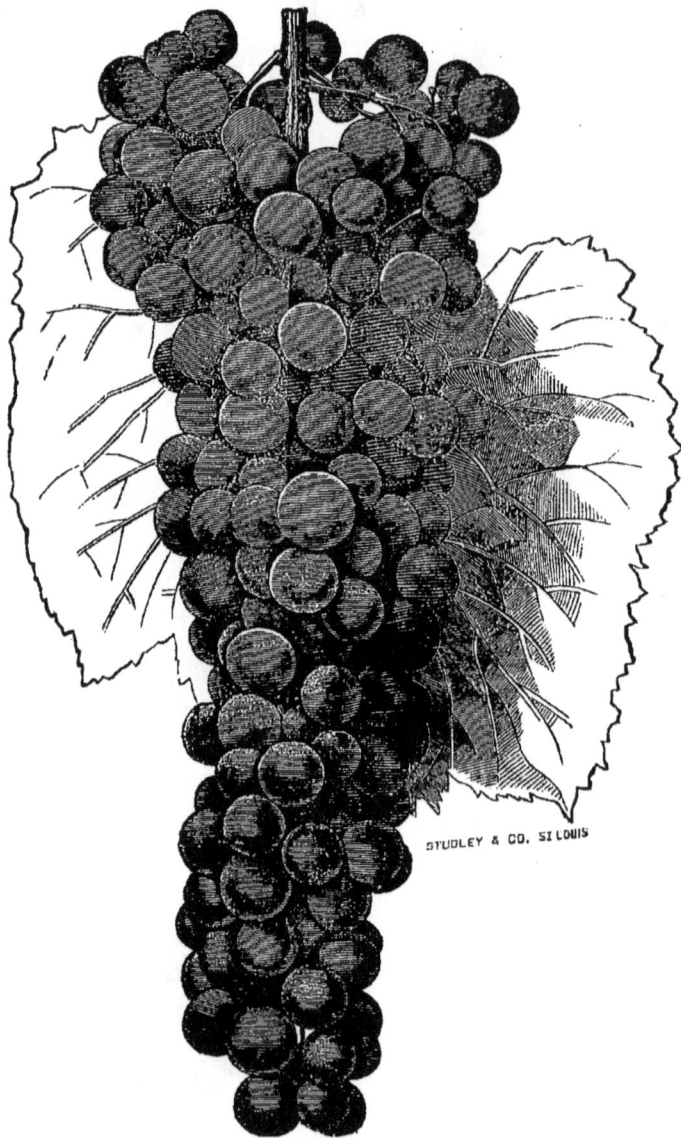

HERMANN.

certains caractères désirables et distincts qui sont des exceptions rares chez les raisins de cette classe. Ce cépage est véritablement indigène ; il possède à un degré rarement atteint par d'autres variétés une rusticité et une vigueur qui le rendent spécialement propre à la culture des régions du Nord et de l'Est.

» Il est bon aujourd'hui d'engager les acheteurs à se tenir en garde à propos des nouvelles variétés de fruits, etc. Depuis 1876, on a vendu des milliers de Concords pour le Moore's Early.

» Le même fait s'est produit à l'époque de l'introduction du Worden ; il en a été ainsi pour d'autres variétés nouvelles, et sans aucun doute il en *sera ainsi encore*.

» C'est pourquoi il est absolument nécessaire que, pour éviter des déceptions, les acheteurs envoient directement leurs ordres à l'obtenteur de fruits nouveaux, ou sinon à des pépiniéristes sûrs et établis depuis longtemps. »

Hermann (*Æst.*). — Semis de Norton's Virginia obtenu par M. P. Langendœrfer, Hermann, Mo. La vigne primitive a donné des fruits à son obtenteur en 1863, et des greffes fructifièrent abondamment en 1864. On l'a essayée pleinement dans des localités différentes, et elle s'est montrée, sans défaut quant à la végétation, au feuillage et au fruit. Le moût, éprouvé à l'appareil Œchsle, a donné 96°, et a varié depuis lors de 94° à 105°. *Grappe* longue et étroite, rarement ailée, compacte, souvent longue de neuf pouces (22 à 23 contigr.) ; les ailes, quand il y en a, ayant l'apparence d'une grappe séparée ; *grain* petit, à peu près de la même dimension que celui de Norton's, rond, noir avec une fleur bleue, modérément juteux, rarement attaqué par la carie noire ou le *mildew* ; mûrit très tard, plusieurs jours plus tard que le Norton's. Le jus est d'un jaune brunâtre, faisant un vin de la couleur du sherry brun ou du madère, de beaucoup de corps et d'un bouquet très fin ; satisfaisant dans les États du Centre. Notre ami Sam. Miller dit : « Le vin d'Hermann possède un parfum particulier que ne possède aucun autre vin américain, et, si j'étais *teetotaler* (membre d'une société de tempérance), j'aimerais avoir de ce vin, rien que pour le plaisir de le sentir. Les dégustateurs français, au Congrès de Montpellier, ont déclaré l'Hermann « bien droit de goût, particulièrement bon et corsé ». Vigne à forte végétation et très fertile, ressemblant au Norton's par le feuillage ; les feuilles sont cependant d'une couleur plus claire, les tiges sont couvertes de fils particuliers, blancs argentés, semblables à des cheveux, et les feuilles un peu plus profondément lobées. Il est, comme son ancêtre, très difficile à propager de bouture en pleine terre. *Racines* raides, très fortes, fibreuses, à liber dur, uni, bravant toutes les attaques du phylloxera. Sarments d'épaisseur moyenne, d'une grande longueur et vigueur ; branches latérales modérément nombreuses. Les sarments se divisent souvent en forme de fourche, ayant un double bourgeon à la base, particularité beaucoup plus fréquente chez lui que chez aucune autre variété que nous connaissions. Bois très dur, avec une petite moelle.

On a considéré l'Hermann comme une addition importante à la liste de nos raisins à vin. Si la fertilité, la rusticité, la santé de la plante et la supériorité du vin sont pour une nouvelle variété des titres à la considération, celle-ci les mérite bien auprès de nos viticulteurs. Son vin est entièrement différent de tout ce que nous avons ; mais la prédiction « qu'il produirait un véritable sherry américain, égal si ce n'est supérieur à tout ce que peut produire l'Ancien-Monde », s'est trouvée n'être qu'un vain bavardage et une inutile vanterie. Jusqu'à présent, l'Hermann n'a pas gagné de terrain dans la faveur populaire et ne sera jamais planté sur une grande échelle.

Il est très recommandable pour notre contrée et pour celles qui sont plus au Sud ; mais, beaucoup plus au Nord, son fruit atteindra difficilement la perfection nécessaire pour faire un vin supérieur, à cause de sa maturité tardive. On trouvera, croyons-nous, qu'il convient spécialement aux pentes méridionales et aux sols calcaires. C'est un véritable *Æstivalis* par la feuille et la manière d'être.

M. Langendœrfer a aussi obtenu un *semis blanc d'Hermann*. Ce semis est très vigou-

HIGHLAND.

reux et très fertile; il ressemble à son parent pour la végétation et la forme de la grappe et de la feuille ; celle-ci est cependant d'un vert plus clair. C'est l'un des premiers de la classe *Æstivalis* à grains blancs. Le vin qu'on en a fait est aussi bon de qualité que le raisin est remarquable par sa couleur. Quelques bons juges, qui l'ont goûté, ont dit : « Il est excessivement velouté et agréable ; par son bouquet, il révèle pleinement son origine Hermann. »

Son obtenteur n'a pas l'intention de mettre cette nouvelle variété en circulation et n'a pas encore choisi de nom pour elle, la petite dimension des grains et leur maturité très tardive étant des conditions défavorables à leur introduction. Toutefois, dans le sud-ouest du Missouri et dans l'Arkansas, elle paraît avoir donné des résultats satisfaisants, et M. Jæger, de Neosho, est en train de la propager.

Herbert (n° 44 de Rogers). — *Labrusca* fécondé par le Black Hamburg. C'est probablement la meilleure des variétés à raisins noirs de Rogers. Parmi tous les hybrides, aucun n'a montré plus de mérite que celui-ci. La plante est très vigoureuse, très saine et très rustique ; *grappe* grosse, admirablement ailée, assez longue et modérément compacte ; *grain* de grande dimension, rond, quelquefois un peu aplati, noir ; chair très douce et tendre, d'un bouquet pur et exempte de rudesse ou de saveur foxée, soit au goût, soit à l'odorat. Précoce et fertile.

Campbell dit : « Il a de si bonnes qualités qu'il devrait être mieux connu et planté plus largement, à la fois pour l'usage domestique et pour le marché. Si l'on me demandait de désigner un autre raisin noir, hybride ou indigène, que je considérerais comme égal à tous égards à l'Herbert, je ne pourrais pas le faire. »

Highland (n° 57 de Ricketts). — L'un des plus gros et des plus brillants raisins de semis de Ricketts ; hybride obtenu par la fécondation du Concord par le muscat du Jura ; ressemble au Concord comme végétation et feuillage. Végétation vigoureuse ; bois brun-foncé, à mérithalles courts ; feuilles grandes, épaisses, grossièrement dentées ; très fertile. *Grappe* grande, longue, modérément compacte et largement ailée ; bien venues, ces grappes pèsent parfois une livre.

Grain gros, rond, noir, avec une épaisse fleur bleue ; chair souple, légèrement pulpeuse, juteuse, douce, un peu vineuse et très douce. Raisin qui promet pour la vente au marché. Mûrit entre le Concord et le Catawba.

Son feuillage a été jusqu'à présent exempt de mildew. En tenant compte de la qualité supérieure et de la beauté de ce raisin, on le regarde avec raison comme l'un des hybrides qui promettent le plus.

Hine (*Labr.*). — Semis de Catawba obtenu par Jason Brown (fils de John Brown l'abolitionniste) à Put-in-Bay, Ohio. Fait une *grappe* de bonne grandeur, compacte, légèrement ailée ; *grain* moyen, d'un brun riche et foncé, à fleur purpurine ; peau de moyenne épaisseur ; chair juteuse, douce et presque sans pulpe ; feuille grande, épaisse et blanchâtre en dessous ; sarments rougeâtres bruns, à mérithalles courts ; bourgeons saillants ; mûrit comme le Delaware, auquel il ressemble un peu. Il gagna le premier prix comme le meilleur semis nouveau, à l'Ohio State Fair (Foire de l'État d'Ohio), en 1868. Nous ne pouvons le recommander que comme un raisin intéressant pour les amateurs.

Holmes. — Nouveau semis de hasard venu dans un jardin de Galveston, Texas. Onderdonk a bien voulu nous en donner la description suivante pour le Catalogue de Bushberg : « L'Holmes, par la végétation et l'aspect, tient à la fois de l'Æstivalis et du Labrusca. Son fruit est à peu près de la grosseur et de la couleur du Lindley. Je crois que c'est un croisement entre l'Æstivalis du sud du groupe des Herbemonts et un Labrusca, et qu'il joindra peut-être bien la rusticité de notre Æstivalis à la pulpe du Labrusca — justement l'union que nous cherchions. Le pied-mère est énormément productif, et cela depuis de longues années ; il n'a pas été propagé jusqu'à présent.

Howell (*Labr.*). — Origine inconnue. *Grappe* et *grain* moyens; celui-ci ovale, noir; peau épaisse ; chair à pulpe ferme, agréable. Bon. Mi-septembre.—Downing.

Semis d'Huber.—T. Huber, de Rock-Island, Ill., viticulteur amateur, nous a envoyé un certain nombre de raisins nouveaux, de bonne qualité, qu'il dit provenir de vignes parfaitement rustiques et fertiles ; il les a nommés Margerith (n° 6), Illinois City (n° 8) et Brændly (n° 14.)

Humboldt (*Rip.* ✕). Très intéressant semis de Louisiana obtenu par F. Muench, qui a observé lui-même qu'il n'a pas de ressemblance avec le Louisiana ; il a beaucoup plus du caractère du Riparia ; c'est très probablement un croisement entre un Louisiana et quelque fleur tardive de Riparia. *Vigne* à végétation très vigoureuse, saine et rustique ; exempte de mildew et de la rouille des feuilles ; *grappe* au-dessous de la moyenne ; *grains* moyens, vert clair, passant au rose, comme le Delaware, quand ils sont bien mûrs et exposés au soleil. Est suffisamment productif et de bonne qualité.

Huntingdon (*Cord.*)[1].— Raisin nouveau, de la classe du Clinton. *Grappe* petite, compacte, ailée ; *grain* petit, rond, noir, juteux et vineux. Mûrit de bonne heure. Vigne à végétation vigoureuse, saine, rustique et fertile ; mais ne mérite pas d'être propagée.

Hyde's Eliza. (Voyez *York Madeira.*)

Imperial. — Semis blanc d'Isabelle et de Muscat Sarbelle, obtenu par M. Ricketts, de Newburgh, N.-Y. *Grappe* grosse, légèrement

[1] Les auteurs du Catalogue n'ont pu sans doute étudier l'Huntingdon de près ; sans quoi ils n'auraient pas manqué d'y reconnaître un allié du *Vitis rupestris*. M. Champin doit faire dans la *Vigne américaine* (n° de février 1885) l'histoire de ce remarquable cépage, que je ne crois pas être un *Cordifolia*, mais un hybride entre *Rupestris* et je ne sais quelle autre vigne.

J.-E. PLANCHON.

ailée ; *grain* très gros, blanc, avec beaucoup de fleur ; pas de pulpe, pas de pépins (?) ; bouquet splendide, avec des traces de l'arome de l'Iona-Muscat. Vigne à végétation vigoureuse, rustique ; mûrit à peu près à la même époque que l'Isabelle. Le plus beau raisin blanc de la collection de M. Ricketts, suivant M. Williams, éditeur de l'*Horticulturist*.

Irwing (Hybride d'Underhill, n°ˢ 8-20).— Raisin blanc nouveau, de beaucoup d'apparence et d'attrait, obtenu d'un pépin de Concord croisé avec le Frontignan blanc et planté par M. Stephen W. Underhill, de Croton-Point, New-York, au printemps de 1863 ; a fructifié pour la première fois en 1866. On verra par la gravure ci-jointe (réduite à peu près à la moitié de la grandeur naturelle), le caractère de la très grosse grappe de cette variété. Le grain est gros, considérablement plus gros que celui du Concord, d'une couleur blanc jaunâtre, légèrement teintée de rose quand il est très mûr. Vigne saine, à végétation vigoureuse, à feuillage grand, épais, duveteux en dessous. Le fruit mûrit un peu tard, entre l'Isabelle et le Catawba, et se conserve bien l'hiver ; parfum vineux ; est tout à fait charnu quand il est parfaitement mûr. Nous le considérons comme méritant d'être répandu beaucoup plus que le Croton du même viticulteur.

Isabella. Syn. : PAIGN'S ISABELLA, WOODWARD. CHRISTIE'S IMPROVED ISABELLA (Isabelle améliorée de Christie), PAYNE'S EARLY (Précoce de Payne), SANBOTON (?) (*Labr.*). —Probablement natif de la Caroline du Sud ; importé dans le Nord et signalé aux cultivateurs, vers 1816, par M. Prince, qui l'avait reçu de Mᵐᵉ Isabelle Gibbs, en l'honneur de qui il a été nommé. Dans l'Est, sa grande vigueur, sa rusticité et sa fertilité ont été pour ce cépage la cause d'une grande extension ; mais, dans l'Ouest, on l'a trouvé d'une maturité inégale et très sujet au *mildew*, à la carie noire et à la rouille des feuilles. Il a été, avec raison croyons-nous, mis entièrement de côté par nos viticulteurs, depuis son remplacement par des variétés meilleures

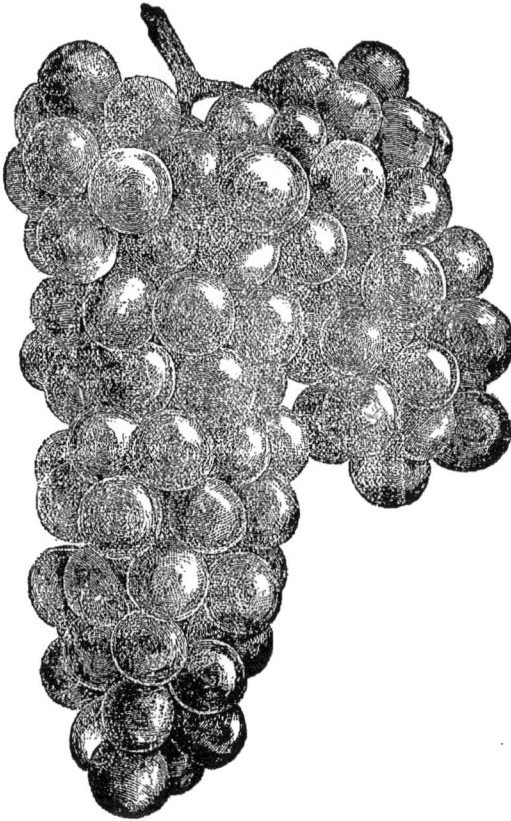

IRVING.

mis qui ont obtenu une certaine réputation sont décrits sous leur propre nom dans ce Catalogue. Voyez *Adirondac, Eureka, Hyde's Eliza, Israella, Mary-Ann, To-Kalon, Union Village.*

Plusieurs de ses semis diffèrent si peu pour la forme, la grosseur ou la qualité du fruit, pour la végétation et la fertilité (chez quelques-uns, le nom seul est différent), que nous préférons les classer comme sous-variétés. Ce sont: l'*Aiken,* le *Baker,* le *Bogue's Eureka,* le *Brown,* le *Cloanthe,* le *Carter* (?), l'*Hudson,* le *Louisa,* le *Lee's Isabella,* le *Payne's Early,* le *Pioneer,* le *Nonantum,* le *Sarbornton ,* le *Trowbridge,* le *Wright's Isabella,* etc., etc.

Iona. — Doit son origine au Dr C.-W. Grant, de l'île d'Iona, près de Peekskill, N.-Y. C'est un semis de Catawba ; sa feuille ressemble assez à cette variété. Bois mou, à mérithalles courts, avec une moelle au-dessous de la grosseur normale. Vigne à croissance vigoureuse, mais pas très rustique ; *racines* très peu nombreuses, droites, d'épaisseur moyenne et d'une texture peu solide. Sarments érigés n'ayant pas de tendance à ramper, d'épaisseur moyenne, avec peu de branches latérales. Ici, il est sujet au *mildew* et à la carie noire, et demande un bon abri l'hiver.

et d'une réussite plus assurée. *Grappes* grosses, lâches, ailées ; *grains* ovales, gros, pourpre foncé, presque noirs quand ils sont bien mûrs, couverts d'une fleur d'un bleu noir. Chair juteuse, d'un arome riche et musqué ; pulpe coriace, assez acide. Mûrit irrégulièrement ; les feuilles semblent tomber juste au moment où elles sont nécessaires pour aider le fruit à mûrir.

Dans quelques localités, c'est encore un raisin favori pour le marché. Moût à Hammondsport 60° à 79° ; acide 12 1/2 à 6 p. m.

L'Isabelle a eu une armée d'enfants qui, semble-t-il, lui ont survécu. Ceux de ses se-

L'Iona est une jolie vigne pour jardin, et appropriée seulement aux localités spécialement abritées. Elle demande un sol riche et une bonne culture. Dans les contrées qui ne sont pas sujettes au *mildew* (ou rouille des feuilles comme on l'appelle quelquefois), l'Iona donnera une belle récolte de grappes superbes, grosses et bien développées, surtout quand il est palissé contre un mur.

Nous avons le regret d'apprendre qu'en plein champ il ne mûrit pas avec égalité, et que, dans certaines localités, il échoue complètement. Partout où il peut réussir, c'est une excellente variété, même pour la grande culture.

Grappe ordinairement grosse, longue et ailée, pas très compacte ; *grains* moyens ou gros, légèrement ovales ; peau mince, mais tenace ; rouge pâle avec de nombreuses veines rouge intense, qui deviennent tout à fait foncées à la maturité ; belle fleur. Chair tendre, avec un caractère et une consistance uniformes jusqu'au centre. Bouquet riche, doux, vineux ; qualité très bonne, égalant celle du Delaware. Mûrit comme le Concord ou peu de jours plus tard ; dure longtemps et ne s'altère pas, quand on le conserve, comme beaucoup d'autres raisins le font ; avec des soins convenables, on peut le garder jusqu'au printemps et l'avoir encore en bon état. M. Saunders en a élevé de magnifiques spécimens en serre froide, au Jardin d'essais de Washington. Moût 88°-92°, quelques personnes disent même 101° ; acide 6,6.

Iona-Excelsior (?). — Obtenu, il a six ou huit ans, par le Professeur Mathews d'Iowa. Sam-Miller nous le décrit comme un GROS RAISIN ROUGE, à grappe de belle dimension, mûrissant avant le Concord et, à son goût, aussi bon que l'Agawam (n° 15 de Rogers), auquel il ressemble légèrement. Cette variété peut avoir des avantages pour l'Ouest et nous sommes surpris qu'on n'ait pas fait d'efforts pour l'y introduire.

Israella. — Doit son origine au Dr C.-W. Grant, qui prétendit que « c'était le plus précoce d'entre les bons raisins cultivés » ; mais plus tard il admit lui-même qu'il ne valait pas son Eumelan. Chez nous, il s'est montré plus tardif que l'Hartford prolific. Vigne à végétation modérée ; feuillage sujet au *mildew ; grappes* grandes, ailées, compactes et très belles quand elles sont bien mûres ; *grain* noir, avec une belle fleur, assez gros, légèrement ovale, pulpeux, de

seconde qualité seulement. Est généralement abandonné aujourd'hui.

L'Israella est probablement un semis de l'Isabelle, auquel il ressemble par les allures de sa végétation et le caractère de son fruit.

Ithaca. — Hybride du Dr S.-J. Parker, Ithaca, N.-Y. ; décrit par son obtenteur comme plus gros que le Walter pour la grappe et le grain ; jaune verdâtre ; parfum de rose et bouquet semblable à celui du Chasselas musqué (?). On prétend que c'est un croisement entre le Chasselas et le Delaware ; mûrit avant le Delaware et serait rustique, sain et vigoureux. N'est pas encore au commerce. Nous ne le plaçons ici que pour mémoire, comme l'une des variétés nouvelles qui seront probablement présentées au public.

Ives. Syn.:IVES'SEEDLING, IVES'MADEIRA, KITTREDGE (*Labr.*). — Obtenu par Henry Ives, de Cincinnati (probablement d'un pépin d'Hartford prolific ; certainement pas d'un raisin étranger, comme M. Ives le supposait). Le colonel Waring et le Dr Kittridge ont été les premiers à en faire du vin, il y a environ dix-huit ans, et c'est maintenant un vin rouge populaire dans l'Ohio. Si nous ne lui trouvons pas de titres au premier prix « comme la meilleure variété pour tout le pays », qui lui a été accordé à Cincinnati, le 24 septembre 1868, nous lui reconnaissons le grand mérite d'avoir donné une nouvelle impulsion à la culture de la vigne dans l'Ohio, dans un moment où les échecs répétés du Catawba rendaient cette impulsion le plus désirable.

Grappes moyennes ou grandes, compactes, souvent ailées ; *grains* moyens, légèrement oblongs, d'une couleur pourpre foncé, tout à fait noirs quand ils sont bien mûrs. Chair douce et juteuse, mais décidément foxée et un peu pulpeuse. N'est pas à recommander comme raisin de table ; néanmoins c'est un raisin qui a du succès pour le marché, parce qu'il supporte mieux le transport que la plupart des autres variétés.

Il tourne de très bonne heure, mais sa période de maturité est plus tardive que celle

IVES.

du Concord. La vigne est remarquablement saine et rustique, en général exempte de mildew et de carie noire ; végétation forte et robuste ; par la tournure générale et l'apparence, ressemblant beaucoup à l'Hartford prolific.

Racines abondantes, épaisses, diffuses et d'une contexture assez dure. Liber épais, mais ferme ; émet rapidement de nouvelles radicelles et offre une bonne résistance au

Phylloxera. Cependant il n'a pas réussi du tout dans le midi de la France. Il ne parait pas se mettre à fruit de bonne heure, les vignes de cette variété ne donnant leur première récolte qu'à quatre ans. Toutefois elles produisent abondamment quand elles sont plus âgées. Le vin d'Ives est d'une très belle couleur rouge foncé, mais a le goût et l'odeur foxés. Moût 80°.

Jæger (variétés d'Æstivalis choisies).—Il y a quinze ans, Hermann Jæger, de Neosho, sud-ouest du Missouri, envoya à Fréd. Muench quelques greffes de **V. Æstivalis** qu'il avait sélectionnées parmi celles qui poussaient à l'état sauvage dans cette région. Encouragé par la faveur avec laquelle Muench les accueillit (surtout le NEOSHO et le FAR WEST) et désireux de trouver ou de produire quelques variétés de choix dans cette classe robuste et saine de vignes (appartenant à ce que nous appelons le *groupe Nord des Æstivalis*), Jæger continua à sélectionner certaines vignes remarquables par la qualité ou la dimension de leur fruit, et à les cultiver, comme aussi à élever des vignes provenant de leurs semis. Ces variétés ne sont jusqu'à présent désignées que par des numéros ; M. Jæger a eu l'obligeance de nous fournir, en août 1883, les courtes notes suivantes sur celles qu'il considère comme les plus méritantes :

N° 9. — Grappe grosse; grain au-dessous de la moyenne, beau, juteux, d'une douceur pure ; très fertile ; a la carie noire quand le temps est chaud et humide.

N° 12. — Grappe moyenne, grain moyen, très doux, avec un bouquet particulier très agréable ; fruit sain, jusqu'à présent.

N° 13. — Grappe et grain de la grosseur de l'Ives ; une merveille de santé et de fertilité ; fruit d'un bouquet particulier et non agréable à manger ; mais, avec le traitement qui permettra de faire un bon vin avec le Concord, on fera de ce n° 13 un vin beaucoup meilleur.

N° 17. — Grappe grosse ; grain moyen, bon, doux et sain.

N° 32. — Grappe et grain moyens, très

doux, sain ; vin d'un brun foncé, dans le genre du sherry.

Nº 42. — Grappe de la grosseur de celle du Norton ; excellent en qualité ; très doux et plus juteux que la plupart des Æstivalis,

avec un délicieux parfum de vanille. Le raisin le plus agréablement parfumé que je connaisse ; fertile et sain.

Nº 43.— Grappe et grain de la grosseur du Concord ; très fertile et très sain ; pourra se montrer précieux pour le vin et pour le marché.

Nº 52.— Plus gros ; promet.

H. Jæger, dans une lettre à M.V. Pulliat (juillet 1883), écrit qu'il cultive aussi quelques hybrides du *Cordifolia* croisés avec le *Rupestris*, et qu'il a réussi à croiser l'Æstivalis sauvage avec le Rupestris, croisement dont il attend quelques variétés méritantes. Il pense qu'en croisant le *Cinerea* doux avec un Rupestris bien sélectionné, on pourrait obtenir un raisin qui, quoique à petits grains, serait d'assez bonne qualité pour satisfaire même le goût européen, et serait en même temps produit par une vigne parfaitement résistante au Phylloxera [1].

[1] M. Marès, membre distingué de la Commission du Phylloxera de France, rapporte que parmi ses Rupestris il en a trouvé un qui à la troisième année a produit un kilo de raisins d'une couleur magnifique, mûrs le 2 août, dont le moût, d'un

Nous lui souhaitons les meilleurs succès.

Jacques. Syn.: JACK, BLACK SPANISH (*Ohio*, *Cigar Box*, etc.). Voyez LENOIR.

JEFFERSON.

Janesville. (Labr.×Rip.). — Quelques personnes supposent que c'est un croisement de l'Hartford et du Clinton. Raisin noir précoce, planté sur une grande échelle dans l'Iowa et le Wisconsin, mais aujourd'hui généralement écarté pour de meilleures variétés. *Vigne* à végétation vigoureuse, rustique, saine et fertile; *grappe* moyenne, compacte ; *grain* moyen ou gros, noir ; peau épaisse; chair pulpeuse ; qualité à peu près comme celle de [l'Hartford ; tourne encore plus tôt que celui-ci, mais n'est en pleine maturité qu'à la même époque que lui.

Jefferson (Labr.×) .— Cet excellent et beau raisin rouge est une nouveauté gagnée par James H. Ricketts, de Newburgh, N.-Y. C'est un croisement du Concord et de l'I ona.

goût excellent, pesait 11° à l'aréomètre Baumé (88° Œchsle), et fit un très bon vin. Cette variété peut devenir le point de départ de nombreux semis ou hybrides intéressants ; elle est d'une vigueur remarquable et insensible au Phylloxera. Les racines fibreuses du Rupestris sont longues et fortes, et défient la sécheresse, même dans les sols au-dessous de l'ordinaire.

Le feuillage semble être fort sain, non sujet au mildew ; la plante est d'une végétation vigoureuse et très rustique ; bois assez court-jointé ; feuilles grandes, épaisses et tomenteuses ; on le dit très fertile.

Grappe grande, ailée, quelquefois doublement, compacte ; *grain* au-dessus de la moyenne, rond et ovale ; peau assez épaisse ; ROUGE CLAIR avec fleur-lilas ; chair bien nourrie, quoique tendre, juteuse, douce, légèrement vineuse, aromatique. Les grains adhèrent solidement au pédicelle, et le fruit conserve sa fraîcheur longtemps après avoir été cueilli. Est de belle qualité ; grappes grandes, belles, ressemblant beaucoup à celles de l'Iona, que le Jefferson égale aussi pour la qualité et le bouquet. La plante ci-jointe montre la forme de la grappe considérablement réduite.

C'est un des plus beaux raisins rouges; il promet beaucoup, soit pour l'usage domestique, soit pour le marché. Il mûrit en même temps que le Concord ou peu après. Sa beauté et son mérite distingué le rendent digne de larges essais. M. P. Wilder, dans son allocution comme président de la Société amér. de Pomologie, à la session de 1881, disait : « Le Jefferson de Ricketts pourrait, avec juste raison, être appelé le muscat d'Amérique et distingué comme tel. » Campbell (de l'Ohio) a écrit dans sa brochure sur l'*Amélioration de nos vignes indigènes par le croisement :* « On dit que le Concord et l'Iona sont les parents de ce raisin, qui a toute la beauté de l'excellent Iona, et, à mon avis, plus de mérite. Si nous avons en effet le raisin de l'Iona sur la vigne du Concord, c'est un succès dont la valeur ne saurait être estimée trop haut. »

Jessica.— Nouveau raisin *blanc* très précoce, mentionné dans le *Gardner's Monthly* du mois de novembre 1882, provenant de D.-W. Beadle ; paraît promettre assez. Pas encore connu.

Calamazoo (*Labr.*).— Obtenu d'un pépin de Catawba par M. Dixon, un Anglais, à Steubenville, Ohio. Le fruit est plus gros que celui du Catawba, pousse en grappes plus grosses, et est plus remarquable par la richesse particulière de la fleur bleu foncé qui le recouvre ; peau épaisse ; chair molle, pas tout à fait tendre partout, douce, mais pas aussi riche que celle du Catawba. D'après le Rapport de 1871 de la Société américaine de Pomologie, il mûrirait dix jours plus tôt ; d'après celui de 1872, du département de l'Agriculture (pag. 484), il mûrirait dix jours plus tard que le Catawba. Nous ne savons pas ce qu'il en est, n'ayant pas essayé nous-mêmes cette variété. On dit la vigne d'une végétation vigoureuse, rustique et très fertile.

Kay's Seedling (Semis de Kay). — Voy. *Herbemont.*

Kilvington (?). — Origine inconnue. *Grappe* moyenne, passablement compacte ; *grain* petit, rond, rouge foncé, recouvert de fleur ; chair pulpeuse, mi-tendre, vineuse.— Downing.

Kingsessing (*Labr.*). — *Grappe* longue, lâche, ailée ; *grain* moyen, rond, rouge pâle, recouvert de fleur; chair pulpeuse. — Downing.

Kitchen (*Rip.*). — Semis de Franklin. *Grappe* et *grain* moyens ; *grain* rond, noir ; chair acide, juteuse. — Downing.

Labe (?). — *Grappe* assez petite, courte, oblongue ; *grains* moyens, disposés d'une manière lâche, noirs ; chair mi-tendre, pulpeuse, douce, pénétrante. — Downing.

Lama. — Croisement entre l'Eumelan et quelque variété de Labrusca, obtenu récemment par D.-S. Marvin, Watertown, N.-Y. *Grains* noirs ; *grappes* petites ; bouquet relevé et bon, vineux. Végétation vigoureuse, feuillage fort, sain ; mûrit à peu près à l'époque du Delaware. Pas encore au commerce.

Lady. — Beau raisin blanc précoce, acheté par Geo. W. Campbell d'un M. Imlay, du comté de Muskingum, O. ; offert pour la première fois au public en automne 1874, et aujourd'hui estimé avec raison comme cépage à cultiver pour l'usage domestique et la

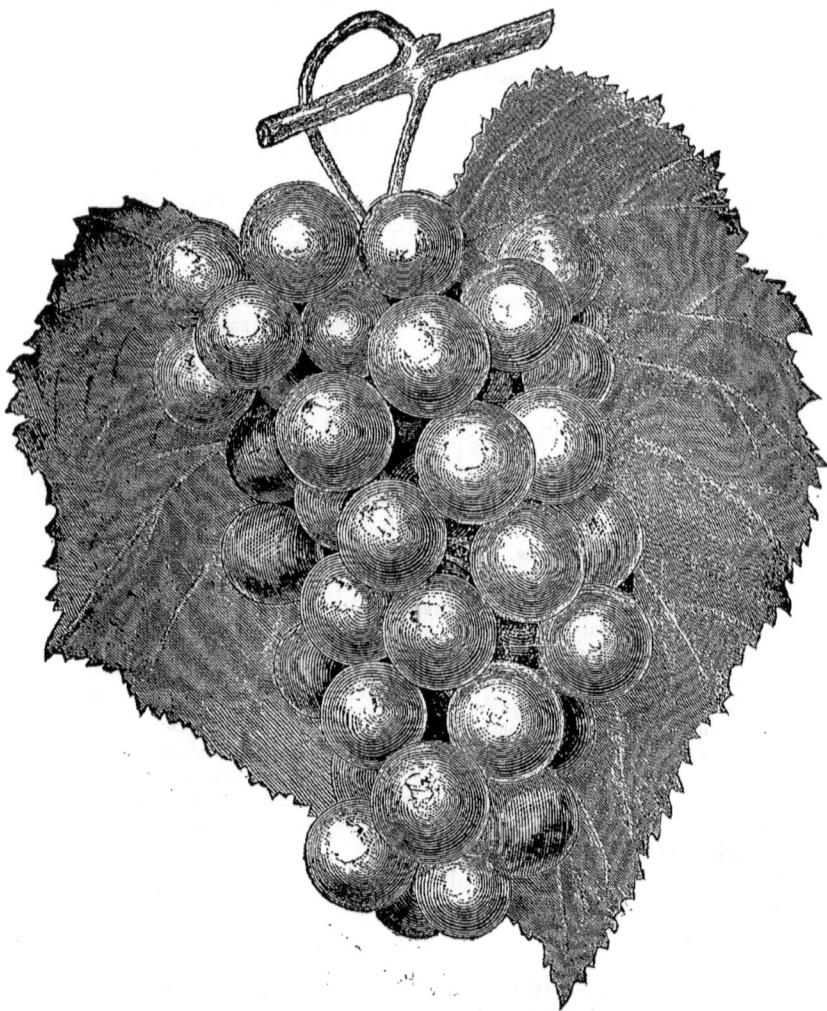

LADY.

vente sur des marchés rapprochés. Ce raisin ne se prête pas aux longs transports ou aux maniements peu délicats.

C'est un pur semis de Concord, et il a presque la vigueur, la santé et la rusticité de son ancêtre ; comme lui, il est à l'abri du mildew, mais non de la carie noire. La plante, dans son aspect d'ensemble et la tenue de sa végétation, ressemble beaucoup au Concord. C'est incontestablement un progrès sur le Martha, qu'il dépasse en grosseur, en précocité, en fertilité et en qualité, car il a moins

Le *grain* est quel-
quefois plus gros
que celui du Con-
cord ; les grappes
sont au contraire un
peu petites. Comme
qualité, il a plus de
bouquet et plus de
délicatesse que le
Concord. Sa cou-
leur est jaune-ver-
dâtre clair, couvert
d'une fleur blanche.
Graines petites et
peu nombreuses.
Peau mince ; pulpe
tendre ; bouquet
doux et riche, légè-
rement vineux, et
avec une atténua-
tion sensible du
goût foxé propre à
son groupe. Quoi-
que d'une maturité
très précoce, il n'é-
met ses bourgeons
que tard, au prin-
temps, ce qui lui
permet d'éviter les
mauvais effets des
gelées tardives.

Lenoir. Syn.:
Black Spanish,
El Paso, Bur-
gundy, Jack ou
Jacques. — Vigne
du Sud du groupe
de l'Herbemont, du
comté de Lenoir,

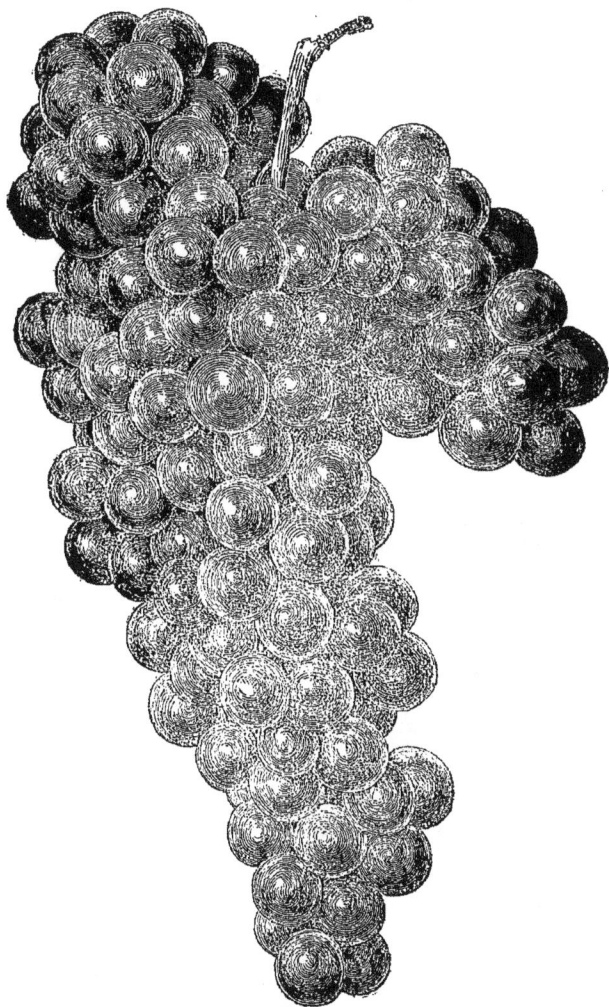

LENOIR.

de ce goût foxé que certaines personnes
reprochent à ce dernier. Il réussira parfaitement partout où le Concord peut être cultivé
avec succès. En raison de sa précocité, il est
particulièrement propre aux localités du
Nord, où le Concord ne mûrit pas toujours [1].

[1] Les vignes ont supporté, sans en souffrir,

S. C. *Grappe* moyenne ou grande, ailée ; dans
des conditions défavorables, ou sur des
souches mal taillées et surchargées de
fruits, grappes lâches et non ailées ; *grains*
petits, ronds, bleu-pourpre foncé, presque
noirs, recouverts d'une légère fleur ; chair

les grands froids de 1872-1873, — 32° au-dessous
de zéro.

23

tendre, sans pulpe, juteuse, douce et vineuse ; très riche en matière colorante ; magnifique raisin pour le Sud, mais trop délicat et trop tardif pour le Nord. Dans des localités favorables, il pourra être apprécié pour la table [1] et pour la cuve. Vigne à végétation vigoureuse, mais à production tardive ; feuillage doublement lobé.

Cette variété est surtout cultivée au Texas sous différents noms, tels que BLACK SPANISH, EL PASO, BURGUNDY. Il y a plusieurs années (vers 1859), Berckmans, de la Géorgie, envoya en France quelques pieds de cette vigne sous le nom de JACQUEZ ou *Jacques*. En 1861 et dans les années suivantes, quand le Phylloxera commença à ravager les vignobles du midi de la France, ces quelques pieds de Jacquez conservèrent leur végétation luxuriante et leur parfait état de santé. Il en résulta une grande demande de Jacquez, d'autant plus que son raisin, en raison de son goût pur vineux et de sa riche couleur foncée, plaisait beaucoup aux vignerons français.

Mais en vain s'adressèrent-ils aux cultivateurs et aux pépiniéristes américains. Berckmans lui-même constatait, en 1871, qu'il n'en avait pas, et qu'à sa connaissance la culture de cette variété avait été abandonnée dans le pays. Personne ne savait alors que le Lenoir et le Black Spanish, cultivés au Texas, étaient identiques au *Jacquez*.

Après de nombreuses recherches, NOUS trouvâmes que G. Onderdonk, en décrivant le *Lenoir* dans son Catalogue, faisait la remarque suivante : « La feuille et la manière d'être ressemblent exactement à celle du *Black Spanish*. » D'après cette remarque et la description de l'*Ohio* dans « Fruits et Arbres fruitiers d'Amérique » de Downing, nous inclinâmes fortement à croire que le Lenoir, le Black Spanish, l'Ohio, le Jacquez, étaient identiques, et que c'était justement la variété demandée par nos amis de France. Nous le déclarâmes dans la précédente édition de

notre Catalogue (1874-1875, pag. 70 [1]), quoique Berckmans et Onderdonk eux-mêmes les considérassent comme des variétés distinctes, comme on peut le voir par la lettre suivante que nous écrivait Onderdonk, au mois d'août 1876 :

« J'ai ramassé avec empressement toutes les vignes d'Æstivalis de mérite que j'ai pu trouver ou dont j'ai entendu parler, dans la pensée que de cette famille doivent provenir nos vignes du Texas. J'en avais appelé une *Lenoir*. Je trouvai que Berckmans en avait une différente sous le même nom, et qu'il insistait sur ce que *mon* Lenoir était le « Black July » ou « Devereux ». Je fis prendre de son Lenoir et vis qu'il ressemblait, pour la végétation et la manière d'être, au *Black Spanish* — tellement que je supposais qu'on avait fait erreur et qu'on m'avait envoyé le *Black Spanish* au lieu du *Lenoir*.

» Il m'était venu, je ne sais comment, l'idée que le Lenoir était originaire du comté de Lenoir, S. C. J'écrivis à Berckmans pour avoir de nouveaux renseignements et je reçus sa réponse en date du 17 août 1875, dans laquelle il disait : « Le Lenoir et le Black Spanish sont l'un et l'autre des semis indigènes du type Æstivalis ; l'un et l'autre ont le jus coloré. Le Lenoir a les grappes compactes et ailées ; le Black Spanish, au contraire, les a très lâches, cylindriques, atteignant jusqu'à 18 pouces de longueur. Des deux, c'est celui qui fait le vin le plus foncé. Ce sont tous deux, peut-être, les meilleurs raisins à vin rouge que nous ayons. Le Lenoir est originaire de la Caroline du Sud, le Black Spanish, de Natchez, dans le Mississipi. »

« Je dirai, continue M. Onderdonk, qu'ici (dans le sud-ouest du Texas) les grappes du Black Spanish, quoique remarquablement longues, n'ont encore jamais atteint plus de 10 ou 11 pouces. J'ai aussi trouvé que, moyennant un système de taille d'été fait avec soin, les grappes sont devenues ailées et compactes comme celles du Lenoir ; et je me suis

---

[1] Ceci ne peut être vrai pour l'Europe. (*Traduct.*)

[1] De l'édition anglaise, pag. 107 de notre traduction.   (*Note du Trad.*)

quelquefois demandé si la différence dans le fruit de ces deux variétés, sur mes jeunes plants, est, après tout, plus grande que celle que je remarque sur mes Black Spanish eux-mêmes, ou plutôt si les récoltes de différentes années ne diffèrent pas autant l'une de l'autre qu'elles ne diffèrent du Lenoir lui-même. »

Mais, tandis que nous annoncions comme une *probabilité* seulement l'identité de ces variétés, un importateur français bien connu, moins réservé et uniquement par la force de notre *supposition*, demanda d'un seul coup des milliers de boutures de Black Spanish et les offrit en France à un prix exorbitant comme Jacquez, en réclamant pour lui le mérite de cette découverte. A partir de 1876, on envoya par centaines de mille, en France, des boutures de cette variété; on les y planta, et leur succès, leur immunité à l'égard du Phylloxera, leur fertilité et leur qualité, donnèrent de grandes satisfactions. L'identité du *Jacquez*, *Black Spanish* et *Lenoir* y fut aussi pleinement établie par le professeur Planchon[1], M. Pulliat et d'autres ampélographes éminents.

Cette variété ne pouvant être cultivée avec succès chez nous à cause de sa non-résistance au mildew et à la gelée, nous avons prié notre ami Onderdonk de nous attester ces faits, et il nous écrit aujourd'hui (août 1883): « Je suis fixé maintenant sur cette question du *Lenoir*, et me suis arrêté en dernier lieu à la conviction que le Jacquez, le Lenoir et le Black Spanish sont identiques *sans aucun doute*: cette variété est susceptible de très

grandes variations suivant les diverses conditions spéciales où elle se trouve. »

En France également, le succès et surtout la fertilité du Jacquez varient beaucoup: dans les sols secs, il donne beaucoup moins de vin, à moins qu'on n'ait recours à l'irrigation. Dans ces dernières années, le Jacquez (comme on l'y appelle toujours) a sur certains points souffert de l'anthracnose. La France a maintenant plus de vignes de cette variété en rapport qu'on n'en trouverait en culture aux États-Unis, et ne nous en demande plus de boutures.

Le vin du Jacquez se vend maintenant (1883) en France de 60 à 70 francs l'hectolitre, tandis que le vin d'Aramon ne vaut que 30 francs dans les mêmes vignobles. Le Jacquez est très riche en alcool et en couleur.

Dernièrement, cependant, des viticulteurs de Californie ont dirigé leur attention sur ce remarquable cépage, et en plantent maintenant des milliers sous son véritable nom de « Lenoir ». Il y réussit très bien et y est très apprécié, tant à cause de la belle couleur foncée de son vin que de sa résistance au Phylloxera. Cet ancien cépage, presque abandonné, semble être destiné à devenir l'une des principales variétés des deux hémisphères.

La figure ci-jointe représente une grappe de Lenoir de moyenne grandeur, plutôt plus petite que d'ordinaire, surtout *plus courte*.

Lady Charlotte. — Cet intéressant raisin blanc a été obtenu, en 1869, par Pringle, de Vermont, d'un Delaware fécondé par l'Iona. L'obtenteur en a donné la description suivante : « Couleur vert clair, passant à l'ambre ou au doré avec une teinte rougeâtre du côté du soleil ; *grappe* grande, très largement ailée, étroite et se terminant en pointe dans le bas, compacte ; *grain* de grosseur moyenne, globuleux. Chair avec un peu de pulpe, mais juteuse et très douce, sans la moindre acidité au centre, ni rudesse ou goût foxé dans le bouquet. Végétation rampante; production abondante et saine ; feuilles très grandes, ayant beaucoup de ressemblance avec celle

---

[1] Peut-être me sera-t-il permis de rappeler que j'ai, le premier, déterminé comme Jacquez le cépage innommé de M. Borty (de Roquemaure), qui attira, par sa vigueur et sa beauté, l'attention des visiteurs de cette curieuse colonie de vignes américaines. J'avais, pour me guider dans cette détermination, un plant envoyé par M. Laliman le 16 septembre 1870 sous le nom de Jacquez et Lenoir. Quant à la distinction à établir entre ces deux variétés, c'est une question encore trop obscure pour que j'ose la traiter ici. J'espère le faire prochainement dans le journal *la Vigne américaine*.

J.-E. PLANCHON.

LADY WASHINGTON..

de l'Iona. Maturité à peu près à l'époque de ce dernier. »

Lady Dunlap.— Un des nouveaux semis de Ricketts, exposé pour la première fois en 1881. Grain moyen, ambré, vineux, qualité très bonne.—(Rapp. sur les Fruits nouveaux, Société amér. de Pomol., 1881.)

Lady Washington (*Hybr*.). — L'un des hybrides de Ricketts, les plus choisis et les plus intéressants (étranger pour un quart ou quarteron), obtenu par le croisement du Concord (mère) avec l'Hybride d'Allen (père). Vigne très vigoureuse, à mérithalles courts ; *feuilles* grandes, un peu rondes, grossièrement dentées, occasionnellement lobées, épaisses et tomenteuses, luxuriantes et saines. *Grappes* très grandes, ailées, souvent deux fois, modérément compactes ; *grains* pleinement moyens, ronds ; *peau* ambre pâle, jaunâtre avec une teinte rose délicate du côté exposé au soleil ; légère fleur blanche ; *chair* tendre, juteuse, douce, de très bonne qualité et d'un arome délicat. Les grains tiennent bien au pédicelle et le fruit se conserve longtemps. Mûrit à peu près comme le Concord ou peu après. Variété très belle et pleine de promesses.

Nous avons eu cette année quelques pieds de Lady Washington en production pour la première fois. Nous en avons constaté la forte végétation, le très bon feuillage et la rusticité ; mais la saison des fruits a été très défavorable pour toutes les variétés.

Laura (*Hybr.*). — Un des nouveaux raisins de Marvin, à peine aussi bon que la plupart de ses autres semis. *Grappe* petite, pas très compacte ; *grain* petit, ambre clair, pulpeux. — (Rapport sur les fruits nouveaux, Société amér. de Pom., 1881.)

Lindley (N° 9 de Rogers).—L'origine de cette belle et précieuse variété est due à l'hybridation du Wild Mammoth de la Nouvelle-Angleterre avec le Chasselas doré. *Grappe* longue, moyenne, ailée, un peu lâche ; *grains* moyens ou gros, ronds ; couleur tout à fait particulière et distincte de celle de toute autre variété, plus voisine du *rouge brique* que de la couleur du Ca-

tawba ; chair tendre, douce, avec une trace à peine sensible de pulpe ; possédant un riche bouquet aromatique particulier. Le président Wilder appelle ce raisin et le *Jefferson*, les Muscats de l'Amérique. Ressemble au Grizzly Frontignan pour l'aspect de la grappe, et est regardé par quelques personnes comme égalant tout à fait le Delaware en qualité. La planche ci-jointe représente une grappe de grosseur moyenne de cette variété. *Racines*

LINDLEY.

longues et droites, avec un liber uni, de fermeté moyenne ; sarments minces pour leur longueur, avec peu de branches latérales, et des bourgeons gros, saillants. Plante d'une végétation vigoureuse, faisant un bois à mérithalles assez longs, moyen pour la dureté et la grosseur de la moelle. Le feuillage, quand il est jeune, est d'une couleur rougeâtre ; le fruit mûrit de bonne heure et tombe de la grappe. Fait un splendide vin blanc. Poids spécifique du moût 80°.

Nous le recommandons comme un beau raisin de table — l'un des meilleurs hybrides rouges.

Lincoln. Syn. : HART-GRAPE. — On l'a supposé identique au DEVEREUX; mais J.-F. Hoke, de Lincolnton, N. C., chez qui il est cultivé sur une grande échelle depuis plusieurs années, soutient que ce n'est pas le Devereux ou Black-Grape (Le Noir); Sam. Miller, qui en a eu des boutures du Col. Hoke, l'a essayé et a dit qu'il est différent du Devereux et, à son avis, supérieur. Nous n'avons pas pu en avoir une description spéciale suffisamment claire pour le distinguer du Lenoir, auquel nous renvoyons le lecteur.

Linden (*Labr.*). — Un des semis de Miner (voyez pag. 187), décrit comme raisin noir, mûrissant plusieurs jours avant le Concord, à très grandes grappes, qui peuvent rester sur la souche un mois après leur maturité.

Logan (*Labr.*). — Sauvageon de l'Ohio. Quand il fut introduit, on crut qu'il serait une bonne acquisition, et il fut recommandé par la Société pomologique d'Amérique comme promettant beaucoup. Mais il a mal répondu à l'attente publique, et il est maintenant mis de côté plus généralement que l'Isabelle, auquel on le jugeait préférable. *Grappes* moyennes, ailées, compactes; *grains* gros, ovales, noirs; chair juteuse, pulpeuse, d'un goût insipide; végétation grêle; variété précoce et fertile.

Louisiana. — Introduit ici par l'éminent pionnier de la viticulture de l'Ouest, Fréd. Münch, du Missouri. Il le reçut de M. Theard, de la Nouvelle-Orléans, qui affirme qu'il a été importé de France par son père et qu'il a été planté sur les bords du lac Pontchartrain, près de la Nouvelle-Orléans, où il a donné depuis trente ans des fruits abondants et délicieux. M. Münch croyait fermement qu'il était d'origine européenne. M. Fr. Hecker était tout aussi affirmatif et pensait qu'il n'est autre que le Clavner de son pays natal, le grand-duché de Bade. M. Husmann et d'autres soutiennent que c'est un véritable raisin américain, appartenant à la division des *Æstivalis* du Sud, dont l'Herbemont et le Cunningham peuvent être pris pour types, et dont ils considèrent que c'est une variété très productive, donnant un fruit délicieux et un très bon vin.

Après plusieurs années d'expérience, nous nous sentons incapables d'émettre une opinion arrêtée sur la véritable classification de cette variété. Il est possible qu'elle soit un croisement accidentel entre une vigne importée et une vigne indigène, entre l'*Æstivalis* et le *Vinifera*.

Grappe de grosseur moyenne, ailée, compacte, très belle ; *grain* petit, rond, noir ; chair non pulpeuse, juteuse, douce et vineuse; qualité excellente. Végétation très bonne, modérément fertile; sarments très forts, de longueur modérée, à mérithalles courts et à branches latérales grandes et peu nombreuses, avec un feuillage cordiforme (non lobé); a besoin d'abri l'hiver. Mûrit tard. *Racines* fibreuses très dures, avec un liber dur ; bois très dur avec peu de moelle et une écorce solide.

Le Louisiana et le Rulander (ou du moins ce que nous appelons ici Rulander) se ressemblent tellement pour l'aspect général, la végétation et le feuillage, que nous ne sommes pas en état de les distinguer. S'ils ne sont pas identiques, ils sont indubitablement très proches parents l'un de l'autre. On prétend qu'il y a une différence dans le vin de ces deux variétés, et que le Louisiana fait le meilleur des deux, en réalité, le plus beau vin blanc que nous ayons, un vin ayant le caractère du vin du Rhin.

Le ROBESON'S SEEDLING ressemble tellement au Louisiana qu'on peut le considérer comme identique. Le Caspar, qu'on dit être un semis nouveau, obtenu par Caspar Wild (de la Nouvelle-Orléans), ressemble aussi au Louisiana, et, s'il ne lui est pas identique, appartient certainement à la division du Rulander du groupe Sud des Æstivalis.

Lydia. — Doit son origine à M. Carpenter, de l'île de Kelley, lac Érié. *Grappes* courtes, compactes; *grains* gros, ovales, vert clair, avec une teinte saumon du côté exposé au soleil; peau épaisse; pulpe tendre, douce; d'un bouquet agréable, légèrement vineux. L'allure de la végétation de cette vigne la fait ressembler à l'Isabelle, mais elle est beaucoup moins fertile. Mûrit quelques jours plus tard que le Delaware.

Lyman (*Rip.*). — Origine inconnue. Variété du Nord, qu'on dit avoir été rapportée de Québec, il y a plus de quarante ans. Rustique et fertile. *Grappe* petite, assez compacte; *grain* rond, moyen ou petit, noir, recouvert d'une fleur épaisse; semblable au Clinton pour le bouquet; mûrit à peu près à la même époque.

Le *Sherman* et le *Mc Neil* sont des variétés obtenues de la précédente, mais dont on a de la peine à les distinguer. — Downing.

Luna (*Labr.*). — L'un des beaux semis de Marine; probablement perdu par la mort de l'obtenteur. C'est le raisin blanc rustique le plus gros que nous eussions vu avant l'apparition du Pocklington et du Niagara.

Maguire ressemble à l'Hartford, mais est plus foxé. — Strong.

Manhattan (*Labr.*). — Venu près de New-York. Produit peu. *Grappes* petites; *grains* moyens, ronds, blanc verdâtre, avec fleur. Chair douce, assez pulpeuse. — Downing.

Mansfield (*Labr.* ✕). — Obtenu en 1869 par Pringle, de Vermont, hybridisateur heureux et bien connu, d'une graine de Concord fécondée avec du pollen de l'Iona; on dit qu'il réunit les caractères les plus précieux de ces deux variétés si répandues. *Vigne* à végétation rampante, à feuilles larges et épaisses, fortement tomenteuses en dessous; *grappe* grande, souvent ailée, suffisamment compacte; *grain* pourpre noir sous une légère fleur, grand, un peu ovale; chair tendre, avec très peu de pulpe, d'un bouquet remarquablement riche. Plus précoce que le Concord. On prédit que ce sera une acquisition précieuse pour les parties septentrionales de notre pays, comme variété très précoce.

Marine (Semis de). — Ce sont des croisements entre des variétés exclusivement indigènes, qu'on prétend avoir été obtenus par un procédé nouveau et très simple, consistant à diluer dans de l'eau de pluie le pollen des fleurs mâles et à l'appliquer ensuite sur les pistils de la variété choisie pour mère. Parmi les semis obtenus ainsi, il y en a de tout à fait particuliers et très intéressants. Quelques-uns appartiennent à la famille des Æstivalis, mais avec des pépins d'une grande grosseur: 1° *Nerluton*, belle et grosse grappe; grains au-dessus de la moyenne, noirs; feuille très grande, coriace, forte; 2° *Greencastle*, comme le précédent, avec des grains même plus gros; *Luna*, blanc, en apparence presque semblable au Martha; mais ce que l'on a gagné en grosseur paraît avoir été perdu en qualité, si on le compare à nos délicieux et juteux petits *Æstivalis*. Un nombre plus grand des semis de Marine appartient au type Labrusca, et, parmi eux, ses *U. B.* noirs; *Mianna* et *King-William* blancs nous ont paru bien dignes d'être essayés.

Dans l'automne de 1874, un ou deux ans avant sa mort, Marine écrivait: «Maintenant que j'ai atteint mes 70 ans, je sens qu'il faut laisser la poursuite de ces progrès à d'autres plus habiles et à ceux qui viendront après nous, persuadé comme je le suis qu'on peut compter sur de plus grands résultats

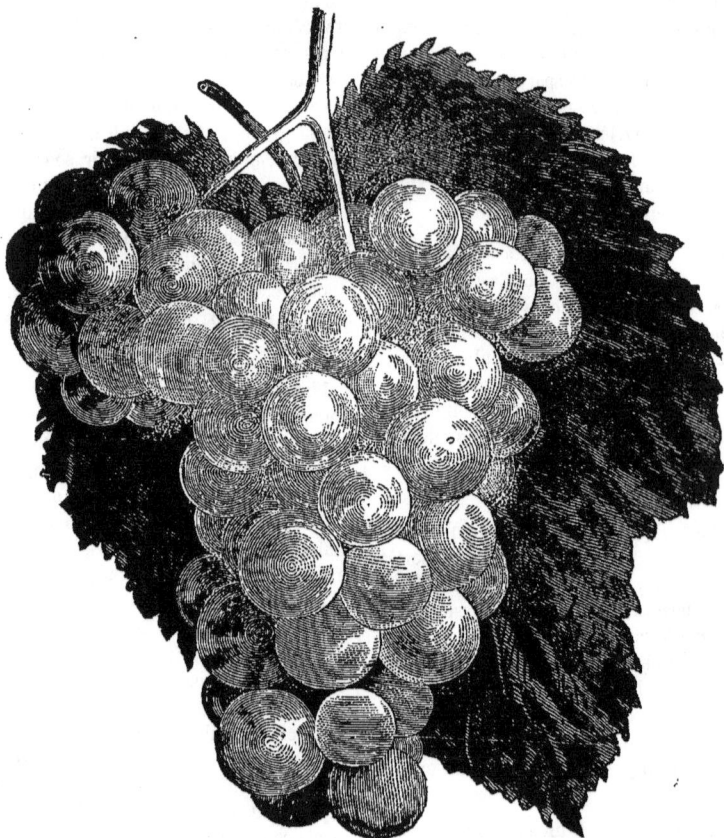

MARTHA.

pour l'avenir. » Ses semis n'ont pas été répandus.

Martha (*Labr.*). — Semis blanc de Concord, obtenu par notre ami Samuel Miller,
autrefois de Lebanon, Pensylvanie, maintenant de Bluffton, Missouri. *Le plus populaire des variétés blanches. Grappe* moyenne,
plus petite que celle du Concord ; *grain*
moyen, rond, blanc verdâtre, quelquefois
avec une teinte ambrée ; quand il est bien
bien mûr, jaune pâle, recouvert d'une fleur
blanche. Peau mince. Chair très tendre et
d'une remarquable douceur; sans mélange
d'acidité et sans parfum de vin, un peu pulpeuse, ne contenant souvent qu'une simple
graine. Odeur décidément foxée; mais ce
caractère est beaucoup plus apparent dans le
fruit que dans le vin.

La vigne est très saine et très rustique ;
elle ressemble au Concord, mais n'est pas
tout à fait aussi vigoureuse comme végétation,
et sa feuille est d'un vert un peu plus clair,
toutefois tout aussi sain et le fruit moins sujet
à la carie noire. *Racines* d'une contexture et
d'un liber normaux, émettant facilement de

jeunes radicelles. Sarments généralement plus érigés que ceux du Concord, avec moins de branches latérales et pas aussi enclins à courir. Bois solide, avec moelle moyenne. Très fertile. Les grains tiennent bien à la grappe. Mûrit quelques jours plus tôt que le Concord et conviendra, par suite, même au Nord. Dans les États de New-York, New-Jersey, Pensylvanie et Connecticut, on le cultive sur une grande échelle ; il y réussit bien, y donne des résultats, quoique sa qualité ne soit pas très bonne et qu'il soit, pour l'aspect, dépassé de beaucoup par quelques nouvelles variétés. Moût 85° à 90° ; au moins 10° de plus que le Concord. Le vin est d'une couleur légèrement paille, d'un bouquet délicat. La Commission de l'Exposition des vins américains de Montpellier, en 1874, a dit que le Martha « se rapprochait des vins de Piquepoul produits dans l'Hérault ».

On a obtenu récemment des semis du Martha, mais ils ne sont pas encore mis au commerce. (Voyez aussi *Lady*.)

Marion (*Cord.*). — Nouvelle variété, qui nous a été apportée de Pensylvanie par l'infatigable horticulteur Samuel Miller, qui la tenait du Dr C.-W. Grant. Elle provenait problement de la « fameuse École de vignes de Longworth». Recommandable pour faire un vin rouge foncé. *Grappe* moyenne, compacte ; *grain* moyen, mais beaucoup plus grand que celui du Clinton, rond, noir, juteux, doux quand il est bien mûr. Mûrit *tard* — longtemps après avoir tourné, — mais tient bien à la grappe. Fleurit de bonne heure, comme le Clinton, variété à laquelle il ressemble, en la surpassant cependant de beaucoup, à notre avis, et cela d'autant plus qu'il paraît presque être une transition du *Riparia* à l'*Æstivalis*. Plante à végétation très vigoureuse, rampante, mais pas aussi vagabonde que le Clinton. Bois solide, avec une moelle moyenne. Feuillage grand, fort et abondant, d'une teinte dorée particulière quand il est jeune; les jeunes branches d'une belle couleur rouge. *Racines* raides et solides, avec un liber uni, dur, jouissant au plus

haut degré de l'immunité contre le Phylloxera, qui est l'apanage de cette espèce.

Nous avions recommandé cette variété aux viticulteurs français , mais pendant longtemps on avait prêté peu d'attention à nos recommandations. *La Vigne américaine* du mois de mars 1883 contient ce qui suit : «Pour ce qui est de l'intensité de la couleur, sans mélange de goût foxé, rien n'égale le vin fait avec le Marion ; il suffit de 1/20 pour donner à l'eau elle-même la couleur d'un vin supérieur ; la teinte un peu violette est facilement transformée en rouge vif par l'addition de quelque vin acide ou d'une très petite quantité d'acide tartrique. Ce raisin est de la *Fuchsine loyale*. » Un seul viticulteur du Bordelais rapporte qu'il a planté près de 500 Marions cette année.

Mary (?). — Obtenu par Charles Carpenter, de l'île Kelley. Plante rustique, à forte végétation. Le fruit mûrit trop tard pour le Nord. *Grappe* moyenne, modérément compacte ; *grains* moyens, ronds, d'un blanc verdâtre, avec fleur. Chair tendre, légèrement pulpeuse, juteuse, douce, à bouquet relevé. Downing. — Un autre Mary, raisin précoce, est décrit par Fuller. Aujourd'hui abandonné.

Mason Seedling (*Labr.*). — Nouveau raisin blanc obtenu par M. E. Mason, de Mascoutah, Ills., d'une graine de Concord. *Grappe* moyenne ou grande ; *grain* presque aussi gros que le Concord, rond, blanc verdâtre passant au jaunâtre quand il est bien mûr, avec une belle fleur blanche ; peau mince ; chair fondante, avec peu de pulpe ; doux avec juste assez d'acide pour lui donner du montant, de la vinosité et de la fraîcheur ; presque entièrement exempt de goût foxé. Comme qualité, c'est un des meilleurs semis de Concord blanc. Plante à végétation modérément vigoureuse, parfaitement rustique, à feuillage épais et sain ; non sujet au mildew. Tout en ne se montrant pas à l'abri de la carie noire, cette variété en a moins souffert que le Concord lui-même et s'est présentée décidément comme plus saine et de meilleure qualité que le MARTHA, qu'on prend généralement comme le type des variétés du Concord blanc. Le Mason mûrit quelques jours avant le Concord ; il tient longtemps à la souche et s'y conserve remarquablement bien. Son feuillage ressemble à celui de son ancêtre, mais est d'un vert plus clair et a un duvet plus blanc sur la partie inférieure des feuilles adultes. Nous recommandons avec confiance l'essai de ce raisin dans toutes les régions où le Concord réussit.

Massasoit (Hybride de Rogers, n° 3). — Beau raisin précoce, pour la table et pour le marché. Nous en empruntons la description suivante à M. Wilder, le célèbre vétéran de la Pomologie américaine :

Grappe assez courte, de grosseur moyenne, ailée ; *grain* moyen ou gros, rouge brunâtre. Chair tendre et douce, avec un peu de bouquet natif, quand il est bien mûr. Très précoce, mûrit à la même époque que l'Hartford prolific. Suffisamment vigoureux et fertile. Dans les localités favorables (à l'abri de la carie noire), c'est un raisin très avantageux.

Maxatawney (*Labr.*). — Semis de hasard, venu dans le comté de Montgomery, Pensylvanie, en 1844. Porté pour la première fois à la connaissance du public en 1858. *Grappe* moyenne, longue, accidentellement compacte, ordinairement non ailée ; *grain* au-dessus de la moyenne, oblong, jaune pâle, avec une légère teinte ambrée du côté du soleil. Chair tendre, non pulpeuse, douce et délicieuse, avec un bon arome ; peu de pépins ; qualité très bonne à la fois pour la table et pour la cuve. Mûrit un peu tard pour les contrées du Nord ; mais là où il mûrit bien, comme ici dans le Missouri, est un de nos plus beaux raisins blancs, ressemblant beaucoup au Chasselas blanc d'Europe. *Racines* grêles, d'un tissu et d'un liber mou. Sarments légers et de longueur modérée, avec un nombre normal de branches latérales. Bois mou, avec une grosse moelle. Plante très rustique et très saine ; n'a pas besoin d'abri l'hiver, mais n'a ni une forte végétation ni une grande fertilité, et, quand la saison est mauvaise, est

MAXATAWNEY.

sujet au mildew et à la carie noire. Feuillage grand, doublement lobé. Nous ne le recommandons que pour la culture de jardin, dans un bon sol riche.

Medora (*Æst.*). — Semis de Lenoir probablement croisé avec le Croton, les grappes d'où provenaient les grains ayant été prises sur une souche de Lenoir dont les rameaux s'entrelaçaient avec ceux d'un Croton, dans le vignoble d'essai d'Onderdonk. Le Dr Thomas R. Cocke, un vieil amateur estimé d'horticulture et ami d'Onderdonk, habitant 20 milles au-dessous de Victoria, Texas, vers le golfe, planta ces graines avec soin, et sélectionna ce semis comme le plus méritant de tous. Le *feuillage* est comme celui du Lenoir, à l'exception de ses jeunes pousses terminales qui ne montrent que peu ou point de cette teinte rose, presque caractéristique chez Lenoir ; les *grains* sont blancs, moyens, ronds, assez transparents pour laisser voir le pépin et d'un bouquet délicieux — qui a fait déclarer par de bons juges « que ce raisin était le meilleur et le plus doux qu'ils eussent jamais goûté» ; *grappes* moyennes ou grandes, à peu près de la grosseur du Warren ; vigne à végétation pas très vigoureuse et sujette à trop charger.

Onderdonk pense que ce sera la plus heureuse acquisition parmi les raisins des États du golfe du Mexique, depuis l'Herbemont et le Lenoir. Il s'occupe de le propager et a proposé le nom de MEDORA, qui est celui d'une fille du Dʳ Cocke.

Merrimack (Hybride de Rogers, nᵒ 19). — Regardé par certaines personnes comme le plus beau raisin de la collection des hybrides de Rogers. M. Wilder dit :

« C'est une des variétés sur lesquelles on peut le plus compter chaque année. Vigne très vigoureuse, exempte de maladie. *Grappe* ordinairement plus petite que chez les autres sortes à raisins noirs ; *grain* gros, doux, passablement riche. Mûrit vers le 20 septembre (dans le Massachussets). »

Nous préférons son nᵒ 4, le Wilder, qui lui ressemble pour la qualité, a des grappes beaucoup plus grosses et plus lourdes, et qui est plus avantageux.

Miles (*Labr.*). — Origine : le comté de Winchester, Pensylvanie. Vigne à végétation modérée ; rustique, fertile. *Grappe* petite, assez compacte ; *grain* petit, rond, noir. Chair tendre ; légère pulpe au centre ; croquante, vineuse, agréable. Est *des plus précoces*, mais ne tient pas longtemps à la grappe. Nous ne pouvons le recommander pour la culture en grand, comme raisin avantageux pour le marché, mais c'est un raisin de ménage *bon et précoce*, surtout pour le Nord.

Minor's Seedling. Voyez *Venango.*

Miner's Seedlings. (Ne pas confondre avec *Minor's Seedling* ou *Venango*). Obtenu par feu T.-B. Miner, comté de l'Union, N.-Y. Il a sélectionné les semis suivants sur 1,500 qu'il cultivait dans le Centre de l'État de New-York : *Adeline, Antoinette, Augusta, Belinda, Carlotta, Eugenia, Ida, Lexington, Linden, Luna, Rockingham* et *Victoria.* La plupart sont des raisins blancs.

Minnesota Mammouth.—Origine inconnue ; introduit en automne 1879, par L.-W. Stratton, Excelsior, Minn.; on le dit indigène et très prolifique, les grains étant de la grosseur d'un œuf de pigeon ; on le dit aussi d'un excellent bouquet délicat. Nous n'avons pu obtenir aucun renseignement précis sur son compte.

Mrs. Mac-Lure. Un des hybrides du Dʳ Wylie ; croisement du Clinton et du Peter Wylie. *Grappe* moyenne, ailée ; *grains* moyens, blancs ; très vigoureux ; bonne qualité pour la table et probablement estimable aussi pour faire un vin blanc. Feuillage ressemblant à celui du Clinton, végétation très rampante. — Bekremans.

Missouri. Syn.: MISSOURI SEEDLING. — Mentionné par Buchanan et Downing, mais inconnu même dans le Missouri. D'après Downing : probablement un semis de quelqu'un des raisins de Pineau de Bourgogne, qui — il y a environ 40 ans — était cultivé largement dans les vignobles de Cincinnati. Il y fut reçu de l'Est sous ce nom. Son bois est à mérithalles courts, grisâtre, taché de brun foncé ; bourgeons fasciculés, doubles et triples ; feuilles profondément entaillées, à trois lobes.

Grappes lâches et de grosseur moyenne ; *grains* petits, ronds ; peau mince, presque noire, avec peu de fleur ; chair tendre avec peu de pulpe, douce et agréable ; pas très fertile, ni d'une végétation très vigoureuse.

Il n'est certainement jamais venu du Missouri.

Missouri Riesling. (Voyez GREIN'S SEEDLINGS, pag. 161.)

Monroe.—Croisement du *Delaware* et du *Concord*, obtenu par Elwanger et Barry, et décrit ainsi par eux :

Grappe moyenne ou grande, ailée, assez semblable au Concord ; *grains* gros, ronds ; peau assez épaisse, noire, couverte d'une fleur blanche ; très beau. Chair juteuse, douce (sub-acide), vineuse, ayant du montant ; raisin de table agréable et rafraîchissant. La plante est vigoureuse, à bois ferme, avec

mérithalles courts; rustique, mûrissant toujours bien ; beau feuillage sain, qui n'a jamais eu aucune trace de mildew. Mûrit comme l'Hartford prolific. « Le MONROE deviendra probablement l'un de nos meilleurs raisins de table; fertile et excellent. »
— P.-J. Berckmans.

Moore's Early (*Labr.*). — Originaire de Concord, Mass., obtenu par John B. Moore d'une graine de Concord. La planche est la copie exacte de la photographie d'une grappe; on ne pourrait pas mieux le décrire que de l'appeler un *Concord précoce*. (Voyez *Concord*, pag. 133.)

Grappe plus petite et rarement ailée, mais *grains* un peu plus gros. Il est, dans des sols et des localités analogues, aussi sain et aussi rustique que son parent ; il égale le Concord en qualité, mais il mûrit quinze jours plus tôt. Étant meilleur que l'Hartford, le Champion ou le Talman, et tout aussi précoce, il est recommandé pour remplacer ces variétés peu désirables. Il a reçu plusieurs premiers prix à diverses expositions d'horticulture.

Mottled. — Doit son origine à M. Charles Carpenter, de l'île de Kelley. Semis de Catawba. Plus précoce et moins sujet au *mil-*

MOORE'S EARLY.

dew et à la carie noire que son parent. M. H. Lewis, de Sandusky, Ohio, dit : « Cette variété mérite, sans contredit, plus de faveur qu'elle n'en a obtenu ici et au dehors. »
Charles Downing en dit :

« Producteur prodigue ; mûrit comme le Delaware. Tient à la grappe longtemps après la maturité et se conserve exceptionnellement bien. »

Grappe de grosseur moyenne, très compacte, légèrement ailée; *grains* moyens ou gros, ronds, distinctement bigarrés quand on les expose au jour, avec diverses ombres de rouge et de marron pendant qu'il mûrit, mais à peu près de la couleur foncée uniforme du Catawba quand il est bien mûr, avec une fleur légère. Chair douce, juteuse, vineuse, d'un bouquet vif, ayant du montant, toujours assez pulpeuse et acide au centre. Peau épaisse. Maturité tardive, comme celle du Norton's Virginia. Tient bien à la grappe et gagne à rester longtemps sur la souche. Plus recommandable pour la cuve que pour la table. Plante saine, rustique et très fertile sur de vieux pieds bien établis ; modérément vigoureuse ; feuillage abondant ; mérithalles courts. D'après trois juges compétents, dont l'un est M. George Leick, son moût aurait pesé 94°, avec 4 d'acide par mille.

Nous autres, dans le Missouri, aussi bien que le D' E. Van Kewren, d'Hammondsport, nous l'avons trouvé pauvre de végétation et de production.

Montefiore. — Semis de Taylor de Rommel, n° 14. Le raisin de cette classe qui promet le plus pour vin rouge. *Plants* d'une végétation modérée, mais très saine et très rustique ; suffisamment fertile. Le bois et le feuillage montrent, l'un et l'autre, un notable mélange de Labrusca avec Riparia. *Grappe* petite ou moyenne, compacte, quelquefois ailée comme dans la planche ci-jointe; *grains* de petite dimension, ronds ; peau mince,

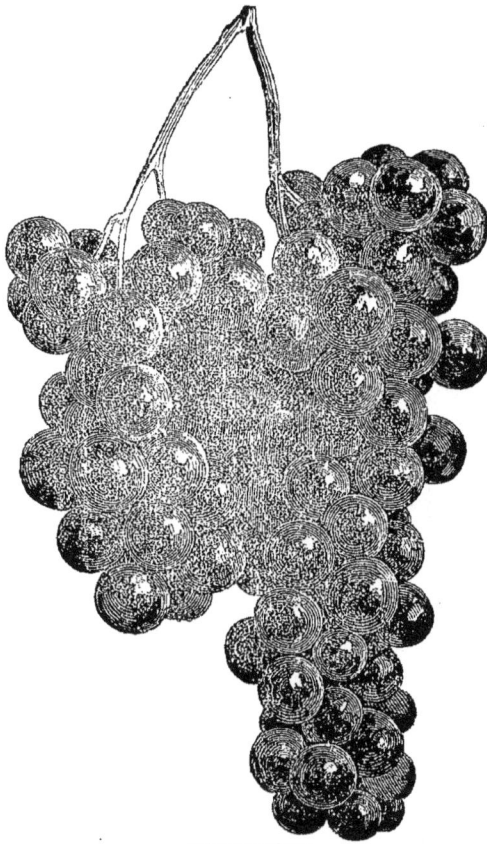

MONTEFIORE.

mais ferme, noire, avec une délicate fleur bleue, et riche en matière colorante ; chair fondante, vineuse, douce, avec un arome délicat et un bouquet délicieux ; mûrit quelques jours après le Concord et avant le Norton's Virginia Seedling.

Ce raisin sans apparence attira l'attention de notre doyen quand Rommel l'exposa pour la première fois à Rochester (New-York), à la réunion de la Société américaine de Pomologie, au mois d'août 1879, et nous nous assurâmes aussitôt pour les trois années suivantes le bois du pied original. Avec le consentement de l'obtenteur, nous lui avons donné le nom du grand philanthrope israélite

Montefiore, nom qui signifie aussi *Fleur de Montagne.* Il a fructifié depuis plusieurs années dans diverses localités avec les meilleurs résultats. La demande de cette variété dépasse de beaucoup l'approvisionnement.

A Hermann, en 1882, ce raisin reçut un prix extraordinaire comme *le meilleur semis nouveau pour vin rouge.* — Moût 80°.

Mount-Lebanon (*Labr.*). — Doit son nom à George Curtis, de la Société unie de Mount-Lebanon, comté de Columbia, N.-Y. On le suppose être un croisement entre le Spanish Amber et l'Isabelle. *Grappe* plus grosse que celle du Northern Muscadine ; *grain* rond, rougeâtre. Chair pulpeuse, coriace, quoique douce, *peut-être* un peu meilleure que celle du Northern Muscadine. *Pas essayé chez nous.*

Neosho (*Est.*). — Trouvé à l'état sauvage à la ferme de M. E. Schænborn, près de Neosho, sud-ouest du Missouri. En 1868, M. Hermann Jæger en envoya des greffes (avec d'autres variétés de *Summer grapes* sauvages) à ce pionnier des viticulteurs du Missouri, l'hon. Fréd. Münch, qui le trouva de qualité supérieure, et l'appela Neosho. Cultivé depuis lors dans les comtés de Warren et de Newton, il n'a jamais manqué d'y produire de bonnes et abondantes récoltes, et de gagner chaque année dans la faveur de M. Münch. M. S. Miller écrivait en 1873 : « Le parfum du Neosho n'est dépassé par celui d'aucun raisin qui ait jamais caressé mon odorat».

Le Neosho est un trésor pour ce pays. C'est aussi ce que pensait notre enthousiaste et regretté ami Münch. Mais, dans d'autres localités, il n'a pas produit d'une manière satisfaisante, et le parfum et le bouquet de son vin n'ont pas été en sa faveur. Münch l'a décrit ainsi :

Grappes et *grains* sont de la dimension de ceux du Norton's ; grappes compactes, ailées, cordiformes. La peau des grains est mince, noire, avec fleur bleue, très foncée ; contient cependant très peu de matière colorante et

moins encore de tannin ; la pulpe est nourrissante, très douce et épicée, très peu acide. Pépins assez gros. Le bois du Neosho est extrêmement dur et coriace ; il ne se propagera pas de bouture. Le Neosho a une végétation très vigoureuse, une fois établi sur ses propres racines ou greffé avec succès. Réussit, jusqu'à présent, également bien en prairie, terre profonde ou sur coteau. Demande beaucoup de place et préfère la taille à coursons sur le vieux bois. Il est si rustique qu'on peut dire qu'il résiste à tous les extrêmes de notre climat variable du Missouri. *Racines* fortes, raides et à l'abri des attaques du Phylloxera. Feuillage grossier, mais d'une belle couleur vert foncé, lustré, conservant sa fraîcheur jusqu'à l'arrivée de la gelée. Le moût, après une fermentation de deux jours seulement dans la cuve, produit un vin d'une belle couleur jaune verdâtre, d'un arome très particulier. Mûrit comme le Norton's Virginia.

Naomi. — Hybride de Clinton et de l'un des Muscats obtenus par J.-H. Ricketts. Downing en donne la description suivante :

« *Vigne* très vigoureuse, très fertile, à mérithalles longs ; feuilles très grandes, à doubles lobes, grossièrement incisées; *grappe* grande, ailée ; *grain* moyen, ovale-rond, vert pâle, souvent teinté de rouge du côté du soleil, couvert d'une mince fleur blanchâtre ; chair juteuse, fondante, un peu cassante, douce et ayant du montant ; avec des traces du parfum du muscat ; qualité très bonne. Mûrit comme le Concord.»

Ricketts le déclare un des plus beaux raisins de table qu'il ait obtenus. Chez nous, il n'a pas réussi ; il a souffert, comme la plupart des hybrides, du mildew. Là où cette maladie n'est pas connue ou ne se produit que rarement, ce raisin est certainement très recommandable.

La planche ci-contre est réduite aux deux tiers de la grandeur naturelle.

Neff (*Labr.*). Syn. : KEUKA. — Originaire de la ferme de M. Neff, près de Keuka, sur le lac Crooked, N.-Y. *Grappe* moyenne, *grain*

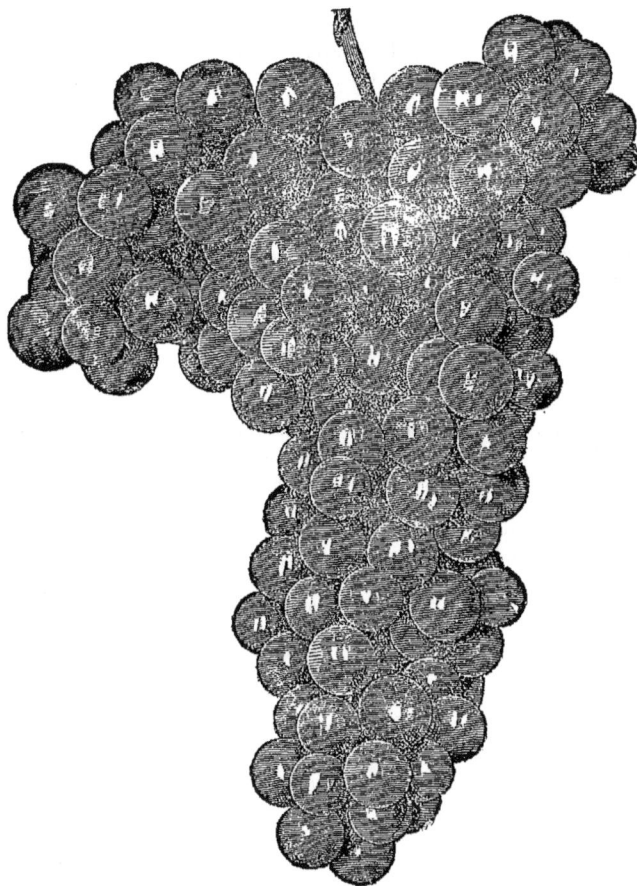

NAOMI.

moyen, rouge cuivre foncé. Chair pulpeuse et un peu foxée. Bon raisin indigène, précoce.

Newark (Hybride de Clinton et de *Vinifera* obtenu à Newark, New-Jersey).—Vigne d'une végétation vigoureuse, rustique, très fertile. *Grappes* longues, lâches, ailées ; *grains* moyens, foncés, presque noirs, doux, juteux et vineux, d'un goût agréable ; mais, quoique promettant pendant quelques années, il devient bientôt malade. Son fruit est sujet à la carie noire, et la vigne meurt comme son parent européen. On ne peut pas le recommander.

Newport (*Æst.*). — On dit que c'est un semis de l'Herbemont et qu'il lui ressemble.

Niagara (*Labr.* ✕).— Ce nouveau raisin, « exalté ainsi que le Niagara lui-même comme une des merveilles du monde », a eu son origine en 1868-1872, chez Hoag et Clark, de Lockport, N.-Y., qui en ont donné la description suivante :

Vigne croisée de Concord et de Cassady, rustique, saine, très vigoureuse et très fertile ; bois à mérithalles assez longs ; feuilles grandes, épaisses, coriaces, duveteuses, lobées, quelquefois doublement, ressemblant beaucoup à celles de l'Hartford prolific. *Grappe* moyenne ou grande, pesant de 8 à 14 onces, compacte, parfois ailée ; *grain* gros, rond, légèrement ovale, de grosseur très uniforme ; peau mince mais solide, vert pâle d'abord, et passant au jaune pâle à la pleine maturité, avec une légère fleur blanchâtre ; chair simple, tendre, douce, agréable, et de qualité à peu près égale à celle du Concord, mûrissant en même temps que lui ou peu après ; a une odeur tout à fait foxée quand on vient de le cueillir, mais la perd en grande partie quand il est bien mûr : il a alors un parfum et un arome très appréciés de ceux qui ont goûté ce raisin.

Les propriétaires de ce nouveau raisin refusaient jusqu'à ces derniers temps d'en vendre des vignes, et encore aujourd'hui ils s'opposent avec un soin jaloux à ce que d'autres le propagent. Ils espèrent que la belle apparence de ce raisin aux Expositions et sur les marchés des grandes villes fera naître le désir de le cultiver, et les mettra ainsi à même de le faire prendre sur une grande échelle, à haut prix, avec plus de succès. A cet effet, et pour faire un plus long essai de ce raisin, les propriétaires proposent aujourd'hui de fournir des pieds à *des conditions spéciales* «payement jusqu'à 95 % du prix de ces vignes à prendre sur le net produit des raisins en provenant, et *tout* le *bois* à leur restituer jusqu'en 1888». Si ces conditions sont à un certain point de vue très larges, nous doutons cependant qu'elles aient le résultat désiré. Nous croyons que le *Pocklington*, qui égale le Niagara en qualité, grosseur et beauté, et qui est aujourd'hui libéralement mis en vente sans restrictions, promet de devenir un raisin beaucoup plus répandu et rendra plus tard l'introduction du Niagara moins désirée.

Noah (*Rip.* ✕). — Obtenu d'une graine de Taylor par Otto Wasserzieher, de Nauvoo, Ills., en 1869 ; transplanté alors deux fois, reçu par nous pour en faire l'essai, et ayant fructifié pour la première fois en 1873.

Grappe moyenne, ailée, compacte (toutefois pas trop serrée, bien garnie, mais sans excès) ; *grain* moyen ou au-dessus de la moyenne, légèrement plus petit que celui du Concord ; vert, tournant au jaunâtre quand il est bien mûr ; peau mince mais ferme, transparente, pas très juteuse ; pulpe ferme mais fondante et d'excellente qualité. Son moût donne 10° de plus que celui du Concord récolté et pressuré dans la même localité ; maturité environ dix jours plus tard que le Concord. *Feuillage* grand et ferme, luisant, très légèrement duveteux en dessous, et tenant bien au sarment jusqu'à la gelée.

D'après cette description, il est aisé de voir qu'il ressemble à beaucoup d'égards à l'Elvira, ce qui est tout naturel puisqu'ils ont les mêmes parents (sans être un semis d'Elvira, comme on l'a prétendu à tort dans quelques catalogues de pépiniéristes). Il est *tout à fait distinct* même comme aspect et il n'est pas difficile de les distinguer l'un de l'autre comme feuillage et comme fruit. L'obtenteur du Noah attribue à son semis une plus grande fermeté du bourgeon ou œil, ce qui lui permet de mieux supporter les grands froids de l'hiver ; une peau plus ferme, qui n'éclate pas comme celle de l'Elvira. Il est possible que ces caractères soient constants, ou qu'ils se modifient par une culture sous une latitude plus méridionale. Ces deux raisins sont excellents pour vin blanc.

Nous avons mis en vente le Noah pour la première fois en 1876, et il a obtenu aujourd'hui une grande faveur dans le public et une place dans le Catalogue de la Société américaine de Pomologie. L'épreuve de son moût, faite par des experts impartiaux, a donné 100° à l'échelle d'Œchsle avec 7,5 par mille d'acide, tandis qu'en même temps l'Elvira ne donnait que 88° et 5 par mille d'acide.

Un grand nombre de renseignements de plusieurs contrées de notre pays lui sont très

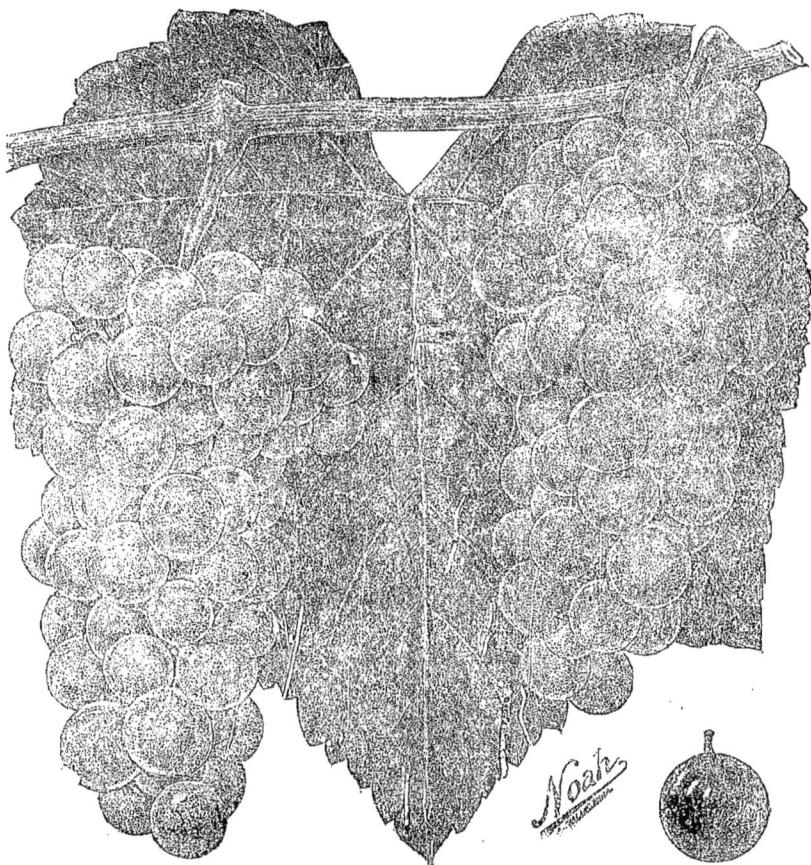

favorables sous le rapport de la végétation, de la santé, etc., tandis que, dans quelques localités, le fruit a le mildew quand la saison n'est pas bonne; il est jusqu'à présent moins sujet à la carie noire que d'autres variétés.

En automne 1881, E.-A. Riehl, d'Alton, Ill., après une longue excursion dans les vignobles de l'Illinois et du Missouri, écrivit : Du Noah, je prédis qu'il poussera bien, fructifiera bien, se conservera bien, se vendra bien et produira de grosses sommes à ses propriétaires. En fait, ce sera un raisin blanc pour la masse».

J. Balsiger, de Highland, Ill., nous écrit les lignes suivantes, qui nous font grand plaisir : « Je vous suis très reconnaissant de m'avoir envoyé cette précieuse variété. D'après mes observations, on ne saurait assez vanter ses bonnes qualités. »

En France également, le Noah est en grande faveur et on le plante sur une large

25

échelle. Louis Reich, l'éminent viticulteur des Bouches-du-Rhône, qui cultive le Noah depuis 1878, le trouve plus vigoureux et plus fertile que l'Elvira, mais il dit que son goût de framboise n'est pas très agréable et qu'il ne fait pas de bon vin. D'autres personnes trouvent que le goût foxé disparaît vite, que le vin gagne et que le goût de framboise est très acceptable.

La gravure ci-avant a été faite d'après une photographie prise pendant la saison très défavorable de 1882, et représente deux grappes au-dessous de la dimension moyenne. La grosseur est réduite ; le grain isolé indique la grandeur de nature.

Norfolk (*Labr.*). — Nouveau raisin obtenu par White, de Norwood, Mass. Il ressemble tellement au *Catawba* qu'on le confondrait absolument avec lui s'il ne mûrissait pas *avant le Concord lui-même*. Du moins l'obtenteur montra à un Comité de la Société d'Horticulture du Massachussets des Norfolks qui étaient complètement mûrs quand ses Catawbas commençaient simplement à tourner. On dit que la vigne porte des fruits abondants, de belle apparence, couverts d'une épaisse fleur lilas, et qu'elle a résisté à une température de 18° au-dessous de zéro sans abri et sans en souffrir.

North America (*Labr.*). — *Grappe* moyenne ailée ; *grain* rond, noir, juteux, mais foxé. Mûrit à peu près comme l'Hartford prolific. Vigne vigoureuse, improductive.

Northern Muscadine (*Labr.*). — Semis obtenu par les Shakers de New-Labanon, N.-Y. Les opinions diffèrent beaucoup sur sa valeur. Le père Münch (comme nous appelions notre vénérable ami Hon. Frédéric Münch) le plaçait comme raisin de table à côté du Diana, et comme raisin pour la cuve bien au-dessus du Venango. *Grappe* moyenne, très compacte, presque ronde ; *grain* moyen ou gros, rouge foncé ambré ou brun rougeâtre ; chair pulpeuse et foxée, douce ; peau épaisse. Les grains tombent facilement quand ils sont mûrs. Mûrit de bonne heure, envi-

ron quinze jours avant le Catawba. Végétation luxuriante, rustique et fertile. On trouverait probablement avantage à le mélanger en petite proportion à quelques autres variétés, auxquelles il communiquerait, croyons-nous, un agréable goût de muscat.

North Carolina (*Labr.*). — Ce semis est dû à ce vétéran de la Pomologie, M. J.-B. Garder, de Columbia, Pensylvanie ; appartient au type Isabelle et est un beau raisin, de pauvre qualité pour le marché ; n'est pas à recommander.

Grappe moyenne ou grosse, quelquefois ailée, modérément compacte ; *grains* gros, avec une légère fleur bleue ; chair pulpeuse, mais douce ; peau très épaisse ; tient bien à la grappe ; se conserve bien et peut être porté au marché dans de bonnes conditions. Mûrit de bonne heure, tournant quelques jours avant le Concord. Vigne à végétation vagabonde, rustique, saine et très fertile ; exige une taille longue et a besoin « d'avoir beaucoup à faire (c'est-à-dire de produire beaucoup)». *Racines* abondantes, épaisses, solides, avec un liber passablement dur ; résiste bien au Phylloxera, mais est très sujet à la carie noire. Sarments d'épaisseur moyenne, longs et vagabonds, avec une quantité normale de branches latérales. Bois solide, avec une moelle moyenne. Les personnes expertes peuvent en faire aussi un bon muscatel (vin muscat). Moût 84°.

Norton ou Norton's Virginia. — Vigne indigène sauvage, trouvée à l'île du Cèdre, sur la rivière de James, près de 4 milles en amont de Richmond. Elle y fut découverte, en 1835, par le Dr F.-A. Lemosq. Le Dr D.-N. Norton, horticulteur amateur, et l'un des pionniers de l'horticulture dans les environs de Richmond, la recommanda comme vigne bonne pour le vin, transplanta des marcottes du pied-mère dans son jardin, et fit connaître cette vigne au public. Elle ne fit toutefois que peu de progrès jusqu'au moment où, il y a environ trente ans, M. Heinrichs et le Dr Kehr l'apportèrent (quelques pieds chacun) à nos viticulteurs d'Hermann.

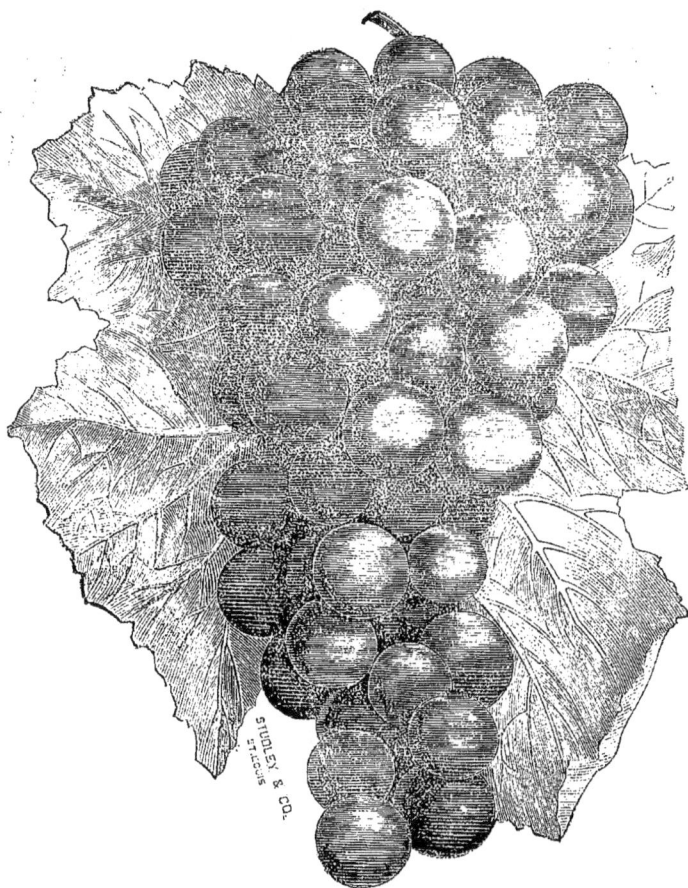

NORTH CAROLINA.

Ce petit et insignifiant raisin, déclaré sans valeur par Longworth, le père de la Viticulture américaine, n'en est pas moins devenu la grande et principale variété à vin rouge, non seulement dans le Missouri, où ses qualités supérieures furent appréciées et portées à un haut degré de splendeur pour la première fois, et dans son État d'origine, la Virginie, où il a été récemment l'objet d'une grande attention et où l'on a planté, en 1880-1883, des centaines d'acres de cette précieuse variété, mais, auprès et au loin, sur plusieurs points de notre pays, et même dans certaines contrées de la France où l'on plante des vignes américaines.

Le Norton, avec son frère jumeau le Cynthiana, est reconnu aujourd'hui par tous les viticulteurs expérimentés comme *le plus sûr et le meilleur raisin à vin rouge* d'Amérique. On le trouve aussi excellent dans certaines parties de la France; dans d'autres, il ne réussit pas aussi bien et son rendement est considéré comme insuffisant. A l'exception de la grosseur du grain, il a aussi la plupart des qualités d'un très bon raisin de table ; il est doux et parfumé et n'a pas de rival pour la conservation.

La gravure du Cynthiana (page 142) représente aussi très bien le raisin de Norton.

La *grappe* du Norton est longue, compacte et ailée ; *grain* petit, noir, à jus rouge-bleuâtre foncé, presque sans pulpe quand il est bien mûr ; doux et relevé. Mûrit tard, en octobre. Vigne vigoureuse, saine, rustique et fertile quand elle est bien établie, mais supportant très mal la transplantation et extrêmement difficile à propager. *Racines* fortes et raides. Liber mince et dur, de grande résistance au Phylloxera. Sarments vigoureux, d'épaisseur moyenne et de bonne longueur. Bois très dur, avec peu de moelle et une écorce extérieure solide.

Partout où le climat permet à ses fruits de mûrir complètement, le Norton réussit ici dans presque tous les sols ; mais quand le bois et les bourgeons n'ont pas complètement mûri en automne, la plante est exposée à souffrir des grands froids l'hiver suivant. Dans les fonds de terre riches, il porte jeune et est énormément productif ; sur de hautes collines à sol pauvre et tournées au Midi, il n'entre en production que tard, mais il donne le vin le plus riche, de beaucoup de corps et de qualités hygiéniques supérieures[1]. Il a un parfum de café tout à fait particulier, qui au premier abord paraît désagréable à certaines personnes, mais qui, comme le café, conquiert l'estime de chacun. Moût 105-110.

On a obtenu presque simultanément du Norton's deux semis de raisins *blancs* qui promettent beaucoup : l'un est un gain de Langendorfer aîné, de Hermann, Mo.; l'autre, de J. Balsiger, de Highland, Ill. Ces semis et celui de l'*Hermann blanc* (voyez *Hermann*) sont les premiers *Æstivalis blancs* que nous

[1] C'est ici le grand remède contre la dysenterie et les dérangements d'entrailles.

connaissions. Celui de Balsiger paraît être un croisement avec un Labrusca. Ils sont *très tardifs*, puisqu'ils mûrissent plus tard que le Norton's lui-même ; ils ne seront, par suite, pas appropriés aux localités situées au nord du Saint-Louis, mais n'en seront peut-être que plus utiles pour le Sud.

Norwood (*Labr.*). — Nouveau raisin, que l'on doit au Rev. J. W. Talbot, de Norwood, Mass., mais obtenus — croyons-nous — par M. White, de la même localité ; exposé pour la première fois en automne 1880, à la Société d'Horticulture du Massachussetts, il y reçut un certificat de mérite de première classe pour quelques très belles grappes. On dit qu'il fait une grappe plus grande, un grain plus gros et qu'il mûrit un peu plus tôt que le Concord ; on prétend que sa végétation est forte, plus rustique qu'aucun des hybrides de Rogers, que sa qualité varie du bon à l'excellent, et qu'il est bien supérieur au Concord. Pas encore essayé chez nous.

Ohio. Syn. : SEGAR-BOX, LONGWORTH'S OHIO, (BLACK SPANISH, ALABAMA ?). — Est considéré maintenant comme identique au Jacques ou Jack, introduit et cultivé près de Natchez, Mississipi, par un vieil Espagnol du nom de Jacques[1]. On le cultivait dans l'Ohio, où il provenait de quelques sarments laissés dans une boîte à cigares par une personne inconnue, à la résidence de M. Longworth, de Cincinnati, Ohio. Cette variété attira vivement l'attention pendant quelque temps, à cause de ses *grappes* grosses, longues (souvent de 10 à 15 pouces de long (25 à 38 cent.), un peu lâches, en pointe, ailées, et de sa bonne qualité. Ses *grains* sont petits, ronds ; peau mince, pourpre, avec fleur bleue ; chair tendre, fondante, sans pulpe, croquante et vineuse. Le bois est fort, à longs entre-

[1] Ni le nom de Jacques, ni celui de Jack ne sont de forme espagnole. Quant à l'orthographe Jacquez, on l'a adoptée sur la foi de M. Laliman, et l'usage l'a tellement consacrée, que, exacte ou non, nous l'acceptons sans nous inquiéter de l'origine, d'ailleurs très incertaine, du mot.

J.-E. P.

nœuds, d'un rouge plus clair que celui du Norton's Virginia, uni, avec des bourgeons affectant une forme pointue. Feuilles larges trilobées. Dans le principe, il produisait aussi beaucoup ; mais bientôt le *mildew* et la carie noire l'affectèrent d'une manière si fâcheuse qu'il ne fut plus d'aucun usage, même cultivé en treilles avec un abri. Downing (*Fruits et arbres fruitiers d'Amérique*) disait: « C'est très probablement une espèce étrangère, et, excepté dans un petit nombre de localités, avec un *sol sablonneux* et un climat doux, il est peu probable qu'elle réussisse. » Mais M. Geo.-W. Campbell, à qui nous devons de précieux renseignements sur cette variété et sur plusieurs autres, dit : « D'après ses fruits, ses habitudes de végétation et son feuillage, j'ai toujours considéré l'Ohio, ou Segar-Box, comme de la même famille que l'Herbemont, le Lenoir, l'Elsinburgh et cette classe de raisins du Sud petits et noirs». Notre ami Sam. Miller, de Bluffton, Missouri, nous écrit: « J'ai eu le Segar-Box ou Longworth's Ohio pendant de longues années, dans l'Est, mais je n'en ai jamais obtenu une bonne grappe. La plante n'était pas rustique, et le fruit était sujet à la fois au *mildew* et à la carie noire. » Quand il est mûr, c'est un excellent raisin. Quelques pieds envoyés en France, il y a quelques années, par M. P.-J. Berckmans, de Géorgie, se sont très bien comportés, résistant au Phylloxera et étant restés bien portants au milieu de vignobles détruits par l'insecte. (Voyez *Lenoir*.)

En août 1876, G. Onderdonk nous donne les renseignements suivants relativement à l'identité supposée du Black Spanish, Ohio et Jacquez.

« Il y avait à Natchez, Mississipi, un vieil Espagnol du nom de Jacquez[1]. Il avait obtenu une vigne à laquelle il ne donna pas de nom. Quelques personnes en obtinrent, et l'appelèrent Jacquez, non pour la dénommer,

mais simplement pour la désigner comme la vigne sans nom du vieux Jacquez ; d'autres l'appelèrent *Spanish* ou *Black Spanish*, parce qu'elle provenait du jardin du vieil Espagnol. Puis, un voyageur dont on n'a jamais su le nom porta quelques boutures de cette vigne à Cincinnati, où il les laisse chez un pépiniériste (M. Longworth !) enfermées dans une boîte à cigares ; de là vint qu'on lui donna la désignation de « Cigar-Box Grape », non pas comme nom, mais pour la distinguer en attendant que son véritable nom fût connu. Cette variété sans nom circula dans l'Ohio, et, exportée de cet État, toujours sans nom, elle reçut celui d'Ohio des personnes qui l'avaient reçue. Finalement, comme il n'apparaissait aucun nom autorisé, chacun l'appela Black Spanish, Jacquez, Cigar-Box, suivant les diverses désignations provisoires.

» Je le reçus pour la première fois d'un voisin, qui la tenait de Berckmans, de Géorgie, sous le nom de Cigar-Box. Plus tard, j'entendis parler du Black Spanish comme d'une merveilleuse vigne et je m'en procurai de Gonzalez, Texas, et de quelques autres localités du même État. Je m'aperçus bientôt qu'il était identique au Cigar-Box.

» Je sus plus tard par des renseignements de divers côtés que ces quatre noms représentaient la même variété. Je ne puis pas me rappeler aujourd'hui de qui je tiens l'histoire du vieil Espagnol Jacquez et de l'origine des différents noms dont je viens de parler ; mais (après un examen de plusieurs années) j'ai la conviction que le Black Spanish, le Jacquez, le Cigar-Box et l'Ohio sont identiques.

» S'il y a une différence appréciable quelconque entre le Black Spanish et le *Lenoir*, elle est en faveur de ce dernier. »

Toutefois, en août 1882, Onderdonk nous écrivait que, ayant obtenu de Campbell un pied d'*Ohio* ou *Cigar-Box*, il peut affirmer que l'Oнио de Campbell est distinct de la variété cultivée au Texas sous les noms de Black Spanish, El Paso, Jacquez[1], etc.

---

[1] Plus haut, le même personnage légendaire est appelé Jacques. La vérité, c'est qu'on ne sait rien de précis sur l'orthographe de ce nom.

J.-E. P.

[1] Il résulte de ces assertions, en partie contra-

Oneida. — On le dit un semis hybride de Merrimack (n°19 de Rogers), obtenu par Thacker, du comté d'Oneida, N.-Y., qui dit que la vigne a porté ses premiers fruits dans l'automne de 1875, à l'âge de quatre ans; qu'elle a une forte et saine végétation, et qu'elle est jusqu'à présent exempte de maladie; *bois* court-jointé et mûrissant bien; bon *producteur*; *grappes* de grosseur moyenne, régulièrement ailées, suffisamment compactes; *grains* gros, deux fois plus gros que ceux du Delaware, auquel l'Oneida ressemble pour la couleur; peau cassante, avec une fleur délicate. Mûrit sur le pied-mère graduellement du 10 au 25 septembre. Se conserve bien et ne tombe pas. M. A.-M. Purdy, Palmyra, N.-Y., qui a mis en vente cette variété par souscription, pour la livrer au printemps de 1884, pense que l'Oneida sera le raisin le *meilleur et se conservant le plus longtemps l'hiver* qui ait été introduit jusqu'à présent.

Onondaga. — Semis originaire de Fayetteville, comté d'Onondaga, N.-Y. Croisement entre le Diana et le Delaware. On dit qu'il réunit, jusqu'à un certain point, le bouquet de ces deux variétés; mûrit à la même époque que le Delaware, et, dit-on, conserverait ses fruits tard dans la saison. Son aspect est certainement très joli, il rappelle celui du Diana. S'il se montre aussi beau et aussi sain que le prétend son obtenteur, ce sera certainement une bonne acquisition, comme raisin pour le marché. N'est pas encore livré au public.

Oporto (*Cord.*). — De la même espèce que le Taylor's Bullit; vrai raisin indigène

dictoires, que la question de l'identité du Lenoir et du Jacquez n'est pas encore élucidée. J'espère l'aborder un jour en utilisant des notes de M. Bouschon, de Roquemaure, et de feu M. Morlot. Rappelons pour le moment que le Lenoir du Mas de las Sorres, près Montpellier, qu'on ne peut distinguer par des caractères extérieurs du Jacquez du même champ d'expérience, donne un vin infiniment supérieur au vin de Jacquez.

J.-E. P.

sous un nom étranger. *Grappes* petites, ordinairement très imparfaites; *grains* petits, noirs, durs et très acides; considéré par M. Fuller comme une fort triste variété. «D'aucune valeur; une complète mystification.» — Husmann.

Regardé comme recommandable pour la cuve par le gouverneur R.-W. Furnas, de Nebraska, qui dit dans le Rapport de 1871 de la Société pomologique d'Amérique : «Mes vignes d'Oporto n'ont jamais manqué de donner une belle récolte; l'année dernière, je cueillis *onze cents* belles grappes d'une *seule* vigne âgée de cinq ans. Végétation extrêmement rampante; grappe en général non compacte, conservant ses grains jusqu'après les premières gelées de l'automne. J'ai trouvé que l'Oporto donnait un très bon vin qui gagnait beaucoup avec l'âge.» La différence des opinions est attribuable, sans doute, à des différences de sol; dans un sol granitique, schisteux, l'Oporto prospère, tandis que dans un sol d'alluvion il perd son feuillage. Dans quelques parties de la France, on s'en sert comme d'un porte-greffe résistant au Phylloxera.

Othello (Hybride d'Arnold, n° 1). — Croisement de Clinton, fécondé par le pollen du Black Hamburg. Décrit comme il suit : *Grappe* et *grain* très gros, ressemblant beaucoup, pour l'aspect, au Black Hamburg. Noir avec une belle fleur. Peau mince, chair très ferme mais non pulpeuse; bouquet pur et vif, mais, dans les spécimens que nous avons vus, plutôt acide. Mûrit comme le Delaware.

L'*Ampélographie américaine*[1], dont nous venons de recevoir le premier numéro, donne de l'Othello la description suivante :

Souche vigoureuse, à *port* mi-érigé.

Sarments d'une longueur moyenne, un peu grêles, cylindriques, assez luisants et peu rugueux; d'une couleur brun jaunâtre à l'aoûtement, plus foncée sur les nœuds et les parties exposées à la lumière; à *mérithalles*

[1] De MM. Foëx, P. Viala et Isard. (Voir ci-dessus pag. 40).

allongés, grossièrement striés ; à *nœuds* peu apparents, non aplatis et légèrement pruineux ; *vrilles* discontinues, bifurquées.

Bourgeons recouverts de poils roux, peu nombreux et tombant de bonne heure ; ils deviennent blanchâtres en s'ouvrant et montrent des *grappes de fleurs* entourées d'un léger duvet floconneux et carminées à leur extrémité, comprises dans des feuilles plus longues qui s'étalent peu à peu et assez vite ; ces *jeunes feuilles* sont nettement trilobées, parfois quinquelobées, blanches à leur page inférieure avec des points rose carmin isolés sur le pourtour, à dents profondes, surmontées de glandes vertes très apparentes.

Feuilles grandes à leur complet développement, trilobées ; à sinus pétiolaire fermé, les bords des deux lobes se superposent ; à deux séries de dents assez aiguës ; *face supérieure* vert foncé ; *face inférieure* de couleur vert blanchâtre avec duvet floconneux blanc, disposé par petites touffes sur les nervures et sous-nervures. *Pétiole* robuste, assez court et formant un angle obtus avec le plan du limbe de la feuille.

Vient ensuite une description des *fleurs* ou inflorescences en termes qu'il ne nous est guère possible de traduire ; puis de la *grappe* avec ses pédoncules et les pédicelles ; des *grains*, de leur grosseur, leur forme, leur couleur, la peau, la pulpe, le jus, le goût, l'arome, etc., avec une minutie et une exactitude qui peuvent intéresser le savant spécialiste, mais dont nous n'avons ni la place ni, comme praticiens, le temps de faire l'étude. Il serait plus important pour nous de connaître les conditions de sol et de climat que cette variété demande ; si elle est sujette ou si elle résiste aux maladies ; où et comment elle réussit, etc., etc.

Notre expérience ne lui a pas été aussi favorable que nous l'espérions. Les vignes ont montré une bonne végétation, avec un beau feuillage, grand, uni, à doubles lobes, mais n'ont pas été très productives, et le fruit a été souvent détruit par la carie noire. Ici les grappes ne ressemblent nullement pour l'apparence à celles du Black Hamburg,

et leur qualité ne vaut pas, chez nous, celle des autres hybrides d'Arnold.

Toutefois, en France, l'Othello marche extrêmement bien, est énormément fertile, et plaît tellement, soit par sa qualité, soit par son aspect, qu'on le propage et qu'on le demande largement ; à Nîmes, chez M. Guiraud, il résiste depuis huit ans au milieu d'un district phylloxéré, et partout où il a été essayé il s'est montré suffisamment résistant à l'insecte.

Dans une réunion de la Société d'Agriculture de l'Hérault tenue les 5, 6 et 7 mars 1883, à Montpellier, M. Sabatier a dit que, huit ans auparavant, il avait reçu de M. Bush et Meissner une douzaine d'Othellos au prix de 5 fr. ; ses voisins en avaient pris quelques-uns, qui avaient aussi réussi admirablement, et, de ceux qu'il avait gardés pour lui on lui avait offert l'année dernière 1,500 fr. pour mille boutures ; il n'avait pas pu refuser de pareilles offres, et ses acheteurs l'avaient remercié par-dessus le marché !

M. Piola rapporta aussi que ses Othellos prospéraient : 300 pieds, la troisième année, lui avaient donné 200 litres de vin. Quelques personnes considèrent le vin d'Othello comme le plus remarquable des vins américains : il serait destiné à remplacer le *Malbec* dans le Bordelais ; d'autres personnes disent que le vin d'Othello, quoique trop acide au début, devient très rafraîchissant et très agréable, égal aux meilleurs vins ordinaires de plaine de France.

M. Gaillard dit que l'Othello réussit bien, quoiqu'il ait un peu de mildew ; les grands marchands de vin le comparent aux vins de montagne. Dès que l'on pourra obtenir les plants à 50 fr. le mille, nos vignerons ne planteront que de l'Othello. M. Foëx et M. Im-Thurn pensent que ce cépage n'est pas encore suffisamment éprouvé ; il commence à échouer dans les cultures d'essai de ce dernier et faiblit chez M. Guiraud. Les prix payés pour lui ne sont pas justifiables, et il faut à cet égard être prudent.

Owasso (*Labr.*). — Semis de hasard, qu'on

suppose être de Catawba. Goodhue, l'obtenteur de cette variété, prétend qu'elle réunit les avantages qui suivent: rusticité, grosseur, beauté, qualité, fertilité , et adaptation au climat des États du Nord.Grappes grandes et compactes ; qualité excellente; goût ayant du montant; se conserve bien. Couleur ambre foncé. Mûrit comme le Delaware. — Pépinière de Monroé et Cte.

Pauline. Syn. : BURGUNDY OF GEORGIA (Bourgogne de Géorgie), RED LENOIR (Lenoir rouge). — « Vigne du Sud, de la même famille que Lenoir. On le dit supérieur à la fois pour la cuve et pour la table. De peu de valeur dans le Nord, où il ne mûrit ni ne pousse bien. *Grappe* grande, longue, conique, ailée ; *grains* au-dessous de la moyenne, compacts, couleur ambre pâle ou violette, avec une fleur lilas ; chair croquante, vineuse, douce et parfumée. Le plus délicieux raisin que nous ayons vu.» — Onderdonk. Végétation modérée et particulière ; ne se met à produire que tard. Quelquefois perd trop tôt une partie de ses feuilles. Onderdonk croit que c'est un hybride, et non un pur *Æstivalis*. (Voyez aussi *Bottsi*.)

Pearl (semis de Taylor n° 10 de Rommel). — Nouvelle et intéressante variété, à la fois pour la table et la cuve. *Grappe* plus grande que celle de son Elvira, ailée, compacte ; *grain* moyen, rond, *jaune* pâle, couvert d'une fleur délicate ; peau mince et transparente ; pulpe souple et fondante, juteuse, douce et hautement parfumée. Vigne à forte végétation, bois grisâtre, à mérithalles courts, à feuilles vert clair ; très fertile, sain et rustique. Mûrit immédiatement après l'Hartford.

Peabody, semis de Clinton qui a été mis à fruit par Jas-H. Ricketts, il y a environ douze ans, mais offert seulement dernièrement à la vente. L'obtenteur dit qu'il est rustique comme végétation et comme fruit. Grappe moyenne ou grande et tout à fait compacte; grain de la grosseur et de la forme de ceux de l'Iona, noir avec fleur bleue; chair tendre, juteuse, riche et ayant du montant.

Le fruit ne ressemble à aucun autre raisin cultivé ; de première classe à tous égards. »

Peter Wylie. — Voyez plus loin *Wylie*. (Nouveaux Raisins du Dr Wylie.)

Pizarro (*Hybr.*). — Un des semis de Clinton de Ricketts croisé avec un cépage étranger (Vinifera) ; feuillage ressemblant à celui du Clinton ; fertile. *Grappe* longue, assez lâche ; *grain* moyen, oblong, noir, très juteux et parfumé, avec un arome très fin.

J.-H. Ricketts dit : « J'ai eu des fruits du Pizarro pendant plusieurs années et l'ai complètement mis à l'épreuve pour la vinification. Il fait un vin d'été rouge clair, d'une grande richesse. »

Planet (*Hybr.*). — Mentionné par le professeur Husmann comme l'un des plus remarquables semis de Ricketts, ce raisin nous est entièrement inconnu. Husmann le décrit comme suit dans son «Amer. Grape-growing»: Concord et Muscat noir d'Alexandrie, sain et fertile. *Grappe* grande, lâche, ailée ; *grain* gros, entremêlé de plus petits qui n'ont pas de pépins; oblongs ; pulpe très tendre, juteuse, douce; bouquet agréable avec un léger goût de muscat.

Pougkeepsie-Red. — Obtenu par A.-J. Caywood et fils, d'un Iona fécondé avec un pollen mélangé de Delaware et de Walter. C'est un admirable raisin, à la fois par sa beauté et par sa belle qualité ; ceux qui l'ont vu en pleine prospérité chez Caywood, à Malborough, N.-Y., attestent la vigueur de sa végétation. *Grappe* au-dessus de la moyenne, compacte et bien ailée ; ressemble au Delaware plus qu'à toute autre variété; mais est environ un tiers plus grand, plutôt rouge plus foncé avec moins de fleur ; qualité excellente; pas de pulpe; fondant comme l'Iona.Donné comme très bon pour la cuve.Mûrit de très bonne heure, comme l'Hartford prolific. et se conserve longtemps après avoir été cueilli, en prenant le goût de raisins *passerillés*. Comme fruit de dessert, il est considéré par de bons juges comme l'égal de bons raisins d'Europe.

Quoique connu depuis plus de vingt ans sur les bords de l'Hudson et exposé aux marchés de New-York, il n'a été que peu essayé et n'a pas été répandu au dehors.

Sa parenté n'est pas faite pour inspirer grande confiance dans sa réussite, excepté là où le Delaware et l'Iona peuvent être cultivés avec succès, et c'est le cas dans un petit nombre de localités disséminées.

Putnam, ou semis de Delaware de Ricketts, nº 2.— Croisement de Delaware et de Concord; très précoce, doux, riche et bon. Moût 80° au saccharimètre; acide 4 1/2 par mille. N'est pas au commerce, croyons-nous.

Perkins (*Labr.*). — Origine : Massachussets. Raisin de marché, très précoce, recommandable par sa belle apparence, ce qui est plus important sur nos marchés que la bonne qualité. Du reste, les goûts varient, et, pour beaucoup de gens, son fort bouquet foxé ou musqué n'est pas désagréable. *Grappe* moyenne ou grande, ailée; *grains* moyens, oblongs, souvent aplatis par leur compacité, blanc verdâtre d'abord, puis, à la pleine maturité, d'une belle couleur lilas pâle, avec une fleur blanche, légère; chair assez pulpeuse, douce, juteuse; peau épaisse. Mûrit quelques jours après l'Hartford prolific et avant le Delaware. Plante à végétation vigoureuse, saine et fertile. C'est un des raisins les plus sûrs que nous cultivions; il réussit

remarquablement bien, dans le Sud comme dans le Nord, et est plus exempt de carie noire que beaucoup d'autres variétés de Labrusca. Il n'est pas non plus sans valeur pour la cuve; son goût et son odeur foxés diminuent avec l'âge et peuvent être améliorés par le vinage, ou mieux en les masquant au moyen d'autres vins blancs.

Pollock (*Labr.*). — Obtenu par MM. Pollock, Tremont, N.-Y. *Grappe* grande comme celle du Concord, compacte; *grains* grands,

PERKINS.

pourpre foncé ou noirs ; chair exempte de pulpe, vineuse, pas trop douce. — Strong.

Purple Bloom, semis de Hartford prolific croisé avec le Gén. Marmora, obtenu par le Dʳ Culbert, Newburgh, N.-Y. Plante rustique et vigoureuse, prolifique ; *grappes* grandes et de belle apparence ; *grains* de jolie dimension et de bonne qualité. Bien apte à devenir un bon raisin pour le marché. Exposé en 1877. Non répandu.

Pocklington (*Labr.*). — Semis de Concord, obtenu par J. Pocklington, de Sandy-Hill, comté de Washington, N.-Y. ; le plus grand et le plus attrayant raisin blanc d'origine indigène obtenu jusqu'à ce jour. *Vigne* à forte végétation et très rustique, avec un feuillage grand, coriace et pubescent, semblable à celui du Concord ; exempt de mildew. *Grappes* grandes et de belle apparence, pesant quelquefois jusqu'à une livre chacune. *Grains* grands, vert pâle, avec une teinte jaune ; ronds et serrés ; chair tendre, juteuse et douce avec très peu de pulpe. Pépins petits pour un si gros raisin. Mûrit comme le Concord, et, quand il est bien mûr, est meilleur que lui. Il a moins du caractère de Labrusca (foxé) dans le goût que dans l'odeur et semble être plus propre que son parent à se conserver et à être expédié. Comme il est considérablement plus gros que le Martha sous le rapport de la grappe et du grain, qu'il est d'un aspect plus attrayant et de meilleure qualité (sans être excellent), et qu'il est très fertile, c'est *une des nouvelles variétés les plus méritantes pour la grande culture* ; splendide raisin POUR LE MARCHÉ.

Samuel Miller dit : « Il fera aussi de bon vin sans aucun doute ; il se passera toutefois quelques années avant qu'on en fasse beaucoup, parce qu'il sera trop demandé pour la table ». Il ajoute : « Si le Martha s'est conduit noblement, — on en a planté des centaines d'acres, et je n'ai pas à rougir d'en avoir eu l'initiative, — je me résigne aujourd'hui et je cède la palme à M. Pocklington ».

D'un autre côté, P. J. Berckmans le considère comme sans mérite pour son pays. Il nous a écrit : « Il peut être bon dans le Nord, mais il est jusqu'à présent sans valeur ici » (à Augusta, Géorgie).

Il fut exposé pour la première fois à la foire de l'État de New-York, à Rochester, en 1877, et a reçu à juste titre des premiers prix *chaque* année depuis lors à diverses Expositions. D'après ce que nous avons vu et entendu de ce nouveau raisin, nous avons la satisfaction de voir qu'il gagnera vite la faveur des viticulteurs pour le marché et l'usage domestique partout où le Concord vient bien.

Le Pocklington, pour la dimension et la beauté, se rapproche du Canon Hall ou d'autres Muscats. — Marthell. P. Wilder

(Voyez la chromolithographie qui est en face de la page du titre.)

Prentiss (Labr.). — Un de nos meilleurs raisins indigènes, là où il réussit ; obtenu il y a environ seize ans par J.-W. Prentiss, de Pultney, N.-Y., d'un pépin d'Isabelle. *Vigne* rustique, supportant sans en souffrir jusqu'à 20° au-dessous de 0, d'une bonne végétation, très fertile, disposée à trop charger ; bois à mérithalles assez courts. *Feuilles* grandes, mais tendres ici, légèrement tomenteuses, aussi saines que celles du Catawba, de l'Isabelle ou du Diana, ressemblant à ce dernier. *Grappe* moyenne, rarement ailée, compacte. *Grain* moyen, rond, avec une tendance à l'ovale ; peau pas très mince, mais très ferme ; blanc verdâtre, jaune pâle quand il est bien noir, quelquefois avec une légère teinte rosée sur le côté le plus exposé au soleil, avec une mince fleur blanchâtre ; graines petites, peu nombreuses, foncées ; chair avec une légère pulpe, tendre, juteuse, douce et agréable ; arome musqué, exempt d'un trop rude goût foxé ; fruit *ressemblant beaucoup à celui du Rebecca.* « Hubbard lui-même pensait qu'il y avait en lui des traces de sang de Rebecca. » Les grains tiennent bien au pédicelle et se conservent bien. Mûrit à la même époque que le Concord. Bon et avantageux raisin de marché là où il

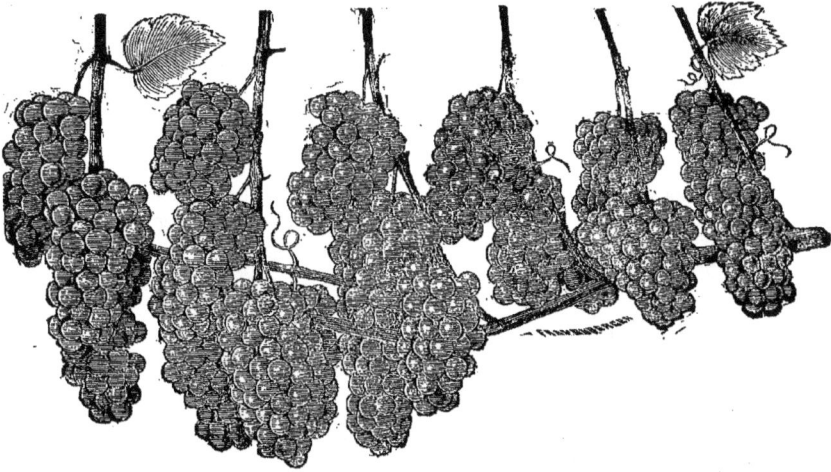

Branch 20 inches. Weighing 7 pounds. Exhibited at meeting of Am. Pom. Society, Rochester, N. Y. **THE PRENTISS.** From a Photograph by G. W. Godfrey, Rochester, N. Y.

réussit. Se vendait en grandes quantités à 15 cents (75 centimes) la livre sur les marchés de New-York, quand on n'y vend le Concord que de 4 à 6 cents (20 à 30 centimes).

T.-S. Hubbard, de Fredonia, N.-Y., qui a introduit ce raisin, dit : « Nous ne nous attendons pas à ce qu'il réussisse partout, et n'avons pas la prétention qu'il prospère sur une aussi grande surface de territoire que le Concord, mais nous le recommandons comme un raisin TRÈS AVANTAGEUX pour le marché dans les bonnes localités où l'on cultive la vigne. »

Nous ne pouvons pas dire comment il réussira dans les vallées inférieures du Missouri et du Mississipi, où il n'a pas encore été suffisamment essayé, et sa parenté n'est pas de nature à encourager de grands essais dans cette région. Les témoignages quant à la végétation et à la santé de cette variété sont, jusqu'à présent, favorables.

La belle chromolithographie du Prentiss, qui est en tête de cet ouvrage, nous a été fournie par M. Hubbard pour notre Catalogue illustré.

Purity. — Croisement de Delaware, produit par Geo.-W. Campbell, est un petit raisin blanc d'excellente qualité. On prétend qu'il a une végétation plus forte et un feuillage plus sain que le Delaware. Il mûrit quelques jours plus tôt que cette variété. Campbell lui a donné ce nom à cause de la pureté de son bouquet, qu'il prétend être encore plus exquis que celui du Delaware. Il dit : En ce qui touche à la qualité, il n'est probablement dépassé par aucune autre variété cultivée, son seul défaut est sa petite dimension. La plante paraît aussi hériter de son parent, le Delaware, sa remarquable immunité contre la carie noire. Nous recommandons l'essai de cette variété à tous ceux qui plantent pour leur propre usage et leur plaisir, et sont disposés à sacrifier la grosseur à la bonne qualité.

Quassaick. — Hybride de Clinton et de Muscat Hambourg par J.-H. Ricketts, de Newburgh, N.-Y. A une grande *grappe* ailée ; *grains* au-dessus de la moyenne, ovales, noirs, avec fleur bleue ; chair très douce, juteuse et riche ; vigne saine et fertile. — F.-R. Elliott.

L'une des plus jolies vignes que nous ayons jamais vues, garnie de grandes grappes. — Husmann.

Raabe. — Quelques personnes disent que c'est un hybride de *Labrusca* et d'*Æstivalis* ou de *Vinifera*; mais Strong le décrit comme un hybride de l'Elsinburg et du Bland, ce qui est probablement exact. Obtenu par Peter Raabe, près de Philadelphie. On le croyait rustique, mais il n'est que modérément vigoureux et s'est montré tout à fait peu avantageux. *Grappes* petites, compactes, rarement ailées; *grain* au-dessous de la grosseur moyenne, rond, rouge foncé, couvert d'une épaisse fleur; chair très juteuse, avec presque point de pulpe; bouquet sucré, avec une bonne dose de l'arome du Catawba; qualité très bonne. — Ad. Int. Rep. *(sic ! quid ?)*

Racine (*Æst.*). — De la même origine que le Neosho et d'abord supposé n'être que le même cépage, mais reconnu distinct depuis lors. Nous ne pouvons admirer ni l'une ni l'autre de ces variétés. Elles sont toutes deux saines et rustiques et possèdent un beau et durable feuillage qui en fait presque des plantes d'agrément; mais nous ne les trouvons ni très fertiles ni de très bonne qualité. Leur vin a un goût médicinal et un bouquet analogue; leurs grains, petits, sont pulpeux et pleins de pépins. Il est possible qu'elles soient meilleures et suffisamment fertiles dans d'autres localités.

Raritan. — Semis de Delaware, n° 1 de Ricketts. Croisement de Concord et de Delaware. Plante modérément vigoureuse, rustique, à mérithalles courts; *grappe* moyenne, ailée; *grain* rond, noir; feuilles de dimension moyenne, lobées, veinées ou ridées; chair juteuse et vineuse; mûrit à la même époque que le Delaware et commence à se flétrir dès qu'il est mûr. L'obtenteur du Raritan, M. J.-H. Ricketts, de Newburgh, N.-Y., prétend que c'est un raisin supérieur pour la cuve, son moût s'élevant jusqu'à 114° à l'échelle d'Œchsle et à 7 millim. d'acide à l'acidomètre de Twitchell. En 1871, M. Ricketts a dit, dans un Rapport à la Société pomologique d'Amérique, 105° au saccharimètre et 9 1/2 d'acide; « naturellement trop d'acide ».

La plante ne pousse pas vigoureusement sur ses propres racines, et, d'après l'expérience de Ricketts, c'est greffée sur Clinton qu'elle pousse le mieux; mais, d'après notre propre expérience, l'effet *fortifiant* du sujet ne dure pas plusieurs étés (Voyez Manuel ci-dessus, page 53), à moins qu'on n'empêche le greffon d'émettre des racines lui-même.

Ray's Victoria (Voyez VICTORIA).

Rebecca (*Labr.*). — Semis dû au hasard, trouvé dans le jardin de E.-M. Peake, de Hudson, N.-Y. C'est un de nos plus beaux raisins blancs; malheureusement la plante est très délicate l'hiver, sujette au *mildew*, d'une végétation faible, d'un feuillage insuffisant et de peu de fertilité. Contre des murs au Midi, dans des expositions bien abritées, avec un sol sec et une bonne culture, elle réussit très bien et produit dans quelques localités les plus délicieux raisins blancs. *Grappes* moyennes, compactes, non ailées; *grains* moyens, ovoïdes; peau mince, vert pâle, teintée d'ambre jaune ou pâle à la pleine maturité, recouverte d'une fleur blanche extrêmement transparente. Chair tendre, juteuse, exempte de pulpe douce, d'un arome particulier, musqué et douceâtre, distinct de celui de tout autre raisin; pépins petits; feuilles à peine de grandeur moyenne, très profondément lobées et à dentelures aiguës. Propre à une culture d'amateur; mais, essayée sur une large échelle, en grande culture ordinaire, comme vigne rustique avantageuse, cette variété a donné lieu à de grandes déceptions et déterminé un déclin dans la culture de la vigne.

Reliance. — Descendance inconnue. Exposé en automne 1881 par J.-G. Burrows, Fishkill, N.-Y. Ressemble au Delaware par la dimension et la couleur.

Rentz (*Labr.*). — Semis obtenu à Cincinnati par feu Sébastien Rentz, viticulteur très distingué. On le dit égal, si ce n'est supérieur, à l'Ives. Grand raisin noir, assez grossier; plante et feuillage très vigoureux, très sains; très fertile et à l'abri du mildew. *Grappe* grande, compacte, souvent ailée ; *grain* gros, rond, noir ; chair assez pulpeuse et musquée, à jus doux, abondant ; mûrit plus tôt que l'Ives Seedling, mais n'est pas assez bon pour être recommandé. Les grains tombent quand ils sont mûrs. Bon comme porte-greffe. *Racines* épaisses, à liber uni, ferme, émettant rapidement des radicelles d'une grande résistance au Phylloxera ; sarments épais, mais ni très longs ni rampants.

Requa (Hybride de Rogers, n° 28). — Beau raisin de table. M. Wilder, qui a eu plus que personne l'occasion de se former une opinion éclairée sur les mérites de ces hybrides et qui est sans contredit la meilleure source à laquelle on puisse s'adresser, en donne la description suivante dans le *Grape Culturist* :

« Vigne passablement vigoureuse et très fertile ; *grappe* grande, ailée ; *grain* de moyenne grosseur, à peu près rond ; peau mince ; chair tendre et douce, avec une trace de bouquet indigène ; couleur vert bronze, prenant à la maturité un rouge-brun sombre; mûrit au milieu de septembre. Raisin de bonne qualité, mais sujet à la carie noire dans les années défavorables. »

Riesenblatt (Giant-leaf) (Feuille-géant). — Semis de hasard de quelque *Æstivalis* qui se trouve dans le vignoble de M. M. Poeschel, à Hermann, Mo. —La vigne est rustique, saine et fertile ; végétation énorme et feuille véritablement gigantesque. Une petite quantité de vin fait par MM. Poeschel et Sherer a le caractère du madère et ressemble à l'Hermann ; couleur brun foncé.

Cette variété n'a pas été livrée au public, et par conséquent n'a pas été essayée en dehors de Hermann.

Riesling ou Missouri Riesling (non Reissling, comme quelques personnes l'écrivent à tort). Voyez *Grein's Seedlings*, pag. 161.

Hybrides de Ricketts.—Notre Index contient une liste des très remarquables semis obtenus par J.-H. Ricketts, de Newburgh, N.-Y.,

jusqu'à présent dénommés et répandus par lui. Il s'est adonné, depuis environ vingt ans, à obtenir de nouvelles variétés par le croisement, et, grâce à ses efforts prolongés, attentifs et habiles, il a créé la plus étonnante collection d'hybrides, embrassant plusieurs centaines de variétés différentes, la plupart encore innommées et désignées seulement par des numéros. La Société américaine de Pomologie lui a décerné à plusieurs reprises sa « Wilder silver Medal » (médaille d'argent de Wilder). A l'Exposition du Centenaire, en 1876, il obtint une médaille et un diplôme avec le rapport le plus flatteur de la part du jury, et c'est par centaines que M. Ricketts a obtenu, pour ses raisins de semis, des prix des Sociétés d'Horticulture de tous les pays.

On ne saurait mettre en question la beauté et l'excellence de plusieurs de ces raisins, et, bien que quelques-uns aient entièrement échoué chez nous et dans la vallée du Mississipi, le seul fait qu'il expose chaque année ses magnifiques spécimens est la preuve qu'ils *peuvent* être cultivés avec succès en grande perfection. Il est possible que son emplacement soit particulièrement favorable ; mais il doit s'en trouver qui le sont également, et où les mêmes soins et la même attention pourront produire les mêmes splendides résultats. Le sol de son vignoble est un lieu moyen, possédant un degré modéré de fertilité, tourné à l'Est, s'inclinant vers le Nord-Est, et abrité par des collines du côté de l'Ouest. Ses vignes ne reçoivent pas de soins spéciaux et ne sont pas sous verre, comme quelques personnes le supposent ; elles sont simplement couchées sans couverture pour l'hiver, taillées long et cultivées avec les soins seulement ordinaires. Nous n'avons par conséquent aucune raison de douter que quelques-unes de ces excellentes variétés nouvelles ne deviennent de précieuses acquisitions pour nos vignes les plus belles et les plus usitées, surtout pour celles qui ont le Concord pour père, comme le LADY WASHINGTON, EL DORADO, JEFFERSON, pour les États de l'Atlantique du Centre nord ; et celles qui sont croisées avec le Clinton, comme le Bac-chus et l'Empire State, pour les États du Centre moyen et sud, habituellement, quoiqu'à tort, appelés « États de l'Ouest».

Geo.-W. Campbell remarque justement : « Tandis que ces semis ont été un grand progrès sur nos pures variétés indigènes et réussissent bien dans quelques localités — comme M. Ricketts l'a surabondamment dé-montré — dans d'autres localités moins fa-vorisées ils ont souffert des grandes gelées et ont été atteints, comme plusieurs de nos variétés indigènes, par le mildew et la carie noire, dans les saisons variables et contraires. J'ai toujours espéré et cru que quelques-uns de ces cépages remarquables ou leurs suc-cesseurs s'adapteraient à une grande culture générale, et même que, s'ils exigent un trai-tement un peu plus attentif que nos cépages les plus rustiques qui sont d'un tempérament plus fort, ils valent bien qu'on prenne pour eux ce surcroît de peine, et leur plus grande valeur le payera largement. Un choix judi-cieux du sol et de l'emplacement, et peut-être un abri l'hiver, et des soins spéciaux pour une conduite et une taille appropriées aux allures des différentes variétés, peuvent être nécessaires pour obtenir un succès complet. M. Ricketts prétend que ses dernières pro-ductions sont des croisements entre variétés indigènes rustiques, à l'exclusion de tout élément étranger. »

Rochester (*Labr.*). — L'un des semis d'Ellwanger et Barry. N'ayant encore aucune vigne de cette variété en rapport, nous don-nons la description de ces Messieurs : *Vigne* à végétation remarquablement forte; bois rus-tique et à mérithalles courts; feuillage grand, ressemblant cependant à celui du Delaware ; les allures de cette vigne sont semblables à celles du Diana, et elle demande beaucoup d'espace et une taille assez longue. *Grappe* grande ou très grande, ailée, fréquemment doublement ailée, très compacte ; *grains* moyens ou grands, ronds, pourpre foncé ou lilas ; particuliers, avec une mince fleur blan-che ; chair très douce, vineuse, riche et aro-matique. Mûrit habituellement la première semaine de septembre ; n'a jamais manqué de bien mûrir dans la plus mauvaise saison depuis qu'il produit. Cette description se rap-porte naturellement à la localité de Roches-ter, N.-Y., où il a été obtenu. Nous y avons admiré le fruit, et nous considérons cette va-riété comme une précieuse addition aux vi-gnes de la classe des Labruscas.

Semis de Rommel.—Personne n'a mieux réussi dans la production de précieuses vi-gnes de semis rustiques et sains, s'adaptant généralement à la culture sur une très grande surface de notre région, que Jacob Rommel, de Morrison, Mo. Ses vignes ne peuvent pas rivaliser avec celles de Rogers ou de Ricketts, pour la beauté et la qualité comme fruit de table ou d'un usage domestique, mais elles les surpassent de beaucoup en vigueur et en fertilité, et leurs raisins sont réellement de très bonne qualité surtout pour le vin et l'eau-de-vie. Celles qui ont un nom et qui sont li-vrées au public sont décrites dans ce Cata-logue. Voyez Amber, Beauty, Black De-laware, Elvira, Etta, Faith, Montefiore, Pearl, Transparent, Wilding.

Mais, à part celles-là, il a obtenu et fait fructifier depuis plusieurs années toute une large série de semis, dont il sélectionne et recommande les suivants comme étant bien essayés et dignes de culture et de propaga-tion :

(A) Semis de Taylor nº 9. — Vigne vi-goureuse, saine et rustique, modérément fer-tile, exempte de mildew et de carie noire ; *grappe* moyenne, ailée; *grain* moyen ou plus que moyen, rond ; couleur noire ; maturité précoce, avant le Concord ; qualité excellente pour vin rouge foncé.

(B) Semis de Taylor nº 18.—Vigoureux, sain et rustique, très fertile ; *grappe* moyenne; *grain* au-dessous de la moyenne ; couleur ambrée ; qualité excellente ; mûrit comme le Catawba.

(C) Semis de Taylor nº 16.— Végétation modérée, mais sain, suffisamment fertile ; *grappe* petite ; *grain* moyen, très ferme, couleur crème ; qualité très bonne ; précoce, avant le Concord.

(D) SEMIS D'ELVIRA nº 5. — Vigoureux, sain et rustique, très fertile ; *grappe* au-dessus de la moyenne; *grain* moyen, couleur paillée ; qualité bonne ; mûrit plus tard, peu après le Concord.

(E) SEMIS D'ELVIRA nº 6. — Sain et rustique,très fertile ; *grappe* moyenne ou grande; *grain* moyen, couleur jaunâtre teintée de rouge, de très belle qualité.

(F) SEMIS D'ELVIRA nº 8. — Vigoureux, sain et fertile ; *grappe* grosse ; *grain* moyen, rouge, transparent et de bonne qualité ; mûrit juste après le Concord.

(G) SEMIS DE DELAWARE nº 3.—Très sain, exempt de mildew et de carie noire, parfaitement rustique; *grappe* au-dessus de la moyenne, très compacte ; *grain* très ferme, rond, au-dessus de la moyenne comme grosseur, noir ; qualité très bonne ; promet d'être un précieux raisin précoce de marché, mûrissant avant l'Hartford.

(H) SEMIS DE DELAWARE nº 4.—Végétation modérée, très sain et très rustique ; *grappe* et *grain* de grosseur moyenne, pour la couleur ressemble au Delaware ; qualité très bonne ; mûrit avant l'Hartford.

Rutland. — Probablement un croisement entre l'Eumelan et l'Adirondac. Nouveau cépage obtenu par D.-S. Mervin,deWatertown, N.-Y. *Grains* moyens, compacts ; grappe non ailée ; couleur bleu noir ; charnu, ayant du montant, vineux ; peau mince ; très bon. Société amér. de Pomol., *Rapports sur les Fruits nouveaux*, 1881.

Hybrides de Rogers.—Ces hybrides ont été obtenus dans un petit jardin de Roxbury,

près de Boston, Mass. Quand ils ont fructifié pour la première fois en 1856, et longtemps après, ils n'ont été désignés que par des numéros. Ceux parmi les plus intéressants auxquels Rogers a donné des noms, au lieu des numéros par lesquels ils avaient été désignés jusqu'alors, sont rangés par ordre alphabétique à leur place propre[1], mais il reste encore

Nº		Nº	
1.	Goethe.	28.	Requa.
3.	Massasoit.	39.	Aminia.
4.	Wilder.	41.	Essex.
9.	Lindley.	43.	Barry.
14.	Gaertner.	44.	Herbert.
15.	Agawam.	53.	Salem.
19.	Merrimac.		

HYBRIDES DE ROGERS

quelques numéros qui n'ont pas reçu de nom et qui en méritent un.

N° 2. L'un des plus gros de tous ses hybrides. *Grappe* et *grain* très gros, pourpre foncé, presque noir ; peau épaisse ; un peu acide (mûrissant imparfaitement chez nous par suite de la perte de son feuillage avant la maturité du fruit) ; maturité tardive, et bouquet assez semblable à celui du Catawba. Vigne à végétation vigoureuse et très fertile ; mais, ici, sujette à la carie noire.

N° 5. Un des plus beaux hybrides de Rogers, et méritant d'être mieux connu. *Grappe* moyenne ou grande, modérément compacte ; *grains* gros, ronds, rouges, doux et riches ; exempt de goût foxé, mûrit de bonne heure et d'une qualité vraiment excellente. Vigne rustique et saine, plus rustique et plus saine que le Salem, auquel elle ressemble, mais végétation moins forte que quelques autres.

N° 8. Considéré par nous comme l'un des *meilleurs* hybrides de Rogers, et intéressant pour faire du vin. *Grappe* et *grain* gros ; couleur rouge pâle, mais les grains bien mûrs rouge cuivre, avec une belle fleur gris clair ; chair douce, juteuse, à parfum agréable, et presque entièrement sans pulpe. Peau à peu près de la même épaisseur que celle du Catawba. Vigne à végétation vigoureuse, forte, à feuillage large, épais et grossier ; rustique et fertile. Son fruit mûrit plus tard que la plupart des autres variétés de Rogers, et son feuillage, sous l'influence d'une bonne culture, a moins de tendance à prendre le mildew ; par ces raisons, c'est le plus apprécié et celui qui est le plus largement planté par quelques viticulteurs expérimentés de l'Illinois à l'est de Saint-Louis.

N° 30. Rouge clair ; *grappe* et *grain* très gros ; bouquet très distingué, ressemblant beaucoup au Chasselas exotique ; pulpe très tendre. Vigne vigoureuse et saine. L'un des plus parfumés de tous les hybrides de Rogers. Mûrit de bonne heure. — Geo.-W. Campbell.

Roenbeck (*Hybr.*). — Parenté inconnue. Semis de hasard venu sur les terres de Jas.-

W. Trask, à Bergen-Point, N.-Y. — A fructifié pour la première fois en 1870.

Grappe longue, compacte, bien ailée ; *grains* de grosseur moyenne, vert pâle ; peau mince et transparente ; *chair* fondante et très douce, pas de pulpe. — Mûrit à peu près à la même époque que le Concord.

Bois à mérithalles courts et couleur claire, gros boutons à fruit. Vigne rustique et prolifique ; il convient d'éclaircir le fruit, la vigne ayant, comme le Delaware, une tendance à trop charger. Le feuillage, ainsi que d'autres caractères, indique la parenté du *Vinifera*, mais les racines n'ont jusqu'à présent pas été attaquées par le Phylloxera.

Fred. Roenbeck, de Centerville, comté d'Hudson, N.-J., multiplie cette variété, pour la vendre après qu'elle aura donné aux essais des résultats satisfaisants.

Rulander ou **Sainte-Geneviève.** Syn.: Amoureux, Red Elben (*Æst.* ✕). — Ce que nous appelons ici le Rulander n'est pas la vigne connue sous ce nom en Allemagne. On prétend que c'est le semis d'une vigne étrangère, le Pineau, apportée par les premiers colons français sur la rive occidentale du bas Mississipi (Sainte-Geneviève). D'autres personnes la considèrent comme une vigne indigène, appartenant à la division méridionale des *Æstivalis* ; et, tout en étant favorables à cette manière de voir, nous devons reconnaître que ses mérithalles courts, sa délicatesse, sa facilité à souffrir des maladies et du Phylloxera, viennent à l'appui de l'hypothèse d'après laquelle elle serait sortie d'une graine étrangère (*Vinifera*). *Grappe* un peu petite, très compacte, ailée ; *grain* petit, pourpre foncé, noir, sans pulpe, juteux, doux et délicieux. Vigne à végétation forte, vigoureuse ; à mérithalles courts, à feuilles cordiformes, vert clair, lisses, restant sur la plante jusque vers la fin de novembre ; très saine et très rustique, demandant cependant un abri l'hiver[1]. *Racines* très dures, fortes, avec un liber

---

[1] Il ne faut pas oublier que l'auteur parle des hivers du Missouri, qui sont bien plus rude que les nôtres. (*Note des Traducteurs.*)

solide, uni, mais qui paraissent cependant sujettes aux attaques du Phylloxera ; bois dur, avec moelle petite et écorce solide. Quoiqu'il ne produise pas de grosses récoltes, il rachète en qualité, comme raisin pour la cuve, ce qui lui manque en quantité. Il fait un excellent vin rouge pâle, ou plutôt brunâtre, ressemblant beaucoup au sherry. Ce vin a été couronné à plusieurs reprises, comme l'un des meilleurs vins à couleur légère. Moût 100°-110°.

(Voyez aussi *Louisiana*, pag. 182.)

Sainte-Catherine (*Labr.*). — Obtenu par James-W. Clark, Framingham, Massach. *Grappe* grande, assez compacte ; *grains* gros, couleur chocolat, assez doux, coriaces, foxés. De peu de valeur. — Downing.

Secretary.—Obtenu par J.-H. Ricketts, de Newburgh, N.-Y., par le croisement du Clinton et du Muscat Hamburg. On le considérait comme le raisin nouveau le plus beau à l'Exposition d'Horticulture du Massachussets de 1872, et il a été déclaré par Downing l'un des meilleurs raisins de Ricketts comme qualité ; mais il a une grande tendance à prendre le mildew, et ne sera jamais qu'une superbe variété d'amateur.

Vigne vigoureuse, rustique ; *grappe* grande, modérément compacte, ailée avec un *grain* gros, ovale-rond, noir, à belle fleur ; pédoncule rouge à la base quand on le retire du grain ; chair juteuse, douce, nourrissante, légèrement vineuse. Moût 93° au saccharimètre ; 7 1/4 par mille d'acide. Feuillage ressemble à celui du Clinton, mais plus épais, à peu près de la même dimension.

Salem (Hybride de Rogers, n° 53). — Comme l'Agawam (n° 15) et le Wilder (n° 11), le Salem est un hybride entre une variété indigène (le Wild Mammoth), qui a été la mère, et le Black Hamburg, qui a été le père. Parmi les hybrides de Rogers, le Salem est celui dont la culture est la plus étendue ; c'est aussi probablement l'un des plus beaux. Il s'est montré satisfaisant là où les hybrides réussissent, et, dans des conditions favorables, il donne un beau raisin, d'excellente qualité. *Grappe*

SECRETARY.

27

d'une bonne moyenne ou grande, compacte, ailée ; *grain* grand comme celui du Black Hamburg, trois quarts de pouce (environ 19 millim.) de diamètre, de la couleur du Catawba, ou noisette clair ; chair passablement tendre, douce, à bouquet riche et aromatique ; un peu foxé à l'odorat, mais non au palais ; considéré comme l'une des meilleures qualités. Peau assez épaisse, pépins grands ; mûrit aussitôt que le Concord, et comme lui se conserve bien. Vigne très vigoureuse, saine ; feuillage grand, fort et abondant ; bois d'une couleur plus claire que celui de la plupart des vignes de Rogers. Les *racines* sont d'une épaisseur moyenne, branchues, à liber ferme, et ont plus du caractère indigène que la plupart des autres hybrides ; elles paraissent résister au Phylloxera aussi bien que le plus grand nombre des variétés de *Labrusca*. On peut propager le Salem par boutures avec une remarquable facilité, et la vigueur de végétation de ses rameaux est presque sans égale parmi les hybrides. Malgré cela, il échoue généralement dans la vallée du Mississipi et partout où le mildew domine.

Le SALEM a été désigné d'abord sous le n° 22 ; une fausse variété ayant été introduite sur le marché sous ce numéro, l'obtenteur le changea pour le n° 53. Mais la confusion n'en persista pas moins ; pour l'aggraver, on écrivit que l'obtenteur l'avait décrit une fois comme étant *noir* (*Journal d'Horticulture*, vol. 5, pag. 264) et une autre fois comme étant de couleur noisette ou de celle du Catawba, cette dernière couleur étant adoptée généralement comme celle du vrai Salem.

Schiller. — Un des semis de Louisiana de Muench. Vigne parfaitement rustique ; végétation vigoureuse, saine, et jusqu'à présent plus fertile que les autres semis de ce viticulteur. Fruit bleu purpurin, mais jus clair ; à tous autres égards, tout à fait semblable à son Humboldt. — N'est pas au commerce.

Seneca. — Très semblable à l'Hartford, s'il ne lui est pas identique. Exposée d'abord à Hammondsport, N.-Y., en octobre 1867, par R. Simpson, de Genève, N.-Y. Non recommandé.

Scuppernong. Syn. : YELLOW MUSCADINE, WHITE MUSCADINE [1], BULL, BULLACE ou BULLET, ROANOKE (*Vitis vulpina* ou *V. rotundifolia*). — Cette vigne est proprement et exclusivement une vigne du Sud. Dans la Caroline du Sud, la Floride, la Géorgie, l'Alabama, le Mississipi, et dans certaines parties de la Virginie, de la Caroline du Nord, du Tennessee et de l'Arkansas, elle est la vigne de prédilection, produisant annuellement des récoltes certaines et abondantes, ne demandant presque pas de soins ni de travail. Elle est entièrement à l'abri du *mildew*, de la carie noire ou de toute autre des maladies si désastreuses pour les espèces du Nord ; elle est aussi entièrement à l'abri du Phylloxera [2] ; mais on ne peut pas la cultiver au nord de la Caroline, du Tennessee et de l'Arkansas, ni même au Texas. M. Onderdonk, dont les pépinières sont les plus méridionales de toutes celles des États-Unis, dit du Scuppernong : « Nous l'avons essayé à plusieurs reprises et avons toujours échoué». Le Scuppernong n'a pas non plus répondu aux espérances en Californie.

« La vigne y pousse bien, fleurit abondamment en juin et juillet sans nouer un seul grain, et vers la fin de la saison les feuilles se rouillent. » — J. Strengel.

Nous savons que les gens du Sud sont très susceptibles et considèrent comme une injuste partialité, si ce n'est comme une insulte, que l'on dise quelque chose contre leur raisin favori, le Scuppernong, « *Don divin,*

» Envoyé dans les temps de trouble et de cha-
» grin pour rendre au Sud sa joyeuse humeur
» naturelle. »

[1] Les raisins noirs ou pourpres de cette classe sont souvent appelés, *à tort*, « Black Scuppernong » (Scuppernong noir). Les horticulteurs du Sud les désignent sous différents noms, tels que Flowers, **Mish**, **Thomas**, etc.

[2] C'est tout à fait par exception qu'on y a trouvé des galles phylloxériques.

(*Note des Traducteurs.*)

SCUPPERNONG.

Comme nous souhaitons très cordialement que cette joie revienne à notre Sud affligé, nous nous abstiendrons de toute remarque tendant à déprécier ce « *don divin* », et nous ne citerons que des autorités du Sud et des cultivateurs de Scuppernong.

P.-J. Berckmans, Géorgie : « Je ne saurais trop faire l'éloge du Scuppernong comme vigne à vin. C'est une de ces choses qui ne manquent jamais. *Naturellement, je ne le compare pas au Delaware et à d'autres variétés à bouquet distingué;* mais la question est celle-ci : « Où trouverons-nous une vigne qui nous donne du profit? » Nous l'avons dans le Scuppernong. On ne peut pas le cultiver, dans le Nord, au delà de Norfolk. »

J.-H. Charleton, El Dorado, Arkansas : « Le fruit est si favorable à la santé, qu'on ne connaît personne qui en ait jamais été malade, à moins d'en avoir avalé la peau, qui est très indigeste. J'ai fait, l'année dernière, un peu de vin de Scuppernong en

l'additionnant de très peu de sucre, une livre et quart par gallon (3 litres 80 centilitres) de moût, et, quoique les raisins ne fussent pas aussi mûrs qu'ils auraient dû l'être, ce vin a beaucoup de corps.... Quelques personnes l'appellent « le raisin des paresseux ». J'admets le reproche et n'en estime le raisin que davantage.

J.-R. Eakin, Washington, Arkansas : « Je ne sais vraiment que dire de ce fruit non décrit, qu'on appelle un raisin. C'est un grain grossier, à peau épaisse, à bouquet douceâtre, musqué. La vigne se tire d'affaire elle-même. Elle ne demande et ne supporte pas la taille, produit abondamment et n'a pas de maladies. Je le considère à peine comme un raisin, mais comme un fruit *sui generis* très utile, et j'espère qu'il sera cultivé largement par ceux qui ne sont pas portés à s'occuper des raisins à grappes (*bunch grapes*), comme leurs amis ont l'habitude d'appeler l'Herbemont, le Catawba et d'autres raisins plus ennuyeux à cultiver, mais, je dois bien le dire, beaucoup meilleurs. — A chacun son goût. »

Le Scuppernong fut découvert par la colonie de sir Walter Raleigh, en 1554, dans l'île de Roanoke, Caroline du Nord, où l'on dit que la vigne originale existe encore. Elle serait âgée de plus de trois cents ans. Par l'aspect, le bois, le fruit, les habitudes, elle est entièrement distincte, ou « unique », comme le dit M. Van Buren, qui s'exprime ainsi : « Il y a une ressemblance entre les *V. Vinifera, Labrusca, Æstivalis, Cordifolia*. Elles peuvent toutes se croiser et produire des hybrides; mais aucune d'elles ne peut (?) se croiser avec la *V. rotundifolia*, qui fleurit deux mois plus tard qu'aucune d'elles. L'odeur du Scuppernong est délicieuse quand il mûrit, et bien différente de la mauvaise odeur de nègre de la famille des Fox Grapes. » La végétation de cette vigne, ou plutôt la surface sur laquelle ses branches s'étendent avec le temps, est presque fabuleuse. L'écorce du Scuppernong est unie, d'un gris cendré. Le bois est dur, à tissu serré, solide. Les *racines* sont blanches ou couleur de crème. Les feuilles, avant de tomber, en automne, prennent une brillante couleur jaune.

Grappe ou grappillon composé habituellement de quatre à six grains seulement, rarement davantage, gros, à peau épaisse, pulpeux. Ils mûrissent en août et septembre, pas tous en même temps. Ils tombent au fur et à mesure de leur maturité quand on secoue la vigne, et on les ramasse ainsi sur le sol. Couleur jaunâtre, un peu bronzée quand la maturité est complète. La pulpe est douce, juteuse vineuse, ayant un bouquet musqué ; — parfum délicat pour certains goûts, répugnant pour d'autres. Les membres du jury du Congrès de 1874, à Montpellier (France), déclarèrent tous les vins de Scuppernong qui s'y trouvaient « fort peu agréables », quelques-uns même « d'un goût désagréable ».

Toutefois, il a ses chauds défenseurs parmi les viticulteurs américains, comme on le verra par l'extrait suivant d'une lettre de S.-J. Matthews, de Monticello, Ark., écrite pour ce Catalogue :

« Le Scuppernong fait un splendide vin blanc ; son fruit, quoique manquant ordinairement de sucre, est très doux, ce qu'il doit à son peu d'acide. Le manque de sucre peut aussi être attribué, dans une certaine mesure, à ce fait que la vigne a été jusqu'à présent le plus souvent conduite sur arbres, méthode qui plus qu'aucune autre prive de lumière et de chaleur le fruit, qu'on a l'habitude de récolter en secouant les vignes, ce qui donne une proportion considérable de fruits imparfaitement mûrs. Et cependant, d'après certains témoins, le Scuppernong a atteint 88° à l'échelle d'Œchsle, ce qui donnerait 9 % d'alcool.

« A.-C. Cooke, que nous avons cité dans notre Catalogue de 1875 comme disant que « le Scuppernong manque à la fois de sucre et d'acide, puisqu'il ne titre qu'environ 10 % du premier et 4 milligr. du second », désire modifier cette assertion, ayant trouvé depuis lors que ses propriétés saccharines pouvaient quelquefois atteindre 18 % ; il pense aujourd'hui que « le Scuppernong est par excellence le raisin du Sud ». On peut, avec son jus, obtenir les meilleurs vins doux de Muscatel, ou des vins secs légers supérieurs. »

M. Matthews écrit : « Quand on plantera le Scuppernong sur des coteaux secs exposés au Midi, au lieu de le mettre dans des basfonds humides ; quand il sera conduit sur des treilles, où la chaleur du soleil, directe et réfléchie par le sol, baignera son fruit et son feuillage, au lieu d'être cultivé sur de grands arbres pleins d'ombre à travers lesquels les rayons solaires peuvent à peine pénétrer ; et quand on ramassera soigneusement à la main seulement les fruits parfaitement mûrs, au lieu de les secouer rudement et de rassembler tous les grains qui veulent bien tomber, alors le Scuppernong manquera peu de sucre, s'il en manque. »

» Mais, même en admettant cette insuffisance, elle est le seul défaut de cette variété, et l'on peut y obvier, soit en additionnant de sucre le moût, soit en faisant évaporer l'eau d'une partie de ce moût et en ajoutant à l'autre partie autant du sirop ainsi obtenu qu'il est nécessaire pour la porter à la proportion normale. Au surplus, le Scuppernong est la vigne la plus fertile et la plus sûre pour le Sud, et les viticulteurs plantent, par suite, principalement le Scuppernong et ses variétés (THOMAS, FLOWERS, MISH, TENDERPULP), et ne plantent qu'un petit nombre d'autres seulement pour varier ou à titre d'essai. »

M. Van Buren s'est certainement trompé quand il a supposé qu'on ne pouvait hybrider le Rotundifolia avec aucune autre espèce ; les expériences du Dr Wylie, de la Caroline du Sud, ont prouvé le contraire. C'est une autre erreur, quoique souvent reproduite, que le Scuppernong ne peut pas s'unir par le greffage à d'autres espèces. Il est vrai que le Rotundifolia, importé comme porte-greffe dans le midi de la France, n'y a pas réussi ; mais plusieurs tentatives faites pour greffer les cépages français sur le Scuppernong (comme aussi sur le *Tenderpulp* et le *Thomas*) ont réussi. L'union peut n'être pas aussi parfaite ni aussi durable qu'avec d'autres espèces ayant plus d'affinité ; mais il faut renoncer à la légende du caractère anti-unioniste — comme à beaucoup d'autres légendes viticoles et politiques.

Hybrides de Scuppernong (Voy. Semis de *Wylie*).

—A la réunion de la Société américaine de Pomologie tenue à Baltimore en 1877, le Dr A.-P. Wylie exposa ces remarquables hybrides pour la dernière fois avant sa mort ; parmi eux, le comité des Fruits, composé de Ch. Downing, de N.-Y., Robert Manning, de Mass., Dr John-A. Warder, d'Ohio, Josiah Hoopes, de Pa., P.-J. Berckmans, de Géorgie, etc., signala « un *hybride du Scuppernong* (n° 4) très intéressant et *prolifique*, des semis duquel pourraient dériver des résultats précieux ». Son obtenteur, [Dr A.-P. Wylie, des Chester, S. C., avait donné sur son compte la note suivante, le 10 août 1877 :

« Hybride prolifique de Scuppernong n° 4. Pousse dans un sol argileux (pipe-clay soil). *Bois* particulièrement allongé, porte des grappillons joints à chacun de ses embranchements ; n'a jamais le mildew ni la carie noire. *Grappes* moyennes, compactes, produites en étonnante profusion ; *grain* rond, blanc verdâtre, pulpe se dissolvant à moitié ; beaucoup de jus, légèrement vineux avec un arome musqué particulier, ne ressemblant pas au Scuppernong ; qualité bonne. Mûrit au milieu d'août. »

Solonis.

— Forme particulière de *Riparia* ; se distingue assez de la forme ordinaire par les dents plus longues et finement incisées de son feuillage. Son habitat est probablement l'Arkansas ; il n'est pas et n'a jamais été ni connu ni cultivé ici, mais il est hautement estimé en France comme excellent porte-greffe pour la reconstitution des vignobles détruits par le Phylloxera. (Voyez la Note au bas de la pag. 29.) Est surtout approprié à un sol humide et sablonneux.

Senasqua.

— Hybride obtenu par Stephen Underhill, Croton Point, N.-Y., du Concord et du Black Prince. Le pépin fut semé en 1863, et la plante porta ses premiers fruits en 1865. *Grappe* et *grain* variant du moyen au grand. La grappe est très compacte, au point de faire éclater les raisins ; couleur noire, avec fleur bleue ; qualité très bonne. Le fruit a le caractère charnu particulier de certains raisins étrangers, avec un bouquet plein de feu, vineux. La vigne est vigoureuse et fertile dans un sol riche ; modérément rustique. C'est un des plus lents à épanouir ses bourgeons au printemps, et, par suite, un des moins sujets à souffrir des gelées tardives ; malgré cela, il mûrit de bonne heure, ici quelques jours après le Concord. La feuille est très grande, très ferme et ne révèle aucune trace d'origine étrangère, excepté quand elle mûrit ; elle prend alors, au lieu de la couleur jaune du Concord, la couleur cramoisie de la feuille mûre du Black Prince. Chez nous, à Bushberg, il n'a pas réussi aussi bien et n'est pas, à beaucoup près, aussi recommandable que d'autres variétés d'Underhill, le Black Eagle et le Black Defiance. Un sol argileux n'est pas le meilleur pour le Senasqua ; il demande un sol léger et profond. L'obtenteur lui-même ne recommande pas le Senasqua comme un raisin avantageux pour le marché, à cause de sa maturité tardive (quelques jours plus tard que le Concord), mais seulement comme un estimable et beau fruit d'amateur. Comme tel, il est de premier rang, « du plus grand mérite pour ceux qui apprécient l'éclat et le brillant dans un raisin ». En France (Drôme et Lot-et-Garonne), on considère cette variété comme la plus recommandable parmi les hybrides d'Amérique, pourvu qu'elle soit plantée dans le sol qui lui convient et qu'elle continue à résister au Phylloxera. — Nous donnons, dans la planche ci-jointe, la reproduction d'une grappe de grandeur moyenne.

SENASQUA.

Sharon. — Beau raisin nouveau, obtenu par D.-S. Marvin, Watertown, N.-Y. Probablement un croisement entre l'Eumelan et l'Adirondac. On dit qu'il n'a pas de rival pour la table. Pas encore au commerce et pas encore connu en dehors du pays où réside l'obtenteur.

Silver-Dawn (Hybr.). — Semis d'Israella fécondé par le pollen de muscat Hamburg, frère de l'*Early Dawn*, tiré de la même grappe, obtenu par Dᵣ W.-A. Culbert, de Newburgh, N.-Y. Beau raisin blanc de la meilleure qualité ; vigne rustique et vigoureuse.

Pas au commerce.

Stelton (Hybr.). — Obtenu par Thompson, de New-Brunswick, et cité dans le *Gar-*dener's *Monthly* de novembre 1882 comme l'une des nombreuses et brillantes apparitions survenues dans le monde viticole. Les *grappes* ont environ huit pouces de longueur, bien ailées, assez lâches ; *grains* blancs, à peu près de la grosseur de ceux du Croton, et « sans dureté » (not hard to take) ; bouquet soutenant favorablement la comparaison avec celui du Lady Washington. — Nous ne l'avons jamais vu.

Semis de **Talman** ou **Tolman** (*Labr.*). — Venu dans l'ouest de l'État de New-York comme raisin précoce de marché. *Grappe* moyenne ou grande, compacte, ailée ; *grain* gros, noir, adhérent au pédoncule. Peau épaisse et ferme ; chair douce, juteuse, un peu pulpeuse, avec goût foxé. Plante à végétation vigoureuse, trop abondante, parfaitement rustique, saine et très fertile ; on dit qu'il mûrit huit jours plus tôt que l'Hartford. Qualité médiocre. Il a été expédié au dehors comme variété nouvelle, sous le nom de *Champion* ; mais les deux sont identiques. (Voyez *Champion*, pag. 130.)

Taylor ou **Bullit**, souvent appelé Taylor's Bullit (*Riparia* croisé accidentellement avec le *Labrusca*).

Les vrilles souvent continues, ou l'alternance assez irrégulière de *plus* de deux feuilles avec les vrilles, souvent avec une troisième ou quatrième feuille seulement sans vrille — de plus, la prédominance du caractère Labrusca dans plusieurs semis de Taylor — rendent à peu près certain que le Taylor est un croisement entre le Riparia et le Labrusca.

Cette ancienne variété a été signalée pour

la première fois par le juge Taylor (de Jéricho), comté d'Henry, Ky. On la considère généralement comme très stérile ; il semble que les vignes demandent, pour bien produire, de l'âge et une taille à coursons sur le vieux bois.

Samuel Miller propose de planter le Clinton au milieu du Taylor pour le fertiliser, mais nous trouvons que les bénéfices résultant de ce système sont insuffisants pour en balancer les nombreux inconvénients ; et cependant, nous avons vu des Taylors cultivés pour eux-mêmes en «souche» (ayant la forme d'un petit saule-pleureur, avec des sarments qu'on ne laissait pousser que du sommet court du tronc, taillé à coursons l'hiver, mais sans suppression de la pousse par la taille d'été) produire de 5 à 10 livres par cep. Les *grappes* sont petites, mais compactes et quelquefois ailées ; *grain* petit, blanc, d'une couleur d'ambre pâle, comme le Delaware parfaitement mûr ; rond, doux et sans pulpe. Peau transparente, très mince mais solide. Vigne à végétation très forte, rampante, saine et très rustique. Elle est aujourd'hui employée avec succès sur une grande échelle en France, comme porte-greffe ; il en est de même depuis quelque temps en Californie. La duchesse de Fitz-James a 200 hectares (environ 500 acres) de Taylors greffés en différentes variétés, qui marchent toutes bien. Dans certains sols argilo-calcaires, il semble ne pas se comporter aussi bien que dans un sable argileux et surtout dans des fonds frais et humides. *Racines* comparativement peu nombreuses, raides et très fortes, avec un liber mince, dur. Les jeunes radicelles poussent aussi rapidement que le Phylloxera peut les détruire ; cette variété doit à cela de posséder une grande force de résistance à l'insecte. Son vin a du corps et un parfum agréable, ressemblant au célèbre Riesling, des bords du Rhin. On répand aujourd'hui quelques semis de Taylor qui promettent beaucoup et qui sont intéressants. Voyez *Elvira, Noah, Grein's Golden, Amber, Pearl, Transparent, Montefiore, Missouri Riesling, Uhland*, etc.

Telegraph (*Labr.*). — Semis obtenu par un M. Christine, près de Westchester, comté de Chester, Pa., et baptisé par P.-R. Freas, éditeur du *Germantown Telegraph* (l'un des meilleurs journaux d'agriculture de l'Est). Plus tard, on a fait la tentative de changer ce nom contre celui de *Christine*, mais cette tentative n'a pas réussi. M. Sam. Miller (de Bluffton) le considérait autrefois comme l'un des nouveaux raisins *précoces* qui promettaient le plus, et nous le considérons encore comme beaucoup meilleur que l'Hartford prolific. *Grappe* moyenne, très compacte, ailée ; *grain* moyen, rond ou ovale, noir, avec fleur bleue ; chair juteuse, avec très peu de pulpe, parfumée et de bonne qualité ; mûrit presque aussitôt que l'Hartford prolific. Produit constamment et sûrement, mais perd souvent sa récolte par la carie noire, surtout dans le Sud-Ouest ; quand cette maladie épargne notre récolte, les oiseaux la détruisent de préférence aux autres variétés mûres en même temps. Vigne saine, vigoureuse dans un sol riche et très rustique. Mérite d'être plantée davantage dans les États du Nord, où la carie noire est moins meurtrière. *Racines* très abondantes, lourdes, avec un liber épais, mais assez ferme. Sarments forts, d'une longueur normale, courbés à la base, avec un nombre ordinaire de branches latérales. Bois dur, avec moelle moyenne.

Theodosia. — Semis venu par hasard dans le jardin d'E.-S. Salisbury, Adams, N.-Y. ; on dit que c'est un *Æstivalis*. D'après M. Salisbury, la *grappe* est très compacte ; *grains* noirs, intermédiaires pour la grosseur entre le Delaware et le Creveling, très acides ; très précoce et vanté comme un bon raisin pour la cuve. Mais, au concours de raisins tenu à Hammondsport le 12 octobre 1870, le Rapport classa le Theodosia comme le plus bas pour le rendement en sucre : 63 1/2 à l'échelle d'Œschle, avec plus de 11 par mill. d'acide.

Thomas (*Rotund.*). — Variété du Scuppernong, découverte et introduite par Drury Thomas (de la Caroline du Sud) ; et décrite ainsi: « Comme couleur, elle varie du rouge pourpre au noir foncé; a une peau mince; une chair douce et tendre; plus petit que le Scuppernong, fait un joli vin et est supérieur pour la table. Mûrit comme le Scuppernong.» Berckmans (d'Augusta), Ga., le décrit ainsi: « Grappes de 6 à 10 grains; grains légèrement oblongs, gros, d'une couleur légèrement violette, tout à fait transparents; pulpe tendre, douce, d'un bouquet vineux particulier, qualité supérieure à celle du type. Maturité, milieu ou fin d'août. N'a que peu d'arome musqué et fait un vin rouge supérieur. On vend sous le nom de Thomas une fausse variété qui est inférieure en qualité et donne un fruit d'une couleur noire intense qui n'est d'aucun mérite. »

To-Kalon. Syn.: Wyman, Spofford Seedling, Carter (*Labr.*). — Doit son origine au Dr Spofford (de Lansingburg), N.-Y., et fut d'abord considéré comme identique au Catawba. Charles Downing montra qu'il était entièrement distinct, et, au premier abord, le recommanda hautement pour la grande culture; mais, bientôt après, il trouva que le fruit tombait, qu'il avait des dispositions à la carie noire et au *mildew*, qu'il ne mûrissait pas bien, et il a conclu ainsi, en admettant toutefois que « ce raisin est très beau, quand on peut l'obtenir ». *Grappe* moyenne ou grande, ailée, compacte; *grains* variant de la forme de l'ovale à l'allongé, presque noirs et recouverts d'une abondante fleur; chair douce, butyreuse et abondante, sans goût foxé et avec très peu de ténacité ou d'acidité dans la pulpe. Produit de bonne heure, mais peu.

Transparent. — L'un des semis de Taylor de Rommel. *Grappe* petite, compacte et ailée. *Grain* de la même dimension que le Taylor, rond, pâle, jaune verdâtre, *transparent*, tacheté de gris; peau mince, sans pulpe, très juteuse, douce et d'un parfum agréable. Vigne à végétation bien forte, à mérithalles assez longs, ressemblant à son parent pour la feuille et la végétation, mais nouant bien son fruit; on le croit à l'abri du mildew et de la carie noire; promet de devenir un raisin de cuve de grand mérite.

Triumph (Hybride de Concord de Campbell, no 6).— A été justement proclamé par Samuel Miller, à qui Campbell confia cette nouvelle variété pour l'essayer et la propager dans le Missouri, comme l'un des *plus méritants de tous les raisins blancs*. C'est un croisement entre le Concord et le Chasselas musqué (Syn.: Joslyn's Saint-Albans). Il a retenu la vigueur et l'allure générale du feuillage et de la végétation de son parent; son fruit néanmoins est entièrement exempt de toute trace de rudesse, ou de goût ou d'odeur foxés. *Grappe* et *grains* sont très gros; couleur blanche, ou plus exactement vert pâle ou jaune d'or, presque transparent, avec fleur délicate; peau mince, sans pulpe; chair douce, nourrissante; dans les saisons défavorables les grains ont une tendance à éclater (comme l'Elvira); pépins petits et en petit nombre; mûrit plus tard que le Catawba, et pour cette raison n'est recommandable ni pour le Nord ni pour toute autre région où la saison est trop courte pour mûrir le Catawba ou l'Herbemont; mais d'autant plus précieux plus au Sud; qualité de premier ordre; vigne rustique et saine, très fertile et exempte de maladie, ne montrant pas de trace de carie noire quand le Concord lui-même en a plus ou moins. Malheureusement les sujets de cette variété se sont montrés un peu délicats chez nous; ils ont souffert pendant les hivers rigoureux, quand on les a laissés sans abri. En 1880, la saison ayant été favorable, le Triumph a justifié pleinement son nom dans nos cultures; il est de beaucoup le plus intéressant de tous nos raisins blancs de table. Ses grappes, tenues chez nous à l'air libre, avec la culture ordinaire, sont *très lourdes*, et celles que nous avions exposées à la grande exposition des fruits de la vallée du Mississipi au mois de septembre 1880, à la Bourse de Saint-Louis, furent si admirées qu'elles obtinrent le prix réservé à « *la plus belle assiette de raisins de table* ». Et il y avait plus de 200 variétés exposées! Il en résulta une

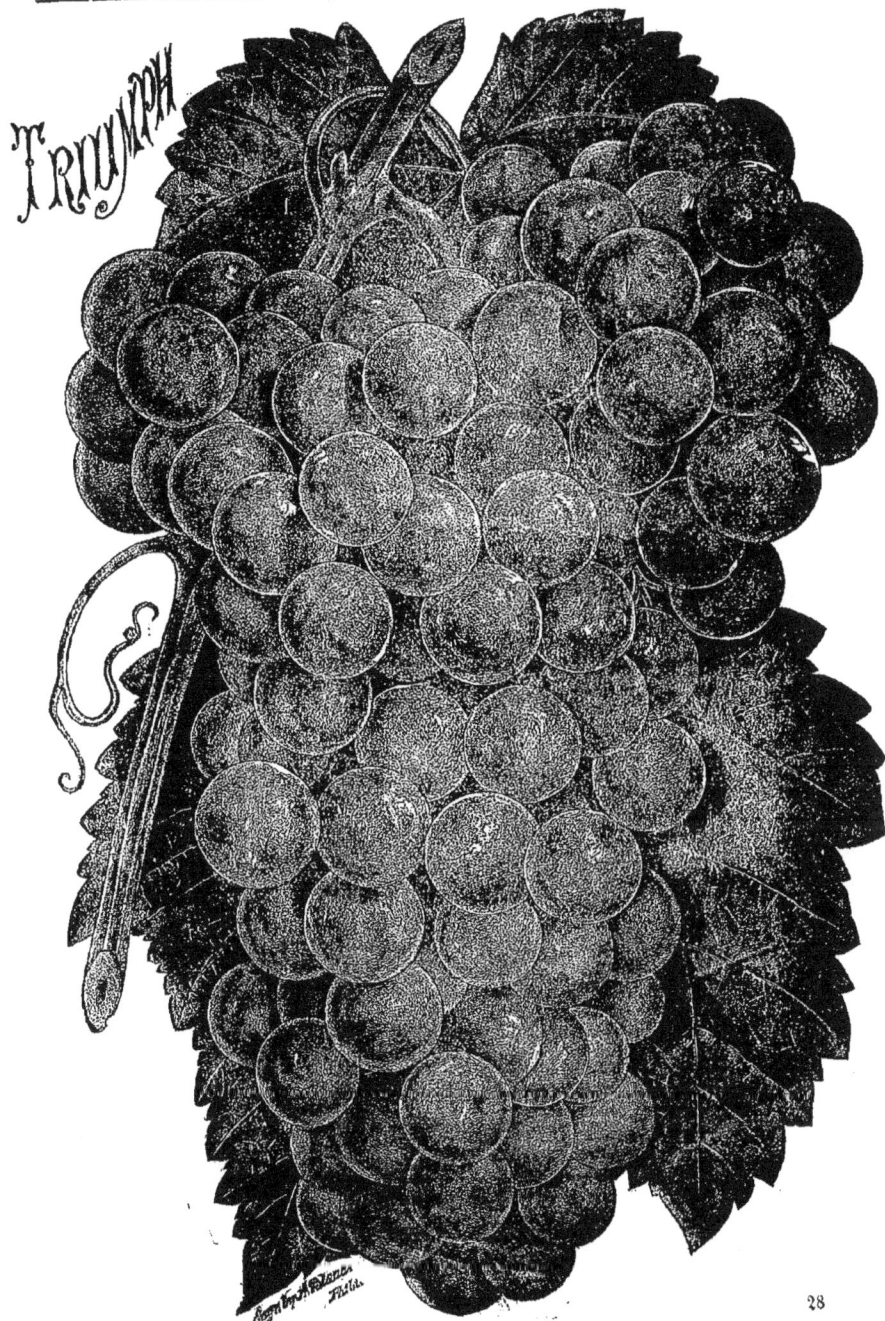

TRIUMPH

28

telle demande de cette variété que, pendant plusieurs saisons, il ne fut pas possible de remplir les ordres. Samuel Miller (de Bluffton, Mo.) écrit que c'est le plus beau raisin de table que nous ayons pour la culture à l'air libre, et ses vignes de Triumph ont supporté sans danger le rude hiver de 1880-81. Toutefois nous ne pouvons pas le recommander pour une culture étendue sous notre climat variable ; nous le recommandons seulement à ceux qui lui donnent les soins et l'attention nécessaires. Nous ne reconnaissons aucun raisin qui en soit plus digne.

P.-J. Berckmans (d'Augusta, Ga.) nous écrit: « Le Triumph est véritablement bien nommé ; depuis quatre ans c'est le plus beau raisin blanc que nous ayons, et il est de très bonne qualité.»

T.-V. Munson, de Denison (Texas), déclare que c'est une grande acquisition pour les raisins du Sud. « Il a donné des grappes d'une livre et demie chacune, aussi bonnes que le Chasselas doré, vigoureuses et productives.» L'une de ces grappes a été dessinée d'après nature et peinte par sa sœur, Miss M.-T. Munson, une excellente artiste amateur, et Miss Munson a eu l'amabilité de nous l'offrir. La planche ci-jointe en est une copie exacte, *légèrement* réduite, montrant aussi partiellement deux feuilles, l'une avec la face supérieure et l'autre avec la face inférieure. Mais, pour si bonne qu'en soit la gravure (que nous avons fait faire pour notre Catalogue dans le célèbre établissement artistique de A. Blanc, à Philadelphie), elle ne peut donner qu'une faible idée de la beauté de ce superbe raisin américain. On a aussi essayé récemment le Triumph en France ; il y réussit et s'y trouve très bien, tandis que le Concord, l'un de ses parents, n'y réussit pas du tout et déplaît au goût français.

T.-V. Munson a un certain nombre de jeunes hybrides croisés, Triumph et Herbemont, dont il espère obtenir de bonnes variétés pour le Sud.

Uhland (Riparia ✕). — Semis de Taylor obtenu par William Weidemeyer, de Her-

mann, Mo. Vigne à forte végétation; mérithalles longs, bois grisâtre, feuillage ressemblant à celui du Taylor, mais moins vigoureux ; dans certaines saisons, d'une floraison défectueuse, dans d'autres produisant abondamment d'excellents fruits, plus riches en sucre et en bouquet que plusieurs des autres semis de Taylor, et faisant ainsi un vin supérieur ; mais considéré aussi comme plus délicat, moins robuste et demandant un meilleur sol et une meilleure culture pour donner les meilleurs résultats. *Grappe* moyenne, compacte, quelquefois ailée ; *grain* moyen, légèrement oblong jaune verdâtre à l'ombre, ambre pâle au soleil ; peau mince, presque transparente ; pulpe tendre, juteuse, très douce, d'un bouquet agréable. Mûrit quelques jours après le Concord.

Ulster Prolific (*Labr.*). — Nouveau raisin obtenu par A.-J. Caywood, de Marlboro, comté d'Ulster, N.-Y. Il attira beaucoup l'attention à la réunion de la Société amér. de Pomologie, tenue au mois de septembre 1883 à Philadelphie. La seule branche exposée portait 50 grappes et pesait 22 livres. Nous n'avons pas reçu de description de l'obtenteur, et il n'offre pas de sujets à la vente.

Una (*Labr.*). — Semis blanc obtenu par E.-W. Bull, l'obtenteur du Concord. Ni aussi bon ni aussi fertile que le Martha. *Grappes* et *grains* petits ; pas recommandable.

Mais d'autant plus recommandable est

Uno ou **Juno**, un nouveau raisin dont Geo.-W. Campbell vient justement de nous favoriser. Nous ne pouvons pas encore l'expédier, et ne savons pas s'il nous est permis de dire autre chose que ceci: « c'est qu'il est réellement unique, plus riche en douceur et *meilleur* qu'aucun raisin à nous connu », et qu'il nous paraît être une addition des plus précieuses à nos beaux raisins de table et un *nouveau* TRIOMPHE pour notre ami Campbell.

Underhill. Syn. : UNDERHILL'S SEED-

LING, UNDERHILL'S CELESTIAL (*Labr.*). — Né à Charlton, comté de Saratoga, N.-Y., par les soins du Dr A.-K. Underhill ; jugé par M. Fuller « comme n'ayant pas plus de valeur que plusieurs autres Fox-grapes », mais considéré par G.-W. Campbell comme « ayant plus de valeur que l'Iona pour la grande culture ». Aujourd'hui écarté par lui. *Grappe* moyenne ou grande, modérément compacte ; *grains* moyens, ronds, de la couleur du Catawba ; pulpe tendre, douce, riche et vineuse, légèrement foxée ; mûrit de bonne heure, à peu près comme le Concord ; vigne à forte végétation, rustique, saine et fertile. Nous ne le recommandons pas.

Union Village. Syn. : SHAKER, ONTARIO (*Labr.*). — Né parmi les Shakers, à Union Village (Ohio). L'un des plus gros raisins indigènes que nous ayons et l'une des vignes dont la végétation est la plus vigoureuse. On dit que c'est un semis d'Isabelle, à peine meilleur que celle-ci, mais dont les grappes et les grains sont de la grosseur de ceux du Black Hamburg. *Grappes* grandes, compactes, ailées ; *grains* très gros, noirs, oblongs; peau mince, recouverte de fleur ; chair tout à fait douce quand elle est bien mûre et de qualité passable ; mûrit tard et inégalement. Vigne à forte végétation, mais délicate ; demande un abri quand l'hiver est rude ; souvent maladive.

Urbana (*Labr.*). — *Grappe* moyenne, courte, ailée ; *grain* moyen ou gros, rond, blanc jaunâtre au soleil, juteux, vineux, acide; centre dur ; peau parfumée. Mûrit à peu près comme l'Isabelle.— Downing.

Vergennes (*Labr.*). — Semis de hasard venu dans le jardin de Wm E. Green, Vergennes, Vermont; a fructifié pour la première fois en 1874. *Grappes* grandes ; *grains* gros, ronds, tenant bien au pédicelle; couleur légèrement ambrée, couverte d'une belle fleur; bouquet riche, sans pulpe dure; mûrit de *très bonne heure* et possède de grandes qualités de conservation. Raisin de la Nouvelle-Angleterre, promettant beaucoup.

Le général W.-H. Noble recommande le Vergennes en ces termes : « Pour la rusticité, la vigueur de la végétation, la grande et bonne fructification, le fruit de la plus riche teinte de violet et de pourpre (of richest tint of blended pink and purple bloom), son vin qui est de l'arome le plus délicat, la maturité précoce de son bois et de son fruit, sa longue conservation, je le considère comme l'égal de n'importe quel raisin américain cultivé aujourd'hui. »

Le Vergennes a été exposé à plusieurs réunions d'Horticulture en décembre et janvier 1880 et 1881 ; il était encore à cette époque en bon état et se recommandait hautement par ses précieuses qualités, comme se conservant parfaitement et comme bien digne d'une attention ultérieure.

Cette variété n'a, jusqu'à présent, pas été essayée et est inconnue dans l'Ouest. Elle paraît mériter d'être essayée, à cause de sa précocité et de sa bonne qualité ; la *vigne* a une végétation forte et rustique ; sa *feuille* est grande, tomenteuse et exempte du mildew.

La figure ci-jointe est une copie exacte faite d'après la photographie d'une grappe de moyenne dimension.

Venango ou **Minor's Seedling** (*Labr.*). — Vieille variété, qu'on dit avoir été cultivée par les Français au fort Venango, sur la rivière de l'Alleghany, il y a plus de quatre-vingts ans. *Grappe* moyenne, compacte ; *grains* au-dessus de la moyenne, ronds, souvent aplatis par leur compacité; couleur rouge pâle, belle fleur blanche; peau épaisse; chair douce, mais pulpeuse et foxée. Plante à végétation vigoureuse, très rustique, saine et fertile.

Vialla (*Rip.*). — Variété franco-américaine, recommandée comme porte-greffe, ressemble au Franklin, que quelques personnes supposent être la même variété ; d'autres prétendent qu'elle est distincte du Franklin et qu'elle lui est supérieure, ainsi qu'au *Clinton-Vialla*, dont le feuillage est plus petit, d'un vert moins foncé, et qui ne produirait ni autant ni d'aussi bons fruits que le Vialla.

VERGENNES.

Nous sommes disposés à attribuer ces différences à des influences d'emplacement, de
sol, etc. Le Président de la Société d'Agriculture de l'Hérault, en l'honneur duquel
M. Laliman a baptisé le Vialla, ne réclame
en aucune façon ni le Vialla ni le Clinton-
Vialla comme étant ses productions,

Victor. — Voyez *Early Victor*.

Victoria, de Ray (*Labr.*). — Cette nouvelle variété a été introduite, en 1872, par
M.-M. Samuels, de Clinton, Ky., qui en
donne la description suivante : « *Grappes* et
grains de grosseur moyenne, ronds ; couleur
légèrement ambrée ; peau mince ; pulpe tendre, douce et très parfumée ; vignes parfaitement saines ; production abondante; bonne
végétation, mais non rampante. » Cette variété a été essayée pendant nombre d'années
par quelques personnes dans différentes par-

ties du Sud, et a été, même sous l'influence de circonstances défavorables, exempte à la fois du *mildew* et de la carie noire. Elle mûrit ici vers le milieu d'août. On l'a proclamée excellente comme raisin de table et comme donnant un vin de qualité supérieure.

Elle ressemble au *Venango* et appartient à la même forme de Labrusca que cette variété et le *Perkins*.

Vivie (Hybride de), obtenu par M. de Vivie, en France, et appelé par quelques personnes Hartford de Vivie ; on le dit d'une végétation très vigoureuse, très fertile, donnant un raisin de bonne qualité et faisant un très bon vin.

Warren. — Voyez *Herbemont*.

Watertown (Hybr.). — Obtenu à Watertown, N.-Y.. par D.-S. Marvin ; nouveau raisin blanc, très bon ; *Grappe* et *grain* moyens, légèrement oblongs ; chair cassante, douce.—Société amér. de Pomologie, 1881.

Waverley (Hybr.). — L'un des hybrides obtenus par Ricketts à la suite de ses premiers efforts en vue de la production de raisins de semis ; il l'a en fruit depuis douze ans, mais ne l'a pas répandu, et aujourd'hui n'en offre que des greffons, pour qu'on puisse l'essayer en différents points. C'est un semis de Clinton et un de ceux qui sont des Muscats. *Vigne* très vigoureuse, rustique, saine et très fertile ; *feuilles* modérément grandes, assez épaisses, légèrement lobées, grossièrement dentées ; bois à mérithalles courts ; *grappe* moyenne, longue, ailée, compacte ; *grain* moyen ou grand, ovale, noir, avec fine fleur bleue ; *chair* cassante, juteuse, douce, vineuse, rafraîchissante. Les grappes ont besoin d'être très éclaircies.

Ricketts le considère comme un des meilleurs raisins noirs d'amateur et pour l'usage domestique.

Weehawken. — Obtenu par le Dr Ch. Siedhof, de North-Hoboken, N.-J., du pépin d'une vigne de Crimée. — *V. vinifera*. Raisin blanc de bonne qualité.

Son feuillage est très beau et d'un carac-

tère décidément étranger ; son fruit est joli ; mais ce n'est qu'en le greffant sur des racines indigènes, en l'élevant soigneusement et en l'abritant l'hiver, que nous pouvons en obtenir quelques fruits quand l'année est favorable.

Welcome (*Vinifera Hybride*). — Raisin exotique, obtenu par James-H. Ricketts, croisement entre le Hamburg de Pope et le Muscat de Canon-Hall. Ici on ne peut le cultiver qu'en serre à vignes chaude. Il pourra réussir peut-être dans le sud de la Californie. Un pied planté à San Saba à titre d'essai montre une végétation très vigoureuse, et l'on dit son fruit excellent ; *grappe* grande, compacte ; *grain* gros, rond, très bon ; ovale, noir, avec une épaisse fleur grisâtre ; chair très tendre, juteuse, douce, rafraîchissante, vineuse, riche, aromatique. Raisin de premier ordre à tous égards.

White Delaware (Delaware blanc). — Pur semis de Delaware, dont l'origine est due à M. Geo.-W. Campbell, de Delaware, O.

Cette vigne passe pour être beaucoup plus vigoureuse et plus robuste que le Delaware, les mêmes circonstances et les mêmes conditions étant données. Son feuillage est grand, épais et lourd ; il ressemble plus à celui du Catawba qu'à celui du Delaware. Comme bouquet, il paraît égaler l'ancien Delaware. Son principal défaut, dit-il, est le manque de grosseur. Les *grappes* et les *grains* sont plutôt au-dessous qu'au-dessus de la grosseur de ceux du Delaware. Pour la forme de la grappe et du grain, il lui est semblable ; la grappe est compacte, ailée ; couleur *blanc verdâtre*, avec légère fleur blanche. Mûrit de très bonne heure. Pas très fertile.

Un autre semis de Delaware blanc a été obtenu par M. Herm. Jæger, de Neosho ; la grappe et les grains ressemblent beaucoup à ceux du Delaware, pour la forme et la grosseur ; pour le reste, il a tous les caractères des *Labrusca*.

Whitehall (*Labr.*). — Raisin précoce, noir, qu'on suppose être un semis de hasard, venu dans le jardin de M. George Goodale, comté de Washington, N.-Y., et qu'on dit être de trois semaines en avance sur l'Hartford prolifie! MM. Merrell et Coleman, qui l'ont propagé, en décrivent le fruit comme ayant la grosseur de l'Isabelle. *Grappe* grande et modérément compacte; couleur pourpre foncé; *grains* à peau mince et adhérant bien à la rafle; pulpe tendre, fondante et douce. On dit que la plante a une bonne végétation et qu'elle est rustique.

Cette variété peut mériter l'attention des viticulteurs à la recherche de variétés *très précoces*. Chez nous, ici, elle ne s'est montrée ni très fertile ni aussi précoce qu'on le prétendait.

White Muscat de Newburg. MUSCAT BLANC DE NEWBURG (*Labr.* ✕). — Semis de Hartford prolific fécondé par le pollen de l'Iona, obtenu et exposé en 1877 par le Dr W.-A.-M. Culbert, de Newburg, N.-Y. *Vigne* rustique, à végétation vigoureuse; *grappe* et *grain* de belle dimension. Il a un agréable arome de Muscat ou plutôt un goût foxé atténué.

Walter (*Labr.*). — Obtenu par un horticulteur enthousiaste, M. A.-J. Caywood, de Poughkeepsie, N.-Y., par le croisement du Delaware et du Diana. Si l'on en juge par les nombreuses récompenses que cette variété a obtenues, par les rapports favorables émanant de tous ceux qui en ont vu et goûté le vin, on peut la ranger parmi celles qui sont de premier ordre, et la juger digne d'être essayée partout où les vignes américaines sont cultivées avec succès. Toutefois le Walter souffre de l'inconvénient d'avoir été représenté par son obtenteur comme le comble de la perfection. Pour rendre justice à M. Caywood, on doit admettre qu'il croyait sincèrement à tous les mérites qu'il prêtait à son plant; il faut reconnaître qu'il l'avait distribué avec une libéralité et un désintéressement rarement égalés par aucun obtenteur de variété nouvelle. Ce cépage existe maintenant presque partout aux États-Unis, et les opinions sur ses vrais mérites et sur son appropriation à la grande culture diffèrent singulièrement suivant les localités. Dans celles où les vignes sont très sujettes au *mildew*, le Walter ne peut pas fleurir; il y perd ses feuilles et est loin d'y être recommandable; mais dans les localités favorables, surtout là où le Delaware réussit, le Walter peut donner aussi de bons résultats; il pousse bien et produit convenablement. Même dans des localités moins favorisées, il s'est montré sain et a donné de beaux résultats, greffé sur Concord ou sur d'autres plants à racines vigoureuses, tandis que, franc de pied, il échouait.

L'aspect général du Walter permet de discerner à la fois, chez lui, les caractères du Diana et ceux du Delaware. La *grappe* et le *grain* sont de grosseur moyenne, de couleur claire, comme chez le Catawba. La figure ci-jointe a été faite d'après une grappe parfaite, rarement égalée, exposée par l'obtenteur. Chair tendre, riche et douce, à bouquet parfumé agréable, rappelant beaucoup celui du Diana. Le fruit possède un arome exquis et délicat et un bouquet que n'égale aucun autre raisin américain, à notre connaissance. Qualité excellente à la fois pour la table et pour la cuve. Mûrit de très bonne heure, vers la même époque que le Delaware. Vigne d'une très belle végétation, dans un sol modérément riche et sablonneux, et quand elle n'a ni *mildew* ni phylloxera; bois brun foncé, à mérithalles courts; grandes feuilles raides, vertes en dessus et en dessous, à duvet imperceptible. — Moût 99° à 100°; acide 5 à 8 mill.

Wilding (*Rip.* ✕ *Labr.*). — L'un des nouveaux semis de Rommel, tout à fait différent de ses autres raisins. *Vigne* à végétation vigoureuse, rustique et saine; *grappe* petite ou moyenne, lâche, ailée; *grains* vert très pâle, presque blancs, transparents, ronds, de grandeur moyenne pleine, juteux, très doux, sans pulpe; peau très mince et tendre. Mûrit comme le Concord. C'est un excellent raisin pour l'usage domestique, mais impropre au marché; il fait un très bon vin.

Willis. — Son obtenteur, W.-J. Jones,

SPIEGLE. N. Y

WALTER.

de Camargo, Ills., qui envoya ce nouveau raisin à la treizième réunion annuelle de la Société d'Horticulture de l'Ohio, en décembre 1879, prétend qu'il provient d'un pépin de Delaware. Les *grappes* sont de belle et bonne dimension, très compactes, souvent remarquablement ailées ; *grain* de proportion moyenne, rond et allant du vert pâle au jaune ambré ; bouquet agréable ; chair très tendre, sans pulpe, riche et douce. On l'a considéré comme promettant, quoique, jusqu'à présent, l'expérience n'ait rien fait connaître de sa manière d'être comme végétation et comme fertilité dans différents sols.

Dans le domaine de l'obtenteur, il a donné déjà sa dixième récolte sans carie noire ni mildew, et a traversé les rudes hivers de 1880-1881 sans abri ; en septembre 1881, le professeur T.-J. Burrill a certifié qu'on ne pouvait y trouver aucune trace de dommage. Il a décrit le Willis comme : « de végétation vigoureuse, pas aussi rampant que le Concord, mais produisant à peu près une quantité égale de fruits ; bois dur, entre-nœuds ayant une tendance à être courts ; feuilles remarquablement épaisses et coriaces et garnies à la partie inférieure d'un duvet épais et foncé. Les organes végétatifs n'ont aucune apparence d'une parenté étrangère ; le fruit en a certainement. »

Wilmington (?) — Raisin blanc, venu sur la ferme de M. Jeffries, près de Wilmington, Del. Vigne très vigoureuse, rustique. *Grappes* grandes, lâches, ailées ; *grains* gros, ronds, inclinant à l'ovale, blanc verdâtre ou jaunâtres à la pleine maturité. Chair acide, piquante. Non recommandé pour le Nord ; serait peut-être meilleur dans le Sud. Mûrit tard. — Downing.

Wilmington Red. Syn.: WYOMING RED (*Labr.*). — Obtenu et répandu par le Dr S.-J. Parker, d'Ithaca, N.-Y. et, suivant Fuller, n'est rien autre qu'un Fox-grape précoce, mais pas beaucoup meilleur que l'ancien Northern Muscadine. L'*Horticulturist* (de novembre 1874) parle du *Wyoming Red* (probablement le nom plus correct du semis de Fox-grape du

Dr Parker), comme s'étant rapidement répandu et étant très demandé dans cette région comme un raisin *précoce* avantageux. On dit qu'il a le double de la grosseur du Delaware, auquel il ressemble pour l'aspect. *Grappe* petite, compacte et belle. *Grain* petit ou moyen, rouge brillant ; peau mince et ferme ; chair douce, un peu foxée, mais pas assez pour qu'on s'y arrête. Vigne à belle végétation et très saine et rustique. Inconnu dans l'Ouest.

Winslow (*Rip.*). — Né dans le jardin de Charles Winslow, Cleveland, O. La plante ressemble au Clinton, est rustique et fertile. Le fruit mûrit de très bonne heure et est moins acide que celui du Clinton. *Grappe* moyenne, compacte ; *grain* petit, rond, noir. Chair d'une teinte rougeâtre, un peu pulpeuse, vineuse, juteuse. — Downing.

Woodriver grape. — On le dit originaire des environs de Woodriver, comté de Washington, R.-I., par W. Brown (Voyez lettre de Charles-A. Hoxie, Carolina, R.-I., 13 septembre 1880). *Blanc*, très précoce, belle qualité.

Woodruff's Red (*Labr.*×). — Obtenu par C.-H. Woodruff, d'Ann Arbor, Mich., en 1874 ; semis de hasard, qu'on suppose être un croisement du Catawba et du Concord. Mûrit un peu avant le Concord. Vigne à très forte végétation, saine et rustique ; *feuille* aussi grande que celle d'aucune variété connue (?), coriace ; exempt de maladie dans son lieu d'origine, mais peu essayé en dehors ; *grappe* grande, ailée ; *grain* pour la couleur et la dimension ressemblant au Salem. On dit qu'il promet beaucoup.

Wilder (Hybride de Rogers, n° 4). — C'est l'une des variétés les plus avantageuses et les plus populaires pour sa vente au marché, sa grosseur et sa beauté égalant sa vigueur, sa rusticité et sa fertilité, là où la carie noire et le mildew sont encore inconnus et permettent la culture des hybrides.

Grappe grande, souvent ailée, quelquefois pesant une livre ; *grain* grand, globuleux,

WILDER.

couleur pourpre foncé, presque noir, fleur légère. Chair passablement tendre, avec pulpe légère, juteuse, riche, agréable et douce. Mûrit comme le Concord et quelquefois plus tôt, et se conserve longtemps. La plante est vigoureuse, saine, rustique et fertile; *racines* abondantes, d'épaisseur moyenne, raides, avec un liber nu, modérément ferme. Sar-ments lourds et longs, avec branches latérales bien développées. Bois ferme, avec une moelle moyenne. Le caractère de la feuille et de la grappe est indiqué dans la figure ci-dessus.

MM. Hulkerson et Cᵉ, d'Oriel, Mich., ont obtenu et exposé, en 1879, plusieurs semis de Wilder qui accusaient une grande varia-tion comme dimension et couleur des grains,

29

allant du blanc au noir foncé ; mais on n'a considéré aucun d'eux comme étant un progrès sur leur parent.

Worden. Syn : WORDEN'S SEEDLING (*Labr.*).—Obtenu par S. Worden, de Minetta, N.-Y., d'un pépin de Concord. Par ses caractères et son aspect, semblable à son parent, seulement de quelques jours plus précoce et d'une qualité distincte de celle du Concord, avec un bouquet particulier ; *grappe* grande, ailée ; *grain* gros, noir ; peau mince, chair douce, ressemblant beaucoup à celle du Concord : considéré généralement comme un meilleur raisin. Prospérant peu dans le Sud, mais avantageux dans les États du nord-est et du nord de l'Atlantique, où il paraît être moins sujet à la carie noire que le Concord. Il gagne aujourd'hui du terrain dans la faveur publique. (Voyez *Concord*, pag. 133.)

Nouvelles Vignes de Wylie. — « On ne saurait parler trop favorablement des efforts persévérants que fait le Dr Wylie pour l'amélioration de la vigne. » — P.-J. Berckmans, Ch. Downing, Thomas Meehan, W.-C. Flagg, P.-T. Quinn, Commission des fruits indigènes de la Société pomologique d'Amérique (opérations de 1871, pag. 54).

Ce témoignage et les caractères excellents de ces hybrides, en ce qui est du bouquet et de l'aspect général, leur donnent droit à une attention spéciale. Aussi leur donnons-nous une place dans ce Catalogue, quoiqu'ils n'aient pas été suffisamment essayés ; plusieurs d'entre eux ne seront peut-être jamais répandus, leur obtenteur étant mort en 1877, en automne. Peu de personnes sont à même d'apprécier le travail et la persévérance considérables que ses tentatives lui ont coûtés.

En 1859, il avait obtenu déjà plusieurs semis de Delaware et de vignes étrangères ; tous échouèrent. D'autres hybrides qu'il avait obtenus en croisant le Catawba, l'Isabelle, l'Halifax, l'Union Village, le Lenoir, l'Herbemont avec des variétés étrangères, échouèrent presque tous, la plupart par le *mildew* et la carie noire. En 1863, il avait plus de cent plants obtenus de semis

qui donnaient des promesses ; il en donna à M. Robert Guthrie, du comté d'York, Caroline du Sud, environ 65, la plupart hybrides d'Halifax et de Delaware. Ces plantes prospérèrent et ne manquèrent jamais de donner une belle récolte ; mais, pendant la guerre, des troupes s'étant établies près de sa propriété, ses vignes furent détruites et il n'y reste plus aujourd'hui qu'un très petit nombre de ces hybrides d'*Halifax* et de *Delaware*, sauvés une seconde fois par M. Guthrie. En 1860, M. Wylie planta de nouveau environ une centaine de semis, et après plusieurs tentatives infructueuses pour obtenir des semis de Scuppernong hybrides, il finit par réussir ; mais, par suite d'une trop grande chaleur produite dans sa petite serre, il les perdit presque tous. Il reprit ses expériences à nouveau, et avait en culture une centaine de nouveaux plants provenant de semis, quand ils furent tués, le 27 avril 1872, par une forte gelée qui emporta toutes les vignes de cette région. En novembre 1873, son habitation fut brûlée (elle n'était pas assurée), et, par suite, son jardin, privé de ses barrières, fut livré à diverses déprédations, etc. M. Wylie rebâtit promptement son ancienne résidence, expérimentant et travaillant avec le même zèle et le même enthousiasme qu'autrefois, disant :

« Si j'étais jeune encore — avec ce que je sais ! »

Nous extrayons de diverses lettres de M. Wylie la description suivante de quelques-unes de ses vignes hybrides :

Jane Wylie (Parents : Clinton et Étranger). — *Grappe* et *grain* très gros ; grains de près d'un pouce (25 millim.) de diamètre ; qualité *supérieure* : ressemblant à la vigne étrangère par la conformation et le bouquet ; mûrit de bonne heure et reste longtemps sur la souche ; pourrait avoir besoin d'abri l'hiver sous votre climat et plus au Nord.

Mary Wylie (*Hybr.*) Parents, Clinton et Étranger (Frontignan rouge), n° 6. — Blanc, légèrement rouge sur le milieu du grain ; ressemble au Chasselas blanc ; *grappe* grande, grains au-dessus de la moyenne ; pas aussi précoce que le Jane Wylie ; bois et feuillage *indigènes* ; paraît être tout à fait rustique et est de la meilleure qualité.

— N° **4.** Croisement de deux hybrides. *Grappe* un peu plus grande que celle du Lenoir ; *grain* moyen, d'une couleur dorée, claire et transparente ; belle conformation et beau bouquet, ressemblant au Frontignan. Mûrit aussitôt que le Concord ; feuillage indigène, mais avant toutes les vignes américaines pour la qualité ; considéré comme du plus grand mérite par Downing, Saunders, Meehan et autres.

— N° **5** (Voyez Berckmans, pag. 120).

Garnet (Frontignan rouge et Clinton). — *Grappe* et *grain* plus gros que ceux du Clinton, d'une belle couleur grenat foncé ; bouquet et tournure étrangers, mais feuillage indigène.

Concord et Étranger (Bowood Muscat), n° 8. — Noir. *Grappe* et *grain* très gros et lâches ; peau épaisse ; tournure étrangère ; bouquet légèrement musqué. Forte végétation, grand feuillage, comme celui des *Labruscas*. Mûrit aussi tard que le Catawba.

Halifax et Hamburg, n° 11. — Noir. *Grappe* et *grain* de grosseur moyenne ; peau épaisse, n'a de mérite que son extrême fertilité et sa santé ; n'a jamais eu la carie noire depuis dix-huit ans que je le cultive.

Peter Wylie, n° 1 (Parenté : père, Halifax et Étranger ; mère, Delaware et Étranger). — Blanc transparent, tournant au jaune d'or à la pleine maturité ; *grappes* et *grains* au-dessus de la moyenne, entre le Delaware et le Concord ; qualité excellente, chair nourrissante, avec un bouquet de Muscat particulier et délicat. Plante vigoureuse, à végétation rapide, à mérithalles courts, à feuilles indigènes, épaisses ; conserve ses feuilles jusqu'en automne et mûrit son bois complètement. (De même, *Peter Wylie*, n° 2, obtenu d'un pépin de P. W., n° 1.)

Robert Wylie. — Bleu ; *grappe* grosse

et longue ; *grain* gros ; peau mince ; riche et juteux ; mûrit aussi tard que le Catawba ; produit beaucoup. Un des meilleurs hybrides mais qui pourrait n'être pas tout à fait rustique, le bois n'en étant pas très dur.

Gill Wylie (Concord et Étranger). — Bleu ; *grappe* grande, lâche et très ailée ; *grain* gros, oblong, texture molle et riche ; mûrit comme le Concord, mais, dans l'ensemble, supérieur à lui. Très Labrusca pour le feuillage, n'est revêtu que d'un duvet rouge abondant, est lacinié et est exempt de maladies. Considéré comme *donnant les plus grandes espérances.*

Delaware et Concord, n° 1. — Rouge foncé ; *grappe* et *grain* moyens ; peau passablement épaisse ; jus riche et doux, légèrement musqué ; plante très rustique, à feuillage de *Labrusca* ; produit beaucoup, réussit toujours et pourra faire un bon raisin pour la cuve.

Scuppernong Hybride (n° 4). — Voyez *Scuppernong.*

Hybrid Scuppernong, n° 5. (Parenté : père, Bland Madeira et Étranger, n° 1 ; mère, Scuppernong hybride à étamines, obtenu par la fécondation du Black Hamburg, au moyen du pollen du Scuppernong). — Comme vous le voyez, c'est seulement un quart de sang de Scuppernong. Je n'ai jamais pu, jusqu'à présent, obtenir un demi-sang de Scuppernong qui portât du fruit parfait. La vigne est saine et rustique ici : elle donne un fruit *blanc*, transparent. *Grappe* moyenne ; *grains* gros ; peau mince, mais coriace ; presque sans pulpe, riche, douce, avec un bouquet particulier ; paraît mûrir ses grains tous ensemble (aussi tôt que le Concord) et les bien conserver sur la grappe, ce que quelques-uns des hybrides de Scuppernong ne font pas. Je crois qu'il s'accommodera de votre climat ; il est certainement digne d'un bon essai.

Halifax et Delaware, n° 30. — Couleur du Delaware ; *grappe* à peu près de la même grosseur ; *grains* de moitié plus gros ; tournure et bouquet ressemblant aussi beaucoup à ceux du Delaware, mais (ici) il conserve mieux ses feuilles et est en général plus sain; feuilles quelquefois blanchâtres en dessous. Produit beaucoup.

Halifax et Delaware, n° 38. — De couleur rouge plus foncé que le précédent et d'un bouquet supérieur, mais végétation moins forte que le n° 30. Bois dur; feuilles blanchâtres et ferrugineuses (rouilleuses) en dessous. M. Guthrie me dit que cette variété était celle qui méritait la préférence parmi près de quatre-vingts hybrides qu'il avait eu rapport.

Halifax et Hybride, n° 55. — Bleu comme l'Halifax, mais fortement *bouqueté*, tendre et très doux; *grappe* et *grain* plus gros que les n°ˢ 30 et 38. Je crois que ce sera une très bonne acquisition.

Je vous ai envoyé à peu près tous ceux de mes hybrides qui probablement seront suffisamment rustiques sous votre climat. Je continue à faire toujours des hybridations, plus ou moins *chaque année.*

A.-P. WYLIE.

Wyoming Red (Voyez WILMINGTON RED).

York Madeira. Syn. : BLACK GERMAN, LARGE GERMAN, MARION PORT, WOLFE, MONTEITH, TRYON.— Vieille variété supposée généralement être un semis d'Isabelle; originaire d'York. Pa. Les viticulteurs français le classent parmi les hybrides. M. Marès trouve à la structure de ses racines une grande analogie avec celle des racines d'Æstivalis, ce qui en rend la classification difficile.

Grappe moyenne, compacte et généralement un peu ailée; *grain* moyen, rond-ovale, noir, couvert fortement d'une fleur claire; jus légèrement rougeâtre, doux, vineux, très riche; peau quelque peu piquante; pas trop de consistance de la pulpe quand il est bien mûr, ce qui lui arrive à peu près en même temps qu'à l'Isabelle. Plante pas très rustique, à entre-nœuds courts, modérément vigoureuse et productive, mais perdant souvent ses feuilles et, par suite, n'arrivant pas à mûrir ses fruits. Charles Canby de Wilmington, Del., introduisit la même variété sous le nom de *Canby's August. L'Hyde's Eliza* (Catskill, N.-Y.) est aussi probablement le même[1]. Le York Madeira est presque entièrement abandonné aujourd'hui et ne se trouve que rarement dans son propre pays, l'Amérique; mais, en France, il a obtenu une certaine importance et une certaine célébrité. M. Latiman (de Bordeaux) l'a recommandé le premier comme remarquablement exempt du Phylloxera et digne d'être propagé; il s'est trouvé que ce cépage s'adaptait très bien à différents sols. Quoique sa fructification ne donne pas une quantité suffisante, ses fruits gagnent sous le climat de la France en richesse de couleur et en douceur, et la vigueur de sa végétation le recommande comme porte-greffe; mais, sous ce rapport, il est inférieur au Riparia.

[1] C'est aussi presque sûrement le *Vorlington* du comte Odart (par corruption du mot Worthington), qui s'est montré très résistant au phylloxera dans les cultures de M. Henri Aguillon, à Chibron (Var).   J.-E. PLANCHON.

NOTE SUR LE SYSTÈME D'ŒCHSLE.

Le lecteur aura remarqué que les indications relatives à la richesse des moûts sont données d'après l'échelle d'Œchsle. Voici l'extrait d'une lettre de MM. Bush et fils et Meissner qui le fixera sur cette graduation:

« Le poids en moût indiqué sur notre Catalogue est établi d'après l'instrument d'Œchsle » (système allemand), généralement employé chez nous, quoique avec très peu de soin, sou-» vent sans qu'on ait égard à la température, ce qui donne des résultats fort inexacts.

» 70° d'Œchsle, à 62° Farenheit (16°,67 centigrades), équivalent à 13,6 % de sucre, ou 7 % d'alcool après fermentation ;

» 80°	Œchsle	= 16 %	sucre ou	9,3 %	d'alcool.	
» 90°	—	= 18 ½	— ou	11	—	
» 100°	—	= 21	— ou	12,7	—	
» 110°	—	= 23 ½	— ou	14,5	—	»

TABLE DES VARIÉTÉS

Les variétés-types sont écrites en PETITES MAJUSCULES ; les variétés les plus saillantes en GROSSES MAJUS-CULES ; les synonymes en *italique*; les vielles variétés mises de côté et les nouveautés non répandues, en caractères ordinaires.
Les variétés marquées d'un astérisque sont reproduites par la gravure.

TABLE DES MATIÈRES

ARTICLES OMIS ET ERRATA.

A la suite de **Beauty**, pag. 119, introduire :

Belvidere (*Labr.*). — Variété provenant du Dr Lakes, Belvidere, Ill. On espérait que ce serait une variété recherchée pour le marché, à cause de son extrême précocité, du grand volume et de la belle apparence de ses raisins. Dans quelques localités on la regardait comme supérieure à l'*Hartford prolific* sous le rapport de la grappe et du grain, mais sa qualité dépasse à peine, s'il la dépasse, celle de l'*Hartford*. Comme ce dernier, le Belvidere a le défaut de laisser ses grains se détacher facilement de la grappe, surtout quand ils sont un peu trop mûrs. Le fait qu'il ressemble beaucoup à l'*Hartford prolific*, sauf des dimensions un peu plus grandes, nous dispense de toute description. C'est une vigne de croissance très vigoureuse, parfaitement rustique et saine, très précoce et productive ; mais cela est aussi vrai de l'Hartford, et notre avis qu'il y a déjà plus qu'assez d'*une* variété dans un type d'aussi peu de valeur.

A la suite de **Mary**, pag. 185, intercaler :

Mary Ann (*Labr.*). — Obtenu par J.-P. Garder, de Columbia, Pensylvanie. *Grappe* moyenne, modérément compacte, ailée ; *grain* moyen, ovale, noir, pulpeux, foxé, ressemblant à l'Isabelle. Très précoce, mûrissant un jour ou deux avant l'Hartford prolific, et par conséquent estimé jadis comme variété précoce pour le marché, quoique de qualité inférieure. Maintenant dépassé.

Pag. 30, au bas de la 1re colonne, au lieu de la date 1835, lire 1827.
— 147, *Laccrissa*, lisez *Lacrissa* (d'après la Table, il y a *Laccrissa* dans le texte anglais).
— 170, *Irwing*, lisez *Irving*.
— 170, PAYGN'S ISABELLA, lisez PAYNE'S ISABELLA (l'erreur est dans le texte anglais).
— 172, *Iona excelsior*, lisez *Iowa excelsior*.
— 175, *Calamazoo*, lisez *Kalamazoo*.

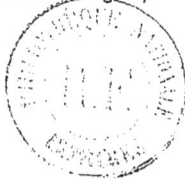

Publications sur les Vignes Américaines, le Phylloxera et le Vin

EN VENTE

A la Librairie Camille COULET

GRAND'RUE, 5, MONTPELLIER.

Ambroy (T.) La Submersion des vignes ; par T. AMBROY, Président de la Société des Viticulteurs submersionistes, deuxième édition. Montpellier 1883. 1 vol. in-12 ; prix 1 fr. 50. Franco poste . . . . 1 fr. 65 c.

Allien (Justin). Les plants américains à Saint-Georges ; par Justin ALLIEN. Montpellier, 1882, in-8 de 36 pages ; prix 50 c. Franco poste . . . . 65 c.

Bouschet (M.-H.). Les raisins du Verger, ou choix des meilleurs et des plus beaux raisins de table pour le verger dans le midi de la France ; par H. BOUSCHET, Membre de la Société d'Agriculture de l'Hérault. Montpellier, 1869, in-8 de 35 pages ; prix 1 fr. 25. Franco poste . . . . 1 fr. 35 c.

— Moyens de transformer promptement par les vignes américaines les vignobles menacés par le Phylloxera ; par Henri BOUSCHET. Montpellier, 1874, in-8 ; prix 50 c. Franco poste. 60 c.

Bonnard (E.). Séances du Congrès viticole international ouvert à Montpellier, le 26 octobre 1874, sous la présidence de M. DROUYN de LHUYS, Président de la Société des Agriculteurs de France. Montpellier, 1874, in-8 de 74 pages ; prix 1 fr. 50 c. Franco poste. 1 fr. 75 c.

Cazalis-Allut. Observations sur le plâtrage des vins et sur le sel marin pouvant remplacer le plâtre avec avantage ; quelques mots sur la plantation des cépages précoces ; par M. CAZALIS-ALLUT. Montpellier, 1858, in-8 ; prix . . . . 50 c.

F. Cazalis et **Foëx.** Essai d'une Ampélographie Universelle ; par le comte de Rovasenda, traduit, annoté et augmenté par MM. le Dr F. CAZALIS et le Professeur FOËX, de l'École Nationale d'Agriculture de Montpellier, 1881, 1 vol. in-4 ; prix 7 fr. Franco poste. 7 fr. 75 c.

Comy (J.). Culture des cépages américains dits porte-greffe, suivis d'un nouveau procédé de plantations à la charrue, avec figures hors texte ; par J. COMY, membre de la Société d'Agriculture du Gard. Nîmes, 1879, in-8 ; prix 2 fr. Franco poste . . . . 2 fr. 25 c.

Convert (F.). Cours d'Économie rurale ; par M. F. CONVERT, Professeur, à l'École Nationale d'Agriculture de Montpellier ; 1 vol. (*sous presse*).

Compte rendu des séances des Congrès Internationaux de Sériciculture et de Viticulture tenus à Montpellier en octobre 1874. Montpellier, 1875, in-8 ; prix 1 fr. 50. Franco poste. 1 fr. 75.

Courty (E.). Reconstitutions des vignobles par les plants américains, résistance, adaptation, choix des cépages, cultures, greffages, frais, récoltes ; par Étienne COURTY, propriétaire viticulteur, membre de la Société d'Agriculture de l'Hérault. Troisième édition revue et augmentée. Montpellier, 1884, 1 vol. in-12 ; prix 1 fr. 50 c. Franco poste . . . 1 fr. 70 c.

Crolas. Manuel pratique des sulfurages, *Guide pratique du vigneron pour l'emploi du sulfure de carbone contre le Phylloxera*; par le Dr CROLAS, Professeur à la Faculté de Médecine de Lyon, et V. VERMOREL, Président du Comice agricole du Beaujolais ; prix 1 fr. Franco poste. . . . . 1 fr. 15.

Duponchel. Le Phylloxera. Guérison probable de la vigne par un traitement préventif physiologique et naturel. Montpellier, 1875, in-8 ; prix 75 c. Franco poste . . . . 90 c.

Degrully et **P. Viala.** Les vignes américaines à l'École d'Agriculture de Montpellier, 1884, gr. in-8. Franco poste . . . . 1 fr. 50 c.

Expériences faites à Las Sorres, près Montpellier. Résultats pratiques de l'application des divers procédés présentés aux Concours des prix de 20,000 fr. et de 300,000 francs, proposés par le Gouvernement, pour la conservation des vignes phylloxérées et leur reconstitution. Montpellier, 1877. 1 vol. gr. in-8o, avec planches; 9 fr. Franco poste. 10 fr. 50 c.

Espitalier. Encore un moyen de salut pour les vignes phylloxérées. Ensablement avec additions d'engrais. Instructions pratiques pour l'emploi de ce procédé. Montpellier, 1874, in-8°, Franco poste... 75 c.

Foëx (G.). Manuel pratique de Viticulture pour la reconstitution des Vignobles méridionaux. Vignes américaines, submersion, plantation dans les sables; par Gustave Foëx, Directeur et Professeur de Viticulture à l'École Nationale d'Agriculture de Montpellier; avec 33 figures dans le texte, troisième édition, revue et considérablement augmentée. Montpellier, 1884, 1 vol. in-12 ; prix 3 fr. Franco poste.................................. 3 fr. 50 c.

Foëx (G.) et **Pierre Viala.** Le Mildiou ou Peronospora de la Vigne; par Gustave Foëx, Directeur et Professeur de Viticulture, et Pierre Viala, Répétiteur de Viticulture à l'École Nationale d'Agriculture. Montpellier, 1885, 1 vol. in-12, avec 4 planches, dont une en chromolithographie; prix 2 fr. Franco poste.. 2 fr. 20 c.

Idem. Ampélographie américaine (*sous presse, pour paraître incessamment*) 1 vol.; prix, 3 fr. Franco poste.. 3 fr. 50 c.

Faucon (Louis). Guérison des vignes phylloxérées; instructions pratiques sur le procédé de la submersion. Montpellier, 1874, in-8; prix 2 fr. 50 c. Franco poste........ 2 fr. 75 c.

— Nouvelles observations sur la Submersion des vignes, deuxième édition. Montpellier, 1879; prix 50 c. Franco poste.. 60 c.

Fitz-James (Mme la Duchesse de). Grande culture de la Vigne Américaine, Manuel pratique. Enquête en Amérique et en France, 1881-1883 ; par Mme la Duchesse de Fitz-James. 3 vol, in-18 brochés 4 fr. 50. Franco poste.................................... 5 fr.

Loret (H.) et **A. Barrandon.** *Flore de Montpellier*, comprenant l'analyse descriptive des plantes Vasculaires de l'Hérault, leurs propriétés médicinales, les noms vulgaires et les noms patois, et un Vocabulaire des termes de botanique, avec une Carte du département. Montpellier, 1877, 2 vol. in-8. 12 fr. Franco poste...................... 13 fr. 25 c.

Maillot (Eugène). Leçons sur le Ver à Soie du mûrier; par Eugène Maillot, Directeur de la Station Séricicole à l'École d'Agriculture. Montpellier, 1885, 1 vol. in-8, avec 36 figures dans le texte et 3 planches gravées; prix 5 fr. Franco poste............... 5 fr. 60 c.

Malpighi. Traité du Ver à Soie; texte original, traduit en français avec des notes par Eugène Maillot, Directeur de la Station Séricicole à l'École d'Agriculture. Montpellier, 1878, 1 vol in-4 jésus, avec 12 planches lithographiques, 10 fr. Franco poste .... 11 fr.

Mercier. Mémoires des différentes natures et qualités du raisin de notre terrain (envoyé à Mgr l'Intendant de Bordeaux, octobre 1782) ; par Mercier, Avocat de Nimes, avec un Avant-Propos par le Dr Cambassédès. Montpellier, 1879, in-12. 1 fr. Franco poste. 1 fr. 15 c.

Planchon (J.-E.). Les mœurs du Phylloxera de la vigne, résumé biologique ; par M. J.-E. Planchon, Professeur à la Faculté de Médecine. Montpellier, 1877, gr. in-8, avec une planche coloriée ; prix 1 fr. 25 c. Franco poste. .... 1 fr. 75 c.

Pulliat (V.). Manuel du greffeur des vignes dans les Écoles de greffages de la Société de Viticulture de Lyon. Deuxième édition. Montpellier, 1885, gr. in-8. Franco poste. 1 fr. 15 c.

Réunions publiques organisées par la Société centrale d'Agriculture de l'Hérault, à l'École d'Agriculture de Montpellier, les 5, 6 et 7 mars 1883 (vignes américaines, sulfure de carbone, sulfocarbonate de potassium). Montp., 1883, in-8 de 193 pag. Franco poste. 1 fr. 75

Résumé des leçons pratiques sur le greffage des vignes américaines. Montpellier, 1880, in-18. Franco poste. .... 60 c.

Sahut (Félix). Les Vignes américaines, leur greffage et leur taille ; par Félix Sahut, Vice-Président de la Société d'Horticulture et d'Histoire naturelle de l'Hérault. 1 vol. in-12 de 500 pages environ (*sous presse, pour paraître fin mars*) ; prix 5 fr. Franco poste. 5 fr. 70

Viala (Pierre). Les maladies de la Vigne : Peronospora, Oïdium, Anthracnose, Cottel, Pourridié, Cladosporium ; par Pierre Viala, Répétiteur de Viticulture à l'École d'Agriculture. Montpellier, 1885, 1 vol. in-8 (*sous presse*) paraîtra incessamment ; prix 6 fr. Franco poste. .... 6 fr. 50 c.

PARAIT TOUS LES DIMANCHES A MONTPELLIER

LE

PROGRÈS AGRICOLE ET VITICOLE

Journal d'Agriculture méridionale

DIRIGÉ PAR **L. DEGRULLY**

Professeur à l'École Nationale d'Agriculture de Montpellier.

Avec le concours de MM. les Professeurs de l'École d'Agriculture de Montpellier, de Présidents de Sociétés agricoles, de Professeurs départementaux d'Agriculture, et d'un grand nombre d'Agriculteurs et de Viticulteurs.

LE PROGRÈS AGRICOLE paraît tous les Dimanches en un fascicule cousu et rogné de 16 à 24 pages in-8°; et forme, par an, deux volumes de 4 à 500 pages.

Chaque numéro du *Progrès Agricole et Viticole* contient :

1° Une **Chronique** où sont relatées toutes les nouvelles agricoles de la semaine;

2° Des **Articles** de fond sur toutes les questions intéressant l'Agriculture méridionale ;

3° Le **Compte rendu** des Expériences faites à l'École d'Agric. de Montpellier;

4° Une **Revue** des Sociétés agricoles du Midi;

5° Le **Bulletin commercial** ;

6° Une **Petite Correspondance** du Journal, où il est répondu gratuitement à toutes les demandes de renseignements adressées par les lecteurs.

PRIX DE L'ABONNEMENT :

France : Un an, **12** fr. — Recouvré à domicile, **12** fr. **50**.

Pays de l'Union postale : Un an, **14** fr.

Les Abonnements sont reçus à toute époque de l'année.

Le Numéro : **25 Centimes.**

Adresser tout ce qui concerne la Rédaction, les Abonnements et les Annonces, à M. le Directeur du **Progrès Agricole,** *rue Albisson, 1 (rue Nationale, maison Batigne), à Montpellier.*

NOTA. — Nous possédons tous les numéros parus depuis le 1er Janvier 1885, et nous pouvons faire remonter les Abonnements à cette date. — Les Numéros de 1884 sont complètement épuisés.

On peut également s'abonner en adressant un mandat-poste de 12 fr. à M. C. **COULET,** Libraire de l'École d'Agriculture, Grand' Rue, 5, MONTPELLIER.